"十二五"江苏省高等学校重点教材

2013-1-151

国家精品课程配套教材

高等院校信息技术规划教材

计算机通信与网络（第2版）

杨庚 主编

章韵 成卫青 胡素君 沈金龙 编著

清华大学出版社

北京

内容简介

本书系统地介绍了计算机通信与网络的基本概念和基本理论与技术，内容包括计算机网络的基本概念、发展历史、体系结构、数据通信技术基础，以及物理层、数据链路层、网络层、传输层、应用层等层次的基本概念与功能，同时还包含了计算机网络新技术、网络管理和网络安全等相关的内容。各章后面附有练习题。

本书注重基本概念，从实际应用出发，突出重点，叙述清楚，深入浅出，论述详尽，通过较多的例题来说明概念和理论，便于教和学，是国家精品课程"计算机通信与网络"的配套教材。本书内容覆盖了研究生入学考试课程——"计算机学科专业基础综合考试"中"计算机网络"课程的大纲范围。

本书可作为高等学校计算机及相关专业的计算机网络等课程的教材，也可作为其他专业和科技工作者的参考用书。

本书封面贴有清华大学出版社防伪标签，无标签者不得销售。
版权所有，侵权必究。举报：010-62782989，beiqinquan@tup.tsinghua.edu.cn。

图书在版编目(CIP)数据

计算机通信与网络/杨庚主编. --2版.--北京：清华大学出版社，2015(2023.8重印)
高等院校信息技术规划教材
ISBN 978-7-302-41531-2

Ⅰ. ①计… Ⅱ. ①杨… Ⅲ. ①计算机通信网－高等学校－教材 Ⅳ. ①TN915

中国版本图书馆CIP数据核字(2015)第204404号

责任编辑：焦　虹　柴文强
封面设计：常雪影
责任校对：李建庄
责任印制：丛怀宇

出版发行：清华大学出版社
网　　址：http://www.tup.com.cn，http://www.wqbook.com
地　　址：北京清华大学学研大厦A座　　**邮　　编**：100084
社 总 机：010-83470000　　**邮　　购**：010-62786544
投稿与读者服务：010-62776969，c-service@tup.tsinghua.edu.cn
质量反馈：010-62772015，zhiliang@tup.tsinghua.edu.cn
课件下载：http://www.tup.com.cn，010-83470236
印 装 者：三河市君旺印务有限公司
经　　销：全国新华书店
开　　本：185mm×260mm　　**印　张**：20.25　　**字　　数**：502千字
版　　次：2009年8月第1版　2015年10月第2版　　**印　　次**：2023年8月第14次印刷
定　　价：59.00元

产品编号：048723-03

前言 Foreword

以因特网(互联网)为标志的计算机网络的发展,改变了人们的生活方式,引起了巨大的社会变革。而计算机网络与通信技术的融合为我们展示了更宽广的应用前景。基于IP技术的网络互连与通信使其理论和技术研究面临新的挑战,各类层次的人才培养需求不断增大。本书正是紧紧抓住计算机网络与通信技术的结合点,以TCP/IP协议为基础,深入浅出、全面系统地阐述了计算机通信与网络所涉及的基本概念和基本内容。

本书是国家精品课程"计算机通信与网络"的配套教材,总结了我们近30年来讲授该课程的经验和体会,并参照了美国ACM(Association for Computing Machinery,美国计算机协会)、AIS(Association for Information Systems,信息系统协会)和IEEE CS(美国电子与电气工程师协会计算机学会)于2004年联合公布的计算学科教程CC2004(Computing Curricula 2004),以及中国计算机学会公布的CCC2004(China Computing Curricula 2004,中国计算机科学与技术学科教程2004),教材内容覆盖了研究生入学考试课程——"计算机学科专业基础综合考试"中"计算机网络"课程的大纲范围。

全书共分9章。第1章主要介绍计算机通信与网络的基本概念和发展历史;第2章侧重通信技术基础以及物理层的概念和功能;第3章描述了数据链路层的基本概念和功能;第4章是关于局域网与广域网技术;第5章介绍网络层与网络互连技术,包括基本概念和路由协议;第6章为传输层,重点讲述TCP和UDP这两种传输协议;第7章涉及应用层的基本内容,重点介绍了常用的应用协议,如DNS、FTP、WWW和电子邮件等;第8章介绍了网络管理的内容与相关协议,以及网络安全相关的知识等;第9章侧重计算机网络的新技术,特别是基于IPv6的下一代网络、无线网络与多媒体网络等技术。

该教材的第一版于2009年8月第一次印刷并开始使用。虽然该教材无论是设计理念,还是内容编排,在当时国内同类教材中都属于比较先进的，并且在第二次印刷的时候，也修改了一些错别字或者其他小错误，但是为了体现网络技术新发展带来的新问题、新动向，我们于2013年对该教材展开了修订工作，并获得“十二五”江苏省高等学校重点规划教材立项。

此次修订在不增加教材篇幅的基础上，重新调整了知识体系与教学内容。为了满足工科类院校网络课程的教学需求，对教学内容的取舍做了重新规划和分布，去除了各课程之间的交叉重叠，加强或新增部分适合工科类大学生专业水平的教学内容。

全书每章附有大量例题和练习题，供教学选用，以便巩固所学内容。电子教案等教学辅助材料可在清华大学出版社的相关网址下载，或向 yangg@njupt.edu.cn 垂询。

本书由国家精品课程组杨庚、章韵、胡素君、叶晓国、成卫青、李鹏、倪晓军、沈金龙等老师编写，由杨庚老师负责统稿。南京邮电大学教务处对教材的编写给予了帮助，本书中引用了其他同行的工作成果，在此一并表示感谢。

由于作者水平有限，书中难免存在错误与不妥之处，敬请读者批评指正。

编 者

2015年5月

目录 Contents

第1章 chapter 1

概　论

人类社会正经历着一场信息革命，特别是进入20世纪90年代以后，以因特网为代表的计算机通信与网络得到了飞速的发展，改变了人们生活的方式，引起了社会、经济、工业生产、传媒等多方面的变革，它们的重要特征就是数字化、网络化和信息化，它们的技术基础是通信技术与计算机技术的融合，而计算机网络就是这些信息交流共享的载体。

计算机通信与网络技术始于20世纪50年代中期，它的诞生和发展的动力是人们对信息交换和资源共享的需求。计算机网络中的数据通信是个复杂的过程，需要解决信息从发送端到接收端的一系列问题，包括信息的生成、表示、处理、传输、保密等过程，这些也是本教材所要讨论的问题。

本章主要讨论计算机通信与网络的发展过程、基本概念、网络的类型及其特征和计算机通信协议与网络体系结构等内容。

1.1　计算机通信与网络发展过程

1946年，世界上第一台电子数字计算机ENIAC在美国诞生，随着计算机性能与应用需求的不断发展，计算机技术与通信技术的融合使计算机通信与网络经历了从简单到复杂、从低级到高级、从地区到全球的发展过程。从为解决远程计算信息的收集和处理而形成的连机系统开始，发展到以资源共享为目的而互连起来的计算机群，使之渗透到社会生活的各个领域。

1.1.1　主要发展过程

从应用领域上看，这个过程大致可划分为四个阶段：

第一阶段：面向终端的计算机网络。这个阶段主要从20世纪50年代中期到60年代中期，这种网络实际上就是以单个计算机为中心的远程连机系统，在地理上分散的终端不具备自主计算与处理功能，它们通过通信线路连接到中心计算机上，实现对中心计算机资源的访问和使用。这样的系统除了一台中心计算机外，其余的终端设备都没有自主处理的功能，所以，严格地讲还不能算一个计算机网络。但现在为了更明确地区别于后来发展的多个计算机互连的计算机网络,称之为面向终端的计算机网络。随着连接的终端数目的增多,为了使承担数据处理的中心计算机减轻负载,在通信线路和中心计算机之间设置了一个前端处理机(Front End Processor,FEP),专门负责与终端之间的通信控制,出现了数据处理和通信控制分工,从而更好地发挥中心计算机的数据处理能力。另外,在终端较集中的地区,设置集中器和多路复用器,它首先通过低速线路将附近群集的终端连至集中器或复用器,然后通过高速通信线路、调制解调器与远程中心计算机的前端处理机相连。图1-1为一典型的远程连机系统。因此,这种系统的特点是系统由主机和终端构成的,所有数据处理和通信处理都是由主机完成的。

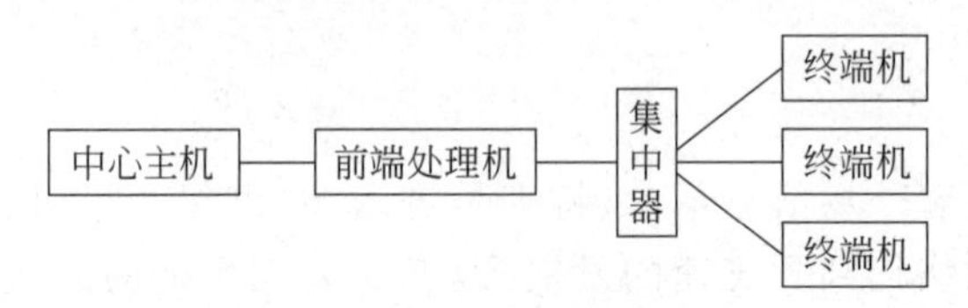

图 1-1　一典型的远程连机系统

第二阶段:多个计算机互连的计算机网络。这个阶段主要从20世纪60年代中期到70年代末,在第一阶段的基础上,发展形成了若干个计算机互连的系统,开创了从计算机到计算机通信的时代。第二阶段的典型代表是ARPA网(ARPANET),它标志着我们目前常见的计算机网络的兴起。20世纪60年代后期,由美国国防部高级研究计划局ARPA(目前称为DARPA,Defense Advanced Research Projects Agency)提供经费,由计算机公司和大学共同研制了ARPANET,其主要目标是借助于通信系统,使网内各计算机系统间能够相互共享资源。

ARPANET的研制对计算机通信与网络的发展起到了重要的推动作用,它在概念、结构和网络设计等方面的研究为后继的计算机通信与网络打下了基础。此阶段的计算机网络的特点是建立了计算机与计算机的互连与通信,实现了计算机资源的共享。但缺点是没有形成统一的互连标准,使网络在规模与应用等方面受到了限制。

第三阶段:面向标准化的计算机网络。这个阶段主要从20世纪80年代开始到90年代初期,是开放式标准化的计算机网络阶段。国际标准化组织(International Standards Orgnization,ISO)于1984年正式颁布了一个称为开发式系统互连基本参考模型(Open System Interconnection Basic Reference Model,OSI-RM)的国际标准ISO7498,该模型按层次结构划分为七个子层,OSI-RM模型目前已被国际社会普遍接受,是目前计算机网络系统结构的基础。

20世纪80年代中期,以OSI-RM模型为基础,ISO以及当时的国际电话电报咨询委员会CCITT等为各个层次开发了一系列的协议标准,组成了庞大的OSI基本标准集,CCITT是联合国国际电信联盟(International Telecommunication Union,ITU)下属的一个组织,目前已经撤销,更名为电信标准化部(Telecommunications Standardization Sector,ITU-TSS),也称为ITU-T。CCITT颁布的建议在数据通信与网络方面最著名的就是X系列建议,如在公用数据网中广泛采用的X.25、X.3、X.28、X.29和X.75等。

在此阶段,以ARPANET为基础,形成了基于TCP/IP协议族的因特网(Internet)。

即任何一台计算机只要遵循 TCP/IP 协议族标准，并有一个合法的 IP 地址，就可以接入到 Internet。TCP 和 IP 是 Internet 所采用的协议族中最核心的两个协议，分别称为传输控制协议(Transmission Control Protocol，TCP)和互联网协议(Internet Protocol，IP)。它们尽管不是某个国际官方组织制定的标准，但由于被广泛采用，已成为事实上的标准。基于 TCP/IP 协议族的因特网是当今计算机网络互连的基础。

第四阶段：面向全球互连的计算机网络。这个阶段主要从 20 世纪 90 年代中期开始。1993 年美国政府发布了名为“国家信息基础设施行动计划”(National Information Infrastructure，NII)的文件，其核心是构建国家信息高速公路，即建设一个覆盖全美的高速宽带通信与计算机网络。此计划的实施在全世界引起了巨大的反响，许多国家和地区纷纷效仿，制定各自的建设计划，我国也在这个阶段快速推进了国家信息网络的建设。所有这一切在全球范围内极大地推动了计算机网络及其应用的发展，使计算机网络进入了一个新的发展阶段。

这一时期在计算机通信与网络技术方面以高速率、高服务质量、高可靠性等为指标，出现了高速以太网、VPN、无线网络、P2P 网络、NGN 等技术，计算机网络的发展与应用渗入了人们生活的各个方面，进入一个多层次的发展阶段。

必须指出的是，随着移动终端接入的需求增加，移动互联网进入了快速发展阶段。其业务特点不仅体现在移动性上，可以“随时、随地、随心”地享受互联网业务带来的便捷，还表现在更丰富的业务种类、个性化的服务和更高服务质量的保证，当然，目前移动互联网在网络和终端方面也受到了一定的限制。

1.1.2 我国的网络发展现状

我国的信息网络与计算机网络的大规模发展始于 20 世纪 90 年代初。在公用数据通信网络建设方面，1993 年底国家有关部门决定兴建“金桥”、“金卡”、“金关”工程，简称“三金”工程。“金桥”工程是以卫星综合数字网为基础，以光纤、微波、无线移动等方式，形成空地一体的网络结构。可传输数据、话音、图像等，以电子邮件、电子数据交换(Electronic Data Interexchage，EDI)为信息交换平台，为各类信息的流通提供物理通道。“金卡”工程即电子货币工程。它的目标是用 10 年多的时间，在 3 亿城市人口推广普及金融交易卡和信用卡。“金关”工程是用 EDI 实现国际贸易信息化，进一步与国际贸易接轨。

随后中国的公用数据通信网建设速度加快。电信部门建立了中国公用分组交换数据网(ChinaPAC)、中国公用数字数据网(ChinaDDN)和中国公用帧中继网(ChinaFRN)等数字通信网络，形成了我国的公用数据通信网。ChinaPAC 由国家骨干网和各省(市、区)的省内网组成。目前骨干网之间覆盖所有省会城市，省内网覆盖到有业务要求的所有城市和发达乡镇。通过和电话网的互连，ChinaPAC 可以覆盖到电话网通达的所有地区。ChinaPAC 设有一级交换中心和二级交换中心，一级交换中心之间采用不完全网状结构，一级交换中心到所属二级交换中心之间采用星状结构。ChinaDDN 由于协议简单，速率较高，这几年在我国得到迅速发展。1994 年开始组建 ChinaDDN 一级干线网。目前一级干线网已通达所有省会城市，各省、直辖市、自治区都在积极建设经营 DDN 网，至

1996 年底，ChinaDDN 已经覆盖到 2100 个县级以上城市，发达地区已覆盖到乡镇，端口总数达 18 万个。ChinaFRN 是我国第一个将向公众提供服务的宽带数据通信网络，ChinaFRN 主要提供 64K 以上的中高速数据通信服务。

在因特网建设方面，中国的发展历史分为三个阶段。

第一阶段是 1986 至 1994 年。这个阶段主要是通过中科院高能物理研究所的网络线路，实现了与欧洲及北美地区的 E-mail 通信。中国科技界从 1986 年开始使用 Internet。从 1990 年开始，国内的北京市计算机应用研究所、中科院高能物理研究所、信首产业部华北计算所、石家庄第 54 研究所等科研单位，先后将自己的计算机以 X. 28 或 X. 25 与 ChinaPAC 相连接。同时，利用欧洲国家的计算机作为网关，在 X. 25 网与 Internet 之间进行转接，使得中国的 ChinaPAC 科技用户可以与 Internet 用户进行 E-mail 通信。

第二阶段是 1994 至 1995 年。这一阶段是教育科研网的发展阶段。北京中关村地区及清华、北大的科研人员组成了 NCFC（The National Computing and Networking Facility of China，中国国家计算机与网络设施）联合设计组，于 1994 年 4 月 20 日中国正式开通了接入 Interne 的 64kb/s 专线连接，同时还建设设了中国最高域名服务器，从此真正加入到了国际 Internet 的行列；此后又建成了中国教育和科研计算机网（CERNET）。

CERNET 是国家批准立项、原国家教委主持建设和管理的全国性教育和科研网络，目的是要把全国大部分高等学校连接起来，推动这些学校校园网的建设和信息资源的交流，并与现有的国际学术计算机网互连。

第三阶段是 1995 至 2007 年。该阶段开始了商业应用的快速发展。1995 年 5 月邮电部开通了中国公用 Internet，即 ChinaNET。1996 年 9 月信息产业部的 ChinaGBN 开通。1997 年 6 月 3 日组建了中国互联网管理和服务机构：中国互联网信息中心（China Internet Network Information Center，CNNIC）。1997 年公布了第一次中国互联网发展状况统计报告，当时以 cn 注册的域名数为 4066 个。

2001 年 5 月 25 日中国互联网协会成立，它由国内从事互联网行业的网络运营商、服务提供商、设备制造商、系统集成商以及科研、教育机构等 70 多家互联网从业者共同发起成立，是由中国互联网行业及与互联网相关的企事业单位自愿结成的、行业性的、全国性的、非营利性的社会组织。2006 年 1 月 1 日中华人民共和国人民政府门户网站（www. gov. cn）正式开通，中国网络用户规模继续呈现持续快速发展的趋势。基于计算机网络的应用渗透到了国民经济的各个领域，如政府办公、媒体宣传、教育培训、金融证券、医疗保险、企业生产与管理等。

第四阶段是 2008 年以后。该阶段以规模等多项指标位居国际前列为标志。到 2008 年 6 月底，中国互联网网民数量达到了 2. 53 亿，首次大幅度超过美国，跃居世界第一位，到 2008 年 12 月，达到 2. 98 亿人，较 2007 年增长 8800 万人，年增长率为 41. 9%。中国互联网普及率达到 22. 6%，首次超过全球平均水平（21. 9%）。据 CNNIC 报告，截至 2012 年 2 月中国网民规模为 5. 23 亿人，互联网普及率为 39. 0%（见图 1-2）。cn 域名总数为 3 319 776 个。中国大陆 IPv4 地址数量约为 3. 30 亿个，居全球第二位(见表 1-1)。

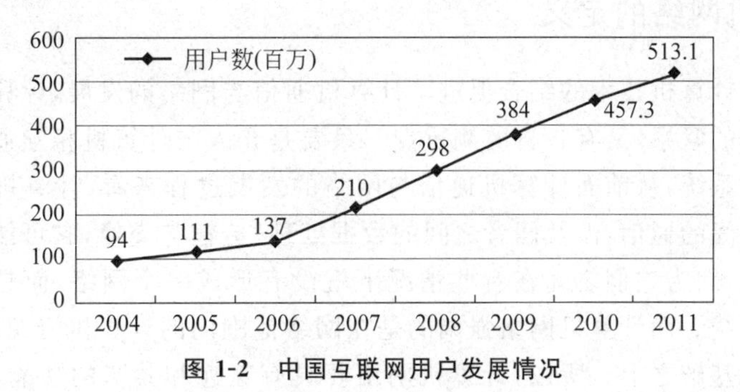

图 1-2 中国互联网用户发展情况

表 1-1 全球部分国家与地区的 IPv4 地址数

序号	国家或地区	IPv4 地址数	序号	国家或地区	IPv4 地址数
1	美国	1 538 945 280	11	意大利	40 252 320
2	中国	330 317 056	12	俄罗斯	39 249 704
3	日本	202 108 416	13	中国台湾	35 383 040
4	韩国	112 237 056	14	印度	34 675 968
5	德国	97 977 224	15	西班牙	26 181 248
6	法国	85 453 936	16	荷兰	25 333 256
7	英国	85 004 800	17	墨西哥	25 326 336
8	加拿大	80 516 864	18	瑞典	23 436 200
9	巴西	48 563 712	19	南非	20 379 392
10	澳大利亚	47 559 936	20	波兰	18 837 736

另一方面,截至 2011 年 12 月底,中国手机网民规模达到 3.56 亿,同比增长 17.5%,与前两年相比,虽然增长速度开始放缓,但仍高于整体网民 13.5%的增长率。从发展趋势看,手机将逐步成为中国网民最主要的上网设备,移动互联网进入快速发展时期。

移动互联网是移动通信和互联网结合的产物,它将互联网业务移动化,并且能够在移动互联网环境中提供新的应用,以满足移动互联网的特性。随着移动互联网业务的不断扩展与丰富,特别是国家"宽带中国"工程的启动,将从基础设施、系统集成、业务开发、系统监控与管理等多方面提升我国信息网络的水平。

1.2 计算机通信与网络基本概念

在后面的学习中将涉及一些计算机通信与网络的概念,尽管有一些概念目前还没有严格的定义,但我们将力图从不同的角度解释这些概念。

1.2.1 计算机网络的定义

通信技术与计算机技术的结合促进了计算机通信与网络的发展，计算机通信与计算机网络既有密切的联系，又有各自的侧重点。只要是介入与计算机相互通信的系统就是一个计算机通信系统，从前面计算机通信与网络的发展过程来看，计算机通信侧重于计算机与计算机之间的通信，涉及两者之间的数据处理、传输与交换，它可能根本就没有计算机网络的概念，因为它们之间在有些情况下就没有形成一个网络，而是一个从一端到另一端的通信系统。而计算机网络强调的是在网络范围内的计算机资源的共享，是构建在计算机通信的基础之上。所以，计算机网络要具有互连和共享的功能，这就涉及三个方面的问题。

（1）两台或两台以上的计算机相互连接起来才能构成网络，达到资源共享的目的。

（2）将两台或两台以上的计算机连接起来，互相通信交换信息，需要有一条通道。这条通道的连接是物理的，由硬件实现，这就是连接介质（有时称为信息传输介质）。它们可以是双绞线、同轴电缆或光纤等“有线”介质；也可以是激光、微波或卫星等“无线”介质。

（3）计算机之间要通信交换信息，彼此就需要有某些约定和规则，这就是协议。

因此，我们可以把计算机网络定义为：把分布在不同地点且具有独立功能的多个计算机，通过通信设备和线路连接起来，在功能完善的网络软件运行环境下，以实现网络中资源共享为目标的系统。

必须指出的计算机网络与分布式系统有着明显的不同。计算机网络是把分布在不同地点且具有独立功能的多个计算机，通过通信设备和线路连接起来，实现资源的共享；分布式系统是在分布式计算机操作系统或应用系统的支持下进行分布式数据处理和各计算机之间的并行工作，分布式系统在计算机网络基础上为用户提供了透明的集成应用环境。所以，分布式系统和计算机网络之间的区别主要在软件系统。

1.2.2 计算机网络的组成

根据定义可以把一个计算机网络概括为一个由通信子网和终端系统组成的通信系统（如图 1-3 所示）。

1. 终端系统

终端系统由计算机、终端控制器和计算机上所能提供共享的软件资源和数据源（如数据库和应用程序）构成。计算机通过一条高速多路复用线或一条通信链路连接到通信子网的节点上。终端用户通常是通过终端控制器访问网络，终端控制器能对一组终端提供控制。

2. 通信子网

通信子网是由用作信息交换的网络节点和通信线路组成的独立的数据通信系统，它

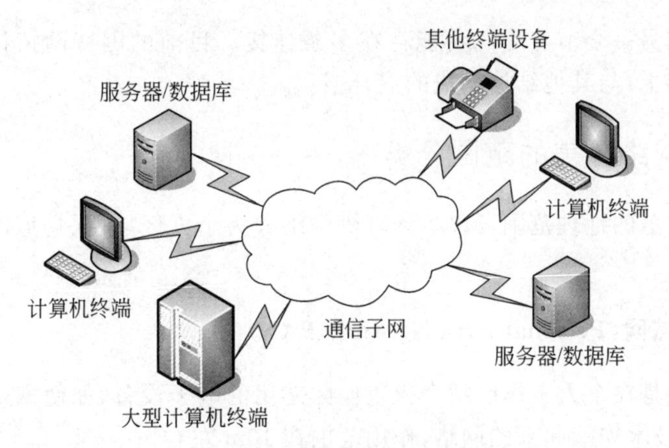

图 1-3 计算机网络的组成

承担全网的数据传输、转接、加工和变换等通信处理工作。网络节点提供双重作用：它可以作终端系统的接口，同时也可作为对其他网络节点的存储转发节点。作为网络接口节点，接口功能是按指定用户的特定要求而编制的。由于存储转发节点提供了交换功能，故报文可在网络中传送到目的节点。它同时又与网络的其余部分合作，以避免拥塞并提供网络资源的有效利用。

1.3 网络的类型及其特征

根据不同的分类方法，计算机网络的分类结果有所不同。常见的分类方法主要从网络的拓扑结构、网络的覆盖范围、网络的通信方式、网络的功能等方面进行分类。下面主要介绍根据网络的拓扑结构和网络的覆盖范围进行分类的方法。

1.3.1 根据网络拓扑结构分类

网络的拓扑（Topology）结构是指网络中各节点的互连构形，也就是连接布线的方式。网络拓扑结构主要有五种：星型、树型、总线型、环型和网络型，如图 1-4 所示。

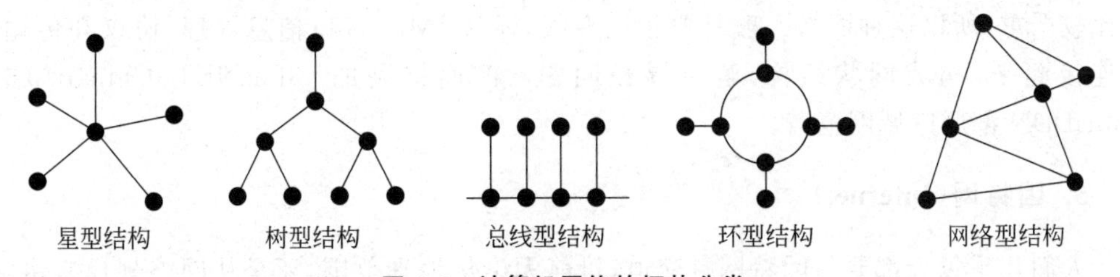

图 1-4 计算机网络的拓扑分类

星型结构的特点是存在一个中心节点，其他计算机与中心节点互连，系统的连通性与中心节点的可靠性有很大的关系；树型结构的特点是从根节点到叶子节点呈现层次性；总线型结构的特点是存在一条主干线，所有的计算机连接到主干线上；环型结构的网络存在一个环形的总线，节点到节点间存在两条通路；网络型是一种不规则的连接，其特点是一个节点到另一个节点之间可能存在多条连接。目前的因特网拓扑结构是基于网络型结构的基础上，与其他结构构成的混合型。

1.3.2 根据网络覆盖的范围分类

根据网络覆盖的地理范围可以将计算机网络分为个人区域网、局域网、城域网、广域网和因特网。

1. 个人区域网(Personal Area Network，PAN)

个人区域网是在个人工作区把个人工作区使用的电子设备，如便携式计算机和打印机等，采用无线技术连接起来的网络，作用范围在10m左右。

2. 局域网（Local Area Network，LAN）

局域网覆盖的范围往往是地理位置上的某个区域，如某一企业或学校等，一般把计算机和服务器通过高速通信线路连接起来，其传输速率在10Mb/s以上。把校园或企业内部的多个局域网互连起来，就构成了校园网或企业网。目前局域网主要有以太网(Ethernet)和无线局域网(Wireess Local Area Network，WLAN)等。

3. 城域网(Metropolitan Area Network，MAN)

城域网一般来说是在一个城市，但不在同一地理小区范围内的计算机互联。这种网络的连接距离可以在10～100千米，MAN与LAN相比扩展的距离更长，连接的计算机数量更多，在地理范围上可以说是LAN网络的延伸。在一个大型城市或都市地区，一个MAN网络通常连接着多个LAN网。如连接政府机构的LAN、连接医院的LAN、连接电信的LAN、连接公司企业的LAN等。

4. 广域网(Wide Area Network，WAN)

这种网络也称为远程网，所覆盖的范围比MAN更广，它一般是在不同城市之间的LAN或者MAN网络互联，地理范围可从几百千米到几千千米。因为距离较远，信息衰减比较严重，所以这种网络一般是要租用专线，通过IMP(接口信息处理)协议和传输介质连接起来，构成网状结构，解决寻径问题。前面提到的ChinaNET、ChinaPAC和ChinaDDN都属广域网范畴。

5. 因特网(Internet)

人们几乎每天都要与因特网打交道，目前无论从地理范围，还是从网络规模来讲，它都是最大的一种网络，这种网络最大的特点就是不定性，整个网络的拓扑时刻随着网络的接入在不断地变化。当一台计算机连接到因特网上时，该计算机就成了因特网的一部分，一旦断开与因特网的连接，此计算机就不属于因特网了。

1.3.3 无线网络

无线通信与无线网络已成为当今人们关注的热点，通过无线网络技术，可以构造一个覆盖全球的网络。它在接入与组网方面的便利性，可以使人们在任何地点接入网络，获取各种信息资源，从而为利用移动设备接入网络提供了手段。如用个人数字助理(Personal Digital Assistant，PDA)或笔记本电脑等进行网页的浏览、网上电子商务等。互联网的出现改变了人们传统的工作与生活方式，而无线网络的应用将进一步推动这种改变，特别是近几年发展起来的移动互联网。

无线网络与有线网络的最大不同是传输介质不同。无线通信是利用电磁波在空中传播实现信息的交换。为了区分不同的信号，采用不同的频率进行信号的传输。无线通信中的频率国际上由 ITU-R 主管，在国内由信息产业部指定专业无线频率委员会统一管理。不同的行业使用的无线信号被规定在不同的频率范围，以保证相互之间不发生冲突。由于要传输的信号往往是低频率信号，需要进行调制处理，把低频率信号调制到指定的频率上再进行发送。

与有线网络类似，可以按无线网络覆盖的范围大小，将无线网络划分为：无线个域网、无线局域网、无线城域网和无线广域网。

1. 无线个域网

无线个域网(Wireless Personal Area Network，WPAN)的通信范围通常在 10～100m 之间，蓝牙(Bluetooth)技术、ZigBee 技术和新近提出的超宽带(Ultra Wide Band，UWB)技术是目前主要的无线个域网技术。

蓝牙技术运行于 2.4GHz 频带上，可以将计算机以无线方式组成网络，同时还可以将数码照相机、扫描仪、打印机等设备连接到计算机上，构成一个个人办公网络。它具有低功耗、低代价等特点。

ZigBee 技术也可以用于构建无线个域网，它已经被标准化，标准编号为 802.15.4。ZigBee 的射频标准及工作频率包括全球的 2.4GHz、美洲的 902～928MHz 和欧洲的 868MHz。

UWB 技术不仅频宽高、传输耗电量低，而且可采用的频率范围相当宽，目前 IEEE 正在制定其 UWB 物理层规范 IEEE 802.15.3a，UWB 技术提供的数据传输率更高，是未来发展的方向之一。

2. 无线局域网

无线局域网(Wireless Local Area Network，WLAN)的覆盖范围更广泛，它的标准编号为 IEEE 802.11。802.11b 是第一个成功实现商业化的无线局域网技术，它运行于 2.4GHz 频段上，能提供 11Mbps 数据速率。802.11a 和 802.11g 分别运行于 5GHz 频段与 2.4GHz 频段上，它们可以提供 54Mbps 数据速率，802.11n 协议为双频工作模式(包含 2.4GHz 和 5GHz 两个工作频段)，这样保障了与以往的 802.11a、b、g 标准的兼容，802.11n 能提供 108Mbps 数据速率。

3. 无线城域网

无线城域网(Wireless Metro Area Network,WMAN)是以 IEEE 802.16 标准为基础,可以覆盖城市或郊区等较大范围的无线网络。目前比较成熟的标准有 IEEE 802.16d 和 IEEE 802.16e。802.16d 标准在 50km 范围内的最高数据速率可达 70Mbps。802.16e 标准可以支持移动终端设备在 120km/h 速度下以 70Mbps 数据率接入。

4. 无线广域网

无线广域网(Wireless Wide Area Network,WWAN)是移动电话和数据业务所使用的数字移动通信网络,可以覆盖相当广泛的范围,甚至全球,一般由电信运营商进行维护。目前数字移动通信网络主要采用 GSM 和 CDMA 技术,分别被称为 2 代和 2.5 代移动通信系统,它们最大只能提供 100kbps 的数据率。第 3 代移动通信技术可选用 TD-SCDMA、WCDMA、CDMA2000 三种标准,将支持更高数据率的接入。

1.4 计算机通信协议与网络体系结构

计算机网络由多个互连的节点组成,节点之间要不断地交换数据和控制信息,要做到有条不紊地交换数据,每个节点就必须遵守一整套合理而严谨的规则,在计算机网络的定义中也阐述了网络互连必须遵循某些约定和规则,这就是计算机网络互连协议。解决计算机互连和资源共享是一个复杂的理论和技术问题,而将一个比较复杂的问题分解成若干个相对比较容易处理的子问题是设计方法常用的手段之一,协议层次化就是解决网络互连复杂性的系统分解方法。

由此可给出计算机网络体系结构的定义。计算机网络体系结构是计算机网络的分层及其服务和协议的集合,也就是它们所应完成的所有功能的定义,是用户进行网络互连和通信系统设计的基础。因此,体系结构是一个抽象的概念,它只从功能上描述计算机网络的结构,而不涉及每层的具体组成和实现细节。网络体系结构的出现,极大地推动了计算机网络的发展。

1.4.1 通信协议与分层体系结构

在讨论协议与层次体系结构之前,先来看一个现实生活中的例子。图 1-5 是发信人向收信人寄一封信。首先发信人采用某种语言写成一封信,按照某种格式填好地址,投入到信箱中。邮局收集信件,按照目的地址进行分类打包,并送到邮政处理中心。处理中心汇集各个邮包,并进行再次分类,送到铁路等运输部门。运输部门将邮包送到目的地的邮政处理中心。目的地的邮政处理中心解包

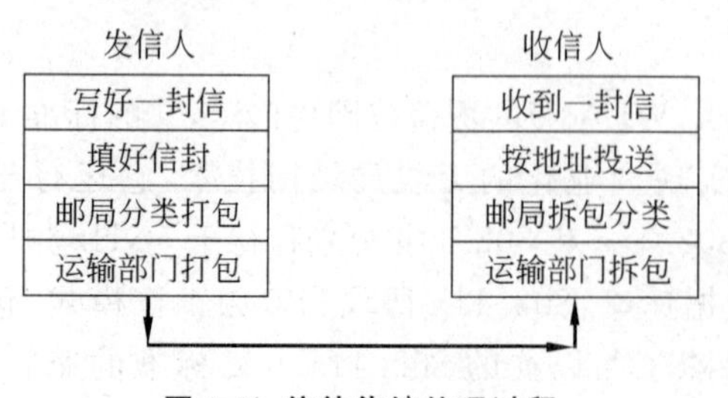

图 1-5 信件传统处理过程

后根据目的地址,将信件送到相应的邮政分理处。分理处将信件送到收信人。收信人最终拆开信封,阅读信函。

在这个过程中包含了两个概念,一是每个部门完成相应的工作,既相互独立,又存在内在联系。如运输部门负责邮包的运输,邮政处理中心负责邮件的打包等,这就是分层的概念;二是信件的书写、地址的格式、邮政分理处覆盖的范围等都有约定,保证了信函被准确地送到目的地,同时使收信人能正确阅读信函内容。因此,为了保证计算机之间能够相互通信,我们需要讨论计算机互连协议等问题。

1. 网络协议

网络中计算机的硬件和软件存在各种差异,为了保证相互通信及双方能够正确地接收信息,必须事先形成一种约定,即网络协议。协议代表着标准化,是一组规则的集合,是进行交互的双方必须遵守的约定。网络协议是计算机通信与网络不可缺少的组成部分。

(1) 网络协议的定义

简单地说,协议是指通信双方必须遵循的、控制信息交换的规则的集合,是一套语义和语法规则,用来规定有关功能部件在通信过程中的操作,它定义了数据发送和接收工作中必经的过程。协议规定了网络中使用的格式、定时方式、顺序和检错。

(2) 网络协议的组成

一个网络协议主要由语法、语义和同步三个要素组成。

语法:指数据与控制信息的结构或格式,确定通信时采用的数据格式,编码及信号电平等。即对所表达内容的数据结构形式的一种规定,也即"怎么讲"。例如,在传输一份数据报文时的数据格式,传输一封信函的地址格式等。

语义:协议的语义是指对构成协议的协议元素含义的解释,也即"讲什么"。不同类型的协议元素规定了通信双方所要表达的不同内容(含义)。例如,在基本型数据链路控制协议中规定,协议元素SOH的语义表示所传输报文的报头开始;而协议元素ETX的语义,则表示正文结束等。

同步:规定了事件的执行顺序。例如在双方通信时,首先由源站发送一份数据报文,如果目标站收到的是正确的报文,就应遵循协议规则,利用协议元素ACK来回答对方,使源站知道其所发出的报文已被正确接收。

(3) 协议的特点

网络通信协议的特点是层次性、可靠性和有效性。

在设计和选择协议时,不仅要考虑网络系统的拓扑结构、信息的传输量、所采用的传输技术、数据存取方式,还要考虑到其效率、价格和适应性等问题。因此,协议的分层可以将复杂的问题简单化。通信协议可被分为多个层次,在每个层次内又可分成若干子层次,协议各层次有高低之分。每一层和相邻层有接口,较低层通过接口向它的上一层提供服务,但这一服务的实现细节对上层是屏蔽的。较高层又是在较低层提供的低级服务的基础上实现更高级的服务。

采用层次化方法的优点是:各层之间相互独立,即不需要知道低层的结构,只要知道是通过层间接口所提供的服务;灵活性好,是指只要接口不变就不会因层的变化(甚至是取消该层）而变化；各层采用最合适的技术实现而不影响其他层；有利于促进标准化，是因为每层的功能和提供的服务都已经有了精确的说明。

协议可靠性和有效性是正常和正确通信的保证，只有协议可靠和有效，才能实现系统内各种资源共享。如果通信协议不可靠就会造成通信混乱和中断。

2. 协议层次模型

正如前面指出，协议层次化的结构具有许多的优点，本节我们将讨论协议的层次模型。图 1-6 显示了计算机网络协议的层次模型。协议中包含实体和接口。

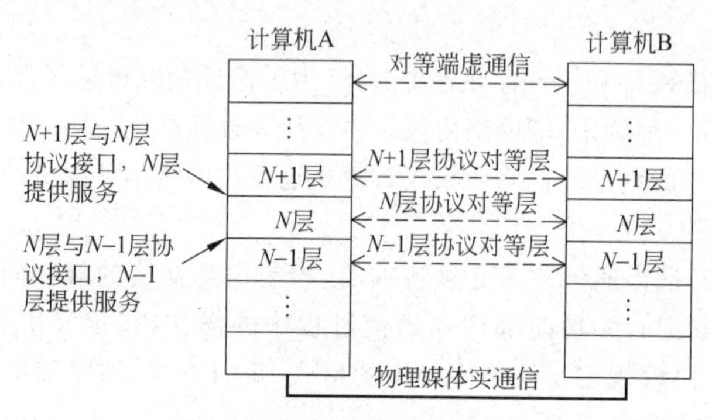

图 1-6 计算机网络的层次模型

实体（Entity）：是通信时能发送和接收信息的任何软硬件设施。

接口（Interface）：是指网络分层结构中各相邻层之间的通信接口。

如图 1-6 所示的一般分层结构中，N 层是 $N-1$ 层的用户，又是 $N+1$ 层的服务提供者。$N+1$ 层虽然只直接使用了 N 层提供的服务，实际上它通过 N 层还间接地使用了 $N-1$ 层以及以下所有各层的服务。当然如何分层可以遵循一些原则：

（1）每层的功能应是明确的，并且相互独立。当某一层的具体实现方法更新时，只要保持层间接口不变，就不会对邻层造成影响。

（2）层间接口清晰，跨越接口的信息量应尽可能少。

（3）层数要适中。若太少，则层间功能划分不明确，多种功能会混杂在一起，造成每一层的协议太复杂；若太多，则体系结构过于复杂，各层间的交互过于频繁。

1.4.2 OSI-RM 体系结构

开放系统互连基本参考模型（OSI-RM）是由国际标准化组织制定的标准化开放式计算机网络层次结构模型。要把世界上不同年代、不同厂家、不同型号的计算机系统互连起来，就需要一个统一的互连标准，使系统彼此开放。所谓开放系统就是遵守互联标准协议的系统。OSI-RM 体系结构是一种分层的结构，它遵循协议分层的原则。

1. OSI-RM

OSI-RM 包括了体系结构、服务定义和协议规范三级抽象。在体系结构方面，定义了一个七层模型，用以进行进程间的通信，并作为一个框架来协调各层标准的制定；在服务定义方面，描述了各层所提供的服务，以及层与层之间的抽象接口和交互用的服务原语；在各层的协议规范方面，精确地定义了应当发送何种控制信息及何种过程来解释该控制信息。

需要强调的是，OSI-RM 模型并非具体实现的描述，它只是一个为制定标准机而提供的概念性框架。

如图 1-7 所示，OSI-RM 的七层模型从下到上分别为物理层（Physical Layer）、数据链路层（Data Link Layer）、网络层（Network Layer）、传输层（Transport Layer）、会话层（Session Layer）、表示层（Presentation Layer）和应用层（Application Layer）。各层的功能简单概括如下：

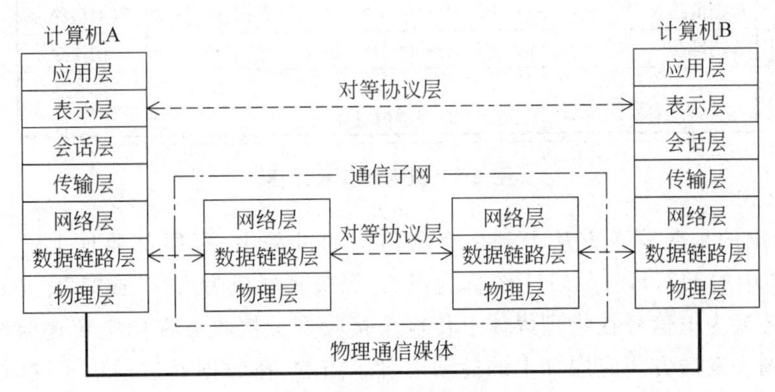

图 1-7 OSI-RM 层次模型

物理层：利用传输介质为通信的网络节点之间建立、维护和释放物理连接，实现比特流的透明传输，进而为数据链路层提供数据传输服务。

数据链路层：在物理层提供服务的基础上，在通信的实体间建立数据链路连接，传输以帧为单位的数据包，并采取差错控制和流量控制的方法，使有差错的物理线路变成无差错的数据链路。

网络层：为分组交换网络上的不同主机提供通信服务，为以分组为单位的数据包通过通信子网选择适当的路由，并实现拥塞控制、网络互连等功能。

传输层：向用户提供端到端的数据传输服务，实现为上层屏蔽低层的数据传输问题。

会话层：负责维护通信中两个节点之间的会话连接的建立、维护和断开，以及数据的交换。

表示层：用于处理在两个通信系统中交换信息的表示方式，主要包括数据格式变换、数据的加密与解密、数据压缩与恢复等功能。

应用层：为应用程序通过网络服务，它包含了各种用户使用的协议。

从图 1-7 中可见，整个开放系统环境由作为信源和信宿的端开放系统及若干中继开放系统通过物理媒体连接构成。这里的端开放系统和中继开放系统，是国际标准 OSI 7498 中使用的术语。通俗地说，它们相当于终端系统中的主机和通信子网中的节点机。只有在主机中才可能需要包含所有七层的功能，而在通信子网中的节点机上一般只需要最低三层甚至只要最低两层的功能，实现对等实体间的通信过程及信息流动。

层次结构模型中数据的实际传送过程如图 1-8 所示。图中发送进程送给接收进程和数据,实际上是经过发送方各层从上到下传递到物理媒体;通过物理媒体传输到接收方后,再经过从下到上各层的传递,最后到达接收进程。

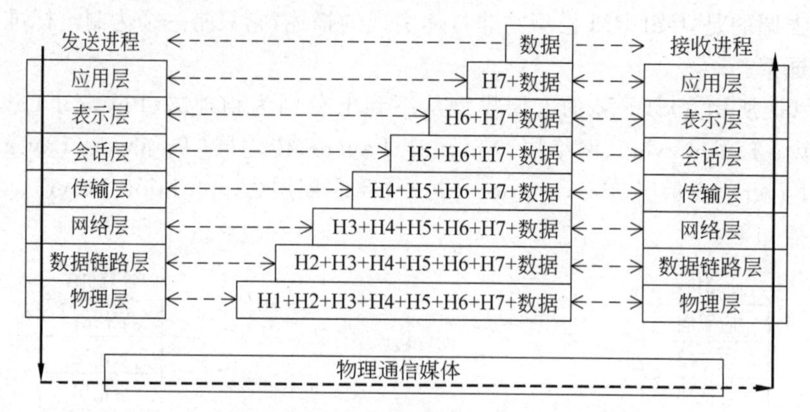

图 1-8 数据的传递过程

必须指出的是在发送方从上到下逐层传递的过程中,每层都要加上适当的控制信息,即图 1-8 中的 H7,H6,…,H1 统称为报头;到最底层成为由"0"或"1"组成的数据比特流,然后再转换为电信号在物理媒体上传输至接收方。接收方在向上传递时过程正好相反,要逐层剥去发送方相应层加上的控制信息。当然,在数据通过通信子网时,数据只需在网络层、数据链路层和物理层上加上或剥离相关的包头控制信息。如何加上这些包头将是我们后继章节要讨论的主要问题。

另一个方面因接收方的某一层不会收到底下各层的控制信息,而高层的控制信息对于它来说又只是透明的数据,所以它只阅读和去除本层的控制信息,并进行相应的协议操作。发送方和接收方的对等实体看到的信息是相同的,就好像这些信息通过虚通信直接给了对方一样。

2. OSI 中的服务访问点和协议数据单元

OSI 各层间存在信息交换,一个系统中的相邻两个层次间的信息交换是通过服务访问点(Service Access Point,SAP)这样的接口实现的。SAP 实际上就是(N)层实体和上一层($N+1$ 层)实体之间的逻辑接口。过程如图 1-9 所示。

($N+1$)层实体通过访问 SAP 向(N)层实体发送协议数据单元(Protocol Data Unit,PDU)。PDU 由两部分构成,如(N)层 PDU 的构成如图 1-10 所示。一部分为本层用户的数据,记为(N)用户数据;另一部分为本层的协议控制信息,记为(N)PCI(Protocol Control Information)。PCI 就是前面讲到的每一层传递过程中加上的包头。

3. OSI 中的服务原语

前面已经指出,当($N+1$)层实体向(N)层实体请求服务时,服务请求者与服务提供者之间要进行一些交互,而这种交互将通过原语来实现。服务原语用于表明要求本地或远端的对等实体需要做哪些事情。OSI 规定了每一层都可以使用的 4 种服务原语,其类型和含义如表 1-2 所示。

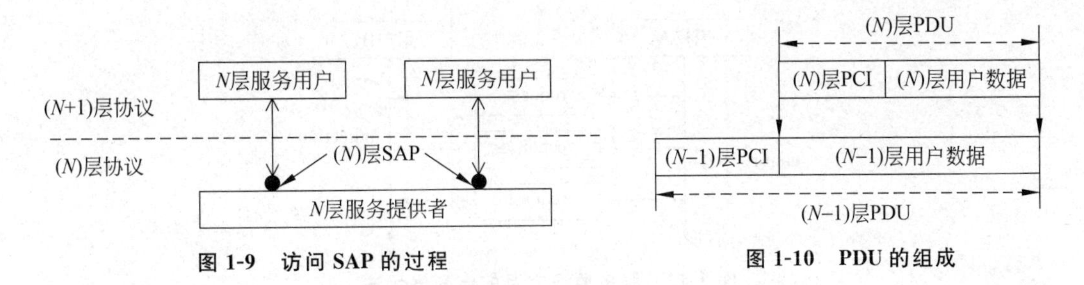

图 1-9 访问 SAP 的过程

图 1-10 PDU 的组成

表 1-2 4 种服务原语类型和含义

服务原语类型	名　称	含　义
request	请求	一个实体希望获得某种服务
indication	指示	把关于某种事件的信息告诉某一实体
response	回应	一个实体对某一事件的回应
confirm	确认	一个实体对某一事件的确认

如图 1-11 和图 1-12 所示，服务原语的相互关系有两种表示方法，分别为层次表示法和序列表示法。假定系统 A 中的($N+1$)层用户 A 要与系统 B 中的($N+1$)层用户 B 进行通信，于是用户 A 就先向 A 系统中的(N)层实体发出 request 原语，以调用服务提供者的某个进程，这就引起系统 A 中的(N)层实体向其对等的 B 系统的(N)层实体发出一个 PDU。当系统 B 中的(N)层实体收到这个 PDU 后，就向其服务用户 B 发送原语 indication，用户 B 再向 B 系统中的(N)层实体发送原语 response，以调用服务提供者的某个进程，这就引起系统 B 中的(N)层实体向其对等的 A 系统的(N)层实体发出一个 PDU，当系统 A 中的(N)层实体收到这个 PDU 后，就向其服务用户 A 发送原语 confirm。过程如图 1-11 和图 1-12 所示。

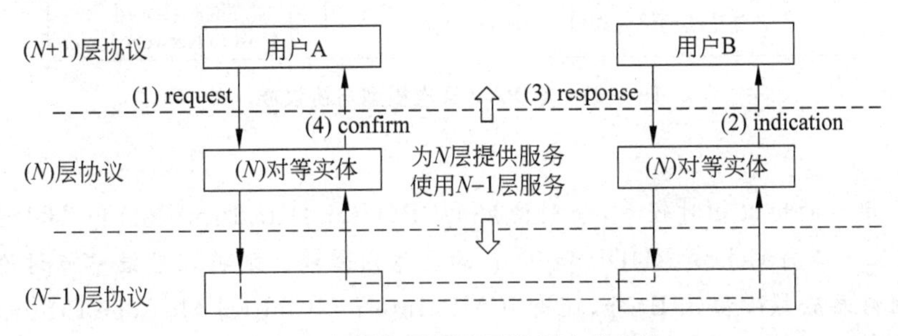

图 1-11 服务原语交互的层次表示法

1.4.3 TCP/IP 体系结构

除了 OSI 参考模型外，在市场上流行的网络体系结构还有 TCP/IP、IBM 公司的 SNA 和 Digital 公司的 DNA。这三种体系结构的开发都先于 OSI，实际上 OSI 参考模型

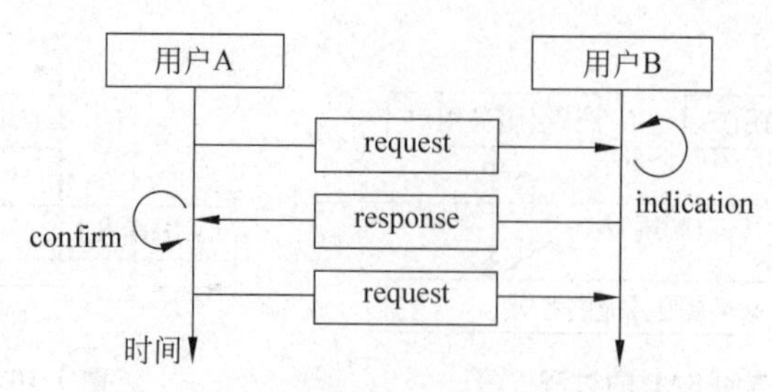

图 1-12 服务原语交互的序列表示法

的制定吸收了它们的成功经验，它们都是层次结构。

TCP/IP（Transmission Control Protocol/Internet Protocol）协议是于 1977 年至 1979 年形成的协议规范，是美国 ARPANET 上使用的运输层和网络层协议。由于在 ARPANET 上运行的协议很多，因此人们常常将这些相关协议称为 TCP/IP 体系结构，或简称 TCP/IP。Internet 就是以 TCP/IP 协议为核心的网络系统。

类似于 OSI-RM 层次模型，TCP/IP 的层次模型与协议族如图 1-13 所示。它包含了四个层次，从下到上分别为网络接入层（Host to Network Layer）、互连网络层（Internet Layer）、传输层（Transport Layer）和应用层（Application Layer）。只有在端系统主机中才可能需要包含所有四层的功能，而在通信子网中的处理设备一般只需要最低二层的功能，实现对等实体间的通信过程及信息流动。目前，可以归纳到 TCP/IP 模型中的协议如图 1-13 所示。

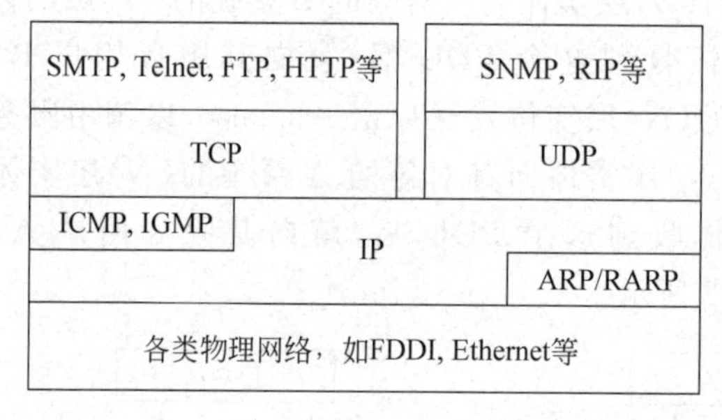

图 1-13 TCP/IP 层次模型与协议族

说明：

(1) 应用层的协议相对较多，分别使用 UDP（User Data Protocol）和 TCP 协议进行承载，它们位于各自的上方。UDP 和 TCP 的具体内容和区别将在后继章节讨论。

(2) 网络层除核心协议 IP 外，还有 ICMP（Internet Control Message Protocol）、ARP（Address Resolution Protocol）和 RARP（Reverse Address Resolution Protocol），分别位于 IP 协议的上下方。

(3) TCP/IP 模型中的核心协议是 TCP、UDP 和 IP，且呈现漏斗状，IP 协议处于漏斗的最窄处。因此，所有的高层数据将被封装成 IP 数据包，而 IP 数据包可以采用多种低层的协议进行处理。

1.4.4 OSI-RM 和 TCP/IP 体系结构的比较

OSI-RM 和 TCP/IP 体系结构的对应关系如图 1-14 所示。TCP/IP 体系结构的应用层对应于 OSI-RM 体系结构的上三层，其他没有变化。

计算机A	计算机B
应用层	应用层
表示层	
会话层	
传输层	传输层
网络层	互连网络层
数据链路层	网络接入层
物理层	

图 1-14 OSI-RM 和 TCP/IP 体系结构的对应关系

TCP/IP 与 OSI-RM 的差别主要体现在以下两方面：

1. 出发点不同

OSI-RM 是作为国际标准而制定的，不得不兼顾各方，考虑各种情况，从而使得 OSI-RM 相对比较复杂，协议的数量和复杂性都远高于 TCP/IP。早期 TCP/IP 协议是为军用网 ARPANET 设计的体系结构，一开始就考虑了一些特殊要求，如可用性、残存性、安全性、网络互联性以及处理瞬间大信息量的能力等。此外，TCP/IP 是最早的互联协议，它的发展顺应社会需求，来自实践，在实践中不断改进与完善，有成熟的产品和市场，为人们所广泛接受。

2. 对以下问题的处理方法不相同

(1) 对层次间的关系。OSI-RM 是严格按“层次”关系处理的，两个(N)实体通信必须通过下一层的(N−1)实体，不能越层。而 TCP/IP 则不同，它允许越层直接使用更低层次所提供的服务。因此，这种关系实际上是“等级”关系，这种等级关系减少了一些不必要的开销，提高了协议的效率。(2)对异构网互连问题。TCP/IP 一开始就考虑对异构网络的互连，并将互连协议 IP 单设一层。但 OSI-RM 最初只考虑用一个标准的公用数据网互联不同系统，后来认识到互联协议的重要性，才在网络层中划出一个子层来完成 IP 任务。(3)OSI-RM 开始只提供面向连接的服务，而 TCP/IP 一开始就将面向连接和无连接的服务并重，因为无连接的数据报服务，对互联网中的数据传送和分组话音通信是很方便的。此外，TCP/IP 有较好的网络管理功能，而 OSI-RM 是到后来才考虑这个问题。

1.4.5 网络通信标准化组织

网络通信涉及不同设备之间的交互，要使得这些不同的制造商生产的设备能够实现交互，必须遵循一些标准。目前在国际上最著名的两个国际标准化组织分别是 ISO 和 ITU-T。ISO 的前身是国际标准化协会(International Standards Association，ISA)。ISO 的宗旨是开展有关的标准化活动，在世界范围内促成国际标准的制定等。其中与网络通信关系比较密切的两个分委会分别是系统间远程通信和信息交换分委会(Telecommunication and Information exchange between Systems)以及信息技术设备互连分委会(Interconnection of

Information Technology Equipment)。ITU-T 主要负责电话和数字通信领域的建议和标准。表 1-3 列出了部分 OSI 的标准以及对应的 CCITT 标准。

因特网的标准化工作由 IAB(Internet Activities Board,因特网活动委员会)负责,下设任务组(Task Force)负责具体某一方面的标准,如 IETF(Internet Engineering Task Force),因特网工程任务组负责因特网近期发展的工程与标准问题。形成 RFC(Request For Comments)文档。如著名的 IP 协议和 TCP 协议的文档为 RFC791 和 RFC793。

国际电气电子工程师协会(IEEE)曾致力于一些标准的制定工作,如表 1-3 中的局域网标准最初就是该协会提出的,也称为 IEEE 802 标准。同时,美国电子工业协会(EIA)制定的一些标准目前也在使用中,如有关物理层的标准 EIA-RS-232C 给出了目前计算机串行接口的标准规范。

表 1-3　部分 OSI 和 CCITT 标准

标准分类	OSI 标准	CCITT 标准	说　明
应用层	8571		文件传送、访问和管理
	10021	X.400	电子邮件
	9040、9041		虚拟终端服务定义和协议规范
表示层	8822、8823	X.216、X.226	服务定义和协议规范
会话层	8326、8327	X.215、X.225	服务定义和协议规范
运输层	8072、8073	X.214、X.224	服务定义和协议规范
网络层	8348	X.213、X.25	服务定义和分组协议规范
数据链路层		X.25	数据链路级协议
	3309、4335、7809		高级数据链路控制规程
	8802		局域网标准
物理层	2110、2593、4902		机械规范
		V.28、V.35、V.10、V.11	电气规范
		V.24	功能规范
		V.20,V.21	数字规范
模型	7498	V.200	OSI 基本参考模型

本章小结

(1) 计算机网络的发展主要经历了四个阶段,可概括为:第一阶段为面向终端的计算机网络,第二阶段为多个计算机互连的计算机网络,第三阶段为面向标准化的计算机网络,第四阶段为全球互联网的形成与发展。

(2) 计算机网络可定义为把分布在不同地点且具有独立功能的多个计算机,通过通信设备和线路连接起来，在功能完善的网络软件运行环境下，以实现网络中资源共享为目标的系统。它由端系统和通信子网组成。

(3) 计算机网络可以根据不同的分类方法进行分类，根据网络覆盖的地理范围可以将计算机网络分为互联网、广域网、城域网、局域网和个人区域网。根据网络的拓扑结构，可以将网络分为星型、树型、总线型、环型和网络型。

(4) 计算机网络体系结构是计算机网络的各层及其服务和协议的集合，也就是它们所应完成的所有功能的定义，是用户进行网络互连和通信系统设计的基础。

(5) 网络中计算机的硬件和软件存在各种差异，为了保证相互通信及双方能够正确地接收信息，必须事先形成一种约定，即网络协议。协议是指通信双方必须遵循的、控制信息交换的规则的集合，是一套语义和语法规则，用来规定有关功能部件在通信过程中的操作，它定义了数据发送和接收工作中必经的过程。协议规定了网络中使用的格式、定时方式、顺序和检错。一般来讲，一个网络协议主要由语法、语义和同步三个要素组成。

(6) OSI七层模型从下到上分别为物理层、数据链路层、网络层、传输层、会话层、表示层和应用层。类似于OSI-RM层次模型，TCP/IP的层次结构包含了四个层次，从下到上分别为网络接入层、互连网络层、传输层和应用层。它们有一定的对应关系。

(7) 协议各层间存在信息交换，一个系统中的相邻两个层次间的信息交换是通过服务访问点这样的接口实现的。每一层和相邻层有接口，较低层通过接口向它的上一层提供服务，但这一服务的实现细节对上层是屏蔽的。较高层又是在较低层提供的低级服务的基础上实现更高级的服务。

(8) 目前在国际上最著名的两个国际标准化组织分别是ISO和ITU-T。ITU-T主要负责电话和数字通信领域的建议和标准。因特网的标准化工作由IAB负责，下设任务组负责具体某一方面的标准，如IETF负责因特网近期发展的工程与标准问题，形成RFC文档。如著名的IP协议和TCP协议的文档为RFC791和RFC793。

练 习 题

1.1 什么是计算机网络？

1.2 试分析阐述计算机网络与分布式系统的异同点。

1.3 计算机网络的拓扑结构种类有哪些？各自的特点是什么？

1.4 从逻辑功能上看，计算机网络由哪些部分组成？各自的内涵是什么？

1.5 在由 n 个节点构成的星型拓扑结构的网络中，共有多少个直接的连接？在由 n 个节点构成的环状拓扑结构的网络中呢？在由 n 个节点构成的全连接网络中呢？

1.6 在广播式网络中，当多个节点试图同时访问通信通道时，信道将会产生冲突，所有节点都无法发送数据，从而造成信道容量的浪费。假设可以把时间分割成时间片，n 个节点中每个节点在每个时间片试图使用信道的概率为 p，试计算由于冲突而浪费的时间片的百分比。

1.7 什么是网络体系结构？为什么要定义网络的体系结构？

1.8 什么是网络协议？它由哪几个基本要素组成？

1.9 试分析协议分层的理由。

1.10 OSI参考模型的层次划分原则是什么？画出OSI-RM模型的结构图，并说明各层次的功能。

1.11 在OSI参考模型中各层的协议数据单元(PDU)是什么？

1.12 在试比较OSI-RM与TCP/IP模型的对应关系及异同点。

1.13 设有一个系统具有n层协议，其中应用进程生成长度为m字节的数据，在每层都加上长度为h字节的报头，试计算传输报头所占用的网络带宽百分比。

1.14 如果在数据链路层上交换的单元称为帧，在网络层上交换的单位称为分组，那么应该是帧封装分组，还是分组封装帧？

1.15 文件传输有两种可行的确认策略。第一种是文件分组后，接收方对分组逐个确认；第二种是文件传输完毕，对整个文件给予确认。试分析这两种确认方式的优缺点。

第2章 chapter 2

数据通信技术基础

计算机网络是由数据通信技术和计算机技术相结合发展而来的，可见，数据通信技术是计算机网络技术发展的基础。随着计算机技术与通信技术的结合日趋紧密，数据通信作为计算机技术与通信技术相结合的产物，在现代通信领域中正扮演着越来越重要的角色。

本章主要介绍有关数据通信的一些基础知识，包括基本概念、数据传输方式、数据传送技术、多路复用技术、数据交换技术和差错控制技术等，最后讨论了数据通信接口的特性。

2.1 数据通信的基本概念

随着社会的发展，人们进行通信的方式不再局限于传统的电话、电报，因为它们不能满足大信息量的需要，而以数据作为信息载体的通信手段得到了日益广泛的应用。在计算机网络中，数据通信是指在计算机与计算机以及计算机与终端之间的数据信息传送的过程。人们通过字符、数字、语音、图像等数据的传递，可以进行收发电子邮件、共享文件、视频聊天等各种通信活动。

2.1.1 数据、信息和信号

在数据通信技术中，信息、数据与信号是十分重要的概念。正如前面所讲，数据通信的目的是交换信息，而数据是信息的载体，数据又是以信号的形式进行传输的。

1. 数据和信息

"数据"目前并没有严格的定义，通常是指预先约定的具有某种含义的数字、符号和字母的组合。数据中包含着信息，涉及信息的表现形式，信息是通过解释数据而产生的。从形式上，数据可分为模拟数据和数字数据两种。

模拟数据的取值是连续的，在现实生活中的数据大多取值是连续的，如声音或视频都是强度连续变化的波形；又如，用传感器采集到的数据包括温度和压力等，都是连续的。数字数据的取值是离散的，如计算机输出的二进制数据只有"0"、"1"两种状态。数字数据比较容易存储、处理和传输，模拟数据经过处理也能变成数字数据。

2. 信号

在数据通信中，数据被转换为适合在通信信道上传输的电磁波编码。这种在信道上传输的电磁波编码叫做信号，所以信号是数据在传输过程中的电磁波的表示形式。和数据的分类类似，信号也分为模拟信号和数字信号两种类型。

模拟信号是指信号的幅度随时间作连续变化的信号。传统电视里的图像和语音信号是模拟信号。传统电话线上传送的电信号是随着通话者的声音大小的变化而变化的，这个变化的电信号无论在时间上或是在幅度上都是连续的，这种信号也是模拟信号。模拟信号无论在时间上和幅值上均是连续变化的，它在一定的范围内可能取任意值。图 2-1(a)是模拟信号的一个例子。

数字信号在时间上是不连续的、离散性的信号，一般由脉冲电压 0 和 1 两种状态组成。数字脉冲在一个短时间内维持一个固定的值，然后快速变换为另一个值。数字信号的每个脉冲被称为一个二进制数或位(bit)，每个位有两种可能的值 0 或 1，连续 8 位组成一个字节。图 2-1(b)是数字信号的一个例子。

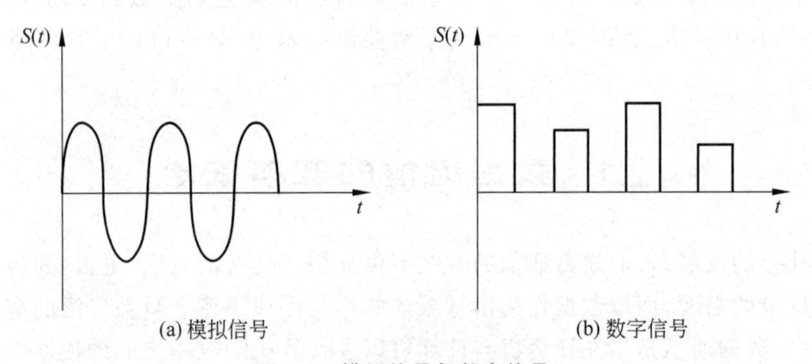

(a) 模拟信号　　(b) 数字信号

图 2-1　模拟信号与数字信号

模拟信号和数字信号都可以在合适的传输介质上进行传输。我们常用“信道”一词来表示向某一方向传送数据的传输介质。由于目前使用的传输介质有多种，它们在传输特性上存在着差别，在后面的章节中会对此专门介绍。因此，数据传输设备采用不同的信号变换技术，以取得较满意的数据传输质量。

2.1.2 数据通信系统

从对数据通信的定义中可以看出，它包括数据传输和数据传输前后的数据处理两个方面的内容。数据传输是指通过某种方式建立一个数据传输的通道，并将数据以信号的形式在其中传输；数据传输前后的处理可以使数据的传输更加可靠、有效，主要包括数据交换、差错控制、多路复用等。所以，数据通信系统就是完成上述两个部分功能的通信系统。由此看来，对于数据通信系统来说，应该由三个部分构成即发送部分、传输系统（传输媒体）和接收部分，其中传输系统完成数据的传输，发送部分和接收部分完成数据传输前后的处理。数据通信系统的基本模型如图 2-2 所示。

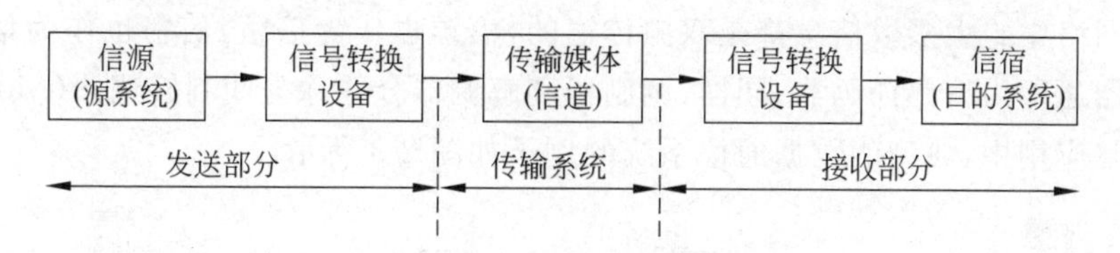

图 2-2 数据通信系统的基本模型

信源主要负责将要处理的原始数据转换成原始的电信号。由于信源发出的原始信号需要进行信号转换后才能够在信道中传输,所以发送部分的信号转换设备负责将原始电信号转换成合适的信道传输信号。通过传输系统的传输,信号到了接收部分,接收部分的信号转换设备负责把收到的信号还原为原始的电信号,然后交由信宿处理。信宿则从收到的信号中判决出数据。在整个系统中各个部分都没有出错的情况下,接收到的数据应和发送的数据完全一致。

1. 信源和信宿

信源就是信息的发送端,是发出待传送信息的设备;信宿就是信息的接收端,是接收所传送信息的设备。在实际应用中,大部分信源和信宿设备都是计算机或其他数据终端设备(Data Terminal Equipment,DTE)。

2. 信道

信道是通信双方以传输媒体为基础的传输信息的通道,它是建立在通信线路及其附属设备(如收发设备)上的。该定义似乎与传输媒体一样,但实际上两者并不完全相同。一条通信介质构成的线路上往往可包含多个信道。信道本身也可以是模拟的或数字的方式。用以传输模拟信号的信道叫做模拟信道,用以传输数字信号的信道叫做数字信道。

3. 信号转换设备

信号转换设备的作用是将信源发出的信息转换成适合于在信道上传输的信号,对应不同的信源和信道,信号转换设备有不同的组成和变换功能。发送端的信号转换设备可以是编码器或调制器,接收端的信号转换设备相对应的就是译码器或解调器。

编码器的功能是把信源或其他设备输入的二进制数字序列进行相应的变换,使之成为其他形式的数字信号或不同形式的模拟信号。编码的目的有两个:一是将信源输出的信息变换后便于在信道上有效传输,此为信源编码;二是将信源输出的信息或经过信源编码后的信息再根据一定规则加入一些冗余码元,以便在接收端能够正确识别出信号,降低信号在传输过程中可能出现差错的概率,提高信息传输的可靠性,此为信道编码。译码器是在接收端完成编码的反过程。

调制器是把信源或编码器输出的二进制脉冲信号变换(调制)成模拟信号,以便在模拟信道上进行远距离传输;解调器的作用是反调制,即把接收端接收的模拟信号还原为二进制脉冲数字信号。

由于网络中绝大多数信息都是双向传输的，信源也作为信宿，信宿也作为信源；编码器和译码器通称为编码译码器；同样，调制器和解调器合并称为调制解调器（Modem）。

在实际应用中，典型的数据通信系统的例子如图2-3所示。

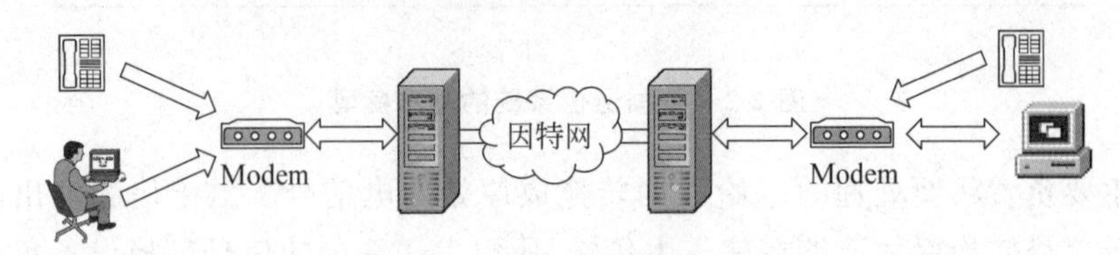

图2-3 用户通过电话线拨号上网

在图2-3中，用户通过拨号上网，信源即是左边的计算机，信宿是右边的计算机，两边的调制解调器承担着信号转换器的功能，中间的部分则是传输系统。

2.1.3 传输媒体

在一个数据通信系统中，连接发送部分和接收部分之间的物理通路称为传输媒体，也称为传输媒介或传输介质。传输媒体可分为两大类，即有线的传输媒体和无线的传输媒体。在有线的传输媒体中，电磁波沿着固体媒体铜线或光纤向前传播，而无线的传输媒体就是指利用大气和外层空间作为传播电磁波的通路。有线传输媒体主要有双绞线、同轴电缆和光缆等，无线传输媒体主要包括无线电波、地面微波、卫星微波、红外线等。下面将对主要的7种有线和无线的传输媒体逐一介绍。

1. 双绞线

双绞线（Twisted Pair，TP）是目前使用最广泛、价格也较低廉的有线传输媒体。它是由两根互相绝缘的铜导线并排放在一起，然后用规则的方法绞合起来所构成的；导线的典型直径在0.4～1.4mm之间，采用两两相绞的绞线技术可以抵消相邻线对之间的电磁干扰和减少近端串扰。

为了进一步提高双绞线的抗干扰能力，可以在双绞线的外面加上一个用金属丝编织的屏蔽层，这就是屏蔽双绞线（Shielded Twisted Pair，STP）。它的价格比无屏蔽双绞线（Unshielded Twisted Pair，UTP）要贵一些。屏蔽双绞纹和无屏蔽双绞线的结构如图2-4所示。

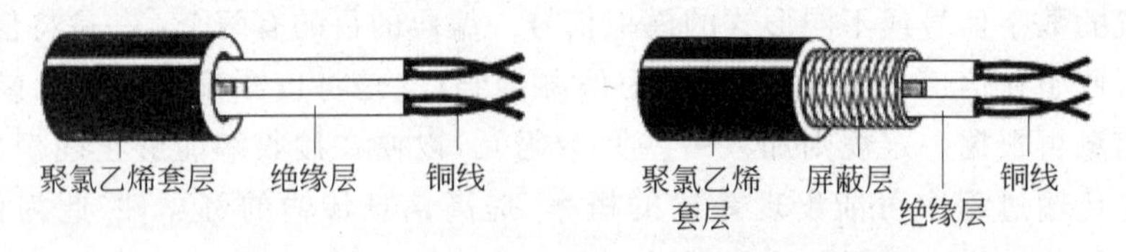

图2-4 无屏蔽双绞线和屏蔽双绞线的示意图

无屏蔽双绞线具有成本低、重量轻、易弯曲、尺寸小及适合于结构化综合布线等优点，所以在局域网中得到了充分的利用。但是它也存在传输时有信息辐射容易被窃听的缺点,所以,在对一些信息保密级别要求高的场合,还必须采取一些辅助屏蔽措施。相反,屏蔽双绞线具有抗电磁干扰强、传输质量高等优点,但是也存在接地要求高及安装复杂、弯曲半径大、成本高等缺点,所以,在实际中的使用并不普遍。

2. 同轴电缆

同轴电缆是另外一种常见的有线传输媒介,其结构如图 2-5 所示。由内导体铜质芯线(单股实心线或多股绞合线)、绝缘层、网状编织的外导体屏蔽层以及坚硬的绝缘塑料外层组成。由于外导体屏蔽层的作用,同轴电缆具有较好的抗干扰特性(特别是高频段),适合高速数据传输。

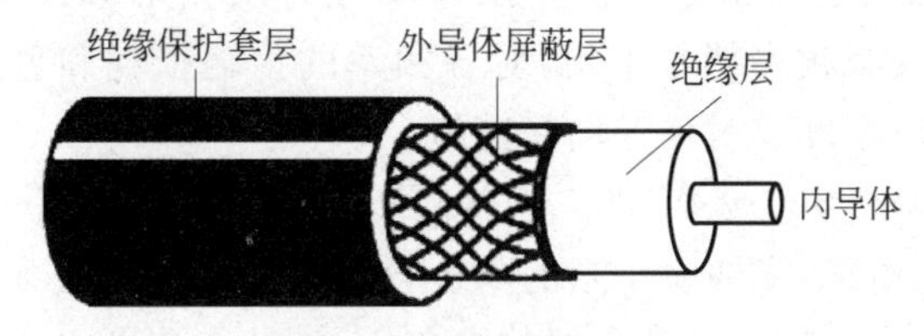

图 2-5　同轴电缆结构图

在计算机网络中所使用的同轴电缆分为粗缆和细缆两种,二者结构是相似的,只是直径不同。粗缆传输距离较远,适合于比较大型的局域网,传输损耗较小,可靠性较高。由于粗缆在安装时不需要切断电缆,所以可以根据需要灵活调整计算机接入网络的位置。但是粗缆在使用时必须安装收发器和收发器电缆,安装难度较大,总体成本较高。细缆安装比较简单,造价也较低,但是传输距离较短,一般不超过 185m。由于在它的安装过程中需要切断电缆,在两头装上基本网络连接头,然后接在 T 型连接器两端,所以会带来接触不良的隐患,这也是目前局域网常见的故障之一。

3. 光缆

光纤(Optical Fiber)是一种光传输介质,由于可见光的频率高达 10^8MHz,因此光纤传输系统具有足够的传输带宽。光缆是由一束光纤组装而成,用于传输调制到光载频上的已调信号。光缆的结构示意图如图 2-6 所示。

光纤通常由非常透明的石英玻璃拉成细丝,主要由纤芯和包层构成双层通信圆柱体,其直径(含包层)仅 0.2mm。因此,必须加上加强芯和填充物,以增加其机械强度;必要时可接入远供电源线,最后加封包带层和外护套,以满足工程施工和应用的强度要求。光纤通信衰耗小,距离长,抗干扰能力强,传输容量大,保密性好。

实际上,只要射到光纤表面的光线入射角大于某一个临界角度,就可以产生全反射,如图 2-7 所示。因此,含有许多条不同角度入射的光线在一条光纤中传输,这种光纤称为多模光纤。若光纤的直径足够细,如使用一个光的波长,则光纤就会像波导那样,能使光线一直向前传播,这种光纤则称单模光纤。

光纤作为传输介质用于通信,主要优点是:

(1) 传输速率极高,频带极宽,传送信息的容量极大。

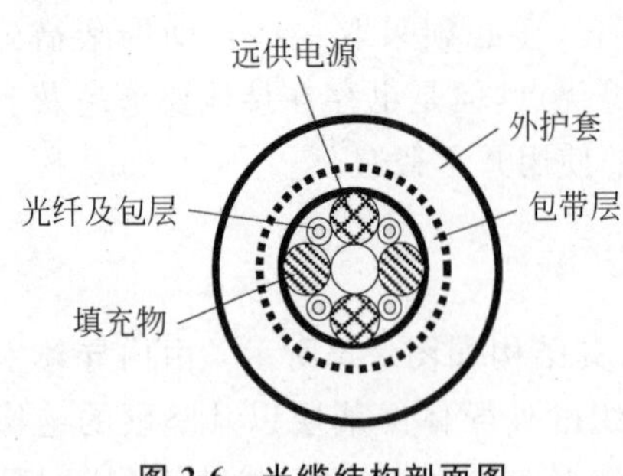

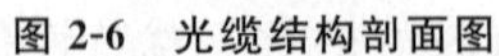
图 2-6 光缆结构剖面图

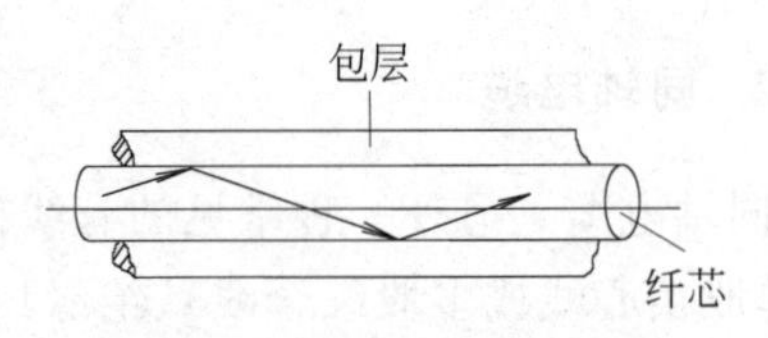

图 2-7 光波在纤芯中传播

(2) 光纤不受电磁干扰和静电干扰等影响,即使在同一光缆中,各光纤间几乎没有干扰;易于保密;光纤的衰减频率特性平坦,对各频率的传输损耗和色散几乎相同,因而接收端或中继站不必采取幅度和时延等均衡措施。

(3) 光纤的原料为石英玻璃砂(即二氧化硅),原料丰富,取之不尽。

相对双绞线、同轴电缆,光缆每千米的单价较贵。随着生产成本的日益降低,光缆必将成为21世纪全球信息基础设施的主要传输介质。

4. 无线电波

无线电波是一个广义的术语,从含义上讲,无线电波是全向传播,而微波则是定向传播。无线电波的频段分配见表2-1。

表 2-1 无线电波频段和波段名称

频段名称	频率范围	波段名称	波长范围
极低频(ELF)	3～30Hz	极长波	10^8～10^7m
超低频(SLF)	30～300Hz	超长波	10^7～10^6m
特低频(ULF)	300～3000Hz	特长波	10^6～10^5m
甚低频(VLF)	3～30kHz	甚长波	10^5～10^4m
低频(LF)	30～300kHz	长波	10^4～10^3m
中频(MF)	300～3000kHz	中波	10^3～10^2m
高频(HF)	3～30MHz	短波	10^2～10m
甚高频(VHF)	30～300MHz	超短波	10～1m
特高频(UHF)	300～3000MHz	分米波	1～0.1m
超高频(SHF)	3～30GHz	厘米波	100～1cm
极高频(EHF)	30～300GHz	毫米波	100～10mm
至高频(THF)	300～3000GHz	亚毫米波	1～0.1mm

无线电波的不同频段可用于不同的无线通信方式。

(1) 频率范围3～30MHz,通称为高频(HF)段,可用于短波通信。它是利用地面发射无线电波，通过电离层的多次反射到达接收端的一种通信方式。由于电离层随季节、昼夜以及太阳黑子活动情况而变化，所以通信质量难以稳定。当用作数据传输时，在邻近的传输码元将会引起干扰。

(2) 频率范围30～300MHz为甚高频(VHF)段，频率范围300～3000MHz为特高频(UHF)段，电磁波可穿过电离层，不会因反射而引起干扰，可用于数据通信。例如，夏威夷ALOHA系统，使用两个频率：上行频率为407.35MHz，下行频率为413.35MHz，两个信道的带宽均为100KHz，可传输数据率为9600b/s。传输是以分组形式进行的，所以也称ALOHA系统为无线分组通信(Packet Radio Communication)。

此外，蜂窝无线电移动通信(Cellular Radio Mobile Communication)系统得到了广泛的应用。例如，蜂窝式移动电话模拟系统有多种制式提供服务，其中TACS制式的基站发射频段为935～960MHz，移动台发射频率范围为890～915MHz，收发间隔45MHz，频道间隔为25KHz，可有1000个频道用于通话。另一种是蜂窝式移动电话数字系统，如GSM，基于数字射频调制技术、时分多址或码分多址技术，可提高系统容量和传送质量，有利于引入ISDN业务。

在与无线电波频段相对应的波段名称及波长范围中，分米波、厘米波、毫米波和亚毫米波可统称为微波。

5. 地面微波

地面微波的工作频率范围一般为1～20GHz，它是利用无线电波在对流层的视距范围内进行传输。由于受到地形和天线高度的限制，两微波站间的通信距离一般为30～50km。当用于长途传输时，必须架设多个微波中继站，每个中继站的主要功能是变频和放大，这种通信方式称为微波接力通信，如图2-8所示。

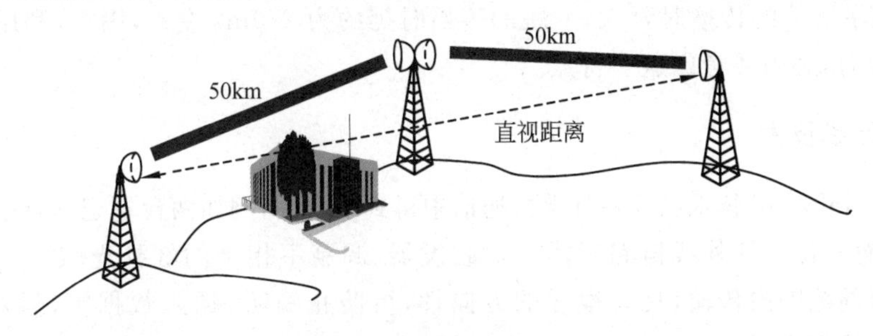

图2-8 地面微波接力通信

微波通信可传输电话、电报、图像、数据等信息，其主要特点是：

(1) 微波波段频率高，其通信信道的容量大，传输质量上较平稳，但遇到雨雪天气时会增加损耗。

(2) 与电缆通信相比，微波接力信道能通过有线线路难于跨越或不易架设的地区(如高山或深水)，故有较大的灵活性，抗灾能力也较强；但通信隐蔽性和保密性不如电缆通信。

6. 卫星微波

通信卫星是现代电信的重要通信设施之一，它被置于地球赤道上空35784km处的对地静止的轨道上，与地球保持相同的转动周期，故称为同步通信卫星。实际上，它是一个悬空的微波中继站，用于连接两个或多个地面微波发射/接收设备（称为卫星通信地球站，简称为地球站），如图2-9所示。

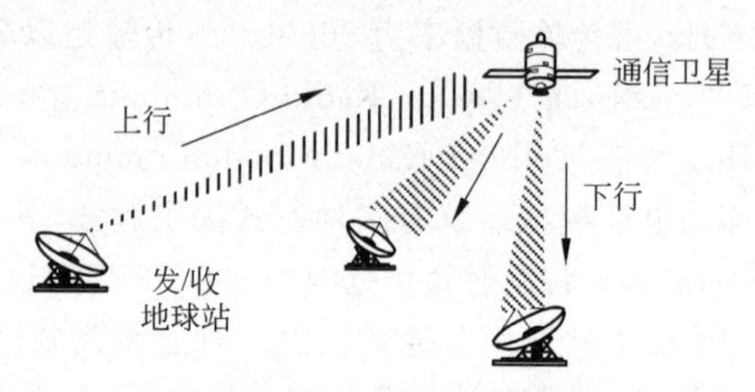

图 2-9 卫星微波中继通信

卫星通信是利用同步通信卫星作为中继站，接收地球地面站送出的上行频段信号，然后以下行频段信号转发到其他地球站的一种通信方式。经卫星一跳（Hop），可连通地面最长达1.3万km的两个地球站间的通信。

卫星微波通信的主要特点是：

(1) 通信覆盖区域广，距离远。

(2) 从卫星到地球站是广播型信道，易于实现多址传输。

(3) 通信卫星本身和发射卫星的火箭费用很高，且受电源和元器件寿命的限制，同步卫星的使用寿命一般多则7～8年，少则4～5年。

(4) 卫星通信的传播时延大，一跳的传播时延约为270ms左右，因此，利用卫星微波作数据传输时，必须要考虑这一特点。

7. 红外线技术

红外线(Infrared)技术已经在计算机通信中得到了应用，例如两台笔记本电脑对着红外接口，可传输文件。红外线链路只需一对收发器，调制不相干的红外光（$10^{12}\sim10^{14}$ Hz），在视线距离的范围内传输，具有很强的方向性，可防止窃听、插入数据等，但对环境（如雨、雾）干扰特别敏感。

2.1.4 数据通信系统的技术指标

1. 数据传输速率

数据传输速率是衡量数据通信系统能力的主要指标，主要包括传码速率、传信速率等。

(1) 传码速率

传码速率又称为调制速率、波特率，记作 N_{Bd}，是指在数据通信系统中，每秒钟传输信号码元的个数，单位是波特(Baud)。我们在前面介绍过数据和信号的概念，数据以0、1的形式表示，在传输时通常用某种信号脉冲来表示一个0、1或几个0、1的组合。这种携带数据信息的信号脉冲称为信号码元。例如，在图2-10中为二电平信号，用一种波形表示一个信号码元，一个信号码元携带1比特(0或1)的数据。图2-11为四电平信号，用一种波形表示一个四电平码元，一个信号码元中就会携带2比特(00、01、10或11)的数据。如信号码元持续的时间为T秒，则传码速率为$1/T$波特。

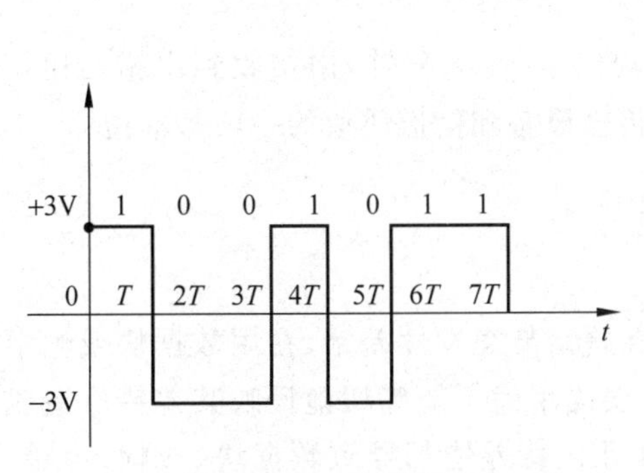

图2-10 二电平信号

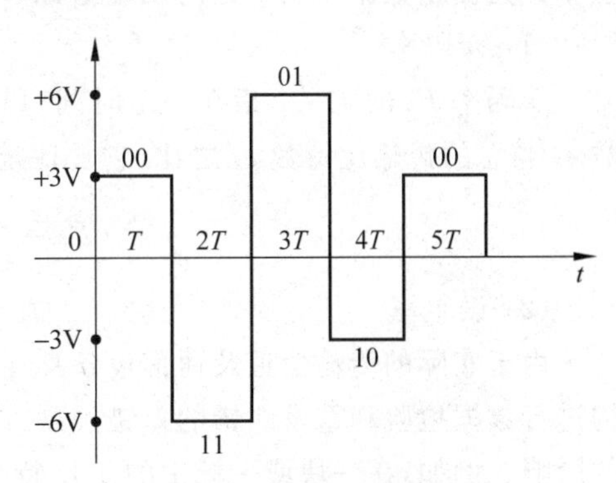

图2-11 四电平信号

(2) 传信速率

传信速率又称为比特率，记作R_b，是指在数据通信系统中，每秒钟传输二进制码元的个数，单位是比特/秒(b/s、kb/s或Mb/s)。

从传信速率的定义中我们可以看出，它是为了衡量数据通信系统在单位时间内传输的信息量。需要提醒读者的是，虽然两者的单位不同，但是在数值上是有着对应关系的。若是二电平传输，则在一个信号码元中包含一个二进制码元，即二者在数值上是相等的；若是多电平(M电平)传输，则二者在数值上有$R_b = N_{Bd} \times \log_2 M$的关系。

例2-1：若信号码元持续时间为1×10^{-4}秒，试问传送8电平信号，则传码速率和传信速率各是多少？

解：由于$T=1\times10^{-4}$秒，所以传码速率$N_{Bd}=1/T=10000$波特

由于传送的信号是8电平，所以，$M=8$。

则传信速率$R_b=N_{Bd}\log_2 M=30000$b/s。

2. 信道带宽

带宽(Bandwidth)本来是指某个信号具有的频带宽度。我们知道，一个特定的信号往往是由许多不同的频率成分组成的。因此一个信号的带宽是指该信号的各种不同频率成分所占据的频率范围。例如，在传统的通信线路上传送的电话信号的标准带宽是3.1kHz，在300～3400Hz是话音主要成分的频率范围。

在过去很长的一段时间，通信的主干线路都是用来传送模拟信号，因此，表示通信线路允许通过的信号频带范围就称为线路的带宽。当通信线路用于传送数字信号时，数据传信速率就应当成为数据通信系统最重要的指标。但人们仍然愿意将“带宽”作为数字信道的“数据传信速率”的同义语，尽管这种叫法不太严格。所以此时带宽的单位等同于

上面所介绍的数据传信速率，是比特/秒(b/s、kb/s 或 Mb/s)。

3. 误码率和误组率

数据传输的目的是确保在接收端能恢复原始发送的二进制数字信号序列。但在传输过程中，不可避免地会受到噪声和外界的干扰，致使出现差错。通常，采用误码率、误组率作为衡量数据传输信道的质量指标。

(1) 误码率

误码率 P_e 的定义：指在一定时间(ITU-T 规定至少 15 分钟)内接收到出错的比特数 e_1 与总的传输比特数 e_2 之比，它是评定数据传输设备和信道质量的一项基本指标。

$$P_e = \frac{e_1}{e_2} \times 100\% \qquad (2\text{-}1)$$

(2) 误组率

由于实际的传输信道及通信设备存在随机性差错与突发性差错，在用数据块或帧结构进行数据检验和重发纠错的差错控制方式下，误码率尚不能确切地反映其差错所造成的影响。例如，在一块或一帧中的 1 比特差错和几比特差错都导致数据块(或帧)出错，因此，采用误组率 P_B 来衡量差错对通信的影响更符合实际。

$$P_B = \frac{b_1}{b_0} \times 100\% \qquad (2\text{-}2)$$

式中，b_1 为接收出错的组数，b_0 为总的传输组数。

误组率在一些采用块或帧检验以及重发纠错的应用中能反映重发的概率，从而也能反映出该数据链路的传输效率。

例 2-2：在 9600b/s 的线路上，进行一小时的连续传输，测试结果为有 150 比特的差错，问该数据通信系统的误码率是多少？

解：由于$P_e = \frac{e_1}{e_2} \times 100\%$

$e_1 = 150\text{b}, 1\text{h} = 3600\text{s}$

$e_2 = 9600\text{b/s} \times 3600\text{s} = 34560000\text{b}$

所以误码率 $P_e = 150/34560000 = 4.34 \times 10^{-6}$

4. 时延

在实际的数据通信系统中，我们经常会将传输的基本单位定义为分组或者报文，在数据交换技术中会讲到它们的概念，在这里，读者只需知道分组或者报文都是由若干个比特组成的就行了。时延(Delay)是指一个报文或分组从一条链路的一端传送到另一端所需的时间。需要注意的是，时延是由以下几个不同的部分组成的。

(1) 发送时延：是节点在发送数据时使数据块(一个分组或者一个报文)从节点进入到传输媒体所需要的时间，也就是从数据块的第一个比特开始发送算起，到最后一个比特发送到传输媒介完毕所需的时间。

发送时延又称为传输时延，它的计算公式是：

$$发送时延 = \frac{数据块长度(b)}{信道带宽(b/s)} \tag{2-3}$$

信道带宽就是数据在信道L的发送速率，它也常称为数据在信道上的传输速率，即前面所讲到的传信速率。

(2) 传播时延：传播时延是电磁波在信道中需要传播一定的距离而花费的时间。该时延的计算公式是：

$$传播时延 = \frac{信道长度(m)}{电磁波在信道上的传播速度(m/s)} \tag{2-4}$$

电磁波在自由空间的传播速率是光速，即 3×10^5 km/s，电磁波在有线传输媒体中的传播速率比在自由空间要略低一些：如在铜线电缆中的传播速率约为 2.3×10^5 km/s，在光纤中的传播速率约为 2×10^5 km/s。

从以上讨论可以看出，数据发送速率(即带宽)和电磁波在信道上的传播速率是两个完全不同的概念，因此不能将发送时延和传播时延混为一谈。

(3) 处理时延：这是数据在交换节点为存储转发而进行一些必要处理所花费的时间。在节点缓存队列中分组排队所经历的时延是处理时延中的重要组成部分。因此，处理时延的长短往往取决于数据通信系统中当时的通信量。当通信量很大时，还有可能会发生队列溢出，使分组丢失。

这样，数据经历的总时延就是以上三种时延之和：

总时延＝传播时延＋发送时延＋处理时延

例 2-3：若A、B两台计算机之间的距离为1000km，假定在电缆内信号的传播速度是 2×10^8 m/s，试对下列类型的链路分别计算发送时延和传播时延。

(1) 数据块长度为 10^8 b，数据发送速率为1Mb/s；

(2) 数据块长度为1000b，数据发送速率为1Gb/s。

解：(1) 发送时延＝数据块长度/信道带宽＝10^8 b/(1Mb/s)＝100s

传播时延＝信道长度/信号的传播速度＝1000km/(2×10^8 m/s)＝5ms

(2) 发送时延＝数据块长度/信道带宽＝1000b/(1Gb/s)＝1μs

传播时延＝信道长度/信号的传播速度＝1000km/(2×10^8 m/s)＝5ms

从该例题中我们可以看出，若只考虑发送时延和传播时延的话，不能笼统地说哪一种时延占的比例较大，应该具体情况具体分析。在第一种情况中，发送时延占了主导地位；在第二种情况中，传播时延反而占的比重较大。所以并非信道带宽越大，数据在信道上跑的速度越快，在A、B两台设备之间传输数据时花费的总时间越少，总时间(即总时延)是传播时延、发送时延、处理时延的和。

2.2 数据传输方式

数据传输是指用电信号把数据从发送端传送到接收端的过程，数据在信道上可以采用不同的传输方式，按照各种不同的分类方法，数据传输方式可以分为并行传输和串行传输，同步传输和异步传输，单工、半双工和全双工传输，模拟传输和数字传输等。本节就分别来介绍这些不同的传输方式。

2.2.1 并行传输与串行传输

按照传输时是多位一起传输还是一位一位进行，可以把传输方式分为并行和串行两大类。

1. 并行传输

并行传输指的是数据以成组的方式，在多条并行信道上同时进行传输，如图2-12(a)所示。例如一个采用8单位二进制码构成一个字符进行并行传输的系统，需采用8个信道，一次传送8位，即一个字符，因此收发双方不存在字符同步的问题，不需要额外的措施来实现收发双方的字符同步，这是并行传输的主要优点。在实际应用中，需另外加一条控制信号即“选通”脉冲，它在数据信号发出之后传送，用以通知接收设备所有的位已经发送完毕，可对各条信道上的信号进行取样了。并行传输常用于计算机内部数据总线，或早期PC微机与打印机接口，但由于使用的线路多，成本较高，不适宜远距离传输。

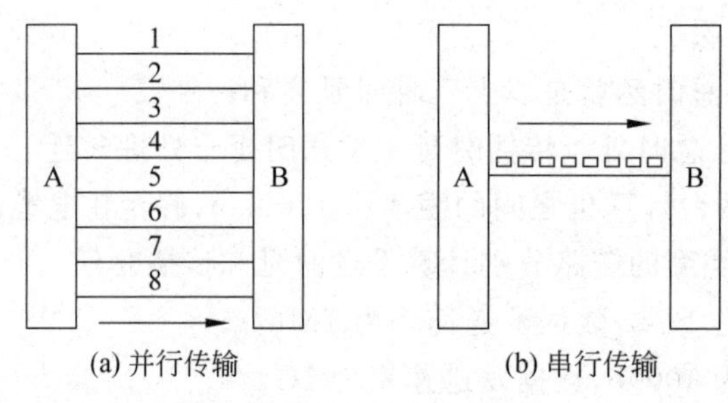

(a) 并行传输　　(b) 串行传输

图2-12　传输方式

2. 串行传输

串行传输指的是组成字符的若干位二进制码排列成数据流在一条信道上逐位顺序传输，如图2-12(b)所示。通常传输顺序为从低位到高位，传完这个字符再传下一个字符，因此，为使接收方能够从接收的数据比特流中正确区分出与发送方相同的一个一个的字符，需要外加同步措施来解决收、发双方码组或字符的同步，这是串行传输必须解决的问题，同时也是它的一个缺点。串行传输由于只需要一条传输信道，所以易于实现，是目前远程通信主要采用的一种传输方式。

2.2.2 异步传输与同步传输

在串行传输中，使接收方能够从接收的数据比特流中正确区分出与发送方相同的一个一个的字符所采取的措施称为字符同步。根据实现字符同步方式的不同，数据传输有异步传输和同步传输两种方式。

1. 异步传输

异步传输中，不论字符所采用的代码为多少位，在发送每一个字符代码(即字符的数据位)时，都要在前面加上一个起始位，长度为一个码元长度，极性为“0”，表示一个字符的开始；后面加上一个停止位，长度可选为1、1.5或2个码元长度，极性为“1”，表示一个字符的结束，如图2-13所示。

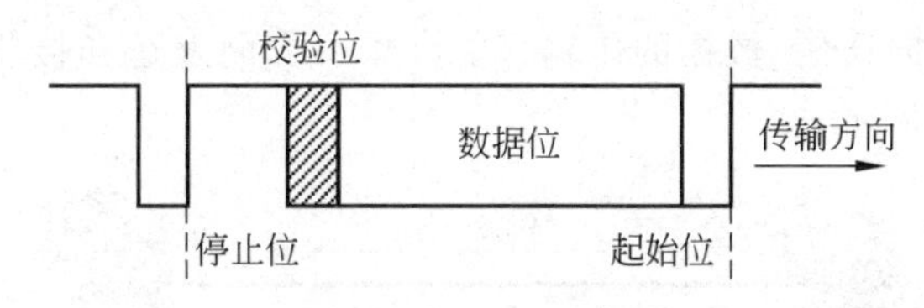

图 2-13 异步传输

字符可以连续发送，也可以单独发送；当不发送字符时，线路上发送的始终是停止信号，即保持“1”状态。因此每个字符的起始时刻可以是任意的，从这一意义上，收发端的通信具有异步性，但在同一字符内部各码元长度应是相同的。接收方可以根据字符之间从停止位到起始位的跳变，即由“1”变“0”的下降沿来识别一个新字符的开始，从而正确区分一个个字符，这种字符同步方法又称为起止式同步。异步通信方式的优点是实现字符同步比较简单，收发双方的时钟信号不需要严格同步；缺点是不适宜高速率的数据通信，且对每个字符都需加入起始位和终止位，因而传输效率低。

例 2-4：在异步传输中，假设停止位为1位，并采用1位奇/偶校验位，字符的数据位为5位，传输效率为多少？

解：传输效率＝字符的数据位/字符的总长度

传输效率＝5/(1＋1＋1＋5)×100％＝62.5％

2. 同步传输

同步传输方式要比异步传输复杂，它是以固定的时钟节拍来发送数据信号的，因此在一个串行数据流中，各信号码元之间的相对位置是固定的(即同步)。接收端为了从接收到的数据流中正确地区分一个个信号码元，必须具有与发送端一致的时钟信号。在同步通信方式中，发送的数据一般以帧(Frame)为单位，通常一帧数据中包含多个字符，在一帧数据的前后分别加上若干个同步字符和校验字段、传输结束字符来表示一帧的开始和结束，如图2-14所示。

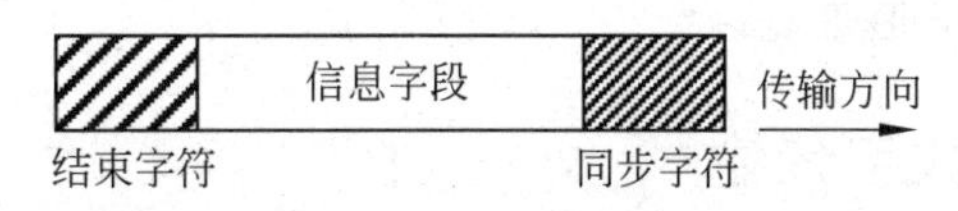

图 2-14 同步传输

与异步通信方式相比，由于它发送每一字符时不需要单独加起始位和终止位，而是在一帧的前后加上若干个用于同步的控制字符，所以具有较高的传输效率。现代数据通信，特别是高速环境下，主要采用同步通信。

2.2.3 单工、半双工和全双工传输

数据传输是有方向性的,按照数据传输方向与时间的关系可以分为三种不同的传输方式,分别是单工、半双工和全双工。

1. 单工传输

单工传输即单方向通信,数据的传输只能沿单一方向发送和接收,如电视广播、无线广播等,如图 2-15(a)所示。

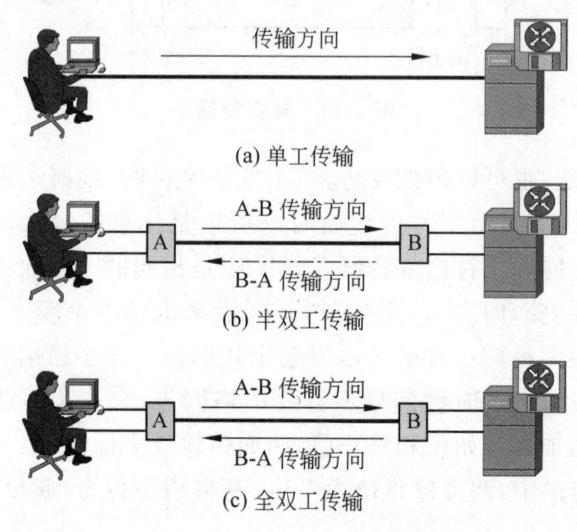

图 2-15 三种基本传输方式

2. 半双工传输

半双工传输即双向交替通信,数据可以在两个方向上传输,但是双方不能同时通信,一方发送信息时,另一方为接收信息,反之亦然,如图 2-15(b)所示。

3. 全双工传输

全双工传输即双向同时通信,数据可以在两个方向上同时传输,即双方能同时收发信息,如图 2-15(c)所示。全双工通信可以是四线或二线传输:四线传输时有两条物理上独立的信道,一条发送一条接收;二线传输可以采用频分复用、时分复用或回波抵消技术使两个方向的数据共享信道带宽。

2.2.4 模拟传输和数字传输

按照在信道上传输的信号是模拟信号还是数字信号,数据传输又可以分为模拟传输和数字传输。利用数字信号传递信息的通信系统叫做数字通信系统,利用模拟信号传递信息的通信系统称为模拟通信系统。

1. 模拟传输

模拟通信系统提供模拟传输服务，传输的是模拟信号，即连续变化的信号。在实际应用中，模拟数据和数字数据都可以采用模拟传输。

模拟数据可以用模拟信号来表示，模拟数据是时间的函数，并占有一定的频率范围(即频带)。这种数据可以直接用占有相同频带的电信号(即对应的模拟信号)来表示，模拟电话通信即是它的一个典型应用。

数字数据也可以用模拟信号来表示，但此时需要使用一个调制解调器进行信号变换，详细的变换方法在2.3节里会有介绍。

2. 数字传输

数字通信系统提供数字传输服务，传送的是数字信号，即离散的二进制数字信号序列，也就是以数字信息为主。在实际应用中，模拟数据和数字数据都可以采用数字传输。

模拟数据可以由数字信号来表示和传输，但是需要使用一个将模拟数据转化为数字信号的设备。例如在对声音数据转化为数字信号时使用的编码器，通过对模拟的声音数据进行抽样、量化和编码(在2.3节有详细介绍)，最终用二进制形式的数字脉冲信号来表示和传输。

数字数据可以直接用数字信号来进行传输，在实际应用中，通常要对二进制数据进行编码，使之更加适合于数字传输，当然在接收端需要将数字信号解码为原来的数据。

由于模拟信号容易受到噪音、静电和其他干扰源的干扰而导致信号变形，因此模拟信号比数字信号更容易出错。另外，模拟信号随着传输距离的增加会产生衰减，在对信号进行放大和转发时噪声信号也会被放大，这样就会影响原始信号的质量。而数字信号是以电平的高低来表示的，只要噪声值不超过数字信号的门限值，就可以保证数字通信的可靠性。数字信号随着传输距离的增加也会产生衰减，但是由于采用再生中继方式，使再生的数字信号和原来的数字信号一样并且能够消除噪音，通信质量受传输距离的影响比模拟信号要小，因此数字传输可靠性比模拟传输要高，所以大多数的计算机网络使用了数字传输的方式。

2.3 数据传送技术

在数据通信系统中，根据被传送的数据信号的特点，从传输系统的角度上看，有基带传输系统和频带传输系统。除此之外，在这两种传输系统基础上演化而来的还有数字数据传输方式。在本节中首先讨论数据序列的电信号表示，即将数据变换为数字信号，使其更加有利于传输，其次介绍信道容量的概念和计算，然后再分别介绍数据信号的基带传输、频带传输和数字数据传输。

2.3.1 数据序列的电信号表示

数据终端产生的数据信息是以“1”和“0”两种代码为代表的随机序列，它可以用不同形式的电信号来表示,使其特性有利于传输,从而构成不同形式的数据信号,如图 2-16 所示。

0、1数据 ⇨ 电信号表示 ⇨ 数据信号

图 2-16 数据的电信号表示

典型的几种数据信号的形式,如图 2-17 所示。

1. 单极性码和双极性码

若二进制数字的表示方法是用正电平表示"1",0 电平表示"0",则称为单极性码;若用正电平表示"1";负电平表示"0",则称为双极性码。

2. 不归零码和归零码

若在一个码元周期 T 内,数据电信号的电平值保持不变,即是不归零码(Non Return to Zero,NRZ)。若在一个码元周期内,电平维持某个值(正电平或负电平)一段时间就返回零,就称为归零码。其中,零电平占整个码元周期的比例称为占空比,通常占空比为 50%。

这样,把单极性码和双极性码以及不归零码和归零码进行组合,则有单极性不归零码(如图 2-17(a)所示)、单极性归零码(如图 2-17(b)所示)、双极性不归零码(如图 2-17(c)所示)和双极性归零码(如图 2-17(d)所示)。

3. 差分编码

差分编码又称为相对码,它是用前后码元的电平是否有变化来代表所要传送的"0"和"1",如图 2-17(e)所示。在该例中编码规则是:用前后码元的电平有变化(低—高,或高—低)来表示二进制"1",用前后码元的电平无变化来表示二进制"0";并且假设初始状态为低电平,当然也可以假设初始状态为高电平,这样的话所对应的波形就和图 2-17(e)相反了。

4. 伪三进制码

伪三进制码的编码规则是:对于二进制"0",用零电平表示;二进制"1",采用正电平-负电平交替表示,如图 2-17(f)所示。

5. 曼彻斯特(Manchester)编码

曼彻斯特码如图 2-17(g)所示。其编码规则:每个码元周期的中间有跳变(极性转换),二进制"0"表示为负电平到正电平的跳变;二进制"1"表示为正电平到负电平的跳变。

6. 差分曼彻斯特编码

差分曼彻斯特码是差分编码和曼彻斯特编码相结合的一种编码方式,如图 2-17(h)所示。首先按照差分编码的规则变换成差分码,再按照曼彻斯特编码规则进行转换即可。在 10Mb/s 的以太网中,使用曼彻斯特码,在标记环网中,使用差分曼彻斯特码。

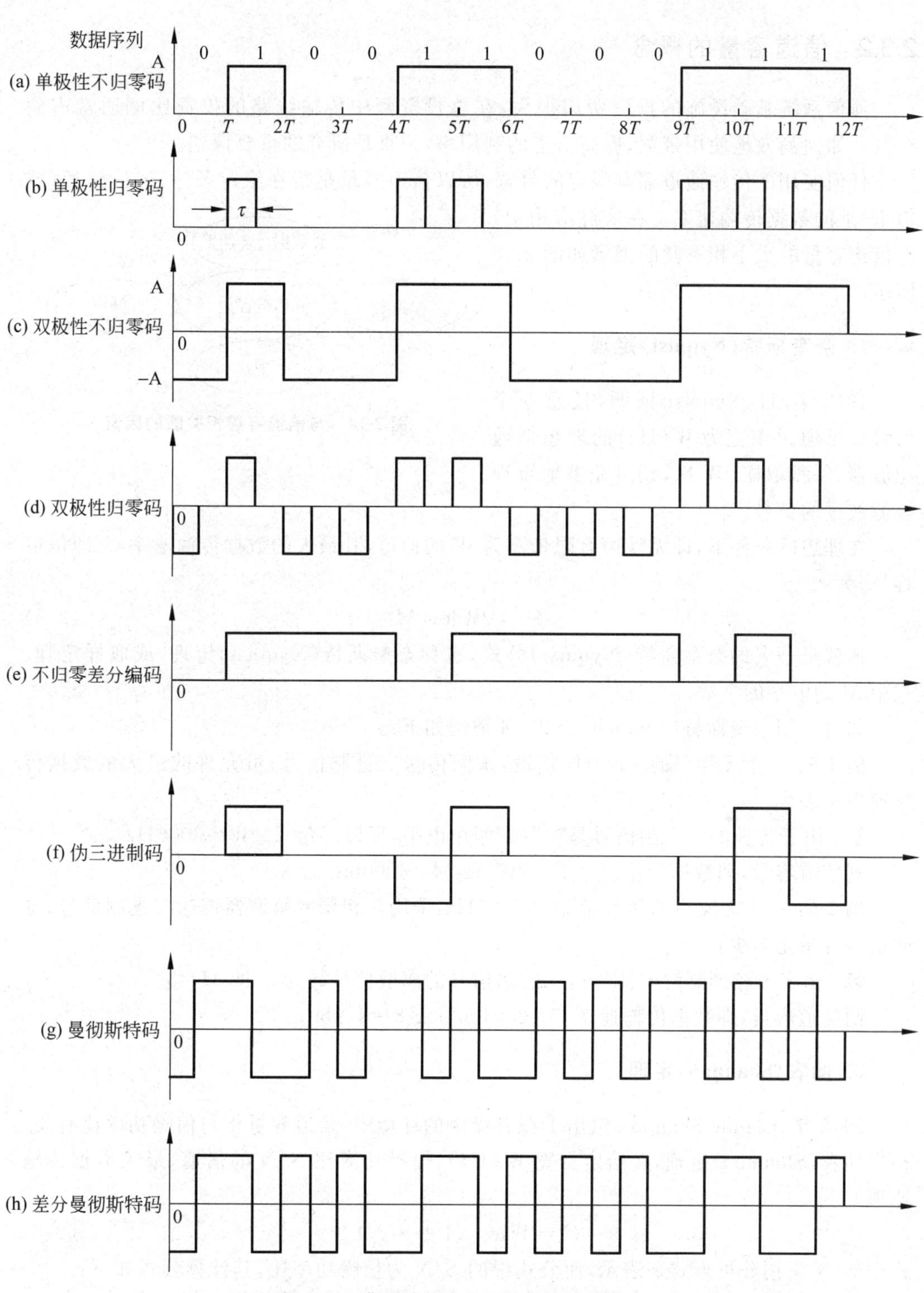

图 2-17 典型的数字数据的数字信号编码

2.3.2 信道容量的概念

通信系统基础设施的投资费用很大,在总投资额中传输线路的投资比例通常占到80%。如何高效地使用带宽,提高信道的利用率,一直是研究的重要课题。

任何实用的传输通道都有限定的带宽,所以信道容量是指在给定条件、通信路径(或信道)上的数据传输速率。在实际应用中,与信道容量的大小相关联的因素如图 2-18 所示。

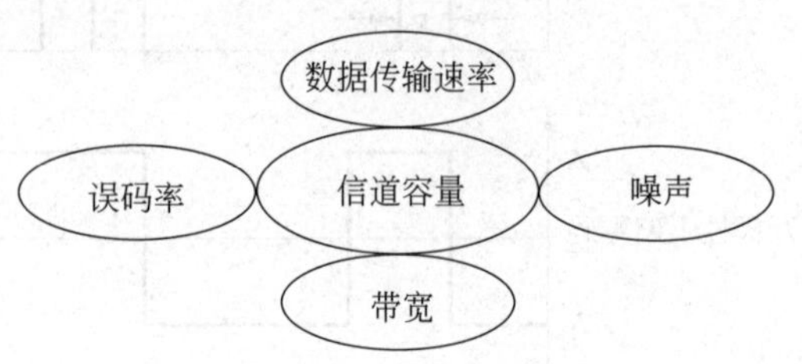

图 2-18 与信道容量相关联的因素

1. 奈奎斯特(Nyquist)定理

1942 年,H. Nyquist 证明,任意一个信号如果通过带宽为 W(Hz)的理想低通滤波器,每秒取样 $2W$ 次,就可完整地重现该滤波过的信号。

在理想的条件下,即无噪声有限带宽为 W 的信道,其最大的数据传输速率 C(即信道容量)为

$$C = 2W\log_2 M \tag{2-5}$$

这就是著名的奈奎斯特(Nyquist)公式,也称奈奎斯特(Nyquist)定理,或取样定理。式中 M 是电平的个数。

如何应用奈奎斯特(Nyquist)公式,现举例如下:

例 2-5:一个无噪声的 3000Hz 信道,试问传送二进制信号,可允许的最大的数据传输速率是多少?

解:由于传送的二进制信号是"1""0"两个电平,所以,$M=2$。$W=3000$Hz

则信道容量,即数据传输速率 $C=2W\log_2 M=6000$bit/s。

例 2-6:一个无噪声的话音带宽为 4000Hz,采用 8 相调制解调器传送二进制信号,试问信道容量是多少?

解:由于 8 相调制解调器传送二进制信号的离散信号数为 8,即 $M=8$。

则信道容量,即数据传输速率 $C=2\times4000\log_2 8=24$kbit/s。

2. 仙农(Shannon)定理

1948 年,Claude Shannon 给出了在有噪声的环境中,信道容量将与信噪功率比有关。根据仙农(Shannon)定理,在给定带宽 W(Hz)、信噪功率比 S/N 的信道,最大数据传输速率 C 为

$$C = W\log_2(1 + S/N) \tag{2-6}$$

式中 S/N 常用分贝形式来表示,而公式中的 S/N 为信噪功率比,其计算公式如下:

$$(S/N)\text{dB} = 10\log_{10} \quad (\text{信号功率 } P_1 \ / \text{ 噪声功率 } P_2) \tag{2-7}$$

例 2-7:一个数字信号经信噪比为 20dB 的 3kHz 带宽信道传送,其数据率不会超过多少?

解：按仙农定理：在信噪比为20dB的信道上，信道最大容量为：

$$C = W\log_2(1 + S/N)$$

已知信噪比电平为20dB，则信噪功率比$S/N=100$

$$C = 3000 \times \log_2(1 + 100) = 3000 \times 6.66 = 19.98\text{kb/s}$$

数据率不会超过19.98 kb/s

由仙农定理可知：在信道容量不变时增加带宽就可降低信噪比。

也就是说，如果通信系统扩展到宽带上，就可以在保持误码率性能以及保证信道容量达到预期水平的情况下降低信噪比(S/N)。

2.3.3 基带传输

在数据通信中，表示计算机中二进制比特序列的数字数据信号是典型的矩形脉冲信号。人们把矩形脉冲信号的固有频带称为基本频带(简称为基带)，这种矩形脉冲信号就叫做基带信号。在数字通信信道上，计算机中的数据是以矩形脉冲信号直接传送的，这种传送方法称为基带传输。在发送端基带传输的信源数据经过编码器变换，变为直接传输的基带信号，在接收端由解码器恢复成与发送端相同的数据。基带传输是一种最基本的数据传输方式。

由于在近距离范围内，基带信号的功率衰减不大，具有速率高和误码率低等优点，因此计算机局域网络系统广泛采用基带传输方式，如以太网、令牌环网都是如此。基带传输是一种最简单、最基本的传输方式，它适合于传输各种速率要求的数据。基带传输过程简单，设备费用低，适合于近距离传输的场合。

2.3.4 频带传输

频带传输又称为调制传输，就是先将基带信号变换(调制)成便于在模拟信道中传输的、具有较高频率范围的信号(这种信号称为频带信号)，再将这种频带信号在信道中传输。由于频带信号也是一种模拟信号(如音频信号)，频带传输实际上就是模拟传输。

例如当通过一条电话线将数字数据从一台计算机传送到另外一台计算机时，由于电话线只能传送模拟信号，所以必须对计算机发出的二进制数据进行转换，也就是将二进制数据调制到模拟信号上。

基带信号与频带信号的变换是由调制解调技术完成的。在频带传输中，调制解调器是最典型的通信设备。所谓调制就是用基带信号对载波信号的某些参数进行控制，使这些参数随基带信号的变化而变化。用于调制的基带信号是数字信号，所以又称为数字调制。在调制解调器中都选择正弦信号作为载波，因为它形式简单，便于产生和接收。由于正弦信号可以通过三个特征来定义，即：幅度、频率和相位，所以在频带传输中所使用的调制的方法主要有数字调幅、数字调频和数字调相三种。

(1) 幅移键控(Amplitude Shift Keying，ASK)，又称为数字调幅。它用基带数据信号控制载波信号的幅度，使得这种变化中携带有基带的0、1数据。如图2-19(a)所示，用载波信号的不同的幅度来表示两个二进制值。

（2）频移键控（Frequenc Shift Keying，FSK）又称为数字调频。它用基带数据信号控制载波信号的频率发生变化，从而携带基带的0、1数据。如图2-19（b）所示，用不同的载波频率（相同幅度）来表示两个二进制数据。

（3）相移键控（Phase Shift Keying，PSK）又称为数字调相。它用基带数据信号控制载波信号的相位发生变化，从而携带基带的0、1数据。如图2-19（c）所示，用不同的载波相位（相同幅度）来表示两个二进制值。

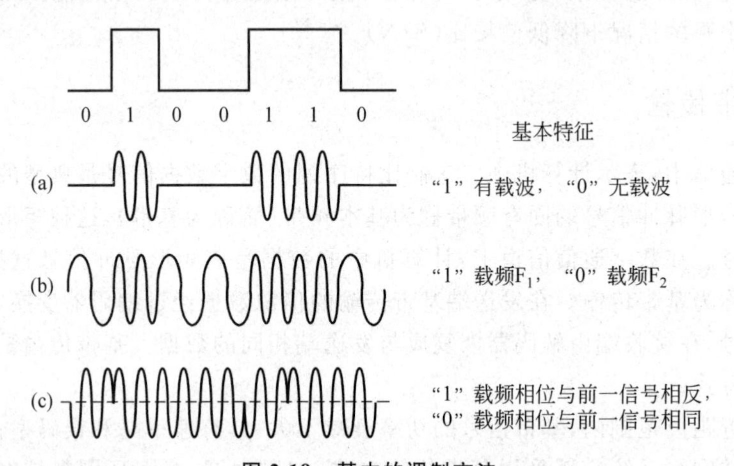

图2-19 基本的调制方法

在现代调制技术中，常将上述基本调制方法加以组合应用，以求在给定的传输带宽内，可提高数据的传输速率，如正交调幅调制、数字调幅调相等。

频带传输的优点是可以利用现有的大量模拟信道进行通信，价格较便宜，容易实现。家庭用户拨号上网就属于这一类通信。它的缺点是速率低，误码率较高。

2.3.5 数字数据传输

在数字信道中传输数据信号称为数据信号的数字传输，简称为数字数据传输。数字信道通常是指通过对语音信号进行脉冲编码调制（Pulse Coded Modulation，PCM）处理后的数字化语音信号的信道，PCM的处理过程如图2-20所示。

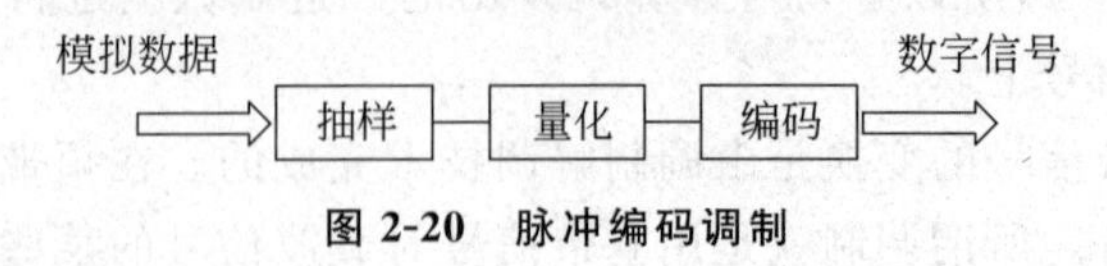

图2-20 脉冲编码调制

脉冲编码调制过程如下（如图2-21所示）：

（1）抽样（Sampling）：抽样是隔一定的时间间隔，将模拟信号的电平幅度值取出来作为样本，让其表示原来的信号。一个连续变化的模拟数据，设其最高频率或带宽为F_{max}，则按照取样定理：若取样频率$\geqslant 2F_{max}$，则取样后的离散序列就可无失真地恢复出原始的连续模拟信号。

（2）量化（Quantizing）：量化是将采样样本幅度按量化级决定取值的过程，经过量化

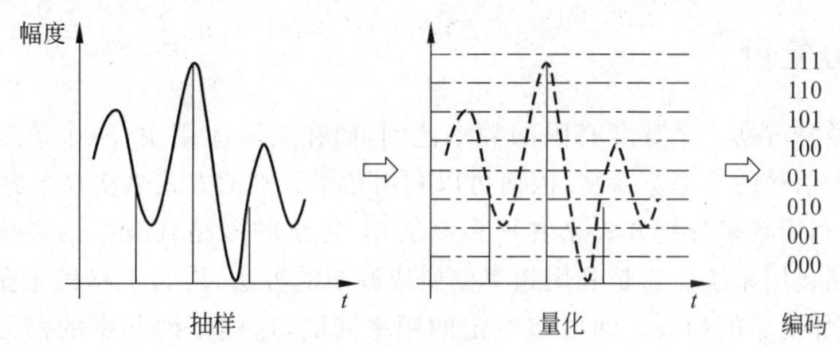

例注：图中采用8级量化，取样的三个话音幅度，经编码后为011、111、010。

图 2-21 脉冲编码调制过程

后的样本幅度为离散的量级值，即是离散的取值。

(3) 编码(Coding)：编码是指将量化后的量化幅度，用一定位数的二进制码来表示。

大多数话音信号的频率范围在 300～3400Hz 标准频谱内，当取其带宽为 4kHz 时，则取样频率为每秒 8000 次。二进制码组称为码字，其位数称为字长。此过程由模⇔数(A/D)转换器实现。在 PCM 系统的数字化话音中，通常分为 $N=256$ 个量级，即用 $\log_2 N=8$ 位二进制编码。这样，话音信号的数据传输率为：

8000Hz(每秒 8000 次取样)×8(每次取样 8 比特)=64kb/s

数字数据传输的优点是传输质量高，由于数据本身就是数字的，直接或者经过复用后就可以在数字信道上传输，不需要经过调制和解调的变换，并且采用数字数据传输的方法可以通过再生中继传输，没有噪声的积累，会使数据传输的质量得到提高。另外从传输效率上看，由于一条 PCM 信道的传输速率是 64kb/s，因此若干路较低速率的数据可以通过 2.4 节介绍的时分复用方式进行复用，显然要比采用调制解调的传输方式的传输效率高。

2.4 多路复用技术

我们知道，在整个通信工程的投资成本中传输媒体占有相当大的比重，传输媒体由于资源有限，制造成本增加，即使采用原料丰富的光纤线路，铺设费用也在增长。其投资在整个通信网络占有的比重越来越大，尤其是有线传输媒体。对于无线传输媒体来说，其有限的可用频率是一种非常宝贵的通信资源。因此，如何提高传输媒体的利用率，则是研究数据通信系统的一个不可忽视的重要内容。

信道复用技术是指在一条传输信道中传输多路信号，以提高传输媒体利用率的技术。在实际中经常用到的多路复用技术有：时分复用(Time Division Multiplexing，TDM)、频分复用(Frequency Division Multiplexing，FDM)、码分复用(Coding Division Multiplexing，CDM)和波分复用(Wave Division Multiplexing，WDM)等。下面就分别来介绍这几种复用技术。

2.4.1 频分复用

任何信号只占据一个宽度有限的频率范围,而在实际应用中,一个信道可以被利用的频率比一个信号的频率宽得多,因而可以利用频率分割的方式来实现多路复用。

FDM 是利用频率分割方式来实现多路复用,传统的多路载波电话系统就是一种典型的频分多路复用系统。它是利用频率变换或调制的方法,将若干路信号搬移到频谱的不同位置,相邻两路的频谱之间留有一定的频率间隔,这样排列起来的信号就形成了一个频分多路复用信号。它将被发送设备发送出去,传输到接收端以后,利用接收滤波器再把各路信号区分开来。这种方法起源于电话系统,我们就利用电话系统这个例子来说明频分多路复用的原理。

我们知道,一路电话的标准频带是 0.3～3.4kHz,高于 3.4kHz 和低于 0.3kHz 的频率分量都将被衰减掉(这对于语音的清晰度和自然度的影响都很小,不会令人不满意)。所有电话信号的频带本来都是一样的,即 0.3～3.4kHz。若在一对导线上传输若干路这样的电话信号,即它们所占用的频段是一样的,接收端将无法把它们分开。若利用频率变换,将三路电话信号搬到频段的不同位置,如图 2-22 所示,就形成了一个带宽为 12kHz 的频分多路复用信号,图中一路电话信号共占有 4kHz 的带宽。由于每路电话信号占有不同的频带,到达接收端后,就可以将各路电话信号用滤波器区分开。由此可见,信道的带宽越大,容纳的电话路数就会越多。

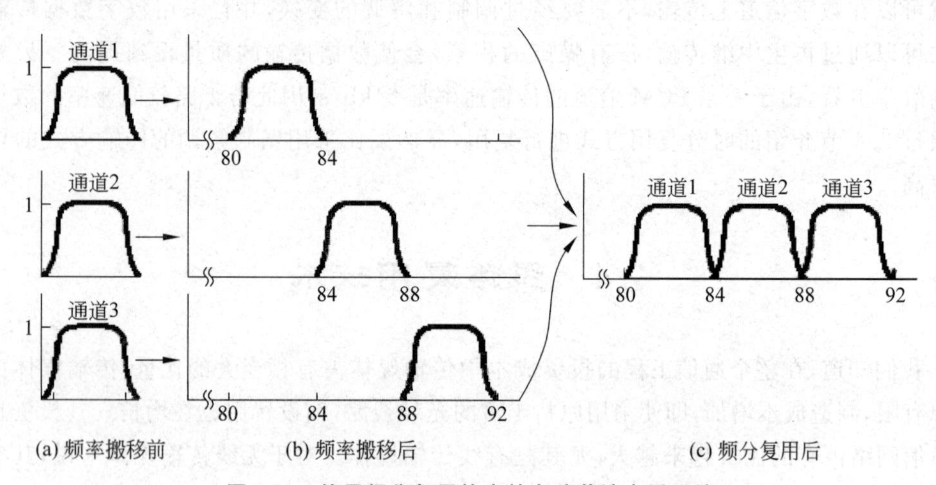

图 2-22 使用频分复用技术的多路载波电话系统

由前所述,尽管数字化技术的发展迅速,利用软传输介质的无线电通信、微波通信、卫星通信以及移动通信中,仍然少不了使用频分复用技术。

2.4.2 时分复用

时分复用是利用时间分片方式来实现传输信道的多路复用。从如何分配传输介质资源的观点出发,时分多路复用又可分为两种,分别是静态时分复用和动态时分复用。

1. 静态时分复用

静态时分复用是一种固定分配资源的方式,即将多个用户终端的数据信号分别置于预定的时隙(Time Slot,TS)内传输,如图 2-23(a)所示。不论用户有无数据发送,其分配关系是固定的,即使部分时隙无数据发送,此时其他用户也不得占用。这种方式的发、收之间周期性地依次重复传送数据,且保持严格的同步。所以又称为同步时分复用。使用这种方式时,高速的传输介质容量(即线路可允许的数据速率)等于各个低速用户终端的数据率之和。

例如,设线路传输速率为 19.2kb/s,若用户终端数 $n=4$,则采用静态时分复用方式时,传输的循环周期 $T=\sum_{i=1}^{n} t_i$,其中 t_i 表示第 i 个用户所用的时隙。

如图 2-23(a)可见,每个用户的平均数据速率可达 4800b/s。这种方式构成的设备常称为复用器(Multiplexer,MUX)

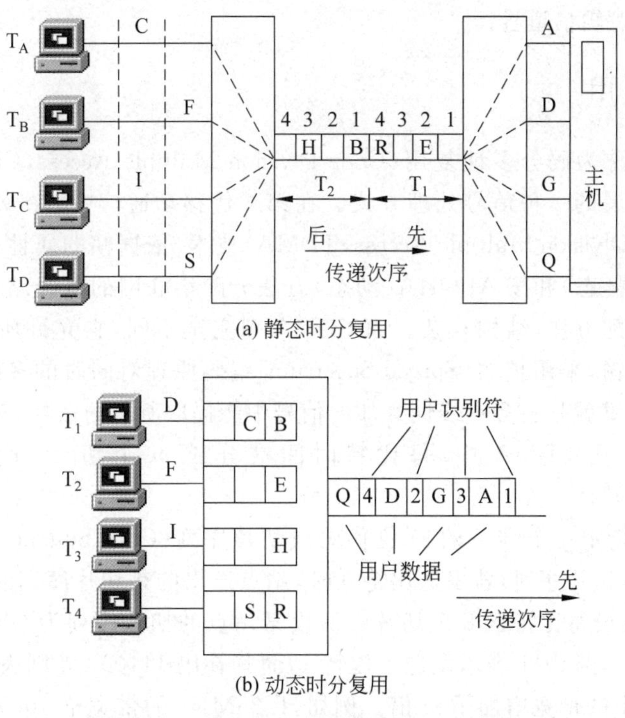

(a) 静态时分复用

(b) 动态时分复用

图 2-23 静态时分复用和动态时分复用

2. 动态时分复用

动态时分复用又称异步时分复用,或称统计时分复用(Statistical Time Division Multiple,STDM),是一种按需分配媒体资源的方式。也就是说,只有当用户有数据要传输时才分配资源,若用户暂停发送数据时,就不分配,如图 2-23(b)所示。由此可知,动态时分复用方式可以提高线路传输的利用率,这种方式特别适合于计算机通信中突发性或断续性的应用环境。基于这种方式构成的设备，常称为集中器；分组交换设备及分组型终端设备也采用了这种工作机制。

将图 2-23(a)和(b)比较可见，当采用动态时分复用时，每个用户的数据传输速率可高于平均速率，最高可达到线路传输速率 19.2kb/s。但动态时分复用方式在各个线路接口处应采取必要的技术措施：

- 设置缓冲区，按需要用于存储已到达的，而尚未发出的数据单元。
- 设置流量控制，以利于缓和用户争用资源而引发的冲突。

在动态时分复用方式中，每个用户的数据单元在一条线路上互相交织着传输，为了便于接收端能区分其归属，必须在所传数据单元前附加用户识别标志，并对所传数据单元加以编号。这种机理就像把传输信道分成了若干子信道一样，这种信道通常称为逻辑信道(Logical Channel)。每个子信道可用相应的号码表示，称为逻辑信道号。逻辑信道号作为传输线路的一种资源，可由网中分组交换机或分组型终端根据数据用户的通信要求予以动态地分配。逻辑信道为用户提供了独立的数据流通路，对同一个用户，各次通信可分配不同的逻辑信道号。

2.4.3 码分复用

码分复用又称为码分多址复用(Code Division Multiple Access，CDMA)，是蜂窝移动通信中迅速发展的一种信号处理方式。在第 2 代移动通信中，GSM(全球通)采用了时分多址(Time Division Multiple Access，TDMA)技术，依据帧的属性来分配信道，将整个信道按 TDM(静态)和按 ALOHA(动态)方法分配给联网的各个站点，可看作是一种强制性的信道分配方法，结构复杂。而 CDMA 则完全不同，它允许所有站点同时在整个频段上进行传输，采用扩频(Spread Spectrum)编码原理对同时的多路传输加以识别。

CDMA 的关键就是在多重线性叠加的信号中能提取所需的信号，对其他的信号当作随机噪声丢弃。在 CDMA 中，每比特时间被分成 m 个切片，通常，每比特可有 64 个或 128 个切片。

每个站点被指定一个唯一的 m 位代码或切片序列(Chip Squence)。当发送比特 1 时，站点送出的是切片序列，若发送比特 0 时，站点送出的是切片序列的补码。为简单说明其工作原理，现设每比特含 8 个切片。假设某站点的切片序列为 00011011，在信道上传输的切片序列 00011011 表示发送了比特 1，而其补码 11100100 则表示发送了比特 0。显然，CDMA 要求的带宽增加了 m 倍。例如，1.25MHz 的带宽给 100 个站点来共享，在使用 FDM 方法时，每个站点传输速率只能为 12.5kb/s(假定 1b/Hz)；当使用 CDMA 技术时，每个站点能使用 1.25MHz 的全部带宽，切片速率则为 1.25M 片/s。因此，CDMA 每站的切片只要小于 100 片，其有效带宽就可高出 FDM。

在接收端，若要从信号中提取单个站点的比特流，必须事先知道该站点的切片序列。通过计算收到的切片序列(各站发送的线性总和)和待还原站点的切片序列的内标积，就可导出比特流。

2.4.4 波分复用

波分复用(WDM)是在光纤成缆的基础上实现的大容量传输技术。第一代光纤使用0.8波长的激光器,传输率可达280Mb/s。目前使用了第4代掺饵光放大器(Erbium-Doped Fiber Amplifier,EDFA)的单模光纤,数据传输速率已达10～20Gb/s。

采用波分复用技术(如图2-24)后,这种技术在一根光纤上使用不同的波长传输多种光信号。单纤可传送16种波长,每一波长速率为2.5Gb/s,则构成40Gb/s的传输系统。

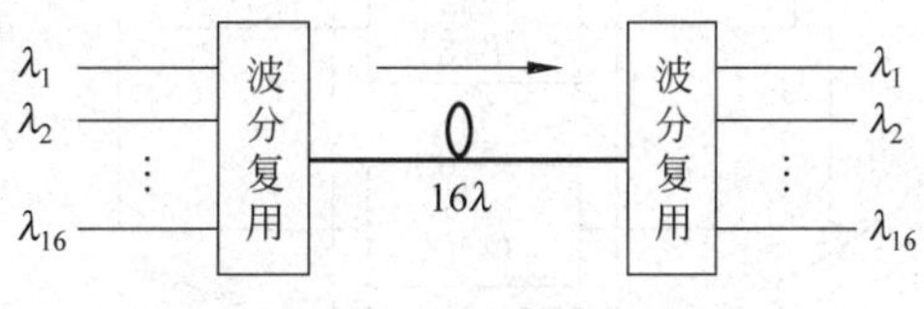

图2-24 波分复用(WDM)

密集波分复用经常用来描述支持巨大数量信道的系统,"密集"没有明确的定义。例如,100GHz(通道间隔)40CH(通道数)的密集波分复用模块采用干涉滤波器技术,其功能是将满足ITU波长的光信号分开(解复用)或将不同波长的光信号合成(复用)至一根光纤上,可支持100万个话音和1500个视频信道。

2.5 数据交换技术

在大量用户(人或计算机)群体之间互相要求通信时,如何有效地进行接续?实践表明,采用交换的概念是一种有效且经济的解决办法。例如,数据经过编码后要在通信线路上进行传输,最简单的形式是用传输介质将两个端点直接连接起来进行数据传输。但是,每个通信系统都采用把收发两端直接相连的形式是不可能的。一般要通过一个由多个节点组成的中间网络来把数据从源点转发到目的点,以而实现通信。这个中间网络不关心所传输数据的内容,而只是为这些数据从一个节点到另一个节点直至到达目的点提供交换的功能。因此,这个中间网络也叫交换网络,组成交换网络的节点叫交换节点。交换节点泛指通信网络内各类交换机,它由交换网络(Switching Network,SN)、通信接口(用户接口、中继接口等)、控制单元以及信令单元等部分所组成,如图2-25所示。

数据交换是多节点网络中实现数据传输的有效手段。常用的数据交换方式有电路交换方式和存储交换方式两大类,存储交换又可分为报文交换和分组交换方式。下面分别介绍这几种交换方式。

2.5.1 电路交换

电路交换(Circuit Switching)也叫线路交换,是数据通信领域最早使用的交换方式。通过电路交换进行通信,就是要通过中间交换节点在两个站点之间建立一条专用的通信

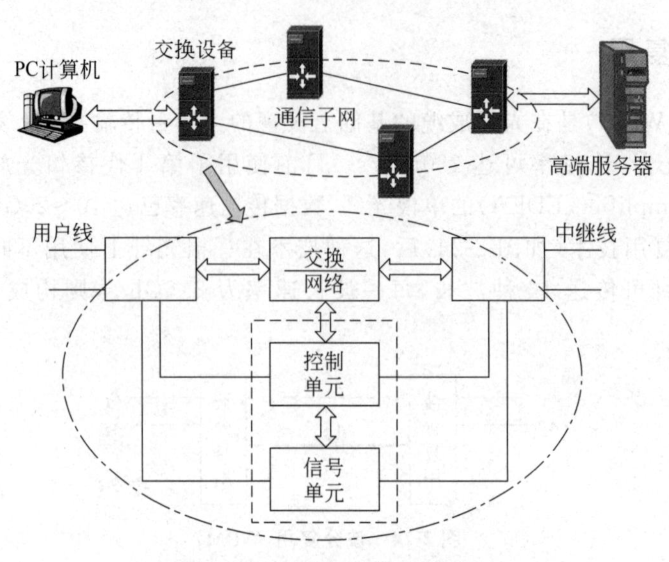

图 2-25 交换节点的基本组成

线路。最普通的电路交换的例子是电话通信系统。电话交换系统利用交换机，在计算机通信与网络中应用的电路交换和电话交换系统工作原理是相似的，但从系统设计的对象来讲是不同的：电话交换系统是以话音业务通信为目标，而计算机网络中的电路交换是面向数据业务的，组成电路交换的公用数据网(Circuit Switching Public Data Network，CSPDN)。

所有电路交换的基本处理过程都包括呼叫建立、通信(信息传送)、连接释放三个阶段，如图 2-26 所示。

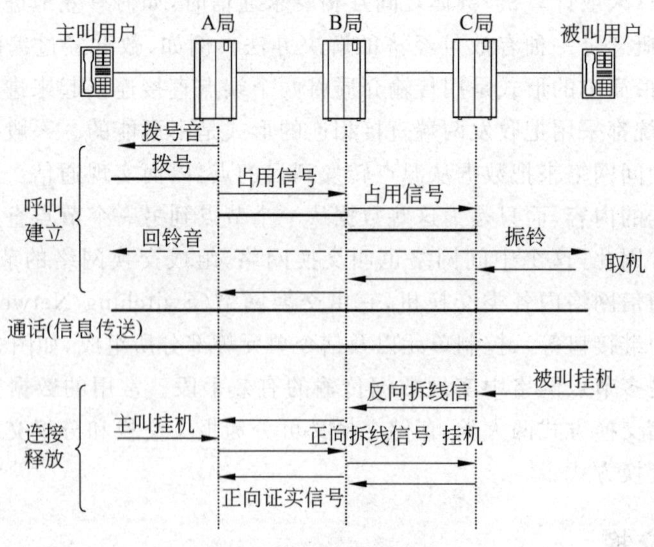

图 2-26 电路交换原理

1. 呼叫建立阶段

图 2-26 中主叫(Calling party)用户取机,听拨号音,拨被叫(Called Party)号码。若被叫用户不在同一个交换局,则A局向B局送占用信号,转接被叫号码,再由B局转发到C局。A局常称本地局,C局为远端局,而B局仅起到中转作用,称为中转局。最终C局按被叫号码向被叫发送振铃信号。当被叫用户取机后,C局接收应答信号,然后通知各局加以连接。

2. 通信阶段

在通信阶段,始终在主叫与被叫用户间保持这一条物理连接。

3. 连接释放阶段

当主叫或被叫任一方挂机,如图 2-26 所示,局间互送正向或反向拆线信号,经证实后释放连接。值得说明的一点,目前电路交换系统采用了主叫计费方式,因此,若被叫先挂机,物理连接暂不释放,由端局向主叫送忙音催挂。

电路交换的主要特点归纳如下:

(1) 电路交换是一种实时交换,适用于实时要求高的话音通信(全程≤200ms)。

(2) 在通信前要通过呼叫,为主、被叫用户建立一条物理连接。

(3) 电路交换是预分配带宽,话路接通后,即使无信息传送也虚占电路,据统计,传送数字话音时电路利用率仅为36%。

(4) 在传送信息时,没有任何差错控制措施,不利于传输可靠性要求高的突发性数据业务。

2.5.2 报文交换

早在20世纪40年代,电报通信系统采用了报文交换方式,报文交换(Message Switch)与电路交换的工作原理不同,每个报文传送时,没有连接建立/释放两个阶段。在报文交换节点,接收一份份报文,予以存储,再按报文的报头(内含收报人地址、流水号)进行转发,如图 2-27 所示。

报文交换的特点如下:

(1) 交换节点采用存储/转发方式对每份报文完整地加以处理。

(2) 每份报文中含有报头,必须包含收、发双方的地址,以便交换节点进行路由选择。

(3) 报文交换可进行速率、码型的变换,具有差错控制措施,便于一对多地址传送报文,过负荷时将会导致报文延迟。

2.5.3 分组交换

分组交换也是一种存储-转发处理方式,其处理过程是需要将用户的原始信息(报文)分成若干个小的数据单元来传送,这个数据单元专门称为分组(Packet),也可称为“包”。

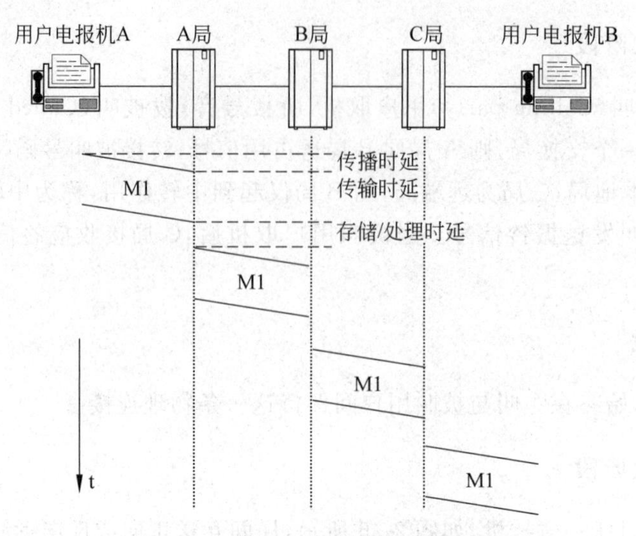

图 2-27 报文交换的基本处理过程

每个分组中必须附加一个分组标题,含可供处理的控制信息(路由选择、流量控制和阻塞控制等)。图 2-28 给出了三台分组交换机(Packet Switching Equipment,PSE)互连而成的分组交换网示意图,图中设每台分组交换机各连一台计算机(或称主机)。

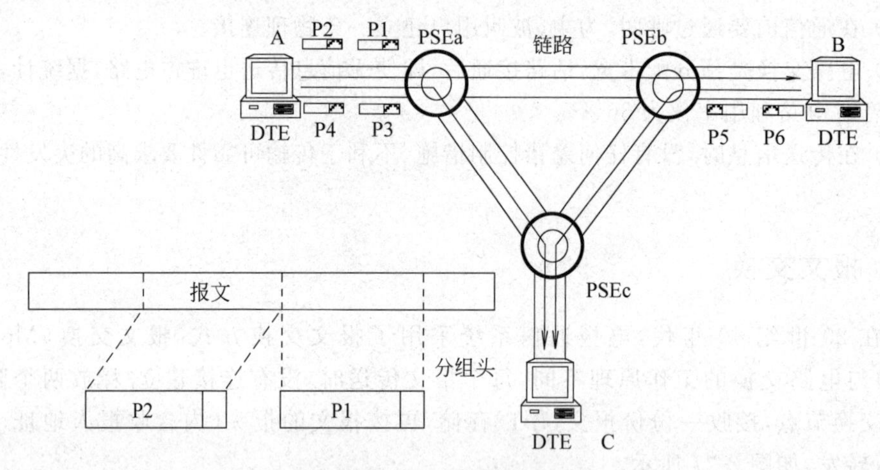

图 2-28 分组交换网的虚连接

分组交换可提供两种服务方式:虚电路(Virtual Circuit,VC)和数据报(Datagram,DG),在第 4 章中会详细介绍这两种服务方式。

分组交换的主要优点可以归纳如下:

(1) 能够实现不同类型的数据终端设备(含有不同的传输速率、不同的代码、不同的通信控制规程等)之间的通信。

(2) 分组多路通信功能。由于提供线路的分组动态时分复用,因此提高了传输介质(包括用户线和中继线)的利用率。每个分组都有控制信息,使分组型终端和分组交换机间的一条传输线路上可同时与多个不同用户终端通信。

(3) 数据传输质量高、可靠性高。每个分组在网络内中继线和用户线上传输时可以分段独立地进行差错流量控制，因而网内全程的误码率可达 10^{-10} 以下。由于分组交换网内具有路由选择、拥塞控制等功能，当网内线路或设备产生故障后，网内可自动为分组选择一条迂回路由，避开故障点，不会引起通信中断。

(4) 经济性好。分组交换网是以分组为单元在交换机内存储和处理的，因而有利于降低网内设备的费用，提高交换机的处理能力。由于分组采用动态时分多路复用，大大提高了通信线路的利用率，相对可降低用户的通信费用。另一方面分组交换方式可准确地计算用户的通信量，因此通信费用可按通信量和时长相结合的方法计算，而与通信距离无关。分组交换网可通过网络管理系统对网内实行分散式处理、控制和集中维护的管理模式，提高网络全程的运行效率。

分组交换的缺点是：

(1) 由于采用存储-转发方式处理分组，所以分组在网内的平均时延可达几百毫秒。

(2) 每个分组附加的分组标题，都会需要交换机分析处理，而增加开销，因此分组交换适用于计算机通信的突发性或断续性业务的需求，而不适合于在实时性要求高、信息量大的环境中应用。

(3) 分组交换技术比较复杂，涉及网络的流量控制、差错控制，代码、速率的变换方法和接口，网络的管理和控制的智能化等。

2.6 差错控制技术

数据通信系统的基本任务是高效而无差错地传输数据。所谓差错，就是在通信接收端收到的数据和发送端发送的数据不一致的情况。因为任何一条远距离的传输线路，都不可避免地存在一定程度的噪声干扰，其后果就是可能导致差错的产生。

计算机通信与网络中的差错控制主要用来提高数据传输的可靠性与传输效率，下面就从差错控制的基本原理、差错控制的方式以及具体的纠、检错编码等方面来介绍差错控制技术。

2.6.1 差错控制的基本原理

当数据通信时，由于信道热噪声或环境噪声的干扰，在介质上传输数字信号从“1”变为“0”，或“0”变成了“1”，这时就称作发生了差错。这类差错可分为两种：一种称为随机差错；另一种称为突发差错。随机差错通常是由随机的信道热噪声引起，一次影响的位数较少，且错误之间不存在相互关联。突发差错通常是由瞬间的脉冲噪声引起，如雷电等，突发差错所影响的最大连续数据位数称为突发长度。

基于上述原因，在通信系统的数据传输过程中，常采用差错控制技术来减少或避免由于热噪声的影响而产生的差错。在数据通信系统中，热噪声干扰是不可避免的，因此，没有差错控制的传输通常是不可靠的。

在实际应用中，怎么做才能达到差错控制的目的呢？首先通过一个例子说明。如果目前需要发送的消息有两个即A消息和B消息,则最有效的信息编码是用1个比特来实现,即"1"表示A消息。"0"表示B消息。在传输的过程中,若"1"变成"0",或"0"变成"1"时,到了接收端是检测不出来的,因为对于接收端来说,"1"、"0"就是事先前约定好的A、B消息。因此这种编码方式虽然效率高,但是不具有纠检错能力。

在编码时进行改进,用"11"表示A消息,"00"表示B消息,即把编码效率由100%降到50%。在传输的过程中,"11"变成"10",或"00"变成"01"时,到了接收端是可以检测出来的,因为对于接收端来说,只有"11"、"00"才允许出现,但是至于是哪一位出错了是不知道的。因此这种编码方式,具有检错能力但是不具有纠错能力。

更进一步,用"111"表示A消息,"000"表示B消息,即把编码效率由100%降到33.3%。在传输的过程中,若三位中出现了一个错误,即"111"变成"110"、"011"或"101",到了接收端可以纠正为"111",因为对于接收端来说,只有"111"、"000"才允许出现,其他6种组合都是有错的。因此这种编码方式,具有纠正1位错码的能力。

通过该例子可以看出,不论哪种差错控制编码,都是以降低实际传输效率来提高其传输的可靠性。因此,在信道特性已经确定的条件下,差错控制的基本任务是寻求简单、有效的方法确保系统的可靠性。

2.6.2 差错控制的方式

计算机通信中的差错控制方式基本上可分为以下四类:

(1) 自动请求重发(ARQ):接收端检测到接收信息有错时,通过自动要求发送端重发保存的副本以达到纠错的目的,这种方式需要在发送端把所要发送的数据序列编成能够检测错误的码。在后面的数据链路层中将会详细介绍这种差错控制的方法。

(2) 前向纠错(FEC):接收端检测到接收信息有错后,通过计算,确定差错的位置,并自动加以纠正。这种方式需要发送端将输入的数据序列变换成能够纠正错误的码。

(3) 混合方式:接收端采取纠检错混合(在ATM中应用),即对少量差错予以自动纠正,而超过其纠正能力的差错则通过重发的方法加以纠正。

(4) 信息反馈(IRQ):接收端把收到的数据序列全部由反向信道送回给发送端,发送端比较其发送的数据序列与送回的数据序列,从而发现是否有错误,并把认为错误的数据序列的原始数据再次发送,直到发送端没有发现错误为止。这种方式不需要发送端进行差错控制编码。

对于上面所提到的差错控制方式应根据实际情况合理选择使用,除了信息反馈方式外,又要求发送端对要发送的数据序列进行差错控制编码,使其具有纠检错能力。但是同时也应该看出,编码效率和纠检错能力也是一对矛盾的量,额外加入的监督位越多,纠检错能力越强,但是编码效率越低,所以在实际应用中,也需要在它们之间进行权衡。

目前,按码的构型可分为分组码和卷积码。分组码是将 k 个信息码元划分为一组,然后由这 k 个码元按照一定的规则产生 r 个监督码元,从而组成长度为 $n=k+r$ 的码组,通常称这种结构的码为 (n,k) 码,比值 k/n 称为这种码的编码效率。所以在分组码中,监督位仅仅是监督本码组的信息位。在卷积码中，每组的监督码元不但与本码组的信息位有关，而且还和前面若干个码组的信息位有关，也就是每个监督码元对它的前后码元都进行监督，前后相连，所以有时又称为连环码。

常用的分组码有：恒比码、垂直水平奇偶校验码、汉明码、循环冗余校验码等。其中循环冗余校验码在数据链路控制中应用最为普遍，而卷积码则在前向纠错系统中应用较多。后面将会介绍奇偶校验码、汉明码和循环冗余校验码(简称循环冗余码)。

2.6.3 奇偶校验码

奇偶校验码是一种最简单的检错码，可分为奇校验码、偶校验码，两者的校验原理相同。在偶校验码中，不管信息位是多少位，校验位为1位(比特)。其校验规则：加入校验位后的码字所含总的“1”为偶数个，即：

$$D_1 \oplus D_2 \oplus D_3 \oplus \cdots \oplus D_7 \oplus D_8 = 0$$

例如：*ASCII* 码中的大写字母 A，其二进制7比特为1000001(左为 D_7，右为 D_1)，1的个数为偶数，因此为确保加入校验位 D_8 后的码字所含总的“1”为偶数，校验位 D_8 必为0。

同理，在奇校验码中，其校验规则：加入校验位后的码字所含总的“1”为奇数个，即：

$$D_1 \oplus D_2 \oplus D_3 \oplus \cdots \oplus D_7 \oplus D_8 = 1$$

仍以上例说明，为确保加入校验位 D_8 后的码字所含总的“1”为偶数，校验位 D_8 必为1。

奇偶校验码简单实用，但检错能力有限，一般只能检出奇数个错码，不适宜检测突发性差错。在此基础上又进而发展成垂直水平奇偶校验码、记数校验码、斜校法校验码等，都属于二维奇偶校验码，适用于检测突发差错。

2.6.4 汉明码

汉明码是由R. Hamming在1950年提出的一种特殊的线性分组码，它可以纠正1位出错的比特。其基本编码规则是：若码长为 n，信息位为 k，则附加 r 位冗余信息(也称校验位)，其中每个校验位与某几个特定的信息位构成偶校验的关系。接收端对这 r 个奇偶关系进行校验，即将每个校验位和与它关联的信息位进行相加(异或)，相加的结果称为校正因子。如果没有错误的话，这 r 个校正因子都为0；如果有一个错误，则校正因子不会全为0，根据校正因子的不同取值，可以知道错误发生在码字的哪一个位置上。

若要求用 r 个校验位构造出 r 个校验关系式来指出一位出错码的 n 种可能的位置，则必须满足下列条件：

$$2^r \geqslant n+1, \quad 即 \quad 2^r \geqslant k+r+1 \tag{2-8}$$

现以 $k=4$ 为例来说明汉明码的构造方法。如要满足上述不等式，则有 $r \geqslant 3$。如取 $r=3$，于是 $n=k+r=7$，常记作 (n,k)。

现以 $c_6c_5c_4\cdots c_0$ 表示例中的7个码元，用 S_1、S_2、S_3 表示三个校验关系式中的校正因子,则汉明码中 S_1、S_2、S_3 的值与出错码位置的对应关系如表 2-2 所示(注:也可定成另一种对应关系,不会影响其一般性)。

表 2-2 校正因子与出错码位置的对应关系

S_1	S_2	S_3	出错码位置	S_1	S_2	S_3	出错码位置
0	0	0	无差错	0	1	1	c_3
0	0	1	c_0	1	0	1	c_4
0	1	0	c_1	1	1	0	c_5
1	0	0	c_2	1	1	1	c_6

从表 2-2 可知,仅当一个出错码位于 c_6、c_5、c_4 和 c_2 时校正因子 S_1 为 1,否则 S_1 为 0。可求得 c_6、c_5、c_4、c_2 四个码元形成的偶校验关系;同理,可得 c_6、c_5、c_3、c_1 和 c_6、c_4、c_3、c_0 两组四个码元形成的偶校验关系(参见式(2-9)):

$$\left.\begin{aligned} S_1 &= c_6 \oplus c_5 \oplus c_4 \oplus c_2 \\ S_2 &= c_6 \oplus c_5 \oplus c_3 \oplus c_1 \\ S_3 &= c_6 \oplus c_4 \oplus c_3 \oplus c_0 \end{aligned}\right\} \tag{2-9}$$

在发送端的信息位 c_6、c_5、c_4 和 c_3 的值取决于输入数据,是随机的,而校验位 c_2、c_1、c_0 则根据信息位的值按校验位关系式确定。若编成的码组中无差错,那么校验位应使式(2-9)中的 S_1、S_2、S_3 值为 0,可得:

$$\left.\begin{aligned} 0 &= c_6 \oplus c_5 \oplus c_4 \oplus c_2 \\ 0 &= c_6 \oplus c_5 \oplus c_3 \oplus c_1 \\ 0 &= c_6 \oplus c_4 \oplus c_3 \oplus c_0 \end{aligned}\right\} \tag{2-10}$$

式(2-10)经移项后,求出校验位生成式:

$$\left.\begin{aligned} c_2 &= c_6 \oplus c_5 \oplus c_4 \\ c_1 &= c_6 \oplus c_5 \oplus c_3 \\ c_0 &= c_6 \oplus c_4 \oplus c_3 \end{aligned}\right\} \tag{2-11}$$

例如,对于信息位是 1000,按式(2-11)校验位生成式可得:$c_2=1$,$c_1=1$,$c_0=1$,于是发送端发送的码字是 1000111。由此可以得到(7,4)汉明码的 $2^4=16$ 个许用码组如表 2-3 所示。

例 2-8:假如在接收端收到码字 0000011,请判断是否有错?如何纠正?

解:按以上校正因子的计算式 可得:

$$S_1 = c_6 \oplus c_5 \oplus c_4 \oplus c_2 = 0$$

$$S_2 = c_6 \oplus c_5 \oplus c_3 \oplus c_1 = 1$$

$$S_3 = c_6 \oplus c_4 \oplus c_3 \oplus c_0 = 1$$

因为三个校正因子不全为 0,说明码字有错,错误位置为 $S=S_1S_2S_3=011=3$,即信息位 c_3 有错,将 c_3 上的 0 变为 1,即可纠正错误。最后去掉校验位,得到正确信息位为 0001。

表 2-3 (7,4)汉明码的许用码组

信息位				监督位			信息位				监督位		
a_6	a_5	a_4	a_3	a_2	a_1	a_0	a_6	a_5	a_4	a_3	a_2	a_1	a_0
0	0	0	0	0	0	0	1	0	0	0	1	1	1
0	0	0	1	0	1	1	1	0	0	1	1	0	0
0	0	1	0	1	0	1	1	0	1	0	0	1	0
0	0	1	1	1	1	0	1	0	1	1	0	0	1
0	1	0	0	1	1	0	1	1	0	0	0	0	1
0	1	0	1	1	0	1	1	1	0	1	0	1	0
0	1	1	0	0	1	1	1	1	1	0	1	0	0
0	1	1	1	0	0	0	1	1	1	1	1	1	1

上述汉明码的码长为 7 比特，其中信息为 4 比特，因此，汉明码其编码效率为 $R=k/n=4/7$。

如果取信息位数为 7，可求得 $r\geqslant 4$，取 $r=4$，则码字长度为 11。根据上面介绍的方法同样可以求得(11,7)海明码的码表，(11,7)海明码的编码效率为 7/11。可见信息位长度越长，编码效率越高。

2.6.5 循环冗余校验码

1. 循环冗余校验码的特性

循环冗余校验码(Cyclic Redundancy Check，CRC)是一种分组码。在一个长度为 n 的码组中有 k 个信息位和 r 个监督位，监督位的产生只与该组内的 k 个信息位有关。

循环冗余校验码有以下两个特性：

(1) 一种码中的任何两个许用码组按模 2 相加后，形成的新序列仍为一个许用码组；若两个相同许用码组相加则得一个全 0 序列，所以，循环冗余校验码一定包含全 0 码字。

(2) 一个许用码组每次循环移位的结果一定也是码字集合中的另一个许用码组。

设有一个(n,k)分组码，其中每一个码组表示为

$$U=\{U_0,U_1,U_2,\cdots,U_i,\cdots,U_{n-2},U_{n-1}\}$$

式中，U^i 为“0”或“1”。

如果 U 循环右移 1 位所得码组为

$U=\{U_{n-1},U_0,U_1,U_2,\cdots,U_i,\cdots,U_{n-2}\}$，仍然是一个许用码组，则称这种特性为循环特性。

根据以上两个特性，循环冗余校验码可把码字表示为一个 $n-1$ 次幂的多项式：

$$U(s)=U_{n-1}x^{n-1}+U_{n-2}x^{n-2}+\cdots+U_2x^2+U_1x+U_0$$

式(2-11)中,系数 $U_{n-1}, U_{n-2}, \cdots, U_1, U_0$ 为码组中相应码元的值(0 或 1);x 为延迟因子,表示单位时延。向左移 1 位,相当于多项式各项乘以 x,并且满足 $x^n=1$,则原来最高幂次项 $U_{n-1}x^{n-1}$ 向左移后成了幂次最低的一项。

一个循环冗余校验码(n,k)有且仅有一个生成多项式 $G(x)$。上述两个特性可概括为每一码字多项式 $U(x)$ 都可以表示码生成多项式的倍式,即

$$U(x)=i(x)G(x) \quad [\text{模}(x^{n-1})] \tag{2-12}$$

2. 循环冗余校验码的编码/译码

设 k 信息位的多项式可写成

$$M(x) = m_{k-1}x^{k-1} + m_{k-2}x^{k-2} + \cdots + m_2x^2 + m_1x + m_0 \tag{2-13}$$

式(2-13)中,m_i 系数值为"0"或"1",所谓编码就是找出其对应码字的表达式。通常码字的前 k 位为信息位,后 $n-k$ 为校验位,因此其信息位的多项式为 $x^{n-k}M(x)$,幂次小于 n。

当用 $G(x)$ 去除 $x^{n-k}M(x)$ 时,可得

$$\frac{x^{n-k}M(x)}{G(x)} = Q(x) \oplus \frac{R(x)}{G(x)} \tag{2-14}$$

式(2-14)中,$Q(x)$ 为幂次小于 k 的商式,$R(x)$ 为幂次小于$(n-k)$的余式。由式(2-14)可知

$$x^{n-k}M(x) \oplus R(x) = Q(x)G(x)$$

即多项式 $x^{n-k}M(x)+R(x)$ 是 $G(x)$ 的倍式,因此,它必是一个 $G(x)$ 生成的循环冗余校验码中的码字。

由此可知,循环冗余码的编码步骤如下:

(1) 求 $M(x)$ 所对应的码字,可先求 $M(x)$,并乘以 x^{n-k};

(2) 将所求码字被 $G(x)$ 除,求其余式;

(3) 得 $x^rM(x) \oplus R(x)$,即为所求码字。

现假设生成多项式 $G(x)=x^3+x+1$ 构成的(7,4)循环冗余校验码。又设待编码的信息二进制序列为 1101(左边为高序),它对应的信息多项式为 $M(x)=x^3+x^2+1$。

利用多项式的长除法,可求得余式 $R(x)$ 序列为 001,则码组多项式为

$$x^3M(x) \oplus R(x) = x^6 + x^5 + x^3 + 1$$

其对应的二进制序列为 1101001(左边为高序)。

在接收端,校验的方法是用生成多项式 $G(x)$ 除接收下来的 $x^rM(x) \oplus R(x)$,如能整除,则表明传输无差错。

例如,接收端收到的 $x^rM(x) \oplus R(x)$ 序列为 1101001,而 $G(x)$ 为 1011,则运算后除尽。若传输中出错,使接收序列变为 1111001,则经长除运算可得余式 $R(x)$,表明传输有误,但并不能指明错在哪个比特位。所以这种编码方式只具有检测错误的功能。

例 2-9:一个报文的比特序列为 1101011011 通过数据链路传输,采用 CRC 进行差错检测,如所用的生成多项式为 $g(x)=x^4+x+1$,试说明:

(1) CRC 码的产生过程及所产生的发送序列。

(2) CRC 码的检测过程(有差错及无差错)。

解：生成多项式为 $g(x)=x^4+x+1$，则其编码为 10011，$r=4$。

因为 $r=4$，所以 CRC 校验码是 4 位的。对于报文 1101011011，将其左移 4 位，即在报文末尾加 4 个“0”，这等于报文乘以 2^4，然后被生成多项式模 2 除。

CRC 码和发送序列的产生和检测过程如图 2-29 所示。

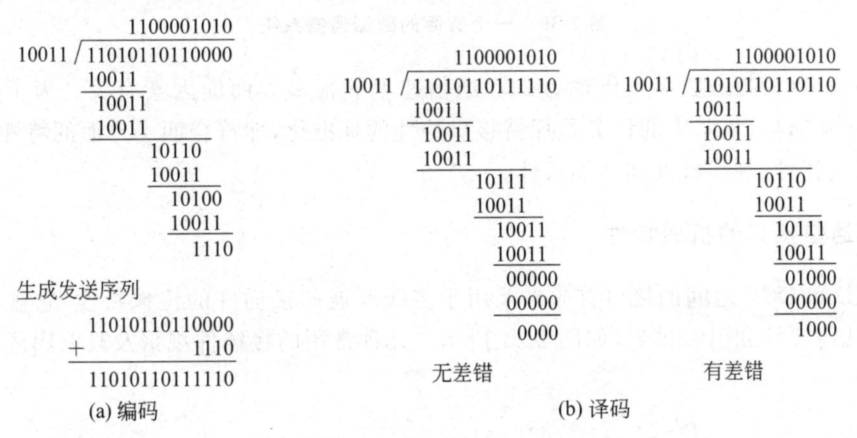

图 2-29 CRC 的编码和译码

在该例题中，发送端生成的数据发送序列（信息位和监督位）为 11010110111110，在接收端，用接收到的数据序列去去除以生成多项式对应的码组 10011。如果余数为零，说明收到的数据序列是正确的；反之，余数不为零，说明收到的数据序列有差错，但是该编码方式只具有检错的功能，而不具有纠正错误的功能。也就是说，它无法判断是哪些位出现了差错。

在第 3 章介绍数据链路层的帧结构时，其中一个字段为帧校验序列，使用的就是上述的循环冗余码，通过使用该字段可以使接收端在收到一帧数据时判断是否有错，从而决定对当前帧应如何处理。

在实际应用中除了上面介绍的几种编码方式以外，在第 5 章讲到的 IP 数据报的校验和字段中使用了一种较为简单的编码方法，也请读者可以适当对比一下。

2.7 数据通信接口特性

在介绍数据通信接口特性之前，首先来讲解数据终端设备和数据电路终端设备的概念，图 2-30 是一个实际的数据通信系统的例子，在这里，数据终端设备即是 2.1 节中所描述的信源，数据电路终端设备就是信号转换设备。在 ITU 的系列建议中，数据终端设备（Data Terminal Equipment，DTE）泛指智能终端（各类计算机系统、服务器）或简单终端设备（如打印机），内含数据通信（或传输）控制单元，又称为计算机系统。数据电路终接设备（Data Circuit Terminating Equipment，DCE）指用于处理网络通信的设备。

若传输信道采用专线方式，DTE 发送的数字数据通过通信接口，经传输信道到达接收端的 DCE，然后再经过通信接口传送到服务器，反之亦然。

通信接口特性是指 DTE 和 DCE 之间的物理特性，这种连接特性和选用的 DCE 类

图 2-30　一个实际的数据通信系统

型、传输信道（模拟或数字）、传输方式和通信速率等很多方面的因素有关。为了确保双方能够正常通信，最基本的任务是保持接口特性的标准化，即符合四个方面的特性：机械特性、电气特性、规程特性和功能特性。

1. 通信接口的机械特性

DTE 和 DCE 之间的接口首先涉及用于多线互连的接插件的机械特性，它规定了接插件的几何尺寸和引线排列，如图 2-31 所示。几种常用的接插件规格及其应用环境如表 2-4 所示。

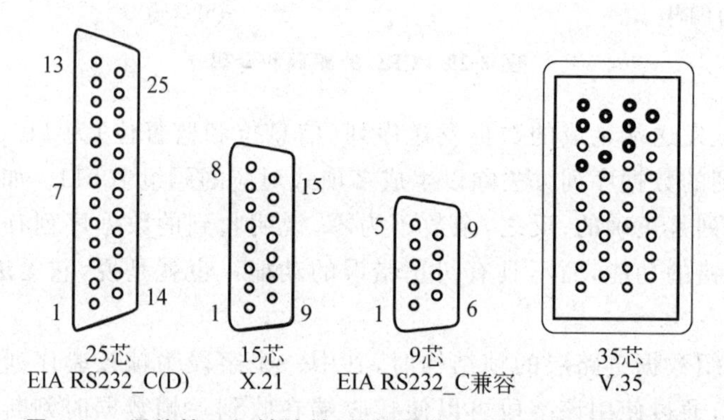

图 2-31　通信接口机械特性（接插件的几何尺寸和引线排列）

表 2-4　接插件规格和应用环境

规　格	引 线 排 列	ISO	兼容标准（EIA）	应 用 环 境
25 芯	2 排(13/12)	2110	RS-232C RS-232D	话音频带调制解调器 PDN、ACE 接口
15 芯	2 排(8/7)	4903		X. 20、X. 21、X. 22 中 PDN 接口
34 芯	4 排(9/8,9/8)	2593		CCITT V. 35 宽带调制解调器
37 芯	2 排(19/18)	4902	RS-449	宽带调制解调器(60～108kHz)
9 芯	2 排(5/4)			微机异步通信接口

表 2-4 中还给出了美国电子工业协会（EIA）的兼容标准。目前，微机的串行异步通信接口已用 9 芯接插件代替了 25 芯接插件。

2. 通信接口电气特性

电气特性描述了通信接口的发信器（驱动器）、接收器的电气连接方法及其电气参数，如信号电压（或电流、信号源、负载阻抗等）。ITU-TV 系列建议的 V. 28 、V. 10、

V.11 及 X 系列的 X.26、X.27 都是描述有关电气特性的，其中 V.10 与 X.26，V.11 与 V.27 具有相同的特性，参见表 2-5。表 2-5 给出的数据传输率是参考值，它与 DTE/DCE 间电缆的长度和类型有关。

表 2-5　通信接口的电气特性

ITU-T 建议	电气连接	速率范围（kb/s）	兼容标准	电气特性
V.28	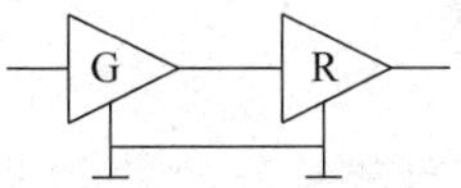 G R	≤33.6	RS_232C	• 不平衡双流接口电路 • 信号电压(开路)＜25V • 负载阻抗 3～7k • 接口电压 −3V“1”或“off” +3V“0”或“on”
V.10/X.26	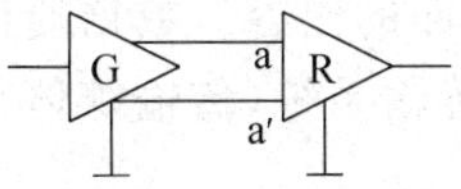 G a a′ R	≤100	RS_423A	• 准平衡双流接口电路 • 发信器输出阻抗＜50 不平衡驱动，差动平衡接收 • 接口电压 Vaa′＜−3V“1”或“off” ＞+3V“0”或“on”
V.11/X.27	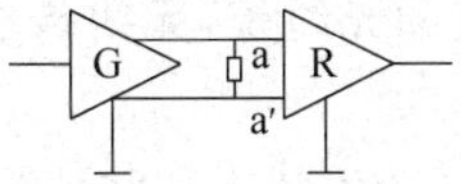 G a a′ R	≤10000	RS_422A	• 平衡双流接口电路 • 发信器开路电压＜6V 平衡驱动，差动平衡接收 • 接口电压 Vaa′＜−3V“1”或“off” ＞+3V“0”或“on”

3. 通信接口的功能特性

通信接口的功能特性描述了接口执行的功能，定义接插件的每一引线（针，Pin）的作用。通常，将功能特性的端口归为四类：数据线、控制线、定时线和地线。ITU-T V.24 建议定义了 V 系列接口电路的名称及功能，而 X.24 建议则定义了 X 系列接口电路的名称及功能。

4. 通信接口的规程特性

通信接口的规程特性描述通信接口上传输时间与控制需要执行的事件顺序。

第 1 章在 ISO/OSI-RM 中简述了物理层的基本功能。应当指出，物理层并不是指连接的计算机的具体的网络设备或传输介质。物理层主要考虑为其服务用户（数据链路层）在一条数据电路上提供收发比特流的能力。物理层似乎很简单，但在实际的数据通信系统工程（安装、调试）中，将会涉及各式各样的传输介质、各种不同的通信方式。因此，物理层的作用是尽力屏蔽所存在的差异。

现有的物理层规范比较多，如 ITU-T 的 V 系列建议、X 系列建议、EIA-232 接口、RJ-45 接口、RS-232C、RS-449 等。尽管它们的具体实现方案不同，但是都规定了数据通信接口的机械特性、电气特性、功能特性和规程特性。

常用的物理层接口有：EIA-232接口、RJ-45接口以及USB接口。

EIA-232串行接口是最常用的标准接口之一（如PC机中的COM1和COM2），其物理外形有9芯和25芯（如图2-31所示）两种。RJ-45接口主要用于以太网中，要求使用3类或5类双绞线电缆，每根双绞线电缆都是8芯的。USB接口使用一个4针插头作为标准插头，通过该标准插头，可以采用菊花链的形式把所有的外设连接起来。

本章小结

（1）数据是预先约定的具有某种含义的数字、字母或符号的集合，数据中包含着信息，信息可通过解释数据而产生，信号是数据的电磁（或电子）编码。

（2）数据通信是指在计算机与计算机以及计算机与终端之间的数据信息传送的过程，包括数据传输和数据传输前后的数据处理两个方面的内容。数据通信系统就是完成上述两个部分功能的通信系统，由信源（发送部分）、传输系统（传输媒体）和信宿（接收部分）三个部分组成。

（3）传输媒体包括有线的和无线的传输媒体。在有线的传输媒体中，电磁波沿着固体媒体铜线或光纤向前传播，而无线的传输媒体就是指利用大气和外层空间作为传播电磁波的通路。有线传输媒体主要有双绞线、同轴电缆和光缆等，无线传输媒体主要包括无线电波、地面微波、卫星微波、红外线等。

（4）衡量数据通信系统性能的指标有工作速率、传输差错率和时延等，工作速率包括传码速率、传信速率，传输差错率包括误码率、误组率等，时延主要包括发送时延、传播时延和处理时延。

（5）数据在信道上可以采用不同的传输方式，按照各种不同的分类方法，数据传输方式可以分为并行传输和串行传输，同步传输和异步传输，单工、半双工和全双工传输等。

（6）任何信道在传输信号时都存在数据传输速率的限制，这就是奈奎斯特定理和香农定理所要告诉我们的结论。

（7）数据终端输出的数据信号代码序列称为基带数据信号，其所占的低通型频带称为基带，不搬移基带信号频谱的传输方式称为基带传输；当通过带通型信道传输数据时，必须通过调制技术进行频谱搬移，即为频带传输；在数字信道中传输数据信号称为数据信号的数字传输。

（8）为了提高传输介质的利用率，我们可以使用多路复用技术。多路复用技术有频分复用、时分复用、码分复用、波分复用四种，它们分别用在不同的场合。

（9）为了提高线路的利用率，用户终端要通过交换网连接起来，数据交换技术主要包括电路交换、报文交换和分组交换三种，它们各自有优缺点。

（10）电路交换方式是两台计算机或终端在相互通信之前，预先建立一条实际的物理链路，在通信的过程中自始至终使用该链路进行数据传输，并且不允许其他用户同时共享该链路，通信结束后再拆除该链路。

（11）报文交换是一种以报文为单位的存储-转发处理方式，当用户的报文到达交换机时，先放在交换机的存储器里进行存储，等到输出线路有空闲的时候，再将该报文进行转发。

(12) 分组交换也是一种存储-转发处理方式，其处理过程是将用户的原始信息(报文)分成若干个小的数据单元来传送。这个数据单元称为分组(Packet)，也可称为“包”。

(13) 在数据通信中，降低误码率的方法是采用差错控制编码，其方法是将二进制数据序列做某种变换使其具有某种规律性，到了接收端就可以利用这种规律性检测或纠正错码，所以误码率的降低是以牺牲传输效率为代价的。

(14) 差错编码按码的构型可分为分组码和卷积码。常用的分组码有恒比码、垂直水平奇偶校验码、汉明码、循环冗余校验码等。

(15) 汉明码是一种能够纠正一位错误的码，若信息位为 k，则它和监督位的关系应满足关系式 $2^r \geqslant k+r+1$。

(16) 循环冗余码是一种重要的分组码，具有循环性，即码组中任一码组向前或向后循环移位后仍然是一个许用码组，所以可以用码多项式来表示一个码组。

(17) 通信接口特性是指用于连接数据终端设备(DTE)和数据电路终端设备(DCE)之间的接口的物理特性，主要包括机械特性、电气特性、规程特性和功能特性。

练 习 题

2.1 试给出数据通信系统的基本模型并说明其主要组成构件的作用。

2.2 试解释以下名词：数据，信号，单工通信，半双工通信，全双工通信。

2.3 什么叫传信率？什么叫码元速率？说明两者的不同与关系。

2.4 设数据信号码元长度为 833×10^{-6} s，若采用16电平传输，试求传码速率和传信速率。

2.5 异步传输中，假设停止位为1位，无奇偶校验，数据位为8位，求传输效率。

2.6 奈氏准则与香农公式在数据通信中的意义是什么？比特和波特有何区别？

2.7 假设带宽为3000Hz的模拟信道中只存在高斯白噪声，并且信噪比是20dB，则该信道能否可靠地传输速率为64kb/s的数据流？

2.8 常用的传输媒体有哪几种？各有何特点？

2.9 什么是曼彻斯特编码和差分曼彻斯特编码？其特点如何？

2.10 数字通信系统具有哪些优点？它的主要缺点是什么？

2.11 带宽为6MHz的电视信道，如果使用量化等级为4的数字信号传输，则其数据传输率是多少？假设信道是无噪声的。

2.12 对于带宽为3kHz、信噪比为20dB的信道，当其用于发送二进制信号时，它的最大数据传输率是多少？

2.13 一个每毫秒采样一次的4kHz无噪声信道的最大数据传输率是多少？

2.14 什么是多路复用？按照复用方式，多路复用技术基本上分为几类？分别是什么？

2.15 比较频分多路复用和时分多路复用的异同点。

2.16 简述电路交换和分组交换的优缺点。

2.17 在循环冗余校验系统中,利用生成多项式 $G(x)=x^5+x^4+x+1$ 判断接收到的报文 1010110001101 是否正确,并计算 100110001 的循环冗余校验码。

2.18 一码长为 $n=15$ 的汉明码,监督位应为多少?编码效率为多少?

2.19 已知(7,4)汉明码接收码组为 0100100,计算其校正子并确定错码在哪一位。

2.20 常用的差错控制的方法有哪些?各有什么特点?

2.21 简述(7,4)汉明码中 7 和 4 的含义。

2.22 简述 DTE 和 DCE 的概念。

2.23 物理层接口标准包含哪方面的特性?每种特性的具体含义是什么?

第3章 chapter 3

数据链路层

数据链路层是在物理层提供的物理连接和比特流传送服务的基础上，通过一系列的控制和管理机制，构成透明的、相对无差错的数据链路，向网络层提供可靠、有效的数据传送。在TCP/IP体系结构中，数据链路层一般作为网络接口层或物理网络的一部分，向IP层提供网络通信服务。本章首先介绍数据链路层的基本概念，其次对该层中所涉及的流量控制技术进行详细的讨论，包括停止-等待协议、滑动窗口方法等，最后分别讨论点到点信道的数据链路层和多路访问信道的数据链路层。其中，点到点的数据链路层主要介绍面向比特的数据链路控制规程和点对点的协议；多路访问信道的数据链路层主要阐述竞争系统的介质访问控制技术、环型网介质访问方法、令牌总线介质访问方法和无线局域网介质访问控制方法。

3.1 数据链路层的基本概念

3.1.1 数据电路和数据链路

在第2章对数据通信系统模型的介绍中，曾经介绍过DTE和DCE的概念。数据电路是一条点到点的，由传输信道及其两端的DCE构成的物理电路，中间没有交换节点(在某些情况下，传输信道中可能会存在若干电路转接的交换节点，但这些交换节点只实现物理层的信号转接功能)。这些数据电路又称为物理链路，或简称为链路。在进行数据通信时，两个计算机之间的通路往往是由许多的链路串接而成的，一条链路只是整个数据传输通路的一个组成部分，即其中的“一段”。

当需要在一条通信线路上传送数据时，除了有一条物理线路外，还必须有必要的通信协议来控制这些数据的传输(这将在后面几节讨论)。把实现这些协议的硬件和软件功能加到物理链路上，就构成了数据链路。所以，数据链路是在数据电路的基础上增加了传输控制功能构成的。一般来说，通信的收发双方只有建立了一条数据链路，通信才能够有效地进行。数据链路中的控制功能可以通过软件实现，但目前更多的是软件和硬件相结合，发挥各自的优点，完成数据链路的控制功能。

根据一条数据链路上数据流的方向和时间关系，可以分为单工链路、半双工链路、全双工链路。

3.1.2 链路的结构

在实际的计算机网络应用中,计算机和终端之间的连接可以有多种方式,可能是两台计算机直接连接,在一条链路的两端各连接一个且只有一个节点,即点到点连接,如图 3-1(a)所示,以及星型点到点链路,如图 3-1(b)所示;也可以是多台计算机相互连接,在一条链路上连接了多个节点,即多点连接,如图 3-1(c)和(d)所示。

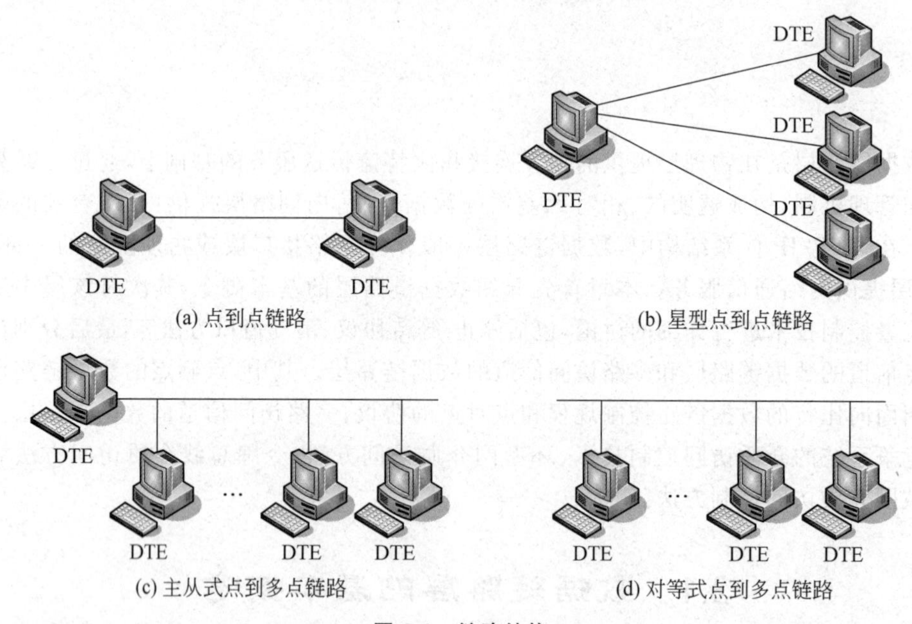

图 3-1 链路结构

在链路中,所连接的节点称为"站"。发送命令或信息的站称为"主站"(Primary),在通信过程中起控制作用;接收数据或命令并做出响应(可能也包含数据)的站称为"从站"(Secondary),在通信过程中处于受控地位。同时具有主站和从站功能的、能够发出命令和响应信息的站称为复合站。

1. 点到点链路

在点到点链路中,两端的站可能是主站、从站或复合站。如果链路一端是主站,另一端是从站,则链路两端是不平衡的,或称为主-从结构;如果链路两端都是复合站,则链路为平衡结构。

在点到点链路上,由于只有两个节点,所以发送信息的节点可以不需要说明接收者,即传输的信息中可以没有地址信息。

2. 点到多点链路

在点到多点链路中,一条链路上连接了多个节点,为了有效实现通信,一般采用主-从结构,即链路上有一个主站和若干从站。主站对某一个从站发送命令或数据,指定的从站接收数据或根据命令发出对主站的响应。主站也可以对所有从站发送广播信息。在这种情况下，主站发送的信息必须包括目的站地址（指定的从站地址或广播地址），而从站发送的响应信息一般携带该从站地址，表示信息来源，在某些约定的情况下也可以不携带地址信息。

在一些点到多点链路中，可能不存在固定的主站，所有站点都是平等的或对等的。需要通信时，需要发送信息的站点通过竞争或某种协调控制机制，成为本次通信的临时主控站点，发送数据或命令。本次通信完成后恢复成为普通站点。

多点链路的情况比较复杂，涉及站点发送数据权（链路使用权）的分配机制，地址识别等问题。如果暂不考虑链路使用权的分配问题，可以将其看作多条点到点链路在一条总线上的"复用"（除了广播通信），其传输控制仍然属于点到点链路的传输控制问题。因此，在本章后面的内容中，主要讨论点到点链路的传输控制机制。

3.1.3 数据链路层的功能

数据链路层是在物理层提供的比特流传送服务的基础上，通过一系列的控制和管理，构成透明的、相对无差错的数据链路，向网络层提供可靠、有效的数据帧传送的服务。具体来说，其主要功能如下：

1. 链路管理

网络中的两个节点要进行通信时，数据的发送方必须确知接收方是否已处在接收准备好状态。为此，通信的双方必须要事先建立联系并交换一些必要的协商信息，或者说必须先建立一条数据链路。同样，在传输数据时要维持数据链路，交换控制信息；而在通信完毕时要释放数据链路。另外，还需要对一些传输过程中可能出现的差错情况进行处理。数据链路的建立、维持和释放等功能就叫做链路管理。

2. 帧定界

在数据链路层，为了便于检测物理层传输中出现的错误，管理和控制数据传输，通常将较长的数据流按协议规则分割成一定长度的数据单元，即"分段"，并加上一定的控制信息，按照一定的格式在物理层上传输。这种按照一定格式构成的数据段，即协议数据单元，称为"帧"。数据链路层是以帧为单位传送数据的。数据一帧一帧地传送，就可以在出现差错时，对有差错的帧进行处理，比如可以将此帧再重传一次，而避免了将全部数据都进行重传。帧定界是指接收方应当能从收到的比特流中准确地区分出一帧的开始和结束在什么地方，也可称为帧同步。

3. 流量控制

发送方发送数据的速率必须使接收方来得及接收。由于通信的随机性，会出现短时间内大量数据到达某个节点的情况。当接收方来不及接收时，就必须及时控制发送方发送数据的速率。这种功能称作流量控制（Flow Control）。

4. 差错控制

在计算机通信中，一般都要求有极低的比特差错率，以保证通信的可靠性和可用性。为此，广泛地采用了编码技术进行差错控制。在数据链路层所用到的差错控制的方式主要是第2章介绍的检错重发和前向纠错。

5. 数据和控制信息的识别

在许多情况下，数据和控制信息处于同一帧中。因此一定要有相应的措施使接收方能够将数据和控制信息区分开。

6. 透明传输

所谓透明传输就是不管所发送的数据是什么样的比特组合，都应当能够在链路上传送，而不会造成网络设备或接收方的错误判断。当所传数据中的比特组合恰巧与某个控制信息完全一样时，必须有可靠的措施，使接收方不会将这种比特组合的数据误认为是某种控制信息。如果能做到这点，数据链路层的传输就被称为是透明的。

7. 寻址

无论在局域网或是广域网中，不管是点到点链路还是点到多点链路，必须保证每一帧都能够送到正确的目的站，接收方也应知道发送方是哪个站。数据链路层必须提供这种对收发站的确认功能。

3.2 流量控制和差错控制

在数据链路的两个站点之间建立了链路连接之后，就进入数据传输阶段。为了保证数据传输的正确性和完整性，必须有一套约定的传输规则，即通信协议。数据的传输主要通过数据链路上流量控制和差错控制机制的有机结合，协调收发双方的通信，实现可靠的数据传输过程控制。本节将对流量控制的过程进行详细的讲解，而差错控制技术在第2章中已经详细介绍过，本章不再重复。

3.2.1 流量控制的作用

流量控制简称“流控”，是协调链路两端的发送站和接收站之间的数据传输流量，以保证双方的数据发送和接收达到平衡的一种技术。

当两个主机进行通信时，应用进程将数据从应用层逐层往下传，经物理层到达通信线路。通信线路将数据传到远端主机的物理层后，再逐层向上传，最后由应用层交给远端的应用进程。在讨论数据链路层的协议时，可以采用一个如图3-2所示的简化模型，即把数据链路层以上的各层用一个主机模型来表示，而物理层和通信线路则等效成一条简单的物理链路。

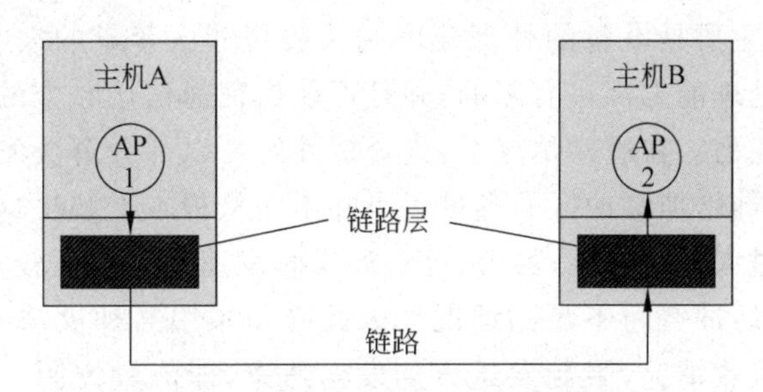

图 3-2 简化的数据链路层通信模型

在发送方和接收方的数据链路层分别有一个发送缓存和接收缓存。若进行全双工通信,则双方都要同时设置发送缓存和接收缓存。缓存就是一个存储空间,它是必不可少的。因为在通信线路中数据是以比特流的形式串行传输的,但在计算机内部数据的传输则是以字节为单位并行传输的。计算机在发送数据时,先以并行方式将数据写入发送缓存,然后以串行方式从发送缓存中按顺序将比特流发送到通信线路上。在接收数据时,计算机先从通信线路上将串行传输的比特流按顺序传入接收缓存,然后再以并行方式按字节将数据从接收缓存读出。

图 3-2 所示的简化模型对于一个计算机网络中任意一条数据链路中的数据传输情况都是适用的。在通信子网内,各交换节点的数据链路层的上面只有一个网络层。对于这种交换节点,网络层就相当于简化模型中的主机。

为了便于深入理解流量控制的意义,我们先考虑一种假想的、完全理想化的数据传输过程。所谓完全理想化的数据传输是基于以下两个假设:

假设 1:链路是理想的传输信道,所传送的任何数据既不会出现差错也不会丢失。

假设 2:发送方以任何速率发送数据,接收方总是来得及接收并能及时上交主机。

第一个假设很容易理解,是假设通信中没有任何差错出现。对第二个假设则需加以说明。

假设主机 A 连续不断地向主机 B 发送数据。在接收方,主机 B 的数据链路层将接收到的数据逐帧交给主机 B。在理想情况下,接收方数据链路层的缓存每存满一帧就向主机 B 交付一帧。如果没有专门的流量控制协议,则接收方没有办法控制发送方的发送速率;而由于数据通信的随机性和突发性,接收方也很难做到向主机交付数据的速率永远不会低于发送方发送数据的速率。若接收方数据链路层向主机交付数据的速率低于发送方发送数据的速率,则接收方的缓存中暂时存放的数据帧就会逐渐增多,最后造成接收缓存溢出和数据帧丢失。因此,上述第二个假设就相当于认为:接收端向主机交付数据的速率永远不会低于发送端发送数据的速率。

在这样理想化的条件下,数据的传输非常简单,不需要任何流量控制。但在实际的数据传输中,这些完全理想化的假定是不能成立的。

在计算机网络中,由于接收方往往需要对接收的信息进行识别和处理,需要较多的处理时间;另外接收节点可能需要同时接收来自多个节点方向发送的数据,接收节点的接收处理能力会被多个传输方向分享,使得某个接收方的接收处理速率小于数据到达速率(注意与物理层的数据发送和接收速率概念的不同)。当接收方的接收处理速率小于数据到达速率时,必须限制发送方的发送速率,否则会造成数据的丢失。影响接收方数据接收能力的因素，主要是设备的处理速度和接收缓冲区容量的大小。任何主机、终端或通信设备的数据处理能力都是有限的，并且不能保证通信接收方的接收处理能力总是大于发送方的发送能力。在通常情况下，设置缓冲区可以部分解决发送方和接收方速率不一致的问题，但单纯增加缓冲区的容量大小并不能从根本上解决这一问题。一方面系统不允许设置容量过大的缓冲区，另一方面，如果收发速率差别比较大，在大量数据传输情况下，仍然会出现缓冲空间不足的情况。因此必须采用某种反馈机制，接收方随时向发送方报告自己的接收情况，限制发送方的发送速率，即流量控制。流量控制一般是由接收方主导控制实现的。

流量控制不仅在数据链路层上实现，在网络体系结构的高层上，如网络层、传输层上也有相应的流量控制机制。不同功能层的流量控制所控制的对象是不同的。数据链路层控制网络中相邻节点之间的数据传输过程，网络层控制网络源节点和目的节点之间的数据传输，传输层控制网络中不同节点内发送进程和接收进程之间的数据传输过程。

目前通信节点之间常用的流量控制技术有停止-等待方式和滑动窗口方式。

3.2.2 停止-等待方式流量控制

停止-等待方式是一种最简单也是最常用的流量控制方式，它又分为开关式流量控制和协议式流量控制。

1. 开关式流量控制

开关式流量控制方法十分简单。当接收方有足够的缓冲空间，并已作好接收准备时，可以发送“开”命令，通知发送方开始发送数据；当接收方来不及处理接收的信息，并且接收缓冲区也被耗尽或将要耗尽时，则发送“关”命令，通知发送方停止发送数据。这种方式称为开关式流量控制，可以通过硬件或软件控制方式实现。

硬件开关控制方式是利用通信接口的通信控制线来实现的。如在计算机的 RS-232 串行接口中，就包含了控制电路 RTS/CTS（请求发送/允许发送）、DTR/DSR（数据终端准备好/数据电路设备准备好）。当终端的 RTS＝ON，表示“请求发送”时，如果响应 CTS＝ON，表示“允许发送”，则终端可以发送数据；如果 CTS＝OFF，则不能发送数据。控制电路 DTR/DSR 用于接收控制，其原理类似。

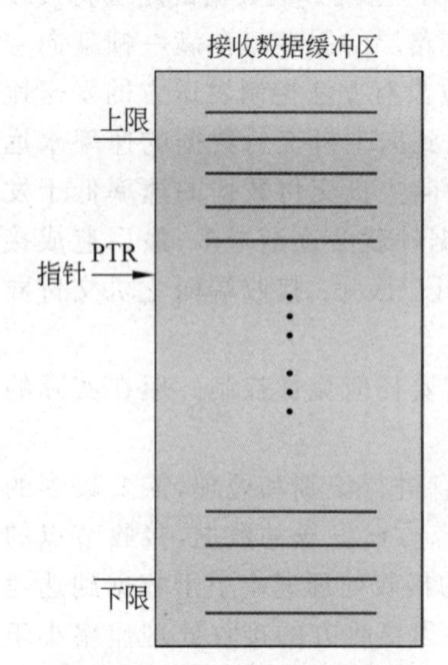

图 3-3 开关式链路控制原理

软件控制方式是在传输的数据流中加入控制字符 XON/XOFF 实现的。XON 是 ASCII 码表中的 DC1 字符（11H），转义为“请继续发送”；XOFF 是 ASCII 码表中的 DC3 字符（13H），转义为“请停止发送”。发送 XON/XOFF 控制字符的权力放在接收端，它对发送端的发送施行“闸门”开关式的控制，故称“开关式流控”。

如图 3-3 所示，假设链路上传输的数据以字符为基本单元，接收端通过设置一个界面指针 PTR 对接收缓冲区中存放的数据字符量进行实时的监测。当数据处理速率低于接收速率，缓冲区使用量逐渐上升时，PTR往上移动。达到预定的上限时立即向发送站发出“XOFF”字符，请求发送方暂停发送数据。随着接收缓冲区中的数据被处理，缓冲区使用量逐渐下降时，PTR往下移动。达到预定的下限时，立即向发送站发出“XON”字符，允许发送方继续发送数据。

在发送站，发送数据的同时，应能够随时接收对方发来的控制信息。在收到“XOFF”字符后，立即停止发送数据，等待接收“XON”字符。一旦收到“XON”，即可继续发送数据。这种流量控制方式，对所传送的数据编码格式，有一定的限制，不允许在数据流中出现与“XON/XOFF”代码相同的字符，以免造成错误判断。

在一条链路上，通过采用这种开关式的流量控制，有效地避免了接收缓冲区的溢出和处理能力的过荷。具体应用时，应根据实际的数据速率、传播距离、接收处理速度、缓冲区大小等因素，确定合适的下限值和上限值，以确保流量控制的有效性和可靠性。

另外还应注意，开关式流量控制方式要求两点之间有一条反向数据链路，用于传输反馈信息“XON”和“XOFF”(硬件控制方式则需要额外的控制电路)。当然，反向链路的数据速率可以比正向链路的速率低得多。在多数情况下，采用全双工链路最为方便，以便配合等速率的双向数据传输。

开关式流量控制与差错控制没有任何联系，它是可以在一帧或一个报文内任意时刻执行的单纯流量控制技术，所以它一般只用在简单的近距离的异步传输中。

2. 协议式流量控制

开关式流量简单，容易实现，但控制功能也少。在数据的传输过程中，还有许多其他的控制功能需要实现。设计合理的通信协议，能够有效、可靠地实现数据链路层的各项控制功能，包括流量控制和差错控制功能。

停止-等待协议是最简单的流量控制策略。在数据传输之前，发送端将欲传输的数据单元装配成一定长度的数据帧，并附加适当的控制信息。发送时，一次发送完一个数据帧后便主动停止发送，等待接收端回送的应答。如果收到对方的肯定应答，则接着发送下一个帧；如果收到否定应答或在规定的时间内没有收到任何应答，则重发该帧。它是简单而重要的数据链路层协议，在不可靠的物理链路上进行流量控制的同时也进行了差错控制，实现可靠的数据传输。下面分别讨论几种数据传输中可能出现的情况，来说明停止-等待流量控制的原理，如图3-4所示。

(1) 无差错的理想情况。

所谓理想情况，即去掉前文所述的第二个假设，保留第一个假设，即主机A向主机B传输数据的信道仍然是无差错的理想信道，传输完全可靠，不出错不丢失，但不保证接收端向主机交付数据的速率永远不低于发送端发送数据的速率。

为了使接收方的接收缓存在任何情况下都不会溢出，最简单方法就是发送方每发送一帧就暂停发送，等待接收方接收完毕并确认后再发送下一帧。接收方收到数据帧并检验正确后就交付给主机，然后发出一个确认信息给发送方，表示该帧接收的工作已经完成。这时，发送方才可以再发送下一个数据帧，如图3-4(a)所示。

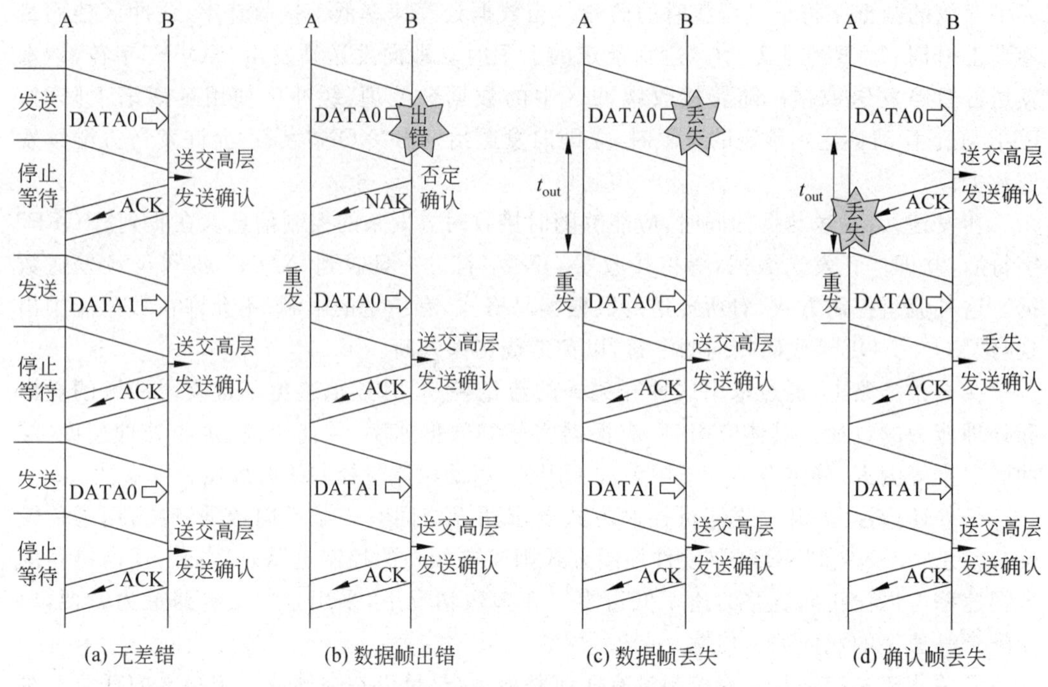

图 3-4 数据帧在链路上传输的几种情况

在这种情况下,接收方的接收缓存的大小只要能够装得下一个数据帧即可,不会出现溢出。发送方能够发送的数据流量受接收方的控制,收发双方能够很好地实现传输同步。

在实际的传输应用中,由于信道本身的系统特性限制和外界干扰的影响,信道是不理想的,差错是不可避免的,因此前面的两个假设实际上都不能成立。传输数据的信道不能保证所传的数据不产生差错,接收方需要识别并处理差错,同时还需要对数据的发送端进行流量控制,实用的数据链路层协议必须能够处理这些问题。

(2) 传输出现差错,但数据帧可以被识别并且检测出存在差错。

假设 A 主机向 B 主机发送一个数据帧,但在传输中出现差错。在只有少量比特出错的情况下,虽然在传输过程中出现差错,但帧的结构基本完整,接收方能够识别和接收此帧,并进行差错校验。接收方 B 主机可以通过检错码发现收到了有差错的数据帧,于是不向 A 主机发送确认帧 ACK,而是向其发送否认帧 NAK;A 主机收到否认帧 NAK 后,知道刚才发送的数据帧出现错误,于是重发刚才的数据帧,等待 B 主机对此帧的确认。直到收到 ACK 确认,才继续发送下一帧,如图 3-4(b)所示。

(3) 传输出现差错,并导致数据帧不可识别而丢弃。

当 A 主机向 B 主机发送一个数据帧,但在传输中出现了严重差错,以至于 B 主机不能识别此帧而将其丢弃,则 B 主机不会发送任何确认信息。而 A 主机需要收到对方的确认后,才能决定重发或继续发送下一帧。如果没有收到任何确认,则会一直等待,出现死锁现象。为了避免 A 主机陷入无休止的等待,发送方在发出一个数据帧后立即启动一个定时器,如果超过重发时间 t_{out} 仍收不到 B 主机的确认帧,就重新发送刚刚发出的这一数据帧,如图 3-4(c),这种方法称为超时重发。重发时间 t_{out} 应设置适当,一般选为略大于从帧发送完毕到收到确认帧所需时间的平均值。如果连续多次重传都出现差错,超过一定次数(例如 16 次),就停止发送,向上一级报告故障情况。在某些控制协议中,如果 B 主机收到差错帧,即使能够识别,也不发送否认帧 NAK 应答,则发送方对帧出错和帧丢失的处理方法是一样的。

(4) 接收方正确接收了数据帧,但返回的确认帧丢失。

在这种情况下,A 主机发送一帧数据,B 主机正确接收,并返回确认帧 ACK,但该确认帧在传送过程中丢失。A 主机在设定的时间内收不到确认帧,超时后重新发送已发过的帧,于是接收方 B 主机就收到了与上一次内容一样的重复帧,但它无法分辨这是重复帧还是新的一帧,产生了接收错误,如图 3-4(d)所示。要解决重复帧的问题,必须对每个数据帧赋予序号,每新发送一帧,序号加 1。如果接收方连续收到了两个序号相同的帧,就说明收到了重复帧,于是将重复帧丢弃,但同样要返回一个确认帧,否则发送方在规定的时间内收不到这一帧的确认帧,还会再一次超时重发,只有收到了确认帧之后才能发送新帧。由于停-等协议每次只发送一个帧,而且确认该帧被正确接收后才发下一个帧,因此发送方只需要区分相继发送的两帧就可以了,而接收方也只需区分收到的是一个新的帧还是一个重复帧。

使用以上的停止-等待传输控制方法可以避免帧的重复和丢失,实现了一定的差错控制功能;接收方通过控制发送 ACK 确认帧的时间(不超过超时时限),还可以进行流量控制。

3. 停止-等待协议算法

设 V(S)表示发送方准备发送的帧序号,V(R)表示接收方准备接收的帧序号,N(S)表示所传输的帧中携带的帧序号,N(R)表示所传输的帧中携带的确认序号,帧序号分别取值为 0 或 1。

在链路建立及完成初始化后,发送方的发送帧序号和接收方准备接收的帧序号均为0。发送方从缓冲区中取出一个帧,加上当前帧发送序号,通过物理层发送到传输线路上。接收方收到此帧后首先检测是否有差错。如果有差错,则丢弃该帧,继续等待发送方重发这一帧;如果检验正确且接收的帧序号与当前准备接收的帧序号相同,即 N(S)=V(R),则将该帧存入接收缓冲区,将当前接收的帧序号取反,作为准备下一次接收的帧序号,并将此帧序号放入应答帧中作为确认序号,通知发送方可以发送一个新的帧;若接收到的帧经过检验发现有错误,则不做任何处理,直接丢弃;如果检验正确,但帧中附有的发送序号与当前准备接收的帧序号不同,说明出现了重复帧,则不改变接收序号,再次给发送方返回应答帧,通知发送方这一帧已经正确接收,请继续发送下一帧。发送方收到应答帧以后,如果应答帧中的帧序号与刚刚发送的帧序号不同,则表明刚才发送的帧已被正确接收,于是将发送的帧序号取反,作为新的下一帧序号,并从发送缓冲区中取出一个新帧,加上新的帧序号,通过物理层发送出去;如果超时未收到应答帧,则重发刚才已发送过的帧。

停止-等待协议中要解决的关键问题,在于超时重发时间的长短必须选取适当,既不能太长也不能太短。若设置得太长,如果数据帧或应答帧丢失,就要等待较长的时间才能重发,降低了通信的效率;若设置得太短,又会导致正常的应答还未返回时,发送端就因超时而重发,造成不必要的重复,同样降低了通信的效率。合理的超时重发时间值应选取稍大于信号从发送端到接收端传输时间的两倍(即帧的往返传输时间)加上接收端的处理时间之和。

在协议式流量控制中,为了区别不同的帧,每一帧的序号必须不同,帧的序号是用二进制位表示的。为了避免帧序号重复,理论上要求有无穷多个帧序号,这样帧序号需要的编码位数也是无穷多的。在实际的传输控制中,为了减少控制开销,提高传输效率,只要帧序号的编码集合足够大,在一定的时间内不会重复出现相同的编码,能够区别当前已经发送而未被确认的帧就可以了。因此,在协议中使用有限的比特数来表示帧的序号,帧的序号一定是循环使用的。

如果用 n 比特表示序号,那么序号空间就是 $0\sim2^n-1$。例如,设 $n=3$,序号空间为 $0\sim7$,共8个序号,那么发送完编号为 $0\sim7$ 的帧后,下一帧还是从0开始编号。协议要保证能区分先后出现的两个相同序号的帧。对于停止-等待协议,已经发送而未被确认的帧只有一个,只要能够区别已经发送而未被确认的帧和将要发送的新帧即可。因此帧序号编码只需要1比特,相邻两帧的序号分别取值为0或1。

另外应该注意,发送端在发送完一帧以后,必须在发送缓冲区中保留该帧的副本,这样才能在未接收到接收方的确认帧而超时的情况下,重发此帧。发送方只有在收到了对方发来的确认帧ACK以后,才能从缓冲区中清除此副本。

以上描述的停止-等待协议是以单工通信的数据传输为例的,尽管信道是双工的,但数据帧的传输却是单向的,反向传输的只是一些控制帧。对于全双工通信来说,数据帧和控制帧都是双向传送的,控制过程基本类似,但要复杂一些。

图3-5和图3-6分别表示了停止-等待流量控制方式的发送算法和接收算法的流程图。

停止-等待协议的优点是控制比较简单;缺点是由于发送方一次只能发送一帧,在信号传播过程中发送方必须处于等待状态,这使得信道的利用率不高,尤其是当信号的传播时延比较长时,传输效率会更低。

例3-1:信道速率为8kb/s,采用停止等待协议,传播时延 t_p 为20ms,确认帧长度和处理时间均可忽略,问帧长为多少才能使信道利用率至少达到50%?

解:设帧长为 Lb,则 $t_s=\frac{L\text{b}}{8\text{kb/s}}$。$t_p=20\text{ms}$。

信道利用率 $=\frac{t_s}{t_s+2\times t_p}\geqslant50\%$　　$t_s\geqslant40\text{ms}$ 不等式成立,故帧长 L 应大于等于320b。

例3-2:在卫星通信系统中,两个地面卫星通信站之间利用卫星的转发技术进行通信,信号从一个地面站经卫星传到另一个地面站,若设其传播时延为250ms,发送一个数据帧的时间为20ms(相当于帧长1000比特,速率为50Kb/s),试分析此系统的信道利用率。

解:信号从一个地面站经卫星传到另一个地面站,其传播时延为250ms,发送一个数据帧的时间为20ms,则从发送站开始发送到数据帧被目的站接收,一共需要时间:

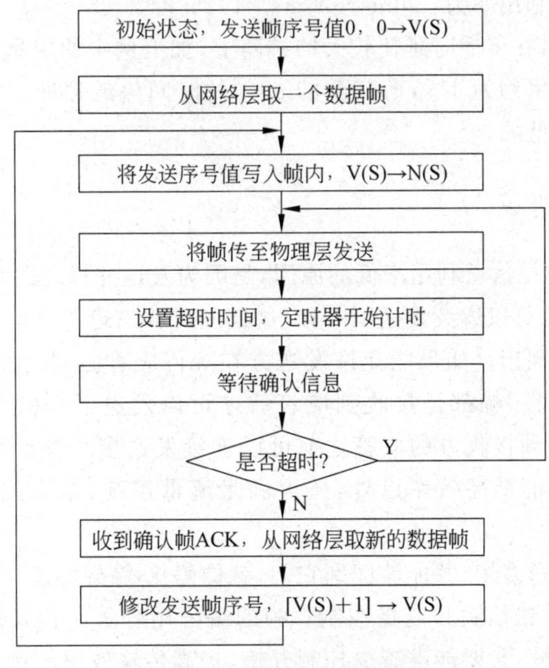

图 3-5 发送算法流程图

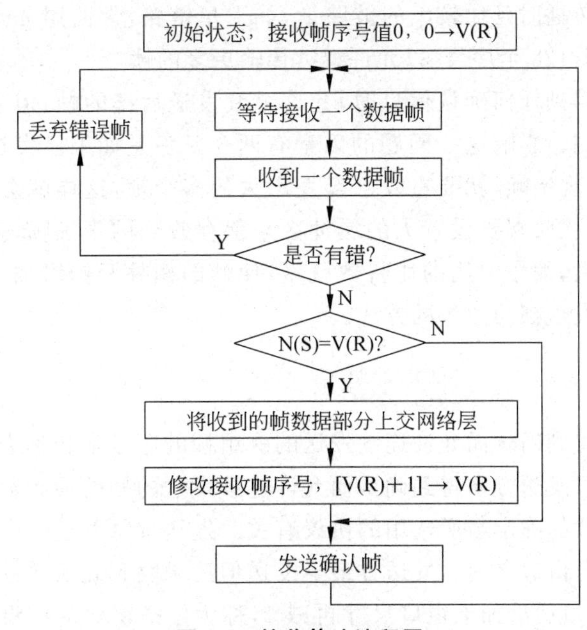

图 3-6 接收算法流程图

$$20\text{ms}+250\text{ms}=270\text{ms}$$

不考虑目的站对接收到的数据帧的处理时间和应答帧的发送时间(可以认为应答帧非常短)，则应答帧也需要经过 250ms 才能被发送站接收到。

从发送一帧开始，到收到应答所需要的时间为：270ms＋250ms＝520ms

则此系统的信道利用率为：20ms/520ms＝1/26≈4％

由分析可以看出，在传播时延比较大的链路上，如上例中的卫星链路，真正传输数据的时间占总时间的比例约为4％，而其余的96％的时间信道都处于空闲状态，由此可见信道的利用率是非常低的。

3.2.3 滑动窗口协议

导致停止-等待协议信道利用率低的原因，是因为发送方每发送完一帧都需要等待收到接收方的应答后，才可以继续发送下一帧，这期间传输信道都是空闲状态，信道的传输能力没有得到有效的利用。如果能允许发送方在等待应答的同时能够连续不断地继续发送数据帧，而不必每一帧都是接收到应答后才可以发送下一帧，则可以提高传输效率。允许发送方在收到接收方的应答之前可以连续发送多个帧的策略，就是滑动窗口协议。这种协议除了能提高效率以外，还应满足流量控制、差错控制等数据链路层的基本要求。

为了能够连续发送多帧，并能够区别它们，就像停止-等待协议一样，也需要对帧进行编号，这样才能进行差错控制和流量控制。帧的编号用若干比特来表示，既要能够正确地区分所传输的不同帧，又要能够减少控制开销，提高传输效率。例如，在传播时延较小的链路上常设 $n=3$，序号空间为0～7，共8个序号，发送完编号为0～7的帧后，下一帧还从0开始编号。在传播时延比较大的链路上，如卫星链路，常使用 $n=7$ 的编码方案，序号空间为0～127，共128个序号，以允许继续传输更多的帧。

发送方在没有得到任何确认信息时，允许继续发送后续的帧，但需要对允许连续发送帧的数目加以限制。影响这一问题的因素有两个。一是如果已发送而未得到确认的数据帧太多，一旦出现错帧，就要重发已经发出去的多个帧，这样就会降低效率；如果只发送出错的帧，那么接收端要设置大的缓冲区来保存收到的正确帧，耗费资源。二是连续发送的帧的数量大，编号占用的比特数就多，使帧的额外开销增加。下面介绍的窗口概念就是限制连续发送帧的数量的方法。

1. 发送窗口

在发送方把未得到确认而允许连续发送的一组帧的序号集合称为发送窗口，即允许发送的帧的序号表。发送方未得到确认而允许连续发送的帧的最大数目，称为发送窗口尺寸。发送窗口尺寸的确定与所选用的协议有关。发送方每发送一个新帧，都要先检查它的序号是否在发送窗口之内。发送方最早发送但还未收到确认的帧的序号，称为发送窗口的后沿；发送窗口后沿加上窗口尺寸再减1，称为发送窗口的前沿，表示发送方在收到确认前最后允许发送的帧序号。例如窗口尺寸为5，后沿为3，则前沿为3＋5－1＝7，如图3-7所示。如果发送窗口尺寸为 m，则初始时发送端可以连续发送 m 个数据帧，这些帧都有可能因出错或丢失而需要重发，所以要设置 m 个发送缓冲区来存放这 m 帧的副本（假设一个缓冲区可以存放一帧）。

注意，发送窗口与序号空间是不同的概念。序号空间是可以使用的序号的范围，如

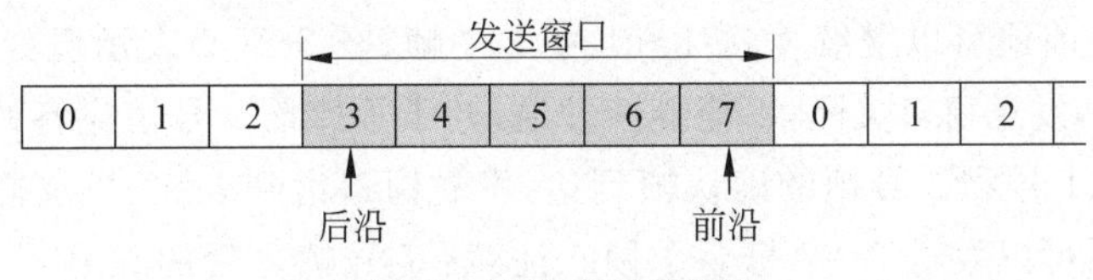

图 3-7 滑动窗口的概念

果用 n 比特表示帧的序号，则帧的序号范围可以从 0 取到 2^n-1；而发送窗口是发送方未得到确认而允许连续发送的一组帧的序号集合，是帧序号空间的一个子集。

在发送方还设置了一个发送指针，指向当前发送的帧序号。每发送一个新的数据帧，发送指针就向前滑动一个序号，窗口前沿与发送指针之间帧序号的差值就减 1，即可以继续发送的帧数减 1；当发送指针所指向的序号与窗口前沿相同时，发送完该帧后，发送指针不再向前移动，不能再继续发送后续帧。收到了发送窗口后沿所对应序号的帧的肯定应答后，就将发送窗口整体向前滑动一个序号，表示可以继续发送新的一帧，并从发送缓冲区中将已确认的数据帧的副本删除。这时，发送窗口的前沿与发送指针指向的帧序号不同，如果有新的数据帧要发送，对其按规则进行编号，只要帧序号落在发送窗口之内就可以发送。在实际应用中，可以采用累积确认的方式，即不必每个数据帧都单独确认。只要不超过一定的超时时间限制，可以一次确认多个已经接收的帧。收到累积确认帧后，窗口向前滑动若干序号，发送窗口中有新的帧序号，又可以继续发送多个帧。这样，接收方就可以通过发送确认帧来控制发送窗口的滑动，也就达到流量控制的目的。

图 3-8 是发送窗口的流量控制示意图，其中发送窗口尺寸为 5。图 3-8(a)表示发送窗口有 0～4 共 5 个序号，此时允许发送 0～4 号共 5 个帧；图 3-8(b)表示已经发送了 0 号

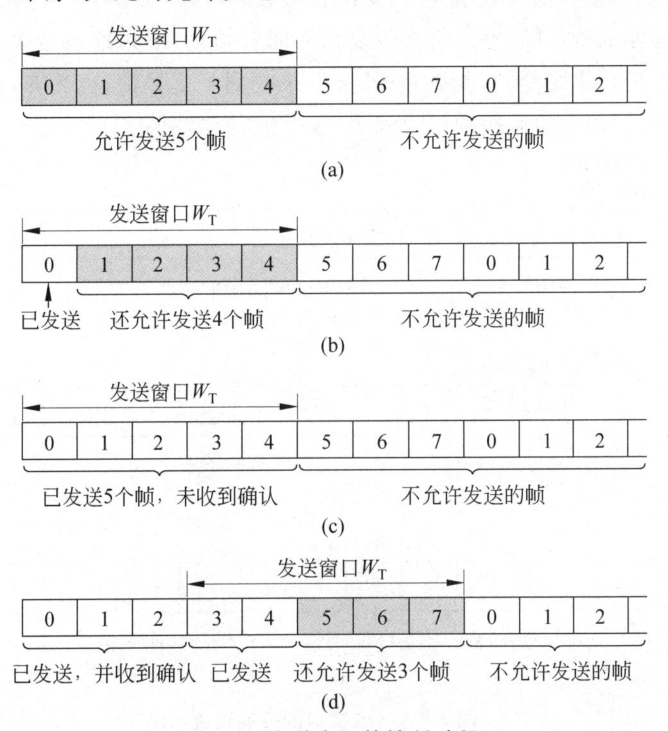

图 3-8 发送窗口的控制过程

帧，在收到确认之前还可以继续发送 1～4 号 4 个帧；图 3-8(c)表示已经发送了 0～4 号帧，尚未收到确认，发送窗口关闭，不能继续发送，处于等待该 0 号帧应答的状态；图 3-8(d)表示相继有 0 号、1 号和 2 号帧的确认帧到达，发送窗口滑到 3～7 号位置，发送方已经发送了 3、4 号帧，还可以发送 5～7 号 3 个帧。注意：7 号帧之后的编号 0 表示下一个 0 号帧，滑动窗口协议必须能够区分前后两个不同的 0 号帧。

2. 接收窗口

在接收方将允许接收的一组帧的序号集合称为接收窗口，即允许接收的帧的序号表。接收方最多允许接收的帧数目称为接收窗口尺寸。接收窗口的上下界分别称为接收窗口的前、后沿。接收方每收到一帧，首先检测是否有差错。通过差错检验后，判断该帧是否落在接收窗口之内。如果帧的序号正好等于接收窗口的后沿，就将该帧的数据部分上交给网络层实体，并向发送方返回一个确认帧，同时使接收窗口向前滑动一个序号。如果收到了序号不等于接收窗口后沿的帧，则暂时将它保留在接收缓冲区中，然后继续等待序号为接收窗口后沿的帧，直到正确地收到了接收窗口后沿的帧，才将其连同前面保留在接收缓冲区中的正确的帧按顺序送给上层，并发出应答(在许多协议实现中可以使用一个应答对前面多帧一同确认)，同时向前滑动接收窗口。对于接收到的落在接收窗口之外的帧，简单丢弃即可，不需做任何处理。由此可见，无论接收窗口尺寸的大小如何，接收方交给上层的数据总是按顺序的。

如图 3-9 所示为接收窗口的控制示意图，假设这种协议的接收窗口尺寸为 1。图 3-9(a)表示初始时接收窗口处于 0 号，只准备接收 0 号帧；图 3-9(b)表示正确收到了 0 号帧，并发出对 0 号帧的确认帧，然后将接收窗口顺时针滑动 1 号，准备接收 1 号帧。若接下来收到了 0 号帧，说明是重复帧，要丢弃；若接下来收到了 2 号帧，也丢弃，说明此时 1 号帧已经丢失。图 3-9(c)表示随后按顺序收到 1～3 号帧后，接收窗口的位置。

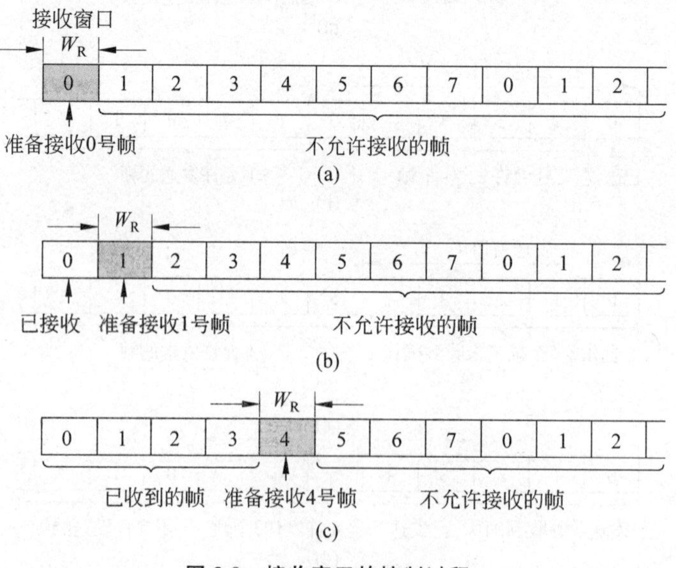

图 3-9 接收窗口的控制过程

3. 最大窗口尺寸的确定

在滑动窗口流量控制过程中，窗口的大小必须进行合理的设置，既要能够发挥流量控制的作用，又要尽可能提高传输信道的利用率。发送方在没有得到任何确认信息时，允许继续发送后续的帧，但如果发送窗口太小，仍然会出现传输信道的浪费；如果发送窗口太大，又失去了流量控制的作用。理想情况是当刚刚发完发送窗口中允许发送的最后一帧时，就收到窗口中最先发送帧的确认。这样发送窗口向前滑动，又可以继续发送，同时信道也几乎没有空闲浪费，利用率比较高。在实际通信应用中，往往情况比较复杂，只能尽量接近这种理想情况。

在实现流量控制和提高信道利用率的同时，帧的编号还既要能够正确地区分所传输的不同帧，又要能够减少控制开销。在传输时延较小的地面链路上，帧传输的往返时延也比较小，即等待正常应答确认的时间也比较短，能够发送的帧数也少一些，可以使用较少的序号。因此，在传输时延较小的地面链路上常采用 $n=3$ 的"模 8"编码；在传播时延比较大的链路上，如卫星链路，对应的往返时延比较大。为了能够提高效率，在等待时间内发送比较多的帧，而又不至于出现混淆，常使用 $n=7$ 的"模 128"编码。

当帧序号的编码长度确定后，序号编码空间就已经确定，则最大窗口尺寸如何确定？最大发送窗口和最大接收窗口的确定，在实现流量控制和提高效率的基础上，必须要能够保证协议的正确实现，不同滑动窗口机制的最大窗口尺寸也不同。

发送窗口尺寸不一定等于接收窗口尺寸，窗口大小在一些协议中是固定的，但在另一些协议中是可变的。窗口尺寸的选择与信道的数据速率和传输时延有关，还与所使用的编号比特数有关。窗口尺寸的大小应该既可以实现流量控制，又能够保持较高的链路利用率。

发送窗口内的各帧，在传输过程中有可能丢失或损坏，所以所发送的帧，需要在缓冲区中保存以备重传。如果缓冲区满，就停止接收网络层的分组，直到有空闲缓冲区。

在发送窗口大于1的滑动窗口协议中，如果传输中出现差错，协议会自动要求发送端重传出错的数据帧，所以这种控制机制称为自动重传请求(Automatic Repeat reQuest，ARQ)，通常又称为自动请求重传。根据出现差错后重传数据帧的方法，分为连续 ARQ 协议和选择 ARQ 协议。

3.2.4 连续 ARQ 协议

如果滑动窗口机制中设置发送窗口尺寸大于1，接收窗口尺寸等于1，则发送方可以连续发送多个数据帧。由于接收窗口尺寸等于1，所以接收方只能按顺序接收当前接收窗口所指定序号的帧，只有该帧被正确接收，接收窗口才能向前滑动一格，继续接收下一帧。这样，虽然发送方可以连续发送多个帧，但当前面的某个帧丢失或出错后，接收方对该帧后面到达的帧都不接收。当发送方得不到应答而超时后，必须重发出错的帧(未得到确认)及其以后的所有帧，因此将这种协议称为连续 ARQ 协议，又称返回 *N* 帧的 ARQ 协议(Go-Back-N ARQ)，或全部重发协议。

1. 正常情况

发送方按序号顺序在发送窗口范围内连续发送若干帧。接收方每接收到一帧，经检验无误后交给网络层，并使接收序号加1，发出应答，准备接收下一帧。发送方收到应答，可以继续发送后续的数据帧。

2. 信道出现数据帧的丢失或损坏

如果信道不够可靠，造成第 N 帧的丢失或损坏，发送方不能立刻发现，因此还会继续发送后续的帧。由于差错影响，接收方不能按序号顺序接收到正确的第 N 帧，后面的帧虽然正确但序号不符合要求。接收方对于出错的第 N 帧和其后的所有可能正确的帧都要丢弃，对于所有丢弃的帧不发送应答。发送方发送了若干帧后，由于在规定时间内收不到第 N 帧的确认帧而超时，则认为传输出现差错，于是重新发送确认超时的第 N 帧及其后的所有发送过的帧。

3. 确认应答帧丢失

如果第 N 帧及其随后各帧的确认应答 ACK 丢失，发送端因没有收到第 N 帧的确认而超时，要重发超时的第 N 帧及其以后的所有帧。这时接收方可能已经正确接收了第 N 帧的若干后续帧并发出了应答，于是接收方会收到一系列重复的帧。接收方根据当前接收序号和所接收的帧序号关系，判断是重复帧。对于重复帧应该丢弃，并依次重新返回应答，收到新的帧后再按序正常接收和确认后面继续传送的新帧。

如果第 N 帧的确认应答 ACK 丢失，但发送方随后收到了对第 $N+1$ 等帧的确认，则说明第 N 帧已经被正确接收，对第 $N+1$ 等帧的确认实际包括了对第 N 帧的确认，即实现了累积确认。在实际应用中，滑动窗口机制不一定必须对所接收的每一帧单独确认，只要在超时时间之内，可以若干帧一起确认，即累积确认，从而提高传输效率。

图 3-10 是连续 ARQ 协议的示意图。设其发送窗口 $W_T=5$。当 2 号帧出错被丢弃后，后面到达的帧均被丢弃，不发出应答。超时后，从第 2 帧起全部重发，被接收方正确接收并确认后才能继续发送新的帧。通过分析不难看出，连续 ARQ 协议一方面因连续发送数据帧而提高了效率，另一方面，在重传时必须把原来已正确传送过的数据帧进行重传（仅因这

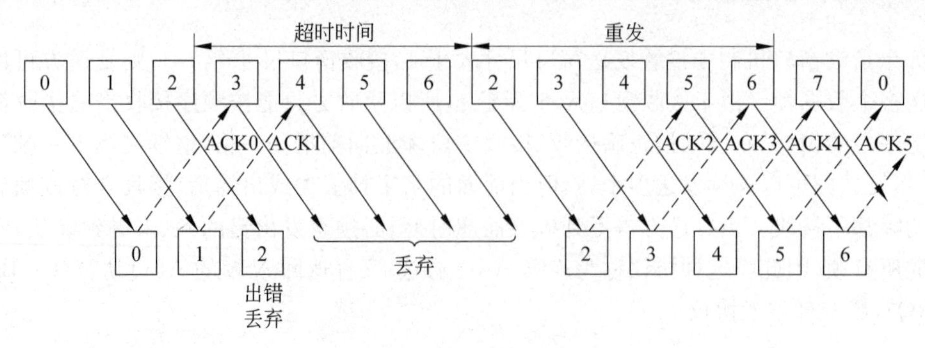

图 3-10　连续 ARQ 协议

些数据帧之前有一个数据帧出了错)，这种做法又使传送效率降低。由此可见，若传输信道的传输质量很差因而误码率较大时，连续 ARQ 协议不一定优于停止-等待协议。

4. 连续 ARQ 协议的最大窗口尺寸

连续 ARQ 协议的接收窗口固定设置为 1，$W_R=1$；最大发送窗口尺寸为 2^n-1(或称为"模－1")，即 $W_T \leqslant 2^n-1$。通常，会认为将最大发送窗口尺寸选为和序号空间的大小一致，帧的序号在传输中仍然不会重复。但在实际传输过程中可能会出现问题，造成帧序号混淆，导致协议不能正常实现其控制功能。

例 3-3：在连续 ARQ 协议中，若用 3 个比特来表示帧的序号，则序号空间有 0～7 共 8 个序号。若发送窗口尺寸也选为 8，请分析该协议是否能有效运行。

解：设置发送窗口 $W_T=8$，发送方可以连续发送序号为 0～7 的 8 个帧，然后停止发送，等待这 8 帧的应答。

接收端如果正确接收到了这 8 个帧，则上交给网络层，并返回对所有帧的确认应答，准备接收下一轮的 0～7 帧。发送端收到确认应答后则可以继续发送新的 0～7 号帧。在正常情况下，传输控制过程似乎没有问题。但是，如果所有的应答帧全部丢失，那么发送端将超时重发序号为 0～7 的 8 个帧。这时对于接收方来说，这 8 个帧可能是发送方收到应答后发来的 8 个新帧，也可能是应答帧丢失后发送方重发的 8 个旧帧。由于帧序号相同，接收方无法判断究竟是哪种情况，于是协议失效。

如果将发送窗口尺寸选为 7，即"模－1"，就不会出现这种情况。发送方连续发送 7 个帧，序号为 0～6。接收方正确收到这 7 帧，并发出确认，准备接收后续的帧。如果发送方收到这 7 个帧的确认应答，则继续发送序号为 7 和 0～5 的帧；如果确认帧丢失，则发送方超时后重发序号为 0～6 的帧。这样，接收方收到的帧的序号如果从 7 开始，则说明该帧及其以后各帧都是新帧；如果收到的帧的序号从 0 开始，则说明这是对方重发的序号为 0～6 的帧。

由于这些帧都不在接收窗口内，所以接收方都不予接收，直接将它们丢弃，然后重新发送对 0～6 号帧的应答，表示希望接收序号从 7 开始的帧；发送方收到应答后，发送序号为 7 和 0～5 号帧。这样就保证了协议的正常实现。

如果是因为新一轮的帧中序号为 7 的帧丢失了而收到 0 号帧，根据发送窗口 $W_T=7$ 判断，一定是发送方已经收到了上一轮 0，1 号帧的确认应答，才会继续发送下一轮的 0 号帧。因此可以看出，最大发送窗口 $W_T=7$ 时，不会出现错误判断。

3.2.5 选择 ARQ 协议

连续 ARQ 协议中，如果传输中某帧出现差错，则后续传输的帧即使正确传送到接收方，也会被丢弃。发送方必须从出错的帧开始，全部重传。这种处理方法比较简单，但对已经正确传输的数据帧重传，降低了通信效率。

为进一步提高信道的利用率，可设法只重传出现差错的数据帧或者是计时器超时的数据帧。但这时必须加大接收窗口，以便先收下发送序号不连续但仍处在接收窗口中的那些数据帧，等到所缺序号的数据帧收到后再一并送交主机，发出确认。这就是选择 ARQ

协议。

1. 选择 ARQ 协议的工作过程

使用选择 ARQ 协议可以避免重复传送那些本来已经正确到达接收端的数据帧。但需要付出的代价是在接收端要设置具有相当容量的缓存空间，这在许多情况下是不够经济的，而且处理也相对复杂了。因此，选择 ARQ 协议在目前远没有连续 ARQ 协议使用得那么广泛。随着存储器芯片技术的发展，存储器容量迅速增加，价格更加便宜，选择 ARQ 协议还是有可能受到更多的重视。如传输层的 TCP 协议使用的就是类似选择 ARQ 的传输控制方法。

选择 ARQ 协议的发送窗口尺寸大于 1，接收窗口尺寸也大于 1。

由于接收窗口尺寸大于 1，所以当接收窗口内的某个帧出错或者丢失时，不会影响对其后的落在接收窗口之内的帧的接收。这些帧如果经过检验是正确的，可以将它们暂时保留在接收缓冲区中，但不发送应答。当发送方发现某帧应答超时以后，就只需重发出错的帧，对于其后已发送过但应答未超时的帧都不必重发。接收方在收到发送方重发的帧以后，可以将其和保留在缓冲区内的帧重新排序，一起交给网络层，并发送累积确认应答。

选择 ARQ 协议的控制过程如图 3-11 所示，在选择 ARQ 方法中，设发送窗口 W_T 和接收窗口 W_R 的大小为：$W_T = W_R = 4$。当第 2 帧出错被丢弃后，后续的 3、4、5 帧，其序号仍然在接收窗口内，就可以暂时保留在接收缓冲区中。待收到重发的 2 号帧后，这些帧被一同提交给高层，然后继续后续的数据传送。

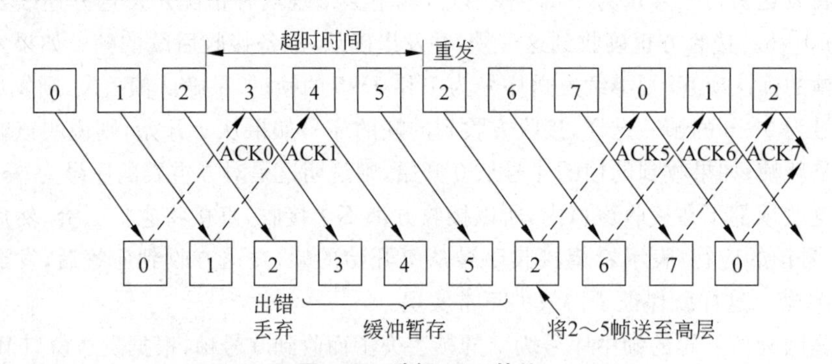

图 3-11　选择 ARQ 协议

2. 选择 ARQ 协议的最大窗口尺寸

选择 ARQ 协议的最大接收窗口尺寸为 $W_R \leqslant 2^{n-1}$（或称为“模/2”）。对于选择 ARQ 协议，前后相邻的两个接收窗口不能包含有相同的帧序号。如果有相同的序号，那么某一帧在前一窗口被接收方正确接收并发送了确认以后，如果因为确认帧丢失而使发送方重发了一个相同序号的帧，就会落在下一个窗口而被接收方再次接收而误认为是新的帧。例如，帧的序号仍用 3 个比特来表示，并且发送窗口和接收窗口的尺寸都选为 5（大于 $2^{n-1}=4$）。初始时，发送方连续发送了序号为 0～4 的 5 个帧，并且这 5 个帧全部被正确接收；于是接收方发送对这 5 个帧的应答，同时滑动接收窗口，准备接收序号为 5、6、7 和 0、1 的帧。假如其中0号帧的应答在传输过程中丢失，发送方在超时后，就会重新发送序号为0的帧。由于序号0也落在当前的接收窗口内，因而会被接收方当作一个新帧接收下来，这样就产生了错误。但是，如果将接收窗口尺寸选为4，同样是0号帧的应答丢失，发送方超时重发0号帧，但由于接收方的下一接收窗口为4、5、6、7号，若重发的0号帧到来时没有落在接收窗口内，就会被接收方丢弃，而不会接收一个重复的帧。可以证明，对于选择ARQ协议，接收窗口的最大值满足 $W_R \leqslant 2^{n-1}$ 的约束条件。

在选择ARQ协议中，接收窗口大于发送窗口是没有意义的。发送窗口的尺寸一般设置大小和接收窗口一样，因此发送窗口的尺寸通常也不超过 2^{n-1}。

与连续ARQ协议相比，这种协议改善了信道的利用率，但接收方的缓冲区要设置得比较大，控制也更加复杂。在选取协议时，要考虑信道利用率和缓冲空间哪个更重要来决定。随着存储器价格下降和计算机处理能力的提高，选择ARQ协议可能会得到更广泛的应用。

3.2.6 差错控制

前面曾分析过由于实际的物理信道并不可靠，还可能受到各种噪声的干扰，数据在传输时常常会出现比特的丢失、增加或畸变等现象。而计算机通信要求可靠地传递信息，因此必须采取有效的措施来发现和纠正错误，以提高信息的传输质量，这就是差错控制的目的和任务。差错控制主要涉及两个方面的问题，一是如何检测出错误；二是发现错误后，如何进行纠正。

关于差错控制技术的详细内容，在前面第2章数据通信的基础知识中已经详细探讨过了。从前面的停止-等待方式或滑动窗口方式的流量控制分析中可以看出，在这些过程中实际上已经包含了差错控制功能。当接收方通过差错编码检测出接收错帧或由于严重的差错导致不能识别和接收帧时，则发出否定回答或直接丢弃该帧而不应答，发送方收到否定应答或在规定的超时时间内得不到应答时，会重发刚才发送的帧，直至收到正确应答为止。这实际上就是检错重发的控制过程。在实际的协议控制过程中，流量控制和差错控制已经有机地结合在一起，实现了数据链路的传输控制。

3.3 点对点信道的数据链路层协议

数据链路层所涉及的各种复杂的链路管理和传输控制功能，包括前面所介绍的流量控制和差错控制等，都是通过一系列规则来表现和实现的，这些规则就是数据链路层协议。根据数据链路的结构是点对点链路还是多点链路，采用同步或异步传输方式，所使用的数据链路协议是不同的。本节将主要讨论点对点链路的数据链路层协议的相关内容，主要包括HDLC和PPP，在多点链路的传输控制中也同样会用到这部分的内容。

3.3.1 数据链路层协议概述

点到点链路的两端各有一个节点，在全双工链路上，两个节点都可以在任何时刻使用链路传输信息，不存在对链路的使用权分配问题；而多点链路由于有多个节点共用公共链路，往往采用广播方式传送信息，可能存在公共链路的使用权分配问题。

异步通信的数据链路基本都是以字符为单位的，一般使用面向字符的数据链路控制协议，如早期在异步通信中使用的XMODEM、YMODEM等协议，数据块长度固定，采用校验和或CRC差错检验方式，停止等待传送方式，实现半双工或全双工的数据传输。随着通信技术的发展，对传输速率和可靠性要求的提高，这些协议已很少使用了。

同步通信的数据链路控制协议可分为以下两类：面向字符的链路控制和面向比特的链路控制。早期的计算机通信，如ARPANet的IMP-IMP协议接口消息处理(Interface Message Processing，IMP)和IBM公司的二进制同步通信(Binary Synchronous Communication，BSC)规程都是面向字符的，它使用一组给定的字符编码集合(如ASCII码)中特定的10个"控制字符"来确定数据帧的边界，并控制数据交换。随着计算机通信的发展，面向字符的数据链路控制规程(DLCP)由于其固有的缺点，已经不能适应通信的应用。如BSC规程中采用停止等待协议，因而在长距离、高速率环境下信道利用率很低，只适用于半双工传输方式；而且只对数据部分进行差错控制，因此对控制部分出错就无法识别和处理了；控制功能扩展性差，每增加一项控制功能就必须添加及定义相应的控制字符。为此，IBM公司在20世纪70年代初推出了面向比特的同步数据链路控制(SDLC)规程，用于IBM SNA中的数据链路层。后来，IBM将SDLC规程提交到美国国家标准学会(ANSI)和ISO讨论。ANSI把SDLC修改为ADCCP(高级数据通信控制规程)作为美国标准，ISO把SDLC修改成HDLC(High-level Data Link Control，高级数据链路控制)规程。面向比特的数据链路层协议具有较高的传输效率。

虽然面向字符的数据链路协议存在不足，但由于它可用于同步和异步链路，目前面向字符的点对点协议(Point-to-Point Protocol，PPP)在Internet中仍然得到了广泛的应用。下面分别介绍HDLC和PPP两种协议。

3.3.2 面向比特的传输控制规程

1. HDLC的基本特点

HDLC定义了三种类型的站、两种配置和三种数据传送模式。

(1) 三种类型的站为：主站、从站、复合站，它们具体的定义在3.1.2节中已有介绍。

(2) 两种配置为：①不平衡配置，可用于点一点链路或多点链路，如图3-12(a)所示，由一个主站和一个从站或多个从站组成。主站负责链路的控制，包括启动传输、差错恢复等，主站发出的帧叫命令。从站仅完成主站指示的工作，所发出的帧叫响应。在一次通信中，发出呼叫的站是主站，被呼叫的站是从站。②平衡配置，如图3-12(b)所示，只能工作在点对点链路。在平衡配置中，每一端都是复合站，这种站都具有主站和从站的功能。每个复合站都可以发出命令和相应。

(3) 三种数据传送操作模式为：

① 正常响应模式(NRM)：用于不平衡配置，只有主站才能发起向从站的数据传输，而从站只有在主站询问(即发送命令帧)时才能回答响应帧。

② 异步响应模式(ARM)：也用于不平衡配置，这种方式允许从站发起向主站的数

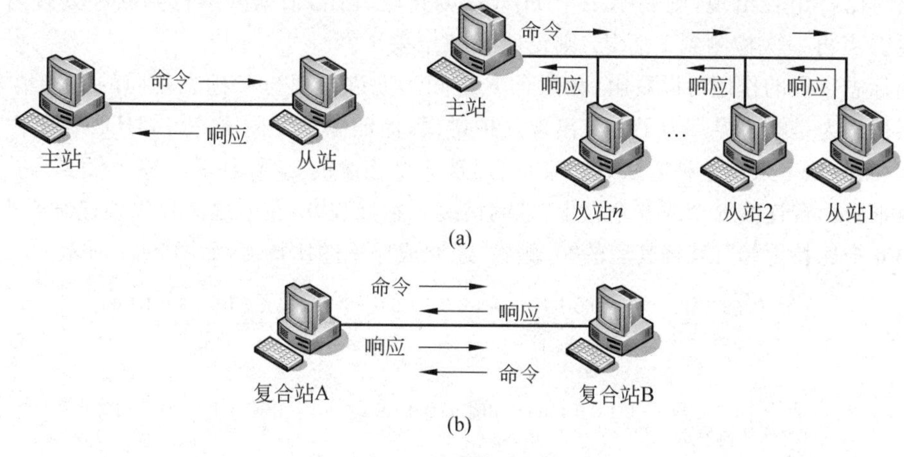

图 3-12 链路的配置

据传输，即从站不必等待主站发命令，就可向主站发响应帧。但主站仍负责全程的初始化、差错恢复和逻辑拆线（释放）等工作。

③ 异步平衡模式（ABM）：用于平衡配置，任一复合站均可发送、接收命令/响应帧。

2. HDLC 帧格式

如前所述，数据链路层的数据传输是以帧为单位，一个帧的结构有固定的格式，如图 3-13 所示。

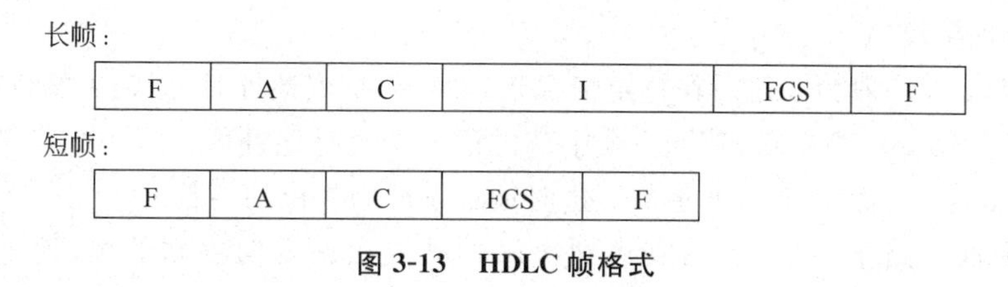

图 3-13 HDLC 帧格式

所有的 HDLC 帧都使用这种标准的帧格式，每个帧包括链路控制信息和数据。链路控制信息包括帧首和帧尾的标志序列（F）、地址（A）和控制（C）字段，另外还附加帧校验序列（FCS）。HDLC 规程中规定了长帧格式和短帧格式两种：长帧格式包含数据和链路控制信息；短帧格式仅包含链路控制信息，只用作监控帧和链路管理。图 3-13 中帧的各字段意义如下：

（1）标志字段 F

因为接收方不能预先确定帧传输的开始和结束，而且帧的长度是可变的，故用标志字段 F 指明每一帧的开始和结束，标志字段由连续 6 个 1 加上头尾两个 0 共 8 位组成（01111110，7EH）。当连续发送多个帧时，一个标志 F 可同时用作一个帧的结束标志和下一个帧的开始标志。当暂无信息发送时，可以连续发送 F，作为帧间填充，同时用于保持收发双方的同步。

在数据链路上 HDLC 初始化完成后，即开始发送连续的 F 标志，当检测到第一个非

F标志的比特组合出现，则表示一个HDLC帧传输开始，根据帧结构判断和处理各个字段信息。当再一次检测到F标志，则说明一帧结束了。

由标志字段的作用可以看出，在两个F之间不允许出现与F标志相同的比特组合，否则会误被认为是帧边界。为了避免出现这种错误，保证标志F的唯一性，HDLC采用"0"比特插入/删除法。采用这种方法，在F以后出现5个连续的1后，在其后额外插入一个"0"，这样就不会出现连续6个或6个以上"1"的情况。在接收方，在F之后每出现连续5个"1"，如果第6个比特为"0"，就将其后的"0"删除，还原成原来的比特流，如图3-14所示。

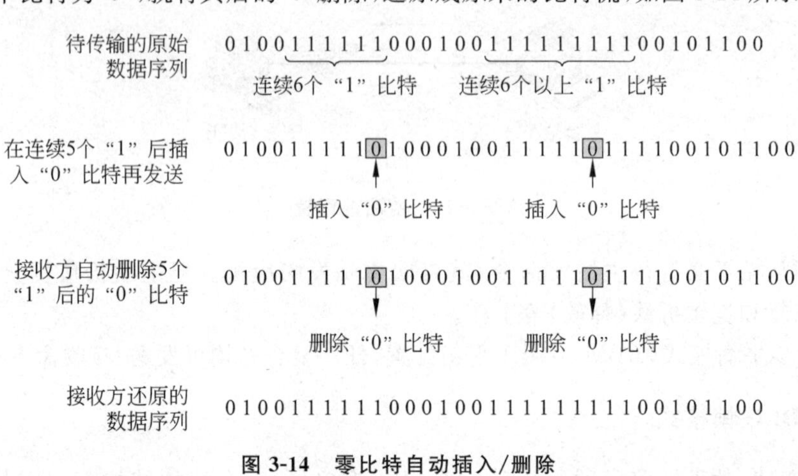

图3-14　零比特自动插入/删除

（2）地址字段A

地址字段A一般为8位。在特定情况下，如需要扩展地址时，用第1位作为扩展位。当一个字节的第1位为0时，其下一个字节的后7位也是地址位。当一个字节的第1位为1时，表示这是最后一个地址字节。这时地址字段为8位的倍数。

在非平衡链路中，对于主站发送到次站的帧或次站发向主站的帧，地址字段给出的是次站地址。全1地址是广播地址，全0地址无效。在平衡链路时地址字段填入应答站地址。

（3）控制字段C

HDLC的许多协议功能，都由控制字段实现的。根据控制字段的不同，可以把帧分为信息帧I(Information)、监督帧S(Supervisory)和无编号帧U(Unnumbered)三种类型。其中I帧属于长帧，而S帧和U帧因为没有信息字段，属于短帧(某些U帧包含信息字段)。后面将对三种帧的控制字段C的格式和作用进行详细说明。

（4）信息字段

信息字段主要是从网络层交下来的分组。本字段的长度没有具体规定，需要根据链路的情况和收发站点的缓冲区来确定。在某些控制帧中，也会使用信息字段携带一些网络控制信息。

（5）帧校验序列(Frame Check Sequence，FCS)

帧校验序列是一个16位的序列，它用于帧的差错检验。帧校验序列采用循环冗余校验，生成多项式为 CCITT V.41 建议的 $G(x)=x^{16}+x^{12}+x^5+1$。校验范围包括地址、控制、信息字段等，但是不包括由于采用零比特插入法而额外插入的"0"。该字段具体的生成过程请参阅 2.6.5 节的内容，这里不再详细介绍。

3. HDLC 三种帧类型

HDLC 帧的控制字段 C 标识了三种帧类型，其编码分为模 8 和模 128 两种，模 8 方式采用 3 位二进制编码表示帧序号，主要用于地面链路；模 128 方式采用 7 位编码，主要用于卫星链路。对应的控制字段有两种长度：8 位和 16 位，本文以 8 位控制字段为例来说明其作用。控制字段 C 第一位 $b_0=0$ 表示是信息帧 I；C 字段的第一位 $b_0=1$，第二位 $b_1=0$，表示是监督帧 S；C 字段的第一位 $b_0=1$，第二位 $b_1=1$，表示是无编号帧 U，如表 3-1 所示。

表 3-1 控制字段与帧类型

帧类型	控制字段 C							
	b_7	b_6	b_5	b_4	b_3	b_2	b_1	b_0
信息帧 I	N(R)			P/F	N(S)			0
监控帧 S	N(R)			P/F	S	S	0	1
无编号帧 U	M	M	M	P/F	M	M	1	1

(1) 信息帧 I

信息帧控制字段中的比特 $b_3b_2b_1$ 为发送序号 N(S)，比特 $b_7b_6b_5$ 为接收序号 N(R)。N(S)表示当前正在发送的帧的编号；N(R)表示 N(R)以前的各帧已正确接收，希望接收第 N(R)帧。N(S)和 N(R)都以模 8 计数。

例 3-4：在 HDLC 协议中，使用连续 ARQ 方法，经过初始化，当所用的发送窗口尺寸 $W_T=5$，发送站可以连续发送的帧的最大序号是多少？

解：因为 $W_T=5$，所以发送站最多可以连续发送 5 帧，即 N(S)=0,1,2,3,4

即目前可以发送帧的最大序号为 4。

HDLC 可以进行全双工方式工作，这样每一方都有 N(S)和 N(R)。在全双工情况下，每方都有两个状态变量 V(S)和 V(R)。发送帧时将 V(S)和 V(R)值分别写入 N(S)和N(R)，发送后将 V(S)加 1，每正确接收一个信息帧就将 V(R)加 1。

在信息帧中设置 N(R)的目的是在全双工传输中可以利用发送的信息帧"捎带应答"，而不必单独发送应答帧，这样可以提高信道利用率。

信息帧的第 5 位为 P/F，P(Poll)表示轮询，F(Final)表示终止。在命令帧中该位作为 P 使用，在响应帧中该位作为 F 使用。当主站在自己的 I 帧中使 P 为 1，表示要求从站响应，从站将最后一个响应帧的 F 位置 1，表示后面停止发送，直到又收到 P=1 的帧。

例 3-5：若收发双方使用 HDLC，经过初始化，发方发来连续三帧，其 N(S)为 0,1,2，收方均已经正确接收。问：这时收方可以在即将要发的信息帧的 N(R)中置为几？表示什么意义？

解： 接收方已经收到序号为0,1,2的帧，则所发送的数据帧中N(R)=3，表示2号及以前各帧已正确接收，希望对方发来N(S)=3的信息帧。

(2) 监督帧S

监督帧又称为监控帧、监视帧，其控制字段的第1、2位 $b_1b_0=01$，表示是监督帧。监督帧无信息字段，所以共48位。监督帧只作为应答用，因此只有N(R)没有N(S)。

根据比特 b_3b_2 的取值，S帧共有4种，通信站利用S帧执行编号监控功能，例如确认、询问、临时暂停信息传输或差错恢复等。S帧没有数据段，因此发送或接收它都不会增加帧的顺序编号，其编码如表3-2所示。

表3-2 监督帧控制字段编码

<table>
<tr><th rowspan="2">名　称</th><th rowspan="2">命令</th><th rowspan="2">响应</th><th colspan="8">控制字段比特</th></tr>
<tr><th>b_7</th><th>b_6</th><th>b_5</th><th>b_4</th><th>b_3</th><th>b_2</th><th>b_1</th><th>b_0</th></tr>
<tr><td>接收准备好</td><td>RR</td><td>RR</td><td colspan="3" rowspan="4">N(R)</td><td rowspan="4">P/F</td><td>0</td><td>0</td><td>0</td><td>1</td></tr>
<tr><td>接收未准备好</td><td>RNR</td><td>RNR</td><td>0</td><td>1</td><td>0</td><td>1</td></tr>
<tr><td>拒绝</td><td>REJ</td><td>REJ</td><td>1</td><td>0</td><td>0</td><td>1</td></tr>
<tr><td>选择拒绝</td><td>SREJ</td><td>SREJ</td><td>1</td><td>1</td><td>0</td><td>1</td></tr>
</table>

RR帧是应答帧，当链路上没有数据帧捎带应答时，用此种帧作为肯定应答。N(R)表示N(R)−1及以前各帧均正确接收，希望对方发N(R)号帧，并可以消除本站以前发出RNR帧所表示的“忙”状态，表示本站可以继续接收。

RNR帧是接收未准备好应答帧，表示本站正处于“忙”状态，不接收新的帧，但可以作为肯定应答，N(R)表示N(R)−1以前的帧都已正确接收。

以上两种帧都有流量控制作用。

REJ用于连续ARQ方式，表示拒绝接收目前收到的帧，要求重发N(R)及以后各帧。

SREJ是选择拒绝，它要求只重传N(R)指定的帧，用于选择ARQ方式。

监督帧的第5位 b_4 也是P/F比特。在正常响应方式中，主站用P=1要求从站响应，如果从站有数据发送，则最后一帧中将F置1。如果仅仅发送应答帧，则在应答帧中将F置1。

在异步响应和异步平衡方式中，任何一个站均可主动发出监督帧S和信息帧I并将P置1，对方在回答中可将F值1。

在实际传输应用中，监督帧REJ或SREJ不会同时使用，只能使用其中的一种。数据帧和监督帧相互配合，实现正常的数据传输。

例3-6： 若收发双方使用HDLC协议，在全双工工作方式中，通过捎带应答减少通信量。若双方地址用X、Y表示，则当X发送了连续2个信息帧＜Y,$I_{0,0}$,P＞,＜Y,$I_{1,0}$＞，则X收到的帧可能是什么？

解： ＜Y,$I_{0,0}$,P＞表示X正在给Y发送第0帧，同时期待接收Y发送的第1帧，同时P/F位为P，则Y要进行应答，则应答帧可以是＜X,$I_{0,1}$,F＞或＜X,RR1,F＞。前者表示Y正在发送给X的第0帧，期望接收发的第1帧，即表示对刚才收到的第0帧的应答，同时 P/F 位为 F；后者表示专门用一个监督帧来应答，RR1 表示准备好接收第 1 帧，同时也表示对刚才收到的第 0 帧的应答。由于对第 0 帧的应答不同，则对第 1 帧的应答可以是＜X,$I_{1,2}$＞或＜X,$I_{0,2}$＞。

(3) 无编号帧 U

无编号帧用于主站发送除了信息帧以外的各种命令，以及从站对主站命令的响应，命令用于设置工作方式、询问、复位以及拆除连接等，响应包括对各种命令的回答等。无编号帧主要用于链路的管理和异常情况的处理，又因为这种帧中的控制字段中不包含帧的序号 N(S)和 N(R)，故称它为无编号帧。它在传播中是优先的。

无编号帧的第 5 比特 b_4 也是 P/F 比特，其询问/终止位与前述两种帧的定义相同。

在 U 帧中，$M=b_7b_6b_5b_3b_2$ 为命令编码位，$2^5=32$，可有 32 种不同的命令，常用的有 10 余种。常用的无编号帧的命令响应编码见表 3-3。

表 3-3 无编号帧的命令响应编码

名 称	命令	响应	控制字段比特							
			b_7	b_6	b_5	b_4	b_3	b_2	b_1	b_0
置异步响应	SARM	DM	0	0	0	P	1	1	1	1
置正常响应	SNRM		1	0	0	P	0	0	1	1
置异步平衡	SABM		0	0	1	P	1	1	1	1
拆除链路	DISC		0	1	0	P	0	0	1	1
复 位	RSET		1	0	0	P	1	1	1	1
无编号确认		UA	0	1	1	F	0	0	1	1
帧拒绝		FRMR	1	0	0	F	0	1	1	1

3.3.3 Internet 中的点对点协议

目前大多数用户都可以通过两种方法接入 Internet：使用拨号电话线或使用专线接入。不管用哪种接入方法，传送数据时都需要有数据链路层协议。TCP/IP 是 Internet 中使用的网络互联标准协议，而在 TCP/IP 协议中，并没有具体描述数据链路层的内容，只是提供了各种通信网与 TCP/IP 协议组之间的接口，是 TCP/IP 使用各种物理网络通信的基础。一般情况下，各种物理网络可以使用自己的数据链路层协议和物理层协议。在 Internet 接入中，数据链路层使用最为广泛的就是 SLIP(Serial Line IP，串行线路网际协议)和 PPP(Point-to-Point Protocol，点对点协议)。

1. 串行线路网际协议(SLIP)

SLIP 是一个在串行线路上对 IP 分组进行封装的简单的面向字符的协议，用以使用户通过电话线和调制解调器接入 Internet。图 3-15 给出了 SLIP 的帧格式。

SLIP 帧的封装规则有三个：

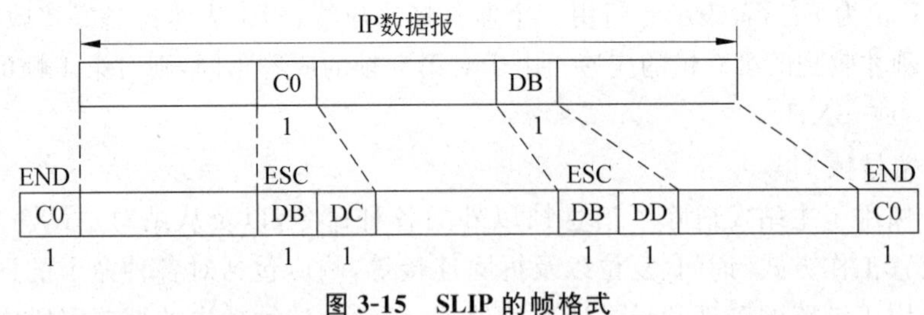

图 3-15 SLIP 的帧格式

（1）IP 数据报的首尾各加上一个特殊标志字符 END，将其封装成为 SLIP 帧。END 的编码为（0xC0），相当于二进制的 11000000。在 SLIP 的帧首加上 END 字符的作用是为了防止在 IP 数据报到来之前将线路上的噪声当成数据报的内容。

（2）如果在 IP 数据报中的某一个字节恰好与特殊标志字符 END 的编码（0xC0）一样，那么需要用 2 字节序列 0xDB 和 0xDC 替换这一个字节（这里将特殊字符 0xDB 称为 SLIP 转义字符，它和 ASCII 码的转义字符 ESC 并不相同，ESC 字符的值为 0x1B）。

（3）如果在 IP 数据报中的某一个字节恰好与 SLIP 转义字符一样，则需要用 2 字节序列 0xDB 和 0xDD 将它替换。

SLIP 协议只是一种简单的帧封装协议，它存在以下缺点：

（1）SLIP 没有校验字段，不提供差错检测的功能。当 SLIP 帧在传输中出差错时，只能靠高层协议来进行纠正。

（2）通信双方必须事先知道对方的 IP 地址，SLIP 不能将 IP 地址提供给对方。这对没有固定 IP 地址的拨号入网的用户来说是不方便的。

（3）SLIP 帧中无协议类型字段，因此仅支持 IP 协议，而不支持其他的协议。

SLIP 主要用于低速串行线路中的交互性业务，每传输一个数据报都需要 20 字节的 IP 首部和 20 字节的 TCP 首部开销，数据传输效率较低。为了提高传输数据的效率，又提出了一个称作 CSLIP 的协议，即压缩的 SLIP，它可以将 40 字节的开销压缩到 3 或 5 个字节。压缩的基本策略是：在连续发送的数据报分组中，一定会有许多首部字节是相同的，若某一字段和前一分组中的相应字段是一样的，则可以不发送这个字段；若某一字段与前一个分组中的相应字段不同，则可以只发送改变的部分。CSLIP 大大缩短了交互响应的时间。

2. 点对点协议（PPP）

为了改进 SLIP 的缺点，人们设计了点对点协议（PPP），它所起的作用与 OSI/RM 中的数据链路层协议一致，可以完成链路的操作、维护和管理功能；并且在设计时考虑了与常用的硬件兼容，支持任何种类的 DTE-DCE 接口（包括 EIA RS-232、EIA RS-449 与 ITU-T V.35）。运行 PPP 协议只需要提供全双工的电路（专用或交换式的）以实现双向的同步或异步数据传输，它对数据传输速率没有太严格的限制，是一种面向字符的协议，故能适用于多种远程接入的情形。PPP 灵活的选项配置、多协议的封装机制、良好的选项协商机制以及丰富的认证协议，使得它在远程接入技术中得到了广泛的应用。

3. PPP 协议的构成

PPP 由以下三个部分组成：

(1) 在串行链路上封装 IP 数据报的方法：PPP 既支持异步链路(无奇偶校验的 8 比特数据)，也支持面向比特的同步链路。

(2) 链路控制协议(Link Control Protocol，LCP)：用于建立、配置和测试数据链路连接，通信的双方可协商一些选项。

(3) 网络控制协议(Network Control Protocol，NCP)：用于建立、配置多种不同网络层协议，如 IP、OSI 的网络层、DECnet 以及 AppleTalk 等。每种网络层协议需要一个 NCP 来进行配置，在单个 PPP 链路上可支持同时运行多种网络协议。

4. PPP 的帧格式

PPP 的帧格式和 HDLC 的相似，标准的 PPP 帧格式如图 3-16 所示。

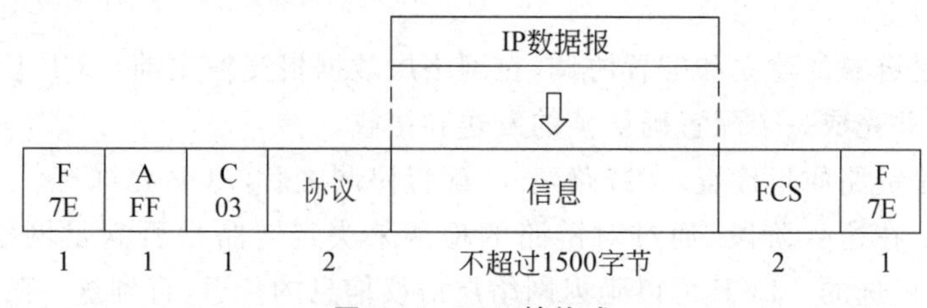

图 3-16 PPP 帧格式

(1) 标志字段，编码为 01111110(0x7E)，是帧的定界符，用以标识一帧的开始和结束。

(2) 地址字段，编码为 11111111(0xFF)，标准的广播地址，使所有的站均可以接收该帧，不指定单个工作站的地址。在 PPP 中，地址字段并没有真正使用。

(3) 控制字段，编码为 00000011(0x03)，是一个无编号帧，PPP 也没有使用序号和确认机制来保证数据帧的有序传输。

(4) 协议字段，占 2 个字节，用于标识封装在 PPP 帧中的信息所属的协议类型。当协议字段为 0x0021 时，信息字段就是 IP 数据报；若为 0xC021，则信息字段是链路控制数据；为 0x8021 时，表示信息字段是网络控制数据。

(5) 信息字段，包含零个或多个字节，是网络层协议数据报，默认最大长度为 1500 个字节。

(6) 帧校验序列字段 FCS，通常为 2 个字节，使用 16 比特的循环冗余校验 CRC 计算校验和。

可以看出，PPP 帧的前 3 个字段和最后 2 个字段与 HDLC 的格式是一样的，不同的是多了一个 2 个字节的协议字段，用于说明 PPP 帧中的信息字段。

PPP 是面向字符的，因而所有的 PPP 帧的长度都是整数个字节。当信息字段中出现和标志字段一样的比特组合(如 0x7E)时，就必须采取一些措施。在同步通信应用中，可以采用与 HDLC 类似的零比特插入/删除法，发送方在 5 个“1”后自动插入一个“0”，接收方在检测到在5个“1”后，第6个如果是“0”则自动删除，恢复原来的比特流。异步通信应用中，传输是以字符为单位的，因此它不能采用HDLC所使用的零比特插入/删除法，而是使用一种特殊的字符填充法。具体的做法是将信息字段中出现的每一个0x7E字符转变成为2字节序列0x7D和0x5E；若信息字段中出现一个0x7D的字符，则将其转变成为2字节序列0x7D和0x5D；若信息字段中出现ASCII码的控制字符（即小于0x20的字符），则在该字符前面要加入一个0x7D字符。

例3-7：一个PPP帧的数据部分（用十六进制写出）是7D 5E FE 27 7D 5D 7D 5D 65 7D 5E。试求要发的真正的数据是什么？

解：因为PPP帧的数据部分使用了一种特殊的字符填充法，所以根据字符填充的规则，经过转换，真正的数据（十六进制表示）应是7E FE 27 7D 7D 65 7E。

5. 链路控制协议（Link Control Protocol，LCP）

链路控制协议主要用于建立、配置、维护和终止点对点的链路层连接，其工作过程主要分为4个阶段。

第一阶段是链路的建立和配置协调，在网络层数据报交换之前，LCP首先打开连接，协调配置参数，并完成一个配置确认帧的发送和接收。

第二阶段是链路质量检查，在链路建立、配置协调之后，LCP允许有一个可选的链路质量检测阶段。在这一阶段，通过对链路的检测来决定链路是否满足网络层协议的要求，这一阶段是可选的。LCP可以延迟网络层协议信息的传送，直到这一阶段结束。

第三阶段是网络层协议配置阶段，在LCP完成链路质量检测之后，网络层协议通过适当的NCP协议进行单独的配置，而且可以在任何时刻被激活和关闭。如果LCP关闭了链路，它会通知网络层协议采取相应的操作。

第四阶段是关闭链路，LCP可以在任何时刻关闭链路，但多数关闭是因用户的要求或发生物理故障，如载波丢失或空闲时间过长。

6. 网络控制协议（Network Control Protocol，NCP）

PPP使用一组网络控制协议配置不同的网络层，其中普遍使用的是用于配置IP层的IP控制协议（Internet Protocol Control Protocol，IPCP），主要讨论了IP压缩协议配置选项的协商及IP地址配置选项的协商。使用与LCP相同的报文结构及协商机制完成选项协商的任务，但必须在PPP链路建立起来之后进行。

7. PPP的运行机制

PPP不提供使用序号和确认的可靠传输。在噪声较大的环境下，如无线网络，则应使用有序号的工作方式。

当用户拨号接入网络服务提供商ISP时，路由器的调制解调器对拨号做出应答，并建立一条物理连接。这时，PC向路由器发送一系列的LCP分组（封装成多个PPP帧）。这些分组及其响应选择了将要使用的一些PPP参数。接着就进行网络层配置，NCP给新接入的PC分配一个临时的IP地址。这样，PC就成为Internet上的一个主机了。

当用户通信完毕时,NCP释放网络层连接,收回原来分配出去的IP地址;接着,LCP释放数据链路层连接;最后释放的是物理层连接。

当线路处于静止状态时,并不存在物理层的连接。当检测到调制解调器的载波信号,并建立物理层连接后.线路就进入建立状态。这时,LCP开始协商一些选项。协商结束后就进入鉴别状态。若通信的双方鉴别身份成功,则进入网络状态。NCP配置网络层,分配IP地址,然后就进入可进行数据通信的打开状态。数据传输结束后就转到终止状态。载波停止之后则回到静止状态,如图3-17所示。

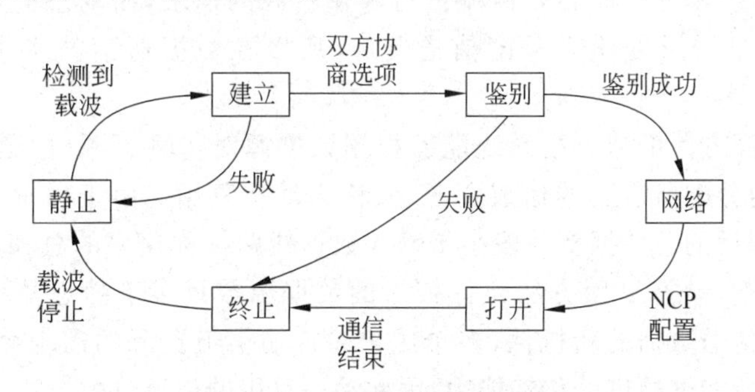

图3-17 PPP链路状态转换图

PPP协议是目前广域网上应用最广泛的数据链路层协议之一。PPP的优点是协议简单,具备用户认证能力以及支持动态IP地址分配等。

目前大部分家庭上网都是通过PPP在用户端和运营商的接入服务器之间建立通信链路。目前,宽带接入技术日新月异,大有取代拨号上网的趋势,由此PPP也衍生出新的应用。典型的应用是在ADSL接入方式中,PPP与其他协议共同派生出符合宽带接入要求的新协议。如PPPoE(PPP over Ethernet,以太网PPP协议),就是利用以太网资源,在以太网上运行PPP来进行用户认证接入的协议。PPPoE既保护了用户方的以太网资源,又完成了ADSL的接入要求,是目前ADSL接入方式中应用最广泛的技术标准。

另外,PPP协议还支持多链路PPP,即将多个物理信道捆绑成一个PPP链路来使用,这样可以提高PPP链路的速率。PPP协议的简单和功能的丰富使它得到了广泛的应用,相信在未来的网络技术发展中,还会得到更加广泛的应用。

3.4 多路访问信道的数据链路层

在网络通信技术中,为了提高通信资源的利用率,广泛采用多个通信实体共享一条公共信道的方法实现多对实体之间的通信,信道的共享可以通过集中器或复用器实现,也可以使用多点访问技术实现。本节将对信道共享技术中的几种最重要的多点访问技术进行一些简单的介绍和分析,以阐明基本概念为主,避免过于复杂的数学推导。重点是围绕时延和吞吐量这两个最基本的指标来讨论,为后面的学习(特别是局域网部分的内容)打下必要的基础。

3.4.1 信道共享技术

使用信道共享技术可提高设备利用率，带来明显的经济效益，而这种技术所包含的内容也是十分丰富的。信道共享技术，即如何在多个通信设备之间分配使用公共信道的带宽资源，包括静态和动态的信道分配方案。

所有传统的静态信道分配方法（如第2章介绍的频分复用和静态的时分复用）都属于预分配资源方法，不能适应突发性流量对传输资源的需求，而动态的信道分配方法则因为能够根据流量需求变化来分配信道资源，所以在数据通信技术中得到了广泛的应用。

动态信道分配方法的特点是系统能够根据数据源对传输资源（信道带宽）的随机需求，为用户动态地分配所需要的信道资源，又称为动态复用。由于用户传送数据的突发性和间歇性，复用后的总数据率一般小于输入数据线路标称速率的总和。即在相同的复用线路速率条件下，动态复用方法允许接入的数据源数目多于静态复用方法接入的用户。但由于用户传送数据的随机性，多个用户对传输信道资源的需求会出现竞争，或瞬时需求超过系统所能够提供的传输能力，因此动态复用的信道分配方法更加复杂。

动态信道分配技术的中心主题是如何在多个竞争的用户之间分配单个公共广播信道，即多点接入（或称为多路访问）控制方法。多点接入共享信道是一种动态信道分配技术的典型应用。多点信道一般采用广播方式传送信息，其公共信道即为广播信道。信道是由各站点共享的，一个站点发送信息，所站点都能接收，这就是广播特性。所有站点都连到一个共享信道上，所用的接入和使用共享信道的技术称为多路访问技术，或称为介质访问控制方法。

在任何一个广播式网络中，关键的问题是：当存在多方竞争使用信道的时候，如何确定谁可以使用信道。如在一个可以自由发言的会议上，每个人都可以听到其他的人讲话，也可以对其他人讲话。很可能会发生两个或者更多个人同时开始说话，从而导致混乱。在面对面的会议上，这样的混乱可以通过外部途径来解决，比如，与会者通过举手的方式请求获得发言权。但在网络中，当只有一条公共信道可供使用的时候，确定下一个使用者是非常困难的，现在已经有了一些协议专门来解决这个问题。在有些文献中，广播信道有时候也称为多路访问信道（Multi-Access Channel）或者随机访问信道（Random Access Channel）。

所谓“访问”（Access），指的是两实体（泛指各种硬件和/或软件）间建立联系并交换数据。所谓访问方式是指系统为通信实体分配传输介质使用权限的机理、策略和算法，又称为“接入”方式。多路访问技术可分为受控访问和随机访问。

受控访问的特点是各个用户不能任意接入信道而必须服从一定的控制。根据控制结构的位置又分为两种，即集中式控制和分散式控制。

集中式控制方式有多点线路轮询（Polling），即控制主机按一定顺序逐个询问各用户有无信息发送。如有，则被询问的用户就立即将信息发给主机；如无，则再询问下一站。

属于分散式控制的有令牌环形网。在环路中有一个特殊的帧，叫做令牌或权标（Token）。令牌沿环路逐站传递。只有获得令牌的站才有权发送信息。当信息发送完毕后,即将令牌传递给下一个站。在协议的控制下,连接到环路上的许多站就可以有条不紊地发送数据。环形网也叫做令牌传递环(Token Passing Ring),是一种常用的局域网。

随机访问的特点是所有的用户都可以根据自己的需求随机地发送信息。总线网就属于这种类型。在总线网中,当两个或更多的用户同时发送信息时,由于同频信号相互叠加、干扰,就产生了帧的冲突(Collision),又称为碰撞,它导致发生冲突用户的发送都失败。随机访问实际上就是争用接入,争用胜利者才可获得总线(即信道)使用权,从而获得信息的发送权。如果系统中多个用户所使用的共享公共信道的方法会导致通信冲突,则这样的系统称为竞争(Contention)系统。

3.4.2 竞争系统的介质访问控制技术

在介质访问方面协议的种类很多,但限于篇幅,许多技术和协议在此无法进行介绍,有兴趣的读者可查阅有关的资料。

1. ALOHA

20世纪70年代,夏威夷大学的Norman Abramson和他的同事设计出了一种巧妙的新方法来解决公共信道的分配问题。ALOHA是Additive Link On-line Hawaii System的缩写,而ALOHA恰好又是夏威夷的方言"你好"。ALOHA网是分布在几个岛上的夏威夷大学的无线网,与有线的总线网工作原理相同。ALOHA是最基本的随机访问技术,其又分为纯ALOHA和时隙ALOHA。它们的区别在于是否将时间分成离散的时隙,而所有的帧都必须同步到时隙中。纯ALOHA不要求全局的时间同步,而时隙ALOHA则需要。

(1) 纯ALOHA

纯ALOHA系统起初是在无线公用信道上实现的。ALOHA是集中控制的转接系统,设立一个中央控制主站,使用两个频率:一个为407.35MHz,用于用户站点(从站)到主站的上行传输(争用方式);另一个为413.475MHz,可用于主站到用户站点的下行传输(广播方式)。两个信道带宽各为100kHz,其数据率为9600b/s。ALOHA系统的基本思想非常简单:当用户有数据要发送的时候就让它们传输。如果一个站在整个发送过程中,没有其他站发送数据,发送便成功。如果一个站在发送时,正有其他站在发送数据,或者在发送过程中有另一站发送数据,就会有冲突,冲突的帧将被损坏,如图3-18(a)所示。

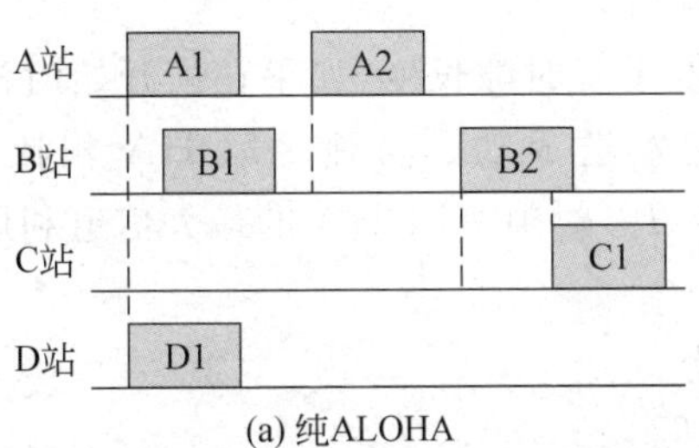

(a) 纯ALOHA

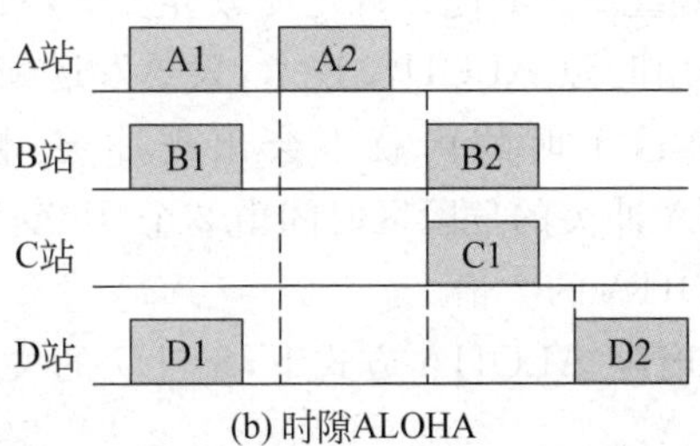

(b) 时隙ALOHA

图3-18 ALOHA技术

当从站发出一个分组后，必须等待主站的应答来确认，才能继续发下一个分组。若等待一定时间仍收不到应答信号，则意味着分组出现冲突(Collision)，该站应重发同一分组。由于分组的发送是完全随机的，在一个站发送分组过程中的任何时刻都可能发生冲突。在最不利的情况下，可能会使某个站所发送分组的尾部与另一个站所发送分组的前部相冲突，致使两败俱伤，这样相邻的两分组都必须重发。需要重发的分组各自延迟一个随机时间后再重发，直至成功。等待的时间必须是随机的，否则，如果冲突的站点重发的节奏完全一致，同样的帧就会不停地冲突。

假设 ALOHA 为一个定长分组，数据率固定且有无限多个用户数量。在稳定的情况下，在发送时间 T_0 内分组成功发送的平均数 S(称为吞吐量)及网络负载 G(亦称总通信量)之间的关系为

$$S = Ge^{-2G}$$

这是 Abramson 于 1970 年首次推出的著名公式。由公式可见，当 G 为轻负载时，$S \approx G$；在 G 为重负载下，由于冲突增多，致使 $S < G$；当 $G = 0.5$ 时，$S \approx 0.184$ 为最大值，这表明纯 ALOHA 的信道利用率最多只有 18.4%。采用这种方法，当负载增加(使用网络传送数据的站点增多，发送数据量增大)时，冲突率会很高，这显然不能令人满意。但 $G = 0.5$ 时，在低负载和高速的条件下，冲突较少，传输时延不大，网络仍有一定的实用价值。

例 3-8：一组 N 个站点共享一个 56kb/s 的纯 ALOHA 信道。每个站平均每 100 秒输出一个 1000b 的帧，即使前一个帧还没有发完也依旧进行(例如，每个站点都有缓存)。试求：N 的最大值是多少？

解：因为对于纯 ALOHA 信道，可用的带宽是

$0.184 \times 56\text{kb/s} = 10.340\text{kb/s}$

而每个站需要的带宽是 $1000 \div 100 = 10\text{b/s}$

所以 $N = 10304 \div 10 \approx 1030$

(2) 时隙 ALOHA

为了提高通道利用率，降低冲突发生的概率，将纯 ALOHA 改进为时隙(时间片)ALOHA。其方法是将信道按一帧的发送时间为单位划分为时隙(Slot)，这需要提供中心时钟，以使其同步。要求每一帧只能在时隙开始时传输，这样就减少了因两帧部分重叠引起的冲突。这时如果在一个时隙内有两个以上的帧同时发送，那就会完全重叠而产生冲突，如图 3-18(b)所示。产生冲突后，分别延迟随机个数的时隙后重发，直至发送成功；或因重发次数超过规定而放弃发送，向上级报告。

采用时隙 ALOHA 技术，只要发送帧的长度小于时隙长度，如果在帧开始时没有冲突，则在这个时隙内就不会出现冲突，帧就能发送成功。与纯 ALOHA 相比，时隙 ALOHA 冲突的危险区时间由 2 个 T_0 变为一个 T_0，时隙 ALOHA 的最大信道利用率是纯 ALOHA 的 2 倍。

在时隙 ALOHA 方式下，S 与 G 的关系式为

$$S = Ge^{-G}$$

由该式可知，其最大吞吐量为 0.368，且出现在 G 等于 1.0 处。

例 3-9：对比纯 ALOHA 和时隙 ALOHA 在低负载条件下的延迟，哪一个比较小？请说出原因。

解：对于纯 ALOHA，发送可以立即开始。对于时隙 ALOHA，它必须等待下一个时隙。平均来说，需要引入半个时隙的延迟，所以纯 ALOHA 的延迟比较小。

2. CSMA 介质访问控制方法

在 ALOHA 协议中，由于各个站点发送帧是完全随机的，不受任何约束，因此很容易发生冲突，导致协议效率很低，载波监听多路访问（Carries Sense Multiple Access，CSMA）是对 ALOHA 协议的一种改进。改进的方法是，对随机发送进一步加以约束，即每个站在发送帧之前监听信道上是否有其他站点正在发送数据，即检查一下信道上是否有载波，或者说信道是否忙。如果信道忙，就暂不发送；如果信道空闲就发送。这种方法称为"先听后说"，减少了发生冲突的概率。

根据监听后的策略，有三种不同的协议，即非坚持型、1-坚持型、P-坚持型。

(1) 非坚持型

非坚持型的工作原理是当监听到信道空闲时，则立即发送；当监听到信道忙时，不坚持监听，而是延迟一个随机时间重新进入监听和准备发送过程。这样，再次监听之前可能信道早已空闲，这就造成一定的时间浪费，但减少了冲突发生的概率。

(2) 1-坚持型

1-坚持型的工作原理是在监听到信道忙时，一直坚持监听，直到监听到信道空闲，以概率 1 立即发送。这种策略能够争取及早发送数据，但当有两个或以上的站同时在监听和准备发送时，信道由忙至空闲的状态转换就起了同步的作用，使得两个或多个站同时发送，从而发生冲突。

(3) P-坚持型

为了降低 1-坚持型的冲突概率，又能减少非坚持型造成的介质空闲时间浪费，采用了一种折中方案，这就是 P-坚持型 CSMA。这种方案的特点是监听到信道忙时，一直坚持监听；当监听到信道空闲时，以 P 的概率发送，而以 $1-P$ 的概率延迟一个时间单位。然后再监听，如果监听到信道忙，则继续监听，直到空闲。时间单位长度等于最大网络端到端传播延时 τ。

上述三种方案都不能避免冲突发生，只是冲突的概率不同。一旦有冲突发生，则要延迟随机个 τ 时间片再重复监听过程。

在坚持型 CSMA 中也有时隙坚持型 CSMA 方式，但很少使用。CSMA 在发送分组之前进行载波监听，减少了冲突的可能性。但由于传播时延的存在，冲突仍然是难以避免的。例如，如图 3-19 所示，在局域网上两端站点 A 和 B 相距 1km，通过网络电缆连接。电磁波在网络中的传播速度约为自由空间的 65%左右，因此，当 A 向 B 发出分组，B 要在经过一定时延 τ 之后（约 5μs）方能收到此分组。B 若在 A 的分组到达之前（$t=\tau-\delta$）进行载波监听检测，则检测不到 A 所发出的分组，因而发送了自己的分组，则必然会与 A 的分组发生冲突，致使双方的分组都受损。可见，在最不利的情况下，即 δ 非常小的情况，A 开始发送分组后需要经过 2 倍的传播时延（2τ）才能收到与 B 发生冲突的信息。

CSMA 算法没有检测冲突的功能,即使冲突已发生,仍然要将已遭破坏的帧发完,这导致总线的利用率降低。

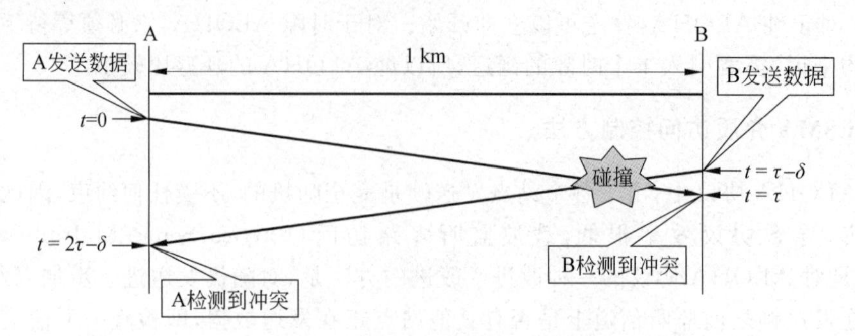

图 3-19 传播时延对载波监听的影响

3. CSMA/CD 介质访问控制方法

CSMA 介质访问方法的缺点是:当两(多)个站发生冲突后,各冲突站仍继续发送已遭破坏的数据帧。若帧很长,则信道的浪费相当大。

载波监听多路访问/冲突检测(Carries Sense Multiple Access/Collision Detection, CSMA/CD)方法是对 CSMA 的改进方案,改进的内容是增加了称为"冲突检测"的功能。当帧开始发送后,发送站就开始检测有无冲突发生,称为"边发边听"。如果检测到冲突发生,则冲突各方就必须立即停止发送。这样,信道很快进入空闲期,允许下一次发送操作开始,提高了信道利用率。CSMA/CD 介质访问控制方法的具体工作过程,将在局域网相关章节中介绍。

由于总线型 CSMA/CD 算法很简单,因而得到了广泛的应用。但当网络负载比较重时,由于冲突增多,导致网络效率急剧下降,使发送延迟时间不确定;另一方面,为确保有效检测出冲突信号而不使成本太高,必须限制网络的最大传输距离。

3.4.3 环型网介质访问方法

环型网都采用无冲突的介质访问方法,属于分散的轮询控制方式。主要的介质访问方法有令牌环、时隙环及寄存器插入环。

1. 令牌环

IEEE 802 委员会于 1984 年公布了 802.5 令牌环介质访问方法及相应物理层规范协议。由于这种方法具有的优点,IBM 公司开发了 IBM 令牌环网络作为它的局域网。

令牌环是由环接口及一段一段点-点链路连接而成的环,工作站连接到环接口上。环接口实际上是一个转发器,实现比特流的接收、检测和发送。令牌或数据帧在环型网络上逐站传送,经过网络上所有工作站接口后返回发送站,因此介质是共享的但并非广播的。令牌环型网的结构如图 3-20 所示。

环接口又称转发器,是令牌环型网的主要部件。环接口与主机连接的情况如

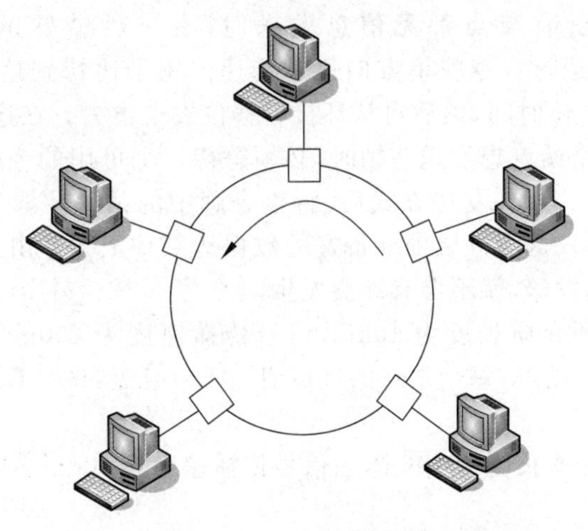

图 3-20 令牌环型网结构

图 3-21(a)所示。环接口的主要功能是收、发信息，识别和产生令牌，零插入/删除，识别地址，进行 CRC 校验等。

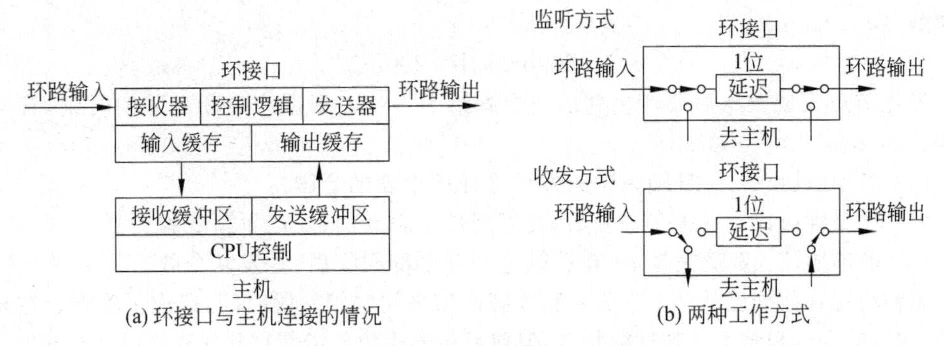

(a) 环接口与主机连接的情况 (b) 两种工作方式

图 3-21 令牌环型网络接口

环接口有两种工作方式：监听方式和收发方式。

图 3-21(b)表示环接口的两种工作方式。只要站点不处于发送数据的状态，环接口就处于监听方式。在此方式下，环接口一方面将进入的比特流转发出去(因先收后发，有 1 比特延迟)，同时另一方面则监视环路中的比特流，监测帧中地址是否为本站地址或空令牌。一旦发现数据帧中有本站的地址，即本站为此帧的目的站点，则立即将电子开关闭合，使环路输入的比特流经开关从转发器输出到站点中，将帧复制到接收缓冲区。与此同时，该站点仍然转发环路输入的比特流，经环接口输出到环路下一个站点去，并在帧后附加相应的接收标记。

数据帧在环上也是单方向逐站传递。每个比特到达相应站的环接口后，在接口的 1 比特缓冲区中停留 1 位时间，进行识别和检测，然后再从环接口移位发送出去。

当帧在环中传播一周回到发送站时，发送者会对它进行检查以便知道接收站是否已正确接收以及其他接收状态的信息。如果此帧已被正确接收，发送者将它从环上移去。当发送的帧被回收并产生新的令牌后，该站立即转变为监听方式。

在令牌环中,当所有节点都无信息发送时,有一种特殊的比特格式——令牌(Token),不停地绕环运行。令牌单方向逐站传递。每个比特到达环接口后,在接口的1比特缓冲区中停留1位时间,然后再从环接口移位发送出去。在这1位时间内,可以进行检查或修改。当一个站点想发送一帧时,必须等待一个可用的令牌(称为空令牌)到达接口,才可以进入发送。进入发送方式后,将空令牌中的某一位取反,使其变为忙令牌,并随后发送数据帧,将发送缓冲区中准备好的数据送到环上去。由于此时环上已无空令牌,故其他站点均不能发送,就不会有冲突发生。

例 3-10:某令牌环介质长度为10km,信号传播速度为200m/μs,数据传输速率为4Mb/s,环路上共50个站点,每个站点的接口引入1位延迟,试计算此令牌环网上有多少位数据。

解:令牌环网的介质长度为10km,当信号传播速度为200m/μs时,信号在网络上传播时间为

$$10000/200=50\mu s$$

数据传输速率为4Mb/s,则在50μs(5×10^{-5}s)的时间内,可以发送数据

$$(4\times10^{6})\times(5\times10^{-5})=200b$$

每个站点引入1个比特延迟,50个站点共计延时50b,则此环型网络上可以同时存在位数

$$200b+50b=250b$$

发送节点完成发送后要产生新的空令牌给下一站。根据产生新令牌的时刻,有三种协议:

(1) 多令牌协议:一旦结束帧的发送立即产生新的令牌。

(2) 单令牌协议:发送完一帧后,要等到忙令牌返回,才产生新令牌。

(3) 单帧协议:发送完帧后,在该帧返回并全部回收后,才发新令牌。

单帧协议在数据已从环上消失到新令牌产生之间空闲一段时间,造成了浪费。在环延迟较小时,单令牌和多个令牌性能相近,但前者对于简化差错恢复和优先级设计有好处。

接收站在收到给本站的帧后,将该帧复制到接收缓冲器,同时,继续将帧向前转发。这样做有两点好处,一是接收站可以将应答信息携带给发送站,第二是可以在令牌环网上实现广播发送。

令牌比特模式不能在数据中出现,这可以通过"0"比特插入法解决。另外,环必须有足够位长,以便容纳下整个令牌。为此,当有站临时旁路时,要人工加入延迟。

令牌环网络在轻负载时,由于站点发送时要等待空令牌,因此效率不高,但在重负载时,空令牌传送减少,使得它既公平又有较高的效率,并可提供访问优先级。另外由于网络中每个站点拥有令牌的时间是有限制的,因此某一个站点需要发送数据时,其最大等待时间是可以预计的,这种特性对于一些有时延要求的应用非常重要。

令牌环的主要缺点是要求令牌维护。令牌丢失或多令牌都使环网不能工作,为此,必须在环中有监控站,保证环中有且只有一个令牌。当有站点发生故障时,由接口中的继电器将该站旁路。如果因此造成环上延迟不够,则由监控站插入额外的延迟。

2. 时隙环

时隙环又称为时间片分割环,是1971年Pierce在贝尔实验室建议研制的一种环网,

故又称为 Pierce(帕斯)环。

这种环网的介质访问方法不同于令牌访问控制原理,而是以环路上时间片分割来控制帧的发送和接收,这是一种异步、时分、随机访问方法,也是一种竞争型无冲突的介质访问方法。著名的剑桥环就采用时隙环访问方法。

3. 寄存器插入环

在寄存器插入环网的环接口中有两个寄存器:①移位寄存器,它有多位,是接收报文和输出报文包的控制接口;②输出缓冲器,也是多位,它暂存工作站主机欲发送信息。

当环上有信息传来时,送来的数据帧一位一位地放入移位寄存器中,当目的地址字段进入后,进行地址比较,如果符合,说明本站点是目的站点,由环接口将数据帧其他的部分(包括数据字段)送到主机。如果经过地址比较不符合,则将已放入移位寄存器中的内容从输出端送回到环上,送给下一个站。

当本站要发数据帧时,工作站主机先将输出的帧放入环接口的输出缓冲器中。当网络介质空闲时就将输出缓冲器的内容并行地送入移位寄存器中,送到移位寄存器中的这一个数据帧就跟着前一个数据帧进入网内。

寄存器插入环的优点是允许环上同时有多个帧在传送,同时支持可变帧长,这也是一种无冲突介质访问方法;各站可并行发送,并行性好;每个站的发送都是自主决定的,无须令牌控制,属于完全分布式控制。缺点是硬件复杂和有错误时撤销错误帧的判断较困难。

3.4.4 令牌总线介质访问方法

令牌访问方法是环网中应用最多的一种方法。令牌法的优点是它属于无冲突访问方法,信道利用率高,特别是重负载时,对各站公平,更显出优越性,且性能对传输距离不敏感,但环型网结构复杂,以及存在检错和可靠性等问题。总线型网络结构简单,但CSMA/CD 访问方法是一种竞争型有冲突的访问方法,在轻负载下网络延迟小,但在重载情况下冲突概率增加,性能明显下降。

令牌总线介质访问方法是在综合两种介质访问方法优点的基础上形成的一种介质访问方法,即将令牌访问方法应用在总线型网络中。实现办法是将总线上各站点组成逻辑环:在物理上是总线型,在逻辑上是环型。根据各节点某种信息的规则将它们排列成一个环状(逻辑环),这样可沿逻辑环传递令牌,实现令牌环访问。

令牌的传递次序与环型相同:在环网上是沿物理上靠近的站点传,在令牌总线上传递的次序与总线上物理位置无关,而是沿逻辑环上的顺序传送的,如图 3-22 所示。

令牌总线网由 IEEE 802.4 协议标准定义。

令牌总线介质访问方法的优点是:无冲突,信道利用率高;与以太网有最短帧要求不同,它可以传递很短的帧,传送速率快;各站点有公平访问权;各站点取得令牌时间固定,适用于实时过程控制;可实现多级优先服务;比令牌环延迟时间短,因为令牌环传送报文包必须按环路进行,而逻辑环有直接通路;在重载下信道利用率高。

令牌总线介质访问方法的缺点是算法复杂,需要初始化逻辑环,维护站点的加入和

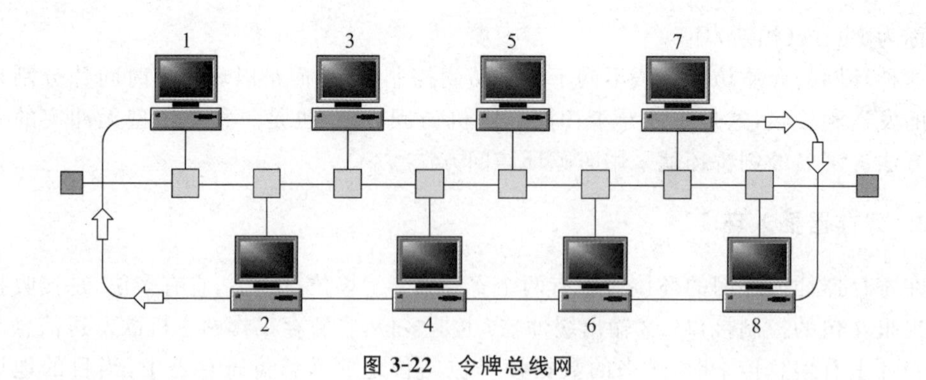

图 3-22　令牌总线网

退出逻辑环操作等。

3.4.5　无线局域网介质访问控制方法

随着便携式计算机和可移动通信设备数量的增长和价格的下降，以及人们工作和生活节奏的加快，计算机网络面临着新的挑战。由于传统意义上的网络的各类设备被网络连线所禁锢，无法实现可移动的网络通信；并且，对于覆盖面积较大的公司，若要使用电缆将各个部门连接成网，费用可能过高，而无线局域网的构建不仅可以节省投资，而且可以加快建网的速度；此外，当某一个地方同时要求上网的用户较多时，铺设电缆也是一件很困难的事。无线局域网克服了所有这些不足，提供了移动接入的功能，从而实现了可移动数据交换，给用户提供了方便，使他们能够随时随地的收发信息。

由于无线信道的信号强度的动态范围较大，以及隐蔽站和暴露站的问题，使得发送站无法使用冲突检测的方法来确定是否发生了冲突，所以无线局域网不能使用前面介绍的 CSMA/CD 机制进行冲突检测。为了有效地实现网络通信，在无线局域网的 802.11 协议中使用了"载波监听多路访问/冲突避免"(CSMA/CA)技术，其基本原理是在发送数据帧之前，增加了一个冲突避免(Collision Avoidance)的功能。

使用冲突避免机制，减少了无线局域网中站点的发送冲突，但仍然不能完全避免冲突。一旦出现冲突，同样需要一定的退避算法实现帧重发。详细原理见第 4 章中无线局域网相关章节。

本章小结

(1) 数据电路由传输信道和两端的数据电路终接设备(DCE)组成，数据链路是在数据电路的基础上增加了传输控制(及协议)的功能，一般来说，收发双方只有建立了一条数据链路，通信才能够有效地进行。

(2) 数据链路层的主要功能主要有链路管理、帧定界、流量控制、差错控制、数据和控制信息的识别、透明传输和寻址等。

(3) 流量控制是协调链路两端的发送站、接收站之间的数据流量，以保证双方的数据发送和接收达到平衡的一种技术。在通信节点之间常用的流量控制技术有停止-等待方式和滑动窗口方式。

(4) 停止-等待协议是最简单的但也是最基本的数据链路层协议,其基本原理是:在发送端,每发送完一帧数据之后,必须停下来等待接收方的应答,若收到了对方的应答,则继续发送下一帧,如果收到否定应答或在规定的时间内没有收到任何应答,则重新发送该帧。

(5) 在滑动窗口协议中,在数据的发送端和接收端分别设置有发送窗口和接收窗口,发送窗口是指在发送方未得到确认而允许连续发送的一组帧的序号集合,即允许发送的帧的序号表。发送方未得到确认而允许连续发送的帧的最大数目,称为发送窗口尺寸。接收窗口是指在接收方允许接收的一组帧的序号集合,即允许接收的帧的序号表。接收方最多允许接收的帧数目称为接收窗口尺寸。

(6) 在发送窗口大于1的滑动窗口协议中,如果传输中出现差错,协议会自动要求发送端重传出错的数据帧,所以这种控制机制称为自动重传请求(Automatic Repeat reQuest,ARQ),通常又称为自动请求重传。根据出现差错后重传数据帧的方法,分为连续ARQ协议和选择ARQ协议。

(7) 连续ARQ协议的发送窗口尺寸大于1,接收窗口尺寸等于1。当发送方超时重发时,必须重发出错的帧及其以后的所有帧;选择ARQ协议的发送窗口尺寸大于1,接收窗口尺寸也大于1,当发送方超时重发时,只需重发出错的帧,对于其后已发送过的正确的帧都不必重发。

(8) 高级数据链路控制协议(HDLC)传输的基本单位是比特,所以也称为面向比特的数据链路传输控制规程。它在传送数据时,是把数据分成帧,再以帧为单位进行传输。它定义了三种类型的帧分别是信息帧、监督帧和无编号帧。该协议还规定了帧结构、控制字段的格式和参数,定义了"命令"和"响应"等。

(9) 在Internet的接入方法中,在数据链路层使用得最为广泛的就是点到点协议(PPP),其帧格式和HDLC的相似,但不提供使用序号和确认的可靠传输。在数据链路层出现差错的概率不大时,使用比较简单的PPP协议较为合理。

(10) 多路访问技术可分为受控访问和随机访问。受控访问的特点是各个用户不能任意接入信道而必须服从一定的控制,如多点轮询和令牌环型网等,随机访问的特点是所有的用户都可以根据自己的意愿随机地发送信息。总线网就属于这种类型。

(11) ALOHA是最基本的随机访问技术,其又分为纯ALOHA和时隙ALOHA。它们的区别在于是否将时间分成离散的时隙以便所有的帧都必须同步到时隙中。纯ALOHA不要求全局的时间同步,而时隙ALOHA则需要。

(12) 载波监听多路访问(CSMA)是对ALOHA协议的一种改进协议,其对随机发送进一步加以约束,即每个站在发送帧之前监听信道上是否有其他站点正在发送数据,即检查一下信道上是否有载波,或者说信道是否忙。如果信道忙,就暂不发送,否则就发送。这种方法称为"先听后说",减少了发生冲突的概率。根据监听后的策略,有三种不同的协议,即非坚持型、1-坚持型、P-坚持型。

(13) 载波监听多路访问/冲突检测(CSMA/CD)方法是对CSMA的改进方案。改进的内容是增加了称为"冲突检测"的功能。当帧开始发送后,就检测有无冲突发生,如果检测到冲突发生,则冲突各方就必须立即停止发送。这样,信道很快进入空闲期,可以提高信道利用率。

(14) 环型网都采用无冲突的介质访问方法,属于分散的轮询控制方式。主要的介质访问方法有令牌环、时隙环及寄存器插入环。

(15) 令牌总线介质访问方法是将令牌访问方法应用在总线型网络中,实现的办法是将总线上各站点组成逻辑环:在物理上是总线型,在逻辑上是环型。根据各节点某种信息的规则将它们排列成一个环状(逻辑环),这样可沿逻辑环传递令牌,实现令牌环访问。

(16) 由于无线信道的信号强度的动态范围较大,以及隐蔽站和暴露站的问题,使得发送站无法使用冲突检测的方法来确定是否发生了冲突,所以无线局域网不能使用以太网的CSMA/CD机制进行冲突检测。为了有效地实现网络通信,在无线局域网中使用了载波监听多路访问/冲突避免(CSMA/CA)技术,其基本原理是在发送数据帧之前,增加一个冲突避免(Collision Avoidance)的功能。

练 习 题

3.1 简述数据链路层的功能。

3.2 试解释以下名词:数据电路、数据链路、主站、从站、复合站。

3.3 数据链路层流量控制的作用和主要功能是什么?

3.4 在停止-等待协议中,确认帧是否需要序号?为什么?

3.5 解释为什么要从停止-等待协议发展到连续ARQ协议。

3.6 对于使用3比特序号的停止-等待协议、连续ARQ协议和选择ARQ协议,发送窗口和接收窗口的最大尺寸分别是多少?

3.7 信道速率为4kb/s,采用停止等待协议,单向传播时延 t_p 为20ms,确认帧长度和处理时间均可忽略,问帧长为多少才能使信道利用率达到至少50%?

3.8 假设卫星信道的数据率为1Mb/s,取卫星信道的单程传播时延为250ms,每一个数据帧长度是1000b。忽略误码率、确认帧长和处理时间,试计算下列情况下的卫星信道可能达到的最大的信道利用率分别是多少?

(1) 停止-等待协议;

(2) 连续ARQ协议,$W_T=7$;

(3) 连续ARQ协议,$W_T=127$。

3.9 简述PPP协议的组成。

3.10 简述PPP链路的建立过程。

3.11 简述HDLC信息帧控制字段中的N(S)和N(R)的含义。要保证HDLC数据的透明传输,需要采用哪种方法?

3.12 若窗口序号位数为3,发送窗口尺寸为2,采用Go-back-N(出错全部重发)协议,试画出由初始状态出发相继发生下列事件时的发送及接收窗口图示:

发送0号帧;发送1号帧;接收0号帧;接收确认0号帧;发送2号帧;接收1号帧;接收确认1号帧。

3.13 请用 HDLC 协议，给出主站 A 与从站 B 以异步平衡方式，采用选择 ARQ 流量控制方案，按以下要求实现链路通信过程：

(1) A 站有 6 帧要发送给 B 站，A 站可连续发 3 帧；

(2) A 站向 B 站发的第 2、4 帧出错。

帧表示形式规定为：(帧类型：地址，命令，发送帧序号 N(S)，接收帧序号 N(R)，探询/终止位 P/F)

3.14 在面向比特同步协议的帧数据段中，出现如下信息：1010011111010111101(高位在左低位在右)，则采用"0"比特填充后的输出是什么？

3.15 HDLC 协议中的控制字段从高位到低位排列为 11010001，试说明该帧是什么帧，该控制段表示什么含义。

3.16 HDLC 协议的帧格式中的第三字段是什么字段？若该字段的第一比特为"0"，则该帧是什么帧？

3.17 试比较非坚持型、1-坚持型和 P-坚持型 CSMA 的优缺点。

3.18 CSMA 控制方案包括哪三种算法？简述三种算法的算法思想。

3.19 简单比较纯 ALOHA 和时隙 ALOHA 协议。

3.20 假设某个 4Mb/s 的令牌环的令牌保持计时器的值是 10ms。则在该环上可以发送的最长帧是多少？

第4章 chapter 4

局域网与广域网

本章重点介绍局域网和广域网。对于局域网技术，首先简要介绍局域网基本概念和工作原理，详细讨论以太网和IEEE 802.3局域网使用的CSMA/CD协议、MAC帧的结构等相关内容。接着介绍在物理层和数据链路层扩展局域网的方法。最后对高速以太网技术和无线局域网技术进行了讨论。对于广域网技术，讲解了广域网的基本概念、广域网提供的两种服务以及分组转发机制等。最后介绍了三种广域网技术，即X.25分组交换网、帧中继和ATM技术。

4.1 局域网的基本概念

4.1.1 局域网的定义

局域网(Local Area Network，LAN)是指将分散在一个局部地理范围的多台计算机通过传输媒体连接起来的通信网络。20世纪70年代中期，由于大规模和超大规模集成电路技术的发展，使得计算机在功能上大大增强的同时，价格也不断下降，一个单位拥有多台计算机成为了可能，这时，人们开始关注如何将这些属于一个单位且分散在小范围的多台计算机互连起来，从而达到资源共享和相互通信的目的，于是就出现了局域网。

局域网具有以下特点：

(1) 网络覆盖范围较小，通常局限于一个部门或单位，归该部门或单位所有。

(2) 由于网络覆盖范围较小，传输媒体可获得较好的传输特性，即可以达到高传输速率和低误码率。

(3) 由于传输特性较好，使得局域网设计时一般很少考虑信道利用率的问题，从而可以在相应的软硬件设施和协议设计方面有所简化。

(4) 由于接入的计算机较少，媒体访问控制方法相对简单，因此出现了很多专用局域网的协议标准。

(5) 局域网大多采用广播方式传输数据，一个站发出数据，其他所有站都能接收到，因此，局域网不需要考虑路由选择问题。

局域网技术演进速度迅猛。最初的局域网，覆盖范围很有限，如数千米距离；速率也较低，如几兆比特每秒。随着数据通信技术和局域网技术的发展，局域网的覆盖范围和传输速率也在不断增大。特别是光纤通信的广泛应用，局域网已可以支持相隔数十千米的计算机之间的通信，局域网的数据传输速率也在不断提高。目前，其速率高达千兆比特每秒、万兆比特每秒的局域网已经问世并得到广泛应用。

4.1.2 局域网的技术特性

局域网技术一经提出便得到了广泛应用，各计算机和网络设备生产厂商纷纷提出自己的局域网技术标准，试图抢占和垄断局域网市场，局域网技术一度呈现出特有的多样性。例如，美国 Xerox 公司早期提出的以太网技术、IBM 公司提出的令牌环网技术等。不同的局域网技术所采用的传输媒体、传输技术、网络拓扑以及媒体访问控制技术存在着差异，对应着不同的局域网标准。

1. 局域网的传输媒体

传输媒体是指用于连接网络设备的介质类型，包括有线媒体和无线媒体两类。常用的有双绞线、同轴电缆、光纤等有线传输媒体，以及微波、红外线和激光等无线传输媒体。目前广泛应用的传输媒体是双绞线。随着无线局域网的广泛应用，无线传输媒体正得到越来越多的应用。不同的传输媒体的价格、容量、可靠性以及适合的应用场景有所不同，因此，在组建局域网时，通常要综合考虑用户的应用需求和不同传输媒体和传输技术的特性，选择合适的传输介质和传输技术。在第 2 章中，我们对各种传输媒体的特性进行了详细介绍。

同轴电缆曾经是局域网中应用最多的一种传输媒体。采用同轴电缆的局域网，在物理上呈直观的总线型拓扑结构。同轴电缆的优点是抗干扰能力强，传输速率高。缺点是同轴电缆连接方式不便于主机搬移，且连接之处经常出现接触不良，甚至引起整个局域网的通信中断。

随着结构化布线技术的推广，特别是无屏蔽双绞线 UTP，在局域网中得到了越来越多的应用。双绞线的优点是价格便宜、易于布线，而且单台机器的连接故障不致对整个局域网造成影响。当采用双绞线作为传输媒体时，局域网在物理上呈星型拓扑结构。

光纤具有抗干扰能力强、传输速率高、误码率低等优良特性，在数据通信中具有越来越重要的地位。光纤常用于高速主干链路和组建高速局域网。当采用光纤作为传输媒体时，局域网在物理上可呈环型或星型拓扑结构(如 FDDI 环网、千兆以太网等)。

无线传输媒体可以用于各种不便铺设电缆的场合。随着笔记本电脑、个人数字助理 PDA 等移动终端设备的日益普及，人们迫切要求享受无处不在、无时不在的网络通信服务。无线接入方式可以满足这种特殊的服务需求。无线传输媒体的缺点是，具有潜在的电磁干扰，误码率高，带宽受限等。其优点是，支持移动环境，组网场地简洁清爽；还支持特殊应用环境(如会场、灾难营救场地、战场组网等)。随着无线局域网技术的不断发展和成熟，无线组网方式正得到越来越多的应用。

2. 局域网的传输技术

传输技术是指借助传输媒体进行数据通信的技术,常用的有基带传输和宽带传输两种。传输技术主要包括信道编码、调制解调以及复用技术等,属于物理层研究的范畴。

基带传输是指不经过调制直接将数字信号波形加载到传输媒体上进行传输。数字信号通常采用经过曼彻斯特或差分曼彻斯特编码的信号。宽带传输是指将待传输的数字信号波形调制到合适的中心频率上,宽带传输可以支持信道的频分复用和信号的多路传输。无论是采用基带传输还是宽带传输,对于上层的数据链路层而言,传输技术提供了虚拟的数字信道,提供了透明的比特流传输服务。考虑到网络接口设备的复杂性和成本,局域网中通常采用基带传输技术,例如采用曼彻斯特编码或差分曼彻斯特编码等。

3. 局域网的拓扑结构

网络拓扑是指组网时计算机和通信线缆连接的物理结构和形状。常用的有星型、总线型和环型。不同的网络拓扑需要采用不同的数据发送和接收方式。局域网的基本拓扑结构可分为三类:总线型、星型和环型,如图 4-1 所示。

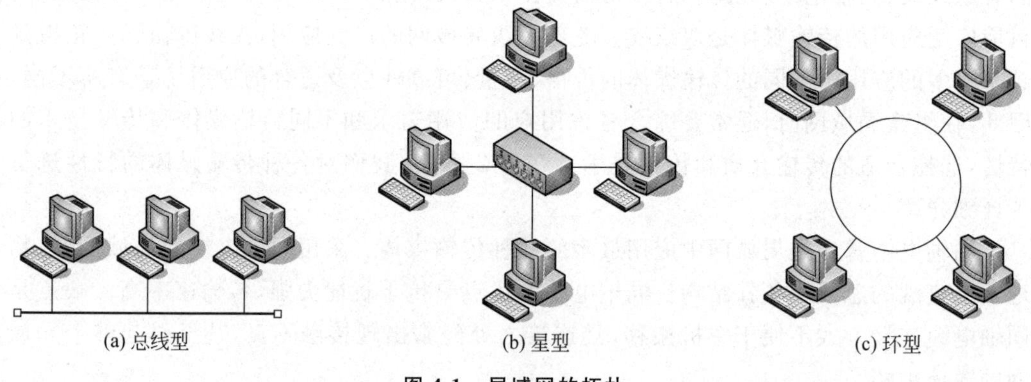

图 4-1 局域网的拓扑

图 4-1(a)为总线型拓扑结构的局域网。网络上的各个站(计算机)都连接到共享的总线上。总线型网可使用两种协议,一种是传统以太网使用的 CSMA/CD;另一种是令牌传递总线网,即物理上是总线型而逻辑上是令牌环型网。

图 4-1(b)是星型网。由于集线器(Hub)的出现和双绞线大量用于局域网中,星型以太网及多级星型结构的以太网获得了非常广泛的应用。

图 4-1(c)是环型网。其中最典型的就是令牌环网,通过在环中不断传递的令牌来协调各个站对传输媒体的访问,只有获得令牌的站才能获得发送数据的权限。

局域网的上述三种基本拓扑结构可以组合形成较为复杂的拓扑结构,如对总线型局域网进行级联扩展,便构成树型拓扑结构。

4. 局域网的媒体访问控制技术

局域网的媒体访问控制(Medium Access Control,MAC)技术指多台计算机对传输媒体的访问控制方法，可协调多个站点对共享的传输媒体资源的使用，即规定局域网中的站点什么时间能向网络中发送数据的问题。局域网有三类媒体访问控制方法。

(1) 基于信道划分的媒体访问控制。可以采用频分复用、时分复用、波分复用和码分复用等。基于信道划分的媒体访问控制方法的优点在于，用户使用各自划分的信道通信，不会和别的用户发生冲突。其缺点是，代价较高，不适合于局域网和某些广播信道的网络使用。

(2) 基于随机访问的媒体访问控制。在基于随机访问的媒体访问控制方式下，信道并非固定分配给用户，所有的用户可随机向信道中发送信息。其优点是信道共享性好，代价较小，控制机制简单。其缺点是，用户在发送数据时可能发生冲突(也称碰撞)。

(3) 基于轮询的媒体访问控制。在基于轮询的媒体访问控制方式下，通过令牌环或者集中式轮询方式管理网络中多个用户对信道的使用权。

局域网中常用的媒体访问控制技术有随机争用、令牌总线和令牌环等访问控制方法。目前广泛采用的是一种受控的随机争用方法，即载波监听多点接入/冲突检测(CSMA/CD)方法。

4.1.3 局域网的相关标准

局域网技术的发展与其标准化工作是分不开的。局域网技术的相关标准主要对应于OSI/RM中的物理层、数据链路层和网络层。从局域网采用的传输媒体、传输技术、网络拓扑以及访问控制方法上看，局域网具有多种类型，而且每种类型都各有其特点，具有不同的应用背景。

为了规范局域网的设计，美国电气和电子工程师协会(IEEE)于1980年2月成立了局域网标准化委员会(简称802委员会)，针对各种局域网技术特点并参照OSI参考模型，制定了有关局域网的一系列标准，称为IEEE 802系列标准。该标准中的一部分已被ISO采纳，对应于ISO 8802系列标准。有关局域网的标准化工作主要集中在OSI体系结构的低两层，已制定了一系列的标准如下：

- IEEE 802.1a——综述和体系结构；
- IEEE 802.1b——寻址、网络管理和网络互连；
- IEEE 802.1d——生成树协议；
- IEEE 802.1q——虚拟局域网(VLAN)标记协议；
- IEEE 802.2——逻辑链路控制协议(LLC)；
- IEEE 802.3——载波监听多点接入/冲突检测(CSMA/CD)访问控制方法和物理层规范；
- IEEE 802.3u——快速以太网(Fast Ethernet)；
- IEEE 802.3z——千兆以太网(Gigabit Ethernet)；
- IEEE 802.3ae——万兆以太网(10 Gigabit Ethernet)；
- IEEE 802.4——令牌总线(Token Bus)访问控制方法和物理层规范；
- IEEE 802.5——令牌环(Token Ring)访问控制方法和物理层规范；
- IEEE 802.6——城域网(Metropolitan Area Networks，MAN)；

- IEEE 802.7——宽带局域网(Broad Band LAN)；
- IEEE 802.8——光纤局域网；
- IEEE 802.9——等时以太网(Isochronous Ethernet)；
- IEEE 802.10——网络安全(Network Security)；
- IEEE 802.11——无线局域网；
- IEEE 802.12——100VG-AnyLAN 局域网；
- IEEE 802.14——基于有线电视网的城域网；
- IEEE 802.15——无线个人局域网(Wireless Personal Area Network,WPAN)；
- IEEE 802.16——宽带无线局域网；
- IEEE 802.17——弹性分组环网；
- IEEE 802.20——移动宽带无线访问。

以上仅仅列出了 IEEE 802 委员会制定的关于局域网/城域网的标准的一部分，上述部分标准之间的逻辑关系如图 4-2 所示。

图 4-2 IEEE 802 系列标准之间的逻辑关系

局域网的物理拓扑比较简单，一般采用广播方式发送信息，一个站点发出的信息可以为局域网上的所有站点接收，因此，局域网内不涉及网间互联的路由问题；并且局域网在设计时，将流量控制和差错控制等部分功能归并到数据链路层解决。

早期局域网还有多种类型，如令牌总线网、令牌环网等，不同的局域网可能采用不同的传输媒体和媒体访问控制技术。为了屏蔽底层网络媒体访问控制技术的差异，便于网络之间的互联，IEEE 802 系列标准将局域网数据链路层分为两个子层，分别为逻辑链路控制子层(Logical Link Control,LLC)和媒体访问控制子层(Media Access Control,MAC)。MAC 子层与具体的传输媒体和媒体访问控制技术相关，而 LLC 子层则与具体的传输媒体和媒体共享的控制技术无关。

4.2 以太网技术

在局域网中，以太网技术发展迅猛，其数据率从每秒几兆比特很快演进到每秒百兆比特、吉比特甚至 10 吉比特。本节将详细讨论以太网的工作原理。

4.2.1 以太网概述

以太网是以 CSMA/CD 方式工作的一种总线式局域网，由美国 Xerox 公司的 Palo

Alto 研究中心于 1975 年研制成功。最初的以太网采用同轴电缆这一无源传输媒体作为总线来传输数据，并以历史上用于表示传播电磁波的物质——以太(Ether)命名。

在 1980 年 9 月，DEC 公司、Intel 公司和 Xerox 公司联合提出了以太网的工业标准，即以太网规范 V1.0，该规范定义了以太网数据链路层和物理层规范。由于以太网规范由 DEC、Intel 和 Xerox 三个公司提出，所以又称为 DIX 规范。1982 年又公布了以太网规范 V2.0。同年年底，3Com 公司率先向市场推出其以太网产品，其后，DIX 规范为工业界广泛接受，成为事实上的局域网工业标准。在此基础上，IEEE 802 委员会的 802 工作组于 1983 年制订了第一个 IEEE 的局域网标准 IEEE 802.3，定义的数据率为 10Mb/s。802.3 局域网标准采用 CSMA/CD，并定义了 LLC 子层，允许基于这两种标准实现的局域网可以互操作。以太网标准 DIX V2.0 与 IEEE 802.3 标准在帧格式上存在较小的差别。

随着以太网技术的发展，以太网得到了越来越广泛的应用。到了 20 世纪 90 年代，以太网在局域网市场中占据了垄断地位，这也使得当前实际应用的局域网类型日趋单一化，因此 LLC 子层的作用逐渐弱化，很多厂商生产的网卡上仅实现了 MAC 协议。

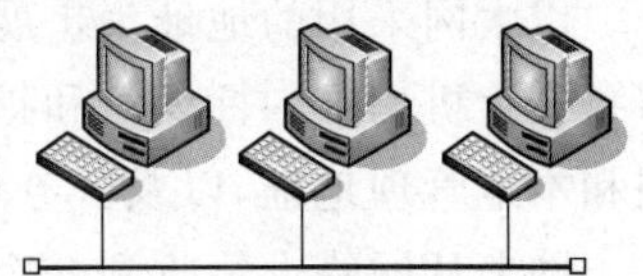

图 4-3 总线式拓扑结构

以太网采用的总线式拓扑结构如图 4-3 所示。

总线式局域网中的计算机通过网卡(即网络适配器)连接到一条总线上，并采用基于总线的广播方式进行通信。其中任一台计算机向总线中发送数据，网络上所有计算机都能接收到。早期，总线式局域网通常采用同轴电缆作为传输媒体。为了防止信号反射，总线的两端采用匹配电阻作为信号终接器。总线式局域网采用分布式方式工作，网络上所有主机是对等的，不存在主从关系。

随着局域网技术和结构化布线技术的发展，目前正广泛采用双绞线作为传输媒体。这时，局域网在物理上呈现以集线器为中心的星型拓扑结构。但需要注意的是，这种用双绞线连接的局域网，虽然在物理上呈星型拓扑，但在逻辑上仍然属于总线式的，我们可以把集线器看作是总线的汇聚。

在这种总线式局域网中，需要解决以下两个方面问题：

(1) 总线式广播信道中，如何实现计算机之间一对一的通信？为了在总线上实现一对一的通信，可以使每一台计算机拥有一个与其他计算机都不同的地址。在发送数据帧时，在帧的首部写明接收站的地址。仅当数据帧中的目的地址与计算机的地址一致时，该计算机才能接收这个数据帧。计算机对不是发送给自己的数据帧一律丢弃。

(2) 总线式广播信道中，如何协调多台计算机对总线传输媒体的访问控制问题？局域网的媒体访问控制 MAC 协议就是围绕这个问题展开来的。

4.2.2 以太网的 MAC 层

1. MAC 地址

局域网中的每台主机必须具有一个可唯一标识其地址的标识符。局域网中可用的地址格式一般有静态分配和动态分配两种格式。

(1) 静态分配的地址格式　该地址由网络硬件厂商在生产硬件(如网络接口卡,或称网卡)时静态指定。因此,局域网地址又称为物理地址或硬件地址。静态地址通常占48位。为了保证地址的全球唯一性,IEEE成立了局域网全局地址的注册管理机构。该48位中的前一部分(一般为24位)由IEEE局域网全局地址的注册管理机构分配给不同的网络硬件厂商,另一部分(一般为16位)由厂商为其产品编号,而其他位保留它用。

(2) 动态分配的地址格式　该地址是在安装网络时由系统管理员分配给上网的设备,或者是在主机运行时,通过网络请求而获得的。这种地址仅适用于单个网络,地址长度一般为16位。

静态地址的优点是永久性,缺点是地址占用空间较大,影响通信的效率。

动态地址的优点是地址空间较小,也不需要有专门的机构来管理地址的分配问题,缺点是地址的临时性,以及动态获取地址需要消耗一定的网络资源。

以太网采用的地址为扩展的唯一标识符EUI-48格式的MAC地址,占48位(6个字节),分为机构唯一标识符和扩展标识符两部分;并通过特定比特位的设置来区分全局管理和本地管理地址,以及区分单播地址和组播地址。

网卡从网络上每收到一个MAC帧就首先用硬件检查MAC帧中的MAC地址。如果是发往本站的帧则收下,然后再进行其他的处理;否则就将此帧丢弃,不再进行其他处理。这样做就不浪费主机的处理机和内存资源。

2. MAC帧格式

有两种局域网MAC帧结构,一种是以太网DIX V2标准定义的MAC帧结构,另一种是IEEE 802.3或ISO 8802/3标准定义的MAC帧结构。两种MAC帧结构的不同主要在于地址字段的长度和长度/类型字段的定义上。这两种MAC帧结构如图4-4所示。

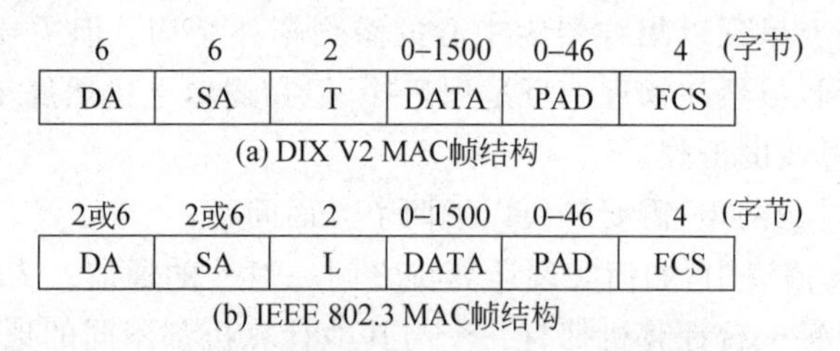

图4-4　两种不同格式的MAC帧结构

MAC帧结构内含6个字段,即目的地址(DA)、源地址(SA)、数据类型(T)或数据长度(L)、用户数据(DATA)、填充字段(PAD)、帧校验序列(FCS)。

(1) 目的地址(DA)、源地址(SA):DIX V2标准中规定MAC帧中的目的和源MAC地址字段各占6个字节。而IEEE 802.3标准规定目的和源MAC地址字段各占2个或6个字节。目的地址指该帧期望发送的目的地,可以是单播地址(表示本帧只能由地址指定的某个接收节点接收)、组播地址(表示本帧能由地址指定的某些节点接收)或者广播地址(表示本帧可以由特定区域内的所有接收节点接收,该特定的区域也称为广播域)。源地址指发送该帧的发送节点地址。IEEE 802.3对CSMA/CD网络的地址结构进行定义。规定:单播地址的地址字段最高位为0,表示网络中某个特定的节点;组播地址的地址字段最高位为1,表示网络中的某些节点;广播地址的地址字段所有位为1,表示网络中所有节点。地址字段的次高位表示采用的地址为本地地址还是全局地址。本地地址为2字节地址,由网络管理员分配;全局地址为6字节地址,由IEEE分配,要求全球唯一。尽管标准中定义的地址字段可以是2个或者6个字节,但在同一个局域网中地址结构的长度应当一致。

(2) 数据类型字段(T)或数据长度字段(L):占2个字节,DIX V2标准规定了数据类型字段,而IEEE 802.3标准规定了数据长度字段,表示DATA字段的实际长度。

(3) 用户数据字段(DATA):长度小于等于1500字节,存放高层LLC的协议数据单元。

(4) 填充字段(PAD):长度小于等于46字节,采用填充无用字符的方式保证整个帧的长度不小于64字节。

(5) 帧校验序列(FCS):占4个字节,采用循环冗余校验码。

在发送一个MAC帧之前,会首先发送7字节的前导符和1字节的帧开始标识,以便让接收站提前做好接收MAC帧的准备。需要注意的是,在分析MAC帧结构时,前导符和帧开始标识信息均不计入MAC帧的实际部分。

3. CSMA/CD的工作过程

CSMA/CD方式的发送方工作过程为:

(1) 当某个节点的LLC协议实体希望发送数据时,将LLC帧传给下层的MAC协议实体,MAC协议实体将LLC帧封装在用户数据字段,形成MAC帧。

(2) MAC协议实体监听传输媒体,检查是否有信号正在传输。

(3) 如果媒体上有信号在传输,则转(2)继续监听,否则,发送数据,同时对媒体继续监听。

(4) 如果在发送数据过程中没有检测到冲突,则本次发送任务成功完成;否则,立即终止本次发送过程,并向媒体发送一个冲突加强的信号,以使其他节点都能感知到发生冲突,MAC协议实体计算发送失败的次数。

(5) 如果在发送失败次数小于等于某个阈值,根据失败次数执行二进制指数退避算法,计算得到某个退避时间值,等待该退避时间,转(2)准备重新发送;否则,停止发送尝试,通知上层LLC实体,报告可能出现网络故障。

CSMA/CD方式的接收方工作过程为:

(1) 局域网上的每个站点的MAC协议实体都监听传输媒体,如果有信号传输,则接收信息,得到MAC帧;其中,对于因冲突造成的长度不足最小有效帧长的残帧,MAC实体不予理会。

(2) MAC实体分析帧中的目的地址,如果目的地址为本站点地址,就复制接收该帧。否则,简单丢弃该帧。特别地,对于具有组播地址和广播地址的数据帧,将会有多个站点复制和接收该帧。

CSMA/CD方式在发生冲突时采用的二进制指数退避算法如下:

假设重传次数为rtx_count,允许的最大重传次数为rtx_count_max,通常为16。如果 rtx_count≤rtx_count_max，则算法过程为：

(1) 计算 $k=\min[rtx\_count,10]$；

(2) 从 0,1,…,(2^k-1)这 2^k 个整数中随机地选择一个数，记为 r；

(3) 计算退避时间 time_backoff=$2\tau \cdot r$。其中 2τ 为争用期。

4.2.3 以太网的工作参数

在总线式局域网中，一台计算机从开始发送数据起，最多只要经过端到端往返时延 2τ 时间就可确知是否发生了冲突。总线式局域网的端到端往返时延 2τ 称为争用期，也称为冲突窗口。争用期提供了设计总线式局域网中最短帧长的计算依据。

以太网的工作参数包括最大线缆长度、争用期、最短帧长、最大帧长、帧间间隔、数据传输速率等，这些参数影响着以太网的功能和性能。

例 4-1：假定 100m 长的 CSMA/CD 网络的数据率为 100Mb/s。设信号在网络上的传播速率为 2×10^8m/s，求能够使用此协议的最短帧长。

解：争用期 $2\tau=2\times100/(2\times10^8)=1\times10^{-6}$s

最短帧长为争用期内传输的比特数，即：

$L_{min}=2\tau * C=1\times10^{-6}\times1\times10^8=100$b

考虑到端到端传播时延、转发器增加时延、冲突加强信号的持续时间，以及其他多种因素，实际所取的争用期值往往大于端到端传播时延。

对于 10Mb/s 的局域网，实际取 51.2μs 为争用期的长度，在争用期内可发送 512 位，即 64 字节。如果实际需要发送的数据长度不足 64 字节，则实行填充。规定最短有效帧长为 64 字节，凡长度小于 64 字节的帧都是由于冲突而异常中止的无效帧。

实际上，帧长越长，帧首部的控制信息所占的开销比例就越小，局域网的有效信道利用率就越大。考虑到网络接口缓存大小限制、多点接入的时延特性及公平性，每个局域网都需要规定允许的最大帧长，即 MAC 帧的数据字段受到最大传送单元(MTU)的限制。

4.2.4 以太网的信道利用率

采用 CSMA/CD 作为媒体访问控制方法，无法避免冲突的发生。冲突必然造成本次发送过程失败，从而浪费网络总线信道资源，造成信道利用率的下降。

那么，从统计平均的角度看，CSMA/CD 方式下信道利用率究竟可以达到多高呢？

为了便于分析，我们进行如下假设：争用期长度为 2τ，帧长为 Lb，数据发送速率为 Cb/s，帧间间隔为 τ，即发送成功后要经过时间 τ 使信道转为空闲才发送下一帧。假设检测到冲突后并不发送冲突加强信号。总线局域网上共有 N 个站，每个站发送帧的概率都是 p。帧发送时延为 $T_0=L/C$(s)。争用期平均个数为 N_c。

一个帧从开始发送，然后经过若干次冲突检测和重传，到最后发送成功的整个过程中信道占用时间如图 4-5 所示。

发送一帧所需的平均时间为 T_{av}，则

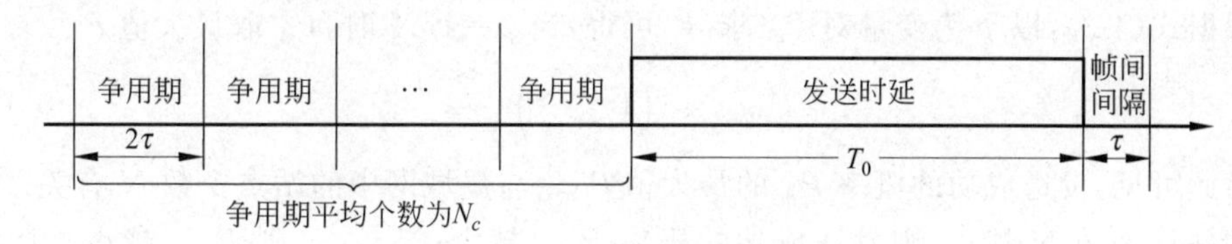

图 4-5　CSMA/CD 的信道占用时间示意图

$$T_{av} = 2\tau \cdot N_c + T_0 + \tau \tag{4-1}$$

又因为，一帧的发送时延为 T_0，所以 CSMA/CD 方式下局域网平均信道利用率（也称为归一化吞吐量）为

$$\eta = \frac{T_0}{T_{av}} = \frac{T_0}{2\tau N_c + T_0 + \tau} \tag{4-2}$$

为了计算式(4-2)的值，我们需要先计算争用期的平均个数 N_c。

令 P_A 为 N 个站中有一个站发送帧，而其他($N-1$)个站均不发送帧，此时，没有冲突，发送数据成功。发送成功的概率为

$$P_A = C_N^1 \cdot p(1-p)^{N-1} = N \cdot p(1-p)^{N-1} \tag{4-3}$$

在成功发送一帧之前，所经过的争用期个数是一个随机变量，其值为 0 到某阈值之间的随机整数，我们可以求出其数学期望值。

争用期个数为 i 的概率为

$$\begin{aligned} P[\text{争用期个数为 } i] &= P[\text{前}(i-1)\text{ 次发送失败，且第 } i \text{ 次发送成功}] \\ &= (1-P_A)^{i-1}P_A \end{aligned} \tag{4-4}$$

为了简单起见，假定争用期个数没有限制，那么，可以计算出争用期个数的数学期望（平均个数）为

$$N_c = \sum_{i=1}^{\infty} iP[\text{争用期个数为 } i] = \sum_{i=0}^{\infty} i(1-P_A)^{i-1}P_A = P_A^{-1} - 1 \tag{4-5}$$

将式(4-5)代入式(4-2)，可得 CSMA/CD 方式下局域网平均信道利用率为

$$\eta = \frac{T_0}{2\tau N_c + T_0 + \tau} = \frac{T_0}{2\tau(P_A^{-1} - 1) + T_0 + \tau} = \frac{1}{1 + a(2P_A^{-1} - 1)} \tag{4-6}$$

其中，$a=\tau/T_0$，表示总线的端到端传播时延与帧的发送时延的比值。

在总线式局域网中，端到端传播时延通常是确定的。如果帧长越长，帧的发送时延 T_0 就越大，a 值就越小，由式(4-6)，局域网的平均信道利用率就越大。

因此，帧长取较大的值，使得 a 值较小，对于提高 CSMA/CD 局域网的平均信道利用率是有利的。我们还应该注意到，局域网中的帧长，受到高层 LLC 子层或网络层传递下来的实际数据长度的限制，同时又受到局域网的最大传送单元 MTU 的限制。所以，一旦给定了 MTU 的值，a 值的最小值也就确定了。

从式(4-6)可知，局域网的 CSMA/CD 方式将在 a 值取最小值且 P_A 取最大值的情况下获得最大平均信道利用率。

下面我们来讨论，在 a 值取某个确定值的情况下，局域网最大平均信道利用率的问题。此时，我们只要计算出 P_A 的最大值即可得到最大平均信道利用率。

根据式(4-3)，以 p 为变量对 P_A 求导，可得，当 $p=1/N$ 时，P_A 取最大值 $P_{A\max}$。

$$P_{A\max}=\left(1-\frac{1}{N}\right)^{N-1} \tag{4-7}$$

由此可见，发送成功的概率 P_A 的最大值 $P_{A\max}$ 与局域网中的站点个数 N 有关。局域网中的站点个数 N 越小，则发送成功的概率 $P_{A\max}$ 越大；N 越大，则 $P_{A\max}$ 越小。$P_{A\max}$ 随 N 变化的数值对应关系如表4-1所示。

表4-1　$P_{A\max}$ 随 N 变化的数值对应关系

N	2	4	8	16	32	64	128	256	∞
$P_{A\max}$ 对应的 p	0.5	0.25	0.125	0.063	0.031	0.016	0.008	0.004	→0
$P_{A\max}$	0.5	0.422	0.393	0.380	0.374	0.371	0.369	0.369	0.368

进一步，我们可以在给定总线局域网的总线长度、数据传输速率和帧长的情况下，计算得出局域网的最大平均信道利用率 $\eta_{\max}$ 随站点个数 N 变化的趋势。

假设总线长度为1km，信号传播速率为 2×10^8 m/s，数据传输速率为5Mb/s。

对于各种不同的帧长情况，如128、256、512和1024b，可以计算得到局域网的最大平均信道利用率 $\eta_{\max}$ 随站点个数 N 变化的趋势如图4-6所示。

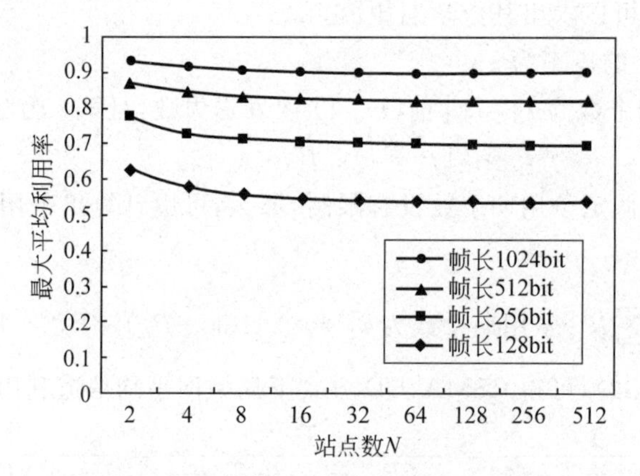

图4-6　在各种帧长情况下最大平均信道利用率随 N 变化的趋势

从图4-6中可以看出，在站点个数 N 相同的情况下，最大平均信道利用率随帧长的增大而增大，当帧长取512b(即64字节)时，局域网最大平均信道利用率可达到80%以上。而以太网规定最小有效帧长为64字节，从最大平均信道利用率上看具有一定的合理性。

4.2.5　以太网的连接方法

以太网可以使用同轴电缆、双绞线或光缆作为传输媒体，其中，同轴电缆又分为粗缆和细缆两种。每种传输媒体对应着不同的物理层。以太网的物理层标准有：10BASE5(粗缆)、10BASE2(细缆)、10BASE-T(双绞线)和10BASE-F(光缆)。这里BASE表示电缆上的信号是基带信号，采用曼彻斯特编码。BASE前面的数字“10”表示数据率为

10Mb/s,而后面的数字5或2表示每一段电缆的最大长度为500m或200m。T代表双绞线,而F代表光纤。目前使用得最广泛的是双绞线传输媒体。

采用粗缆、细缆和双绞线连接的以太网如图4-7所示。图4-7(a)是10BASE5以太网的连接方法,为粗缆以太网。图4-7(b)是10BASE2以太网的连接方法,为细缆以太网。图4-7(c)是使用集线器的双绞线以太网。

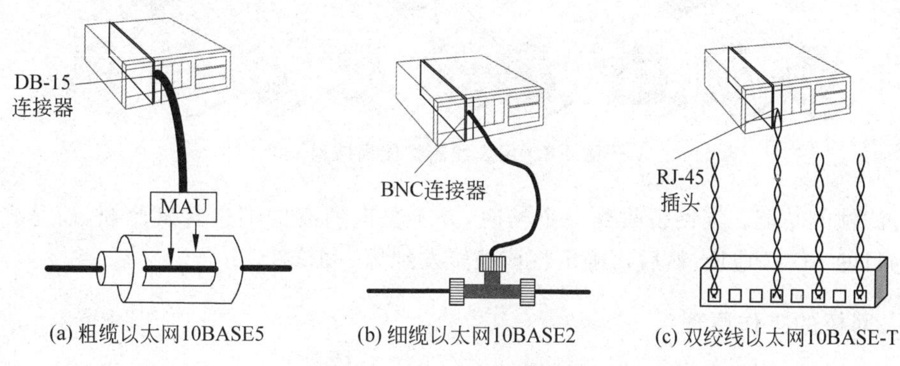

图4-7 以太网的连接方法

采用粗缆和细缆同轴电缆连接的以太网目前已基本不用了,使用得最多的是双绞线连接的以太网10BASE-T。1990年IEEE制订了星型网10BASE-T的标准,即802.3i。双绞线通过RJ-45接头与集线器和网卡相连,由于集线器使用了大规模集成电路芯片,因此具有成本低,可靠性高的优点,被广泛使用。

4.3 局域网的扩展

当期望将多个局域网连接成一个更大的局域网时,就需要对局域网进行扩展,可以在物理层扩展,也可以在数据链路层扩展。

4.3.1 在物理层扩展局域网

如果需要将同一类型的多个局域网连接起来,则可以在物理层对局域网进行扩展,即采用转发器或集线器将多个局域网相连接。

例如,一个学院的三个系各有一个10BASE-T局域网,可通过一个主干集线器互相连接起来,成为一个更大的扩展局域网,如图4-8所示。

用集线器在物理层扩展局域网,扩大了局域网覆盖的地理范围,使不同部门局域网的计算机可以相互通信。但需要注意的是,用集线器连接起来的局域网构成了一个更大的冲突域,最大总吞吐量并没有提高。

4.3.2 在数据链路层扩展局域网

当连接多个不同类型的局域网时,就需要在数据链路层扩展局域网,使用的设备为网桥。网桥工作在数据链路层,它根据MAC帧的目的地址对收到的帧进行转发。网桥

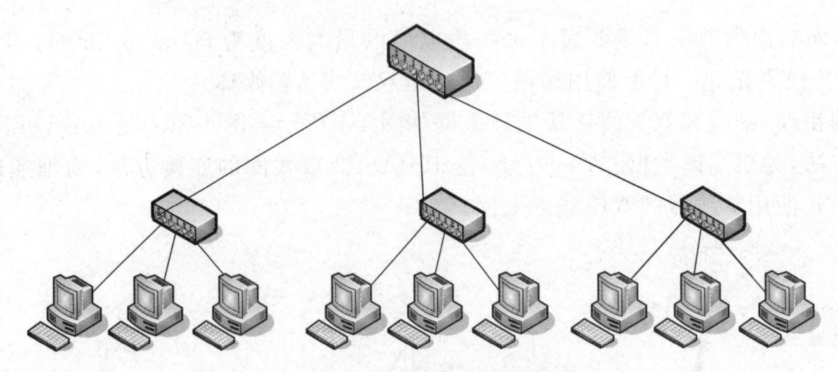

图 4-8　用集线器扩展局域网

具有过滤帧的功能。当网桥收到一个帧时，并不是向所有的端口转发此帧，而是先检查此帧的目的 MAC 地址，然后再确定将该帧转发到哪一个端口。

1. 网桥的工作原理

最简单的网桥有两个端口。网桥的每个端口与一个局域网网段相连。网桥的工作原理如图 4-9 所示。

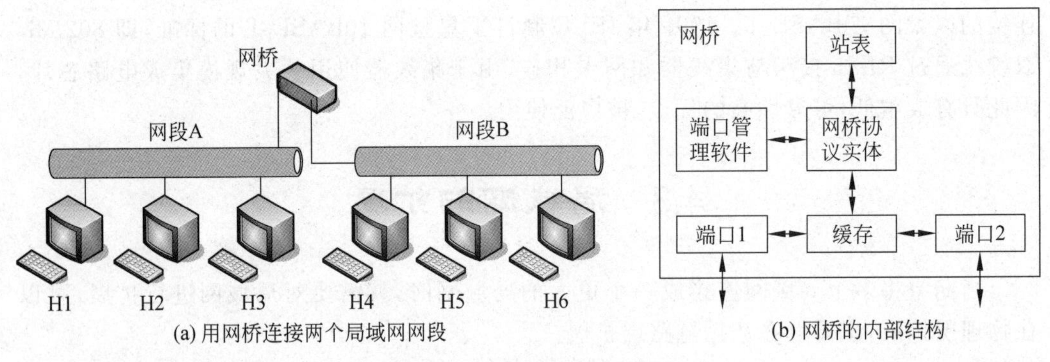

(a) 用网桥连接两个局域网网段　(b) 网桥的内部结构

图 4-9　网桥的工作原理图

图 4-9 中，网桥有两个端口，端口 1 与网段 A 连接，端口 2 与网段 B 连接。网桥从端口接收网段上传送的各种帧。每当收到一个帧时，就先暂存在其缓存中。若此帧未出现差错，且欲发往的目的站 MAC 地址属于另一个网段，则通过查找转发表，将收到的帧送往对应的端口转发出去。若该帧出现差错，则丢弃此帧。因此，仅在同一个网段中通信的帧，不会被网桥转发到另一个网段去，因而不会加重整个网络的负担。

使用网桥扩展局域网的优点如下：

(1) 过滤通信量。网桥工作在链路层的 MAC 子层，可以使局域网各网段成为隔离开的冲突域，从而减轻了扩展的局域网上的负荷，同时也减小了在扩展的局域网上的帧平均时延。工作在物理层的转发器就没有网桥的这种过滤通信量的功能。

(2) 扩大了物理范围，因而也增加了整个局域网上工作站的最大数目。

(3) 提高了可靠性。当网络出现故障时，一般只影响个别网段。

(4) 可互连不同物理层、不同 MAC 子层和不同速率（如 10Mb/s 和 100Mb/s 以太网)的局域网。

使用网桥扩展局域网具有以下缺点：

(1) 由于网桥对接收的帧要先存储和查找转发表，然后才转发，不可避免地增加了转发的时延。

(2) 在 MAC 子层并没有流量控制功能。当网络上的负荷很重时，网桥中的缓存的存储空间可能不够而发生溢出，以致产生帧丢失的现象。

(3) 具有不同 MAC 子层的网段桥接在一起时，网桥在转发一个帧之前，必须修改帧的某些字段的内容，以满足另一个 MAC 子层的要求，从而增加了处理时延。

(4) 网桥只适合于用户数不太多(不超过几百个)和通信量不太大的局域网，否则有时会因传播过多的广播信息而产生网络拥塞。

2. 透明网桥

目前使用得最多的网桥是透明网桥(Transparent Bridge)。IEEE 制订了透明网桥的标准 IEEE 802.1D。“透明”是指局域网上的站点并不知道所发送的帧将经过哪几个网桥。

网桥在刚刚连接到局域网上时，其转发表是空的。若网桥收到一个帧，它将按照以下算法处理该帧和建立起自己的转发表。

(1) 从端口 x 收到无差错的帧(若有差错即丢弃)，在转发表中查找目的站 MAC 地址。

(2) 若有，则查找出到此 MAC 地址应当走的端口 d，然后进行(3)；否则转到(5)。

(3) 若到这个 MAC 地址去的端口 d=x，则丢弃此帧(因为这表示不需要经过网桥进行转发)；否则从端口 d 转发此帧。

(4) 转到(6)。

(5) 向网桥除 x 以外的所有端口转发此帧(这样做可保证找到目的站)。

(6) 若源站不在转发表中，则将源站 MAC 地址加入到转发表，登记该帧进入网桥的端口号，设置计时器。然后转到(8)。若源站在转发表中，则执行(7)。

(7) 更新计时器。

(8) 等待新的数据帧。转到(1)。

此时，网桥将在转发表中登记以下三个信息：①站地址：登记收到的帧的源 MAC 地址。②端口：登记收到的帧进入该网桥的端口号。③时间：登记收到的帧进入该网桥的时间。

网桥在这样的转发过程中就可逐渐将其转发表建立起来。这里特别要注意的是，转发表中的 MAC 地址是根据源 MAC 地址写入的，但在进行转发时是将此 MAC 地址当作目的地址。这是因为网桥的转发表根据的原理就是：如果网桥现在能够从端口 x 收到从源地址 A 发来的帧，那么以后就可以从端口 x 将一个帧转发到目的地址 A。

局域网的拓扑经常会发生变化。局域网上的工作站和网桥可能时而接通电源时而关掉电源。为了使转发表能反映出整个网络的最新拓扑，所以还要将每个帧到达网桥的时间登记下来，以便在转发表中保留网络拓扑的最新状态信息。具体的方法是，网桥中的端口管理软件周期性地扫描转发表中的项目。只要是在一定时间（例如几分钟）以前登记的都要删除，这样就使得网桥中的转发表能反映当前网络拓扑状态。

透明网桥使用了一个支撑树（Spanning Tree）算法，即互连在一起的网桥在进行彼此通信后，就能找出原来的网络拓扑的一个子集，在这个子集里整个连通的网络中不存在回路，即在任何两个站之间只有一条路径。一旦支撑树确定了，网桥就会将某些接口断开，以确保从原来的拓扑得出一个支撑树。采用支撑树算法，使得构成的转发路径既连通又不存在回路，从而可以避免帧在网络中不断地兜圈子。

3. 源路由网桥

源路由（Source Route）网桥是一种由发送帧的源站负责路由选择的网桥，要求源站在发送帧时将详细的路由信息放在帧的首部中。源站以广播方式向欲通信的目的站发送一个发现帧（discovery frame），以找到合适的路由。发现帧将在整个扩展的局域网中沿着所有可能的路由传送。在传送过程中，每个发现帧都记录所经过的路由。当这些发现帧到达目的站时，就沿着各自的路由返回源站。源站在得知这些路由后，从所有可能的路由中选择出一个最佳路由。以后凡从这个源站向该目的站发送的帧，其首部都必须携带源站所确定的这一路由信息。发现帧还有另一个作用，就是帮助源站确定整个网络的最大传送单元（MTU）。

源路由网桥的缺点是缺乏透明性。主机必须知道网桥的标识以及连接到哪一个网段上。使用源路由网桥可以利用最佳路由。若在两个局域网之间使用并联的源路由网桥，则可使通信量较平均地分配给每一个网桥，从而能在不同的链路中进行负载均衡。

4. 多端口网桥——以太网交换机

交换式集线器常称为以太网交换机（Switch）或第二层交换机，工作在数据链路层，与集线器相比，可明显地提高局域网的性能。

以太网交换机实质上就是一个多端口的网桥，每个端口都直接与一个单个主机或另一个集线器相连，并且一般都工作在全双工方式。当主机需要通信时，交换机能同时连通许多对的端口，使每一对相互通信的主机都能像独占通信媒体那样，进行无冲突地传输数据。通信完成后就断开连接。由于使用了专用的交换结构芯片，因此，以太网交换机具有较高的吞吐率。以太网交换机的工作有三种，即直通（Cut-Through）交换方式、存储转发方式和无碎片交换方式。

直通交换方式不必将整个数据帧先缓存后再进行处理，而是在接收数据帧的同时就立即按数据帧的目的 MAC 地址决定该帧的转发端口，因而提高了帧的转发速度。如果在这种变换机的内部采用基于硬件的交叉矩阵，交换时延非常小。直通交换的一个缺点是它不检查差错就直接将帧转发出去，因此有可能也将一些无效帧转发给其他的站。

存储转发方式需要将帧完全接收和缓存下来，然后根据帧头部的目的 MAC 地址进行转发。

无碎片交换方式实际上是直通方式的一种改进，要求交换机只有在收到 64 字节以后才开始以直通方式转发帧，从而避免转发发生冲突而造成的碎片帧。

以太网交换机的发展与建筑物结构化布线系统的普及应用密切相关。在结构化布线系统中，广泛地使用了以太网交换机。

4.4 高速以太网

将速率达到或超过100Mb/s的以太网称为高速以太网，如100BASE-T、千兆以太网和万兆以太网等。

4.4.1 100BASE-T以太网

100BASE-T是在双绞线上传送100Mb/s基带信号的星型拓扑以太网，仍使用IEEE 802.3的CSMA/CD协议，它又称为快速以太网(Fast Ethernet)。1995年IEEE将100BASE-T的快速以太网制定为正式的国际标准，即IEEE 802.3u，是对现行的802.3标准的补充。快速以太网的标准得到了所有的主流网络厂商的支持。

100BASE-T以太网交换式集线器可以以全双工方式工作，而无冲突发生。需要注意的是，以全双工方式工作的快速以太网并不采用CSMA/CD控制方法，而仅仅使用了以太网标准规定的帧格式。

快速以太网IEEE 802.3u标准对传统以太网的参数进行改动。原因是要在数据发送速率提高时使参数a仍保持不变(或保持为较小的数值)。参数a表示端到端传播时延与帧的发送时延的比值。即

$$a=\frac{\tau}{T_0}=\frac{\tau}{L/C}=\frac{\tau\cdot C}{L}$$

可知，当数据率C提高到10倍时，为了保持参数a不变，可以将帧长L也增大到10倍，也可以将网络电缆长度减小到原有数值的十分之一。100Mb/s的快速以太网保持最短帧长不变，而将一个网段的最大电缆长度减小到100m。帧间时间间隔从原来的9.6μs改为现在的0.96μs。

快速以太网标准只支持双绞线和光缆连接，不支持同轴电缆，规定了以下三种不同的物理层标准。

1. 100BASE-TX

使用2对UTP5类线或屏蔽双绞线(STP)，其中一对用于发送，另一对用于接收。信号的编码采用“多电平传输3 (MLT-3)”的编码方法，使信号的主要能量集中在30MHz以下，以便减少辐射的影响。MLT-3用三元制进行编码，即用正、负和零三种电平传送信号。其编码规则是：

(1) 当输入一个0时，下一个输出值不变。

(2) 当输入一个1时，下一个输出值要变化：若前一个输出值为正值或负值，则下一个输出值为零；若前一个输出值为零，则下一个输出值与上次的一个非零输出值的符号相反。

2. 100BASE-FX

使用2根光纤,其中一根用于发送,另一根用于接收。信号的编码采用4B/5B-NRZI编码。NRZI即不归零1制(当"1"出现时信号电平在正值与负值之间变化一次),4B/5B编码就是将数据流中的每4bit作为一组,然后按编码规则将每一个组转换成为5bit,其中至少有2个"1",保证信号码元至少发生两次跳变。

3. 100BASE-T4

使用4对UTP3类线或5类线。信号采用8B6T-NRZ(不归零)的编码方法。8B6T编码是将数据流中的每8bit作为一组,然后按编码规则转换为每组6bit的三元制码元。它同时使用3对线同时传送数据$\left(\text{每一对线以 } 33\frac{1}{3}\text{Mb/s 的速率传送数据}\right)$,用1对线作为冲突检测的接收信道。

4.4.2 千兆以太网

千兆以太网(又称为吉比特以太网)产品于1996年问世。IEEE在1997年通过了吉比特以太网的标准IEEE 802.3z,在1998年成为正式标准。吉比特以太网标准802.3z的具有以下特点:允许在1Gb/s下全双工和半双工两种方式工作;使用802.3协议规定的帧格式;在半双工方式下使用CSMA/CD协议(全双工方式不需要使用CSMA/CD协议);10BASE-T和100BASE-T技术向后兼容。

吉比特以太网的物理层共有以下两个标准。

1. 1000BASE-X(802.3z标准)

1000BASE-X标准是基于光纤通道的物理层,即FC-0和FC-1。使用的媒体有三种:

1) 1000BASE-SX

SX表示短波长(使用850nm激光器)。使用纤芯直径为62.5μm和50μm的多模光纤时,传输距离分别为275m和550m。

2) 1000BASE-LX

LX表示长波长(使用1300nm激光器)。使用纤芯直径为62.5μm和50μm的多模光纤时,传输距离为550m。使用纤芯直径为10μm的单模光纤时,传输距离为5km。

3) 1000BASE-CX

CX表示铜线。使用两对短距离的屏蔽双绞线电缆,传输距离为25m。

2. 1000BASE-T(802.3ab标准)

1000BASE-T是使用4对5类线UTP,传送距离为100m。

吉比特以太网工作在半双工方式时,必须进行冲突检测,采用CSMA/CD控制方式。由于数据率提高了,因此只有减小最大电缆长度或增大帧的最小长度,才能使参数a保持为较小的数值。若将吉比特以太网最大电缆长度减小到10m,那么网络的实际价值就大大减小。而若将最短帧长提高到 640 字节，则在发送短数据时开销又嫌太大。因此吉比特以太网仍然保持一个网段的最大长度为 100m，但采用了“载波延伸”(Carrier Extension)的办法，使最短帧长仍为 64 字节，以保持兼容性，同时将争用期长度增大为 512 字节。凡发送的 MAC 帧长不足 512 字节时，就用一些特殊字符填充在帧的后面，使 MAC 帧的发送长度增大到 512 字节，但这对有效载荷并无影响，如图 4-10 所示。

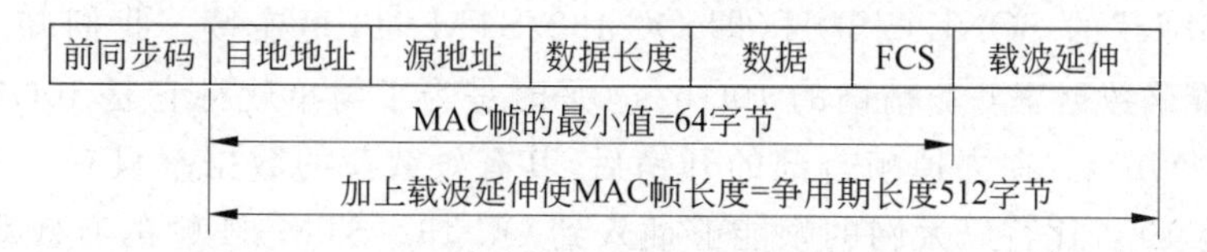

图 4-10 在短 MAC 帧后面加上载波延伸

接收端在收到以太网的 MAC 帧后，要将所填充的特殊字符删除后才向高层交付。当原来仅 64 字节长的短帧填充到 512 字节时，所填充的 448 字节就造成了很大的开销。

为此，吉比特以太网还增加一种功能称为分组突发(Packet Bursting)。这就是当很多短帧要发送时，第一个短帧要采用上面所说的载波延伸的方法进行填充，但随后的一些短帧则可一个接一个地发送，它们之间只需留有必要的帧间最小间隔即可。这样就形成了一串分组的突发，直到达到 1500 字节或稍多一些为止，如图 4-11 所示。

图 4-11 分组突发可连续发送多个短分组

当吉比特以太网工作在全双工下方式时，不需要使用冲突检测，也不使用载波延伸和分组突发。

4.4.3 万兆以太网

万兆以太网(又称 10 吉比特以太网，10GE)的标准由 IEEE 802.3ae 委员会进行制定，10 吉比特以太网的正式标准已在 2002 年 6 月完成。10 吉比特以太网也就是万兆以太网，其主要特点如下：

10 吉比特以太网的帧格式与 10Mb/s、100Mb/s 和 1Gb/s 以太网的帧格式完全相同，并且保留了 802.3 标准规定的以太网最小和最大帧长，具有较好的向后兼容性。

由于数据率很高，10 吉比特以太网不再使用铜线而只使用光纤作为传输媒体。它使用长距离(超过 40km)的光收发器与单模光纤接口，以便能够工作在广域网和城域网的范围。10 吉比特以太网也可使用较便宜的多模光纤，但传输距离为 65～300m。

10 吉比特以太网只工作在全双工方式，因此不存在争用问题，也不使用 CSMA/CD 协议。这就使得 10 吉比特以太网的传输距离不再受进行冲突检测的限制而大大提高了。

吉比特以太网的物理层是使用已有的光纤通道的技术，而10吉比特以太网的物理层则是新开发的。10吉比特以太网有两种不同的物理层：

(1) 局域网物理层LAN PHY。局域网物理层的数据率是10.000Gb/s(这表示是精确的10Gb/s)，因此一个10吉比特以太网交换机可以支持正好10个吉比特以太网端口。

(2) 可选的广域网物理层WAN PHY。广域网物理层具有另一种数据率，这是为了和所谓的“Gb/s”的SONET/SDH(即OC-192/STM-64)相连接。我们知道，OC-192/STM-64的准确数据率并非精确的10Gb/s(平时是为了简单就称它是10Gb/s的速率)而是9.95328Gb/s。在去掉帧首部的开销后，其有效载荷的数据率只有9.58464Gb/s。因此，为了使10吉比特以太网的帧能够插入到OC-192/STM-64帧的有效载荷中，就要使用可选的广域网物理层，其数据率为9.95328Gb/s。显然，SONET/SDH的“10Gb/s”速率不可能支持10个吉比特以太网的端口，而只是能够与SONET/SDH相连接。

需要注意的是，10吉比特以太网并没有SONET/SDH的同步接口而只有异步的以太网接口。因此，10吉比特以太网在和SONET/SDH连接时，出于经济上的考虑，它只是具有SONET/SDH的某些特性，如OC-192的链路速率、SONET/SDH的组帧格式等，但WAN PHY与SONET/SDH并不是全部都兼容的。例如，10吉比特以太网没有TDM的支持，没有使用分层的精确时钟，也没有完整的网络管理功能。

在局域网发展过程中，也先后出现了其他类型的局域网技术，如100VG-AnyLAN、光纤分布式数据接口(Fiber Distributed Data Interface，FDDI)、高性能并行接口(High-Performance Paralle Interface，HIPPI)以及光纤通道(Fibre Channel)技术等。这些局域网技术采用不同的标准，适合不同的应用领域，曾经都发挥过重要作用，但随着以太网技术的迅猛发展，它已逐渐退出历史舞台。

4.5 虚拟局域网

4.5.1 虚拟局域网的概念

虚拟局域网(Virtual LAN，VLAN)是在现有局域网上提供的划分逻辑组的一种服务，由IEEE 802.1Q标准进行规定。

虚拟局域网是由一些局域网网段构成的与物理位置无关的逻辑组，而这些网段具有某些共同的需求。每一个VLAN的帧都有一个明确的标识符，指明发送这个帧的工作站是属于哪一个VLAN。利用以太网交换机可以很方便地实现虚拟局域网。

4.5.2 虚拟局域网的工作原理

1988年IEEE批准了802.3ac标准，该标准定义了以太网的帧格式的扩展，以便支持虚拟局域网。虚拟局域网协议通过在以大网的帧格式中插入一个称为VLAN标记的4字节标识符，用来指明发送该帧的工作站属于哪一个虚拟局域网，实现逻辑组的划分。虚拟局域网对MAC帧的扩展如图4-12所示。

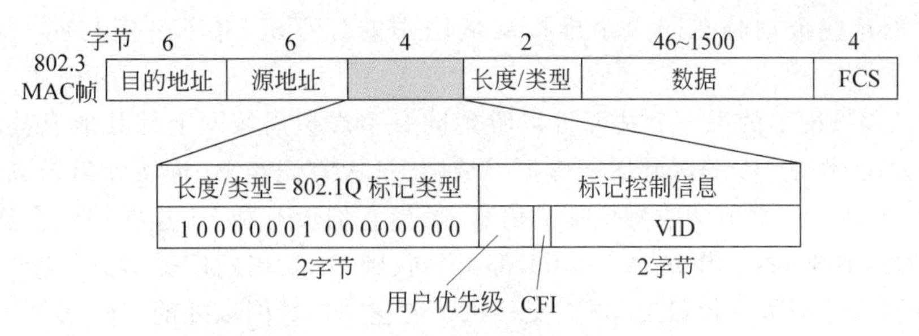

图 4-12 虚拟局域网对 MAC 帧的扩展

VLAN 标记字段的长度是 4 字节，插入在以太网 MAC 帧的源地址字段和长度类型字段之间。VLAN 标记的前两个字节和原来的长度类型字段的作用一样，但它总是设置为 0x8100(这个数值大于 0x0600，因此不是代表长度)，称为 802.1Q 标记类型。当数据链路层检测到 MAC 帧的源地址字段后面的长度/类型字段的值是 0x8100 时，就知道现在插入了 4 字节的 VLAN 标记。于是就接着检查后两个字节的内容。在后面的两个字节中，前 3 个比特是用户优先级字段，接着的一个比特是规范格式指示符(Canonical Format Indicator，CFI)，最后的 12bit 是该虚拟局域网 VLAN 标识符 VID(VLAN ID)，它唯一地标志了这个以太网帧是属于哪一个 VLAN。

由于用于 VLAN 的以太网帧的首部增加了 4 个字节，因此以太网帧的最大长度从原来的 1518 字节(1500 字节的数据加上 18 字节的首部)变为 1522 字节。

在虚拟局域网的应用中，设有四个交换机构成的局域网网络拓扑如图 4-13 所示。设有 10 个工作站分配在三个楼层中，构成了三个局域网，即 LAN1：(A1，B1，C1)，LAN2：(A2，B2，C2)，LAN3：(A3，B3，C3)。

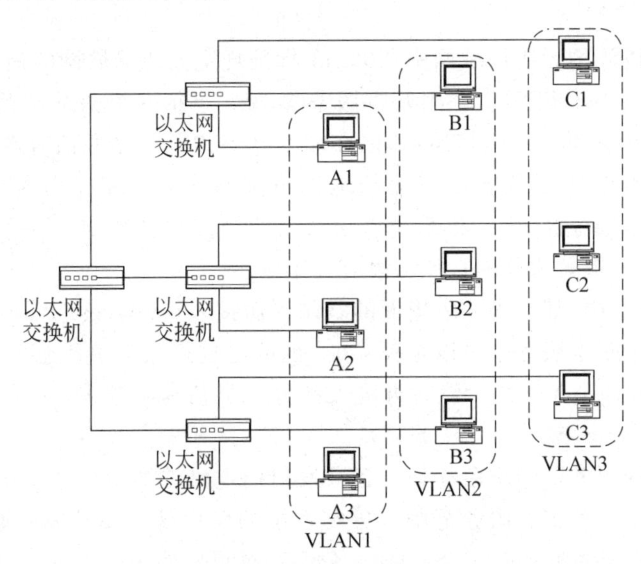

图 4-13 虚拟局域网的构成

利用以太网交换机可以很方便地将这 9 个工作站划分为三个虚拟局域网：VLAN1，VLAN2 和 VLAN3。即 VLAN1：(A1，A2，A3)，VLAN2：(B1，B2，B3)，VLAN3：(C1，

C2,C3)。而这些被划分在同一个虚拟局域网中的计算机,并不一定与同一台交换机相连。

在虚拟局域网上的每一个站部可以听到同一个虚拟局域网上的其他成员所发出的广播。例如,工作站B1~B3同属于虚拟局域网VLAN2。当B1向工作组内成员发送数据时,工作站B2和B3将会收到广播的信息,虽然它们没有和B1连在同一个交换机上。相反,B1发送数据时,工作站A1和C1都不会收到B1发出的广播信息,虽然它们都与B1连接在同一个以太交换机上。以太交换机不向虚拟局域网以外的工作站传送B1的广播信息。这样,虚拟局域网限制了接收广播信息的工作站数,使得网络不会因传播过多的广播信息而引起性能恶化。

4.6 无线局域网

4.6.1 无线局域网的概念

无线局域网是以无线方式实现局部范围内的多台计算机相互通信的一种局域网技术。随着便携式计算机和智能手机的广泛应用,无线局域网在一定程度上满足了人们移动办公的需求,正受到越来越多的关注。1997年IEEE制订出无线局域网的系列标准IEEE 802.11,相应的国际标准为ISO/IEC 8802—11。IEEE 802.11系列标准较有线局域网复杂,本节将着重介绍其主要特点。

无线局域网可分为两大类。第一类是有固定基础设施的;第二类是无固定基础设施的。所谓"固定基础设施"是指预先建立起来的、能够覆盖一定地理范围的一批固定基站。

在固定基础设施的无线局域网中,802.11标准规定无线局域网的最小构件是基本服务集(Basic Service Set,BSS)。一个基本服务集BSS包括一个基站和若干个移动站,所有的站在本BSS以内都可以直接通信,但在和本BSS以外的站通信时都必须通过本BSS的基站。一个基本服务集BSS所覆盖的地理范围叫作一个基本服务区(Basic Service Area,BSA)。基本服务区BSA和无线移动通信的蜂窝小区相似。在无线局域网中,一个基本服务区BSA覆盖的范围直径可以有几十米。

在802.11标准中,基本服务集里面的基站叫做接入点(Access Point,AP),但其作用和网桥相似。一个基本服务集可以是孤立的,也可通过接入点AP连接到一个主干分配系统(Distribution System,DS),然后再接入到另一个基本服务集,这样就构成了一个扩展的服务集(Extended Service Set,ESS),如图4-14所示。

基本服务集的服务范围是由移动设备所发射的电磁波的辐射范围确定的,图中用一个椭圆来表示基本服务集的服务范围。分配系统的作用就是使扩展的服务集ESS对上层的表现就像一个基本服务集BSS一样。分配系统可以使用以太网、点对点链路或其他无线网络。扩展服务集ESS可为无线用户提供到非802.11无线局域网的接入。这种接入是通过叫做门桥的设备来实现的。

802.11标准并没有定义如何实现漫游,但定义了一些基本的工具。例如,一个移动

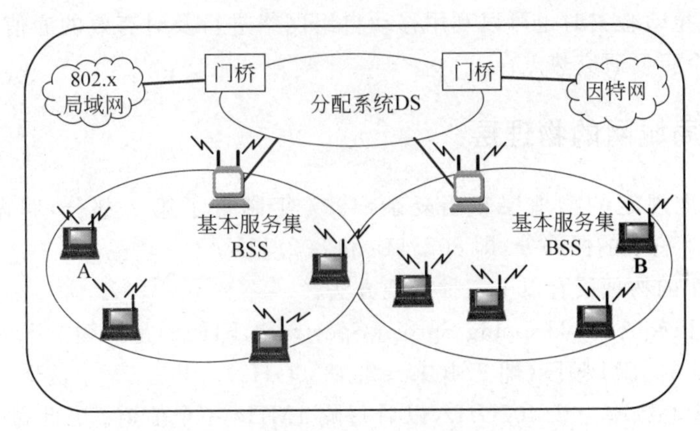

图 4-14 IEEE 802.11 的扩展服务集 ESS

站若要加入到一个基本服务集 BSS，就必须先选择一个接入点 AP，并与此接入点建立关联（Association）。此后，这个移动站就可以通过该接入点来发送和接收数据。若移动站使用重建关联（Reassociation）服务，就可将这种关联转移到另一个接入点。当使用分离（Dissociation）时，就可终止这种关联。移动站与接入点建立关联的方法有两种：一种是被动扫描，即移动站等待接收接入点周期性发出的信标帧（Beacon Frame）。另一种是主动扫描，即移动站主动发出探测请求帧（Probe Request Frame），然后等待从接入点发回的探测响应帧（Probe Response Frame）。

另一类无线局域网是无固定基础设施的无线局域网，它又叫做移动自组网络。这种自组网络没有上述基本服务集中的接入点 AP，而是由一些处于平等状态的移动站之间相互通信组成的临时网络，如图 4-15 所示。

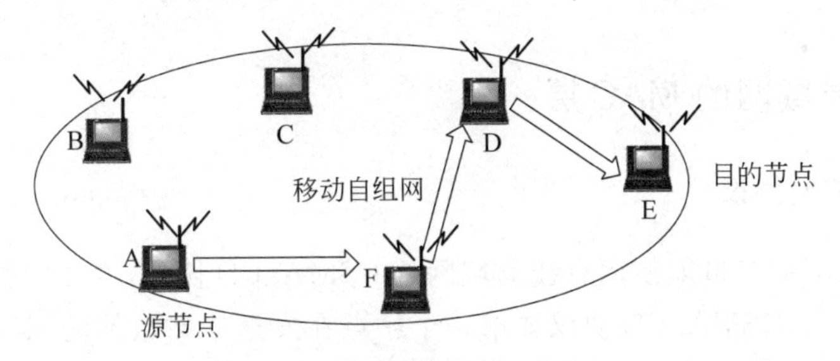

图 4-15 移动自组网络

当移动站 A 和 E 通信时，经过 A→F→D→E 这样的存储转发过程。自组网中的移动站既是端系统，同时又可作为路由器为其他移动站进行路由和中继。

移动自组网络在军用和民用领域都有很好的应用前景。在军事领域中，由于战场上往往没有预先建好的固定接入点，携带了移动站的战士就可以利用临时建立的移动自组网络进行通信。这种组网方式也能够应用到作战的地面车辆群和坦克群，以及海上的舰艇群、空中的机群。由于每一个移动设备都具有路由器的转发分组的功能，因此分布式的移动自组网络的生存性非常好。在民用领域，开会时持有笔记本电脑的人可以利用这种移动自组网络方便地交换信息，而不受笔记本电脑附近没有网线插头的限制。当出现自然灾害时，在抢险救灾时也可以利用移动自组网络进行及时有效的通信。移动自组网目前已成为一个重要研究热点。

4.6.2 无线局域网的物理层

802.11 标准规定的物理层相当复杂，1997 年制订了第一部分，叫做 802.11。在 1999 年又制订了剩下的两部分，即 802.11a 和 802.11b。

(1) 802.11 的物理层有以下三种实现方法：

跳频扩频(Frequency Hopping Spread Spectrum，FHSS)是扩频技术中常用的一种。它使用 2.4GHz 的 ISM 频段(即 2.4000～2.4835GHz)。共有 79 个信道可供跳频使用。第一个频道的中心频率为 2.402GHz，以后每隔 1MHz 一个信道。因此每个信道可使用的带宽为 1MHz。当使用二元高斯移频键控 GFSK 时，基本接入速率为 1Mb/s。当使用 4 元 GFSK 时，接入速率为 2Mb/s。

直接序列扩频(Direct Sequence Spread Spectrum，DSSS)是另一种重要的扩频技术。它也使用 2.4GHz 的 ISM 频段。当使用二元相对移相键控时，基本接入速率为 1Mb/s；当使用 4 元相对移相键控时，接入速率为 2Mb/s。

红外线(Infra Red，IR)的波长为 850～950nm，可用于室内传送数据。接入速率为 1～2Mb/s。

(2) 802.11a 的物理层上作在 5GHz 频带，不采用扩频技术而是采用正交频分复用 OFDM，它也叫做多载波调制技术(载波数可多达 52 个)。可以使用的数据率为 6、9、12、18、24、36、48 和 56Mb/s。

(3) 802.11b 的物理层使用工作在 2.4GHz 的直接序列扩频技术，数据率为 5.5 或 11Mb/s。

4.6.3 无线局域网的 MAC 层

1. CSMA/CA 协议

无线局域网不能简单地使用有线局域网的 CSMA/CD 协议，主要因为无线局域网具有以下特点。第一，CSMA/CD 协议要求一个站点在发送本站数据的同时还必须不间断地检测信道，以便发现是否有其他的站也在发送数据，这样才能实现“冲突检测”的功能，但在无线局域网的设备中要实现这种功能就花费过大。第二，更重要的是，即使我们能够实现冲突检测的功能，并且当我们在发送数据时检测到信道是空闲的，在接收端仍然有可能发生冲突。

因为无线电波能够向所有的方向传播，并且其传播距离受限，使得在无线局域网中存在隐蔽站问题(Hidden Station Problem)和暴露站问题(Exposed Station Problem)。其示意图如图 4-16 所示。

图 4-16(a)为隐蔽站问题示意图。假设站 A 和 C 都想和 B 通信，但 A 和 C 相距较远，彼此都接收不到对方发送的信号。当 A 和 C 检测不到无线信号时，就都以为 B 是空闲的，因而都向 B 发送自己的数据，结果 B 同时收到 A 和 C 发来的数据，发生了冲突，可

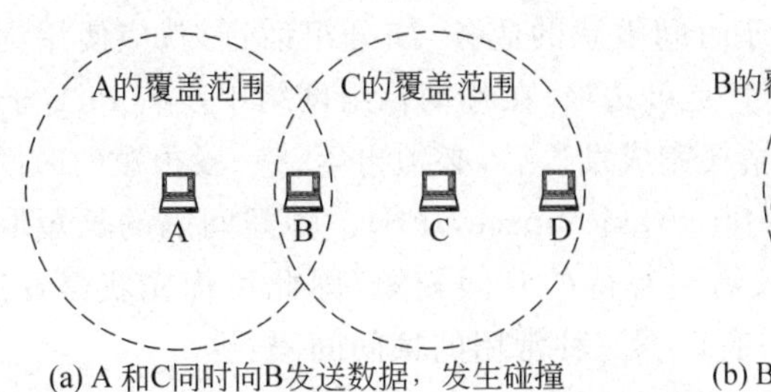

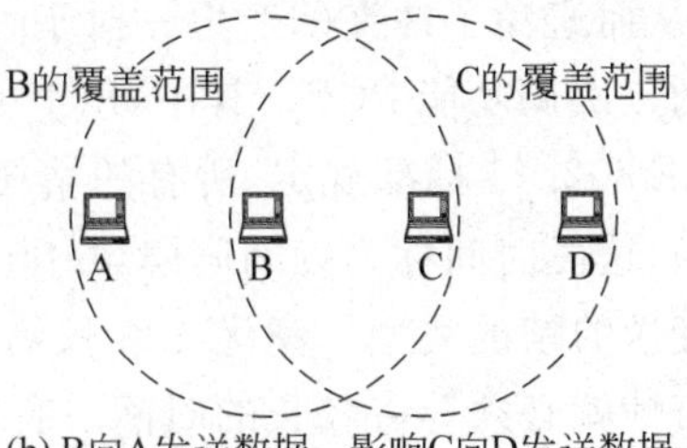

图 4-16　无线局域网的隐蔽站和暴露站问题

见在无线局域网中，在发送数据前未检测到媒体上有信号还不能保证在接收端能够成功地接收到数据。这种未能检测出媒体上已存在信号的问题叫做隐蔽站问题。

图 4-16(b)为暴露站问题示意图。站 B 向 A 发送数据，而 C 又想和 D 通信。但 C 检测到媒体上有信号，于是就不会向 D 发送数据。其实 B 向 A 发送数据并不影响 C 向 D 发送数据。这就是暴露站问题。在无线局域网中，在不发生干扰的情况下，可允许同时多个移动站进行通信，这点与总线式局域网有很大的差别。

除以上两个原因外，无线信道还由于传输条件特殊，造成信号强度的动态范围非常大。这就使发送站无法使用冲突检测的方法来确定是否发生了冲突。因此，无线局域网不能使用 CSMA/CD。

无线局域网采用的是 CSMA 的改进协议，在 CSMA 基础上增加了冲突避免(Collision Avoidance)机制和确认机制，即 IEEE 802.11 使用的 CSMA/CA 协议。802.11 标准采用了复杂的 MAC 协议来确定在基本服务集 BSS 中的移动站在什么时间能发送数据或接收数据。其 MAC 协议功能如图 4-17 所示。

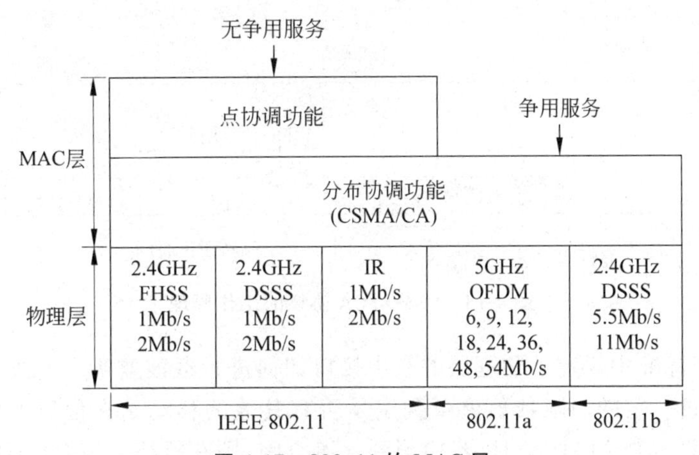

图 4-17　802.11 的 MAC 层

IEEE 802.11 的 MAC 层在物理层的上面，包括两个子层。下面的一个子层是分布协调功能(Distributed Coordination Function，DCF)。DCF 在每一个节点使用 CSMA 机制的分布式接入算法，让各个站通过争用信道来获取发送权。因此 DCF 向上提供争用服务。另一个子层叫做点协调功能(Point Coordination Function，PCF)。PCF 使用集中控制的接入算法，一般在接入点 AP 中实现，用类似于探询的方法将发送数据权轮流交给各个站，从而避免了冲突的产生。对于时间敏感的业务，如分组话音，就应使用提供无争用服务的点协调功能 PCF。其中，PCF 是可选项，在移动自组网络中没有 PCF 子层。

IEEE 802.11 标准规定，所有的站在完成发送后，必须再等待一段很短的时间才能发送下一帧，这段时间称为帧间间隔（Inter Frame Space，IFS）。帧间间隔的长短取决于该站打算发送的帧的类型。高优先级帧需要等待的时间较短，因此可优先获得发送权，而低优先级帧就必须等待较长的时间。有以下三种常用的帧间间隔：

（1）SIFS，即短（Short）帧间间隔，长度为 28μs。SIFS 是最短的帧间间隔，用来分隔开属于一次对话的各帧。一个站应当能够在这段时间内从发送方式切换到接收方式。使用 SIFS 的帧类型有：ACK 帧、CTS 帧、分片数据帧，以及所有回答 AP 探询的帧和在 PCF 方式中接入点 AP 发送出的任何帧。

（2）PIFS，即点协调功能帧间间隔，比 SIFS 长，是为了在 PCF 方式下优先接入到媒体。PIFS 的长度是 SIFS 加一个时隙长度（其长度为 50μs），即 78μs。时隙的长度是这样确定的：在一个基本服务集 BSS 内，当某个站在一个时隙开始时接入到媒体时，那么在下一个时隙开始时，其他站就都能检测出信道已转变为忙态。

（3）DIFS，即分布协调功能帧间间隔，是最长的 IFS，在 DCF 方式中用来发送数据帧和管理帧。DIFS 的长度比 PIFS 再多一个时隙长度，DIFS 的长度为 128μs。

CSMA/CA 协议的原理如图 4-18 所示。

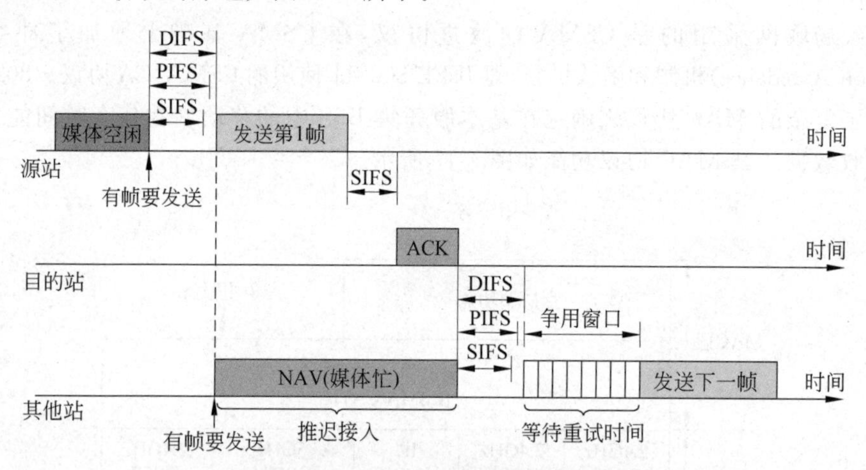

图 4-18 CSMA/CA 协议的工作原理

在 802.11 标准中规定了物理层的空中接口如何进行载波监听。通过收到的相对信号强度是否超过一定的门限数值就可判定是否有其他的移动站在信道上发送数据。当源站发送它的第一个 MAC 帧时，若检测到信道空闲，则在等待一段时间 DIFS 后就可发送。等待一段时间是为了让高优先级的帧优先发送。

假定没有高优先级帧要发送，因而源站发送了自己的数据帧。目的站若正确收到此帧，则经过时间间隔 SIFS 后，向源站发送确认帧 ACK。若源站在规定时间内没有收到确认帧 ACK（由重传计时器控制这段时间），就必须重传此帧，直到收到确认为止，或者经过若干次的重传失败后放弃发送。

802.11 标准还采用了一种叫做虚拟载波监听(Virtual Carrier Sense,VCS)的机制,这就是让源站将它要占用信道的时间(包括目的站发回确认帧所需的时间)通知给所有其他站,以便使其他所有站在这一段时间都停止发送数据。这样就大大减少了冲突的机会。"虚拟载波监听"表示其他站并没有监听信道,而是由于其他站收到了"源站的通知"才不发送数据。所谓"源站的通知"就是源站在其 MAC 帧首部中的第二个字段"持续时间"中填入了在本帧结束后还要占用信道多少时间(以微秒为单位),包括目的站发送确认帧所需的时间。

当一个站检测到正在信道中传送的 MAC 帧首部的"持续时间"字段时,就调整自己的网络分配向量(Network Allocation Vector,NAV)。NAV 指出了必须经过多少时间才能完成数据帧的这次传输,才能使信道转入到空闲状态。因此,信道处于忙态,或者是由于物理层的载波监听检测到信道忙,或者是由于 MAC 层的虚拟载波监听机制指出了信道忙。

当信道从忙态变为空闲时,任何一个站要发送数据帧时,不仅都必须等待一个 DIFS 的间隔,而且还要进入争用窗口,并计算随机退避时间以便再次试图接入到信道。请读者注意,在以太网的 CSMA/CD 协议中,冲突的各站执行退避算法是在发生了冲突之后;但在 802.11 的 CSMA/CA 协议中,因为没有像以太网那样的冲突检测机制,因此在信道从忙态转为空闲时,各站就要执行退避算法。这样做就减少了发生冲突的概率(当多个站都打算占用信道)。802.11 也是使用二进制指数退避算法,但具体做法稍有不同。这就是:第 i 次退避就在 2^{i+2} 个时隙中随机地选择一个。这就是说,第 1 次退避是在 8 个时隙(而不是 2 个)中随机选择一个,而第 2 次退避是在 16 个时隙(而不是 4 个)中随机选择一个。

当某个想发送数据的站使用退避算法选择了争用窗口中的某个时隙后,就根据该时隙的位置设置一个退避计时器(Backoff Timer)。当退避计时器的时间减小到零时,就开始发送数据。也可能当退避计时器的时间还未减小到零时而信道又转变为忙态,这时就冻结退避计时器的数值,重新等待信道变为空闲,再经过时间 DIFS 后,继续启动退避计时器(从剩下的时间开始)。这种规定有利于继续启功退避计时器的站更早地接入到信道中。

当一个站要发送数据帧时,仅在下面的情况下才不使用退避算法:检测到信道是空闲的,并且这个数据帧是它想发送的第一个数据帧。除此以外的所有情况,都必须使用退避算法。

2. 对信道进行预约

802.11 允许要发送数据的站对信道进行预约,如图 4-19 所示。

站 A 在发送数据帧之前先发送一个短的控制帧,叫做请求发送(Request To Send,RTS)。RTS 帧包括源地址、目的地址和这次通信(包括相应的确认帧)所需的持续时间。若信道空闲,则目的站 B 就发送一个响应控制帧,叫做允许发送(Clear To Send,CTS),CTS 也包括这次通信所需的持续时间。A 收到 CTS 帧后就可发送其数据帧。下面讨论在 A 和 B 两个站附近的一些站将做出的反应。

假设 C 处于 A 的传输范围内,但不在 B 的传输范围内,因此 C 能够收到 A 发送的

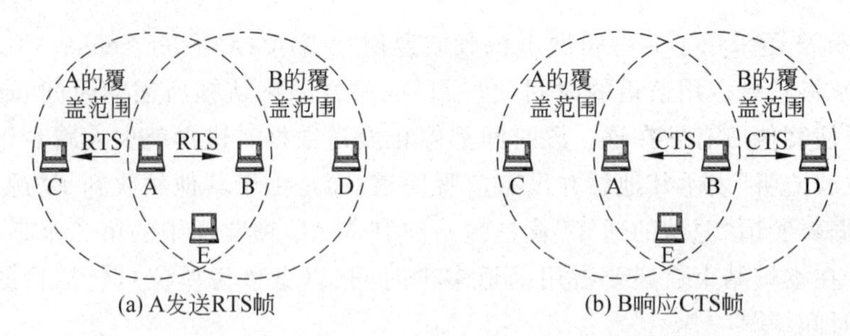

图 4-19 CSMA/CA 协议的 RTS 和 CTS 帧

RTS，但经过一小段时间后，C 不会收到 B 发送的 CTS 帧。这样，在 A 向 B 发送数据时，C 也可以发送自己的数据给其他的站而不会干扰 B。

D 收不到 A 发送的 RTS 帧，但能收到 B 发送的 CTS 帧。因此 D 知道 B 将要和 A 通信，因此 D 在 A 和 B 通信的一段时间内不能发送数据，因而不会干扰 B 接收 A 发来的数据。

站 E 能收到 RTS 和 CTS，因此 E 和 D 一样，在 A 发送数据帧和 B 发送确认帧的整个过程中都不能发送数据。

因此，这种协议实际上就是在发送数据帧之前先对信道进行预约一段时间。使用 RTS 和 CTS 帧会使整个网络的效率有所下降。但这两种控制帧都很短，其长度分别为 20 字节和 14 字节，与数据帧（最长可达 2346 字节）相比开销不算大。相反，若不使用这种控制帧，则一旦发生冲突而导致数据帧重发，则浪费的时间就更多。虽然如此，但协议还是设有三种情况供用户选择：一种是使用 RTS 和 CTS 帧；另一种是只有当数据帧的长度超过某一数值时才使用 RTS 和 CTS 帧（显然，当数据帧本身就很短时，再使用 RTS 和 CTS 帧只能增加开销）；还有一种是不使用 RTS 和 CTS 帧。

虽然协议经过了精心设计，但冲突仍然会发生。例如，B 和 C 同时向 A 发送 RTS 帧。这两个 RTS 帧发生冲突后，使得 A 收不到正确的 RTS 帧因而 A 就不会发送后续的 CTS 帧。这时，B 和 C 像以太网发生冲突那样，各自随机地推迟一段时间后重新发送其 RTS 帧，推迟时间的算法也是使用二进制指数退避。

无线局域网是一个较新的研究领域，感兴趣的读者可在网上查阅到相关的无线局域网标准。

4.7 广域网

4.7.1 广域网的基本概念

广域网是用来实现长距离传输数据的网络，由节点交换机和链路构成。广域网中的节点交换机一般采用存储转发方式，而广域网中的链路一般采用点到点链路。

广域网指的是单个网络，它与用路由器互联起来的互联网具有很大的区别。当把广域网作为一个独立的网络来考察时，它具有物理层、数据链路层和网络层的功能。广域网具有网络层的路由转发功能。随着广域网应用场合不同，对广域网的层次定位具有一定的灵活性。当用来支撑互联网时,则广域网就可看作为网络层提供数据传输服务的数据链路层。

本章中,我们将把广域网作为一个独立的网络来考虑,因此,从层次上看,广域网中的最高层为网络层。其网络层为主机所提供的服务可以有两大类:即无连接的网络服务和面向连接的网络服务,具体地说,就是数据报服务和虚电路服务。

在数据报服务情况下,网络随时都可接受主机发送的分组(即数据报)。网络为每个分组独立地选择路由。网络只是尽最大努力地将分组交付给目的主机,网络交付的分组不保证顺序,不保证不丢失,所以,数据报提服务是不可靠的,不能保证服务质量。在虚电路服务情况下,通信的一方先发出一个特定格式的控制信息分组,要求进行通信,同时也寻找一条合适的路由。若另一方同意通信就发回响应,然后双方就建立了虚电路并可传送数据了。虚电路服务的特点是需要一个连接建立、数据传输、连接释放的过程。

由于采用了存储转发技术,所以这种虚电路就和电路交换的连接有很大的不同。虚电路服务是建立在分组交换基础上的。当用一条虚电路进行通信时,分组断续地占用一段又一段的链路,建立虚电路的好处是可以在数据传送路径上的各交换节点预先保留一定数量的资源(如带宽、缓存),因此,虚电路服务对服务质量(Quality of Service,QoS)有较好的保证。归纳起来,数据报服务和虚电路服务的特点如表4-2所示。

表4-2 数据报服务和虚电路服务的比较

特　　点	数据报服务	虚电路服务
思路	可靠通信应由用户主机来保证	可靠通信应由网络来保证
连接的建立	不需要	必须有
目的站地址	每个分组都有目的站的全地址	仅在连接建立阶段使用,每个分组使用短的虚电路号
分组的转发	每个分组独立进行路由、转发	属于同一虚电路的所有分组均按照同一路由进行转发
当节点出故障时	出故障的节点可能会丢失分组,后续分组将改变路由	所有通过出故障节点的虚电路均不能工作
分组的顺序	不一定按发送顺序到达目的站	总是按发送顺序到达目的站
端到端的差错处理和流量控制	由用户主机负责	可以由网络负责,也可以由用户主机负责

4.7.2 广域网中的分组交换

广域网中的分组交换技术主要包括编址和路由两个方面的问题。

1. 层次结构的地址

广域网中一般采用层次结构的编址方案,将主机地址分为两部分,前一部分表示该主机所连接的分组交换机的编号,而后一部分表示所连接的分组交换机的端口号或主机的编号，如图 4-20 所示。

交换机编号	交换机端口编号

图 4-20　层次结构的地址

假设有三个交换机，分别编号为 1、2 和 3。每个交换机所连接的主机也按接入的低速端口编上号码。这样，与交换机 1 的端口 1 和端口 3 相连的两个主机的地址就分别记为[1,1]和[1,3]。

2. 分组转发机制

给定一个网络拓扑，假设节点交换机已经配置了相应的转发表条目，如图 4-21 所示。

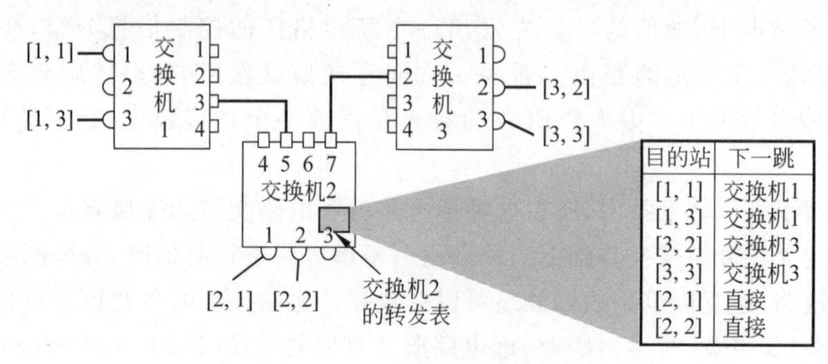

图 4-21　广域网分组转发示例

例如，图中有一个欲发往主机[3,3]的分组到达了交换机 2，在转发表的第 4 行找出下一跳应为“交换机 3”，于是按照转发表将该分组转发到交换机 3。

如果分组的目的地是直接连接在本交换机上的主机，则不需要再将分组转发到别的交换机，而只需要直接交付。

在查找转发表时，所有交换机号相同的分组其下一跳地址必定是相同的。节点交换机是根据目的站的交换机号来进行路由转发的。利用这一特性，可以大大减少转发表的条目数。

3. 默认路由

为了更清晰地分析广域网路由问题，可以用图论中的“图”来对广域网进行抽象，用“节点”表示广域网上的节点交换机，用连接节点与节点的“边”表示广域网中的链路。

用图表示广域网的示例如图 4-22 所示。图中左边是一个具有 4 个节点交换机的例子，而右边则是对应的图。图中节点表示交换机，圆圈中的数字就是节点交换机号，连接两节点的边表示连接交换机的链路。

根据图 4-22 所示的图，可得出每一个节点中的转发表，如图 4-33 所示。

以节点 1 的转发表为例，当目的站为 2、3 或 4 时，分组都是转发到节点 3，因此，可以将这些具有相同下一跳的条目合并，写成“目的站：默认，下一跳：3”。

在较小的网络中，转发表中重复的项目不多。但在较大的广域网的转发表中就有可能出现很多下一跳相同的重复表项，这会导致搜索转发表时花费较长的时间。为了减少转发表中的重复项目，可以用一个默认路由(Default Route)代替所有的具有相同“下一

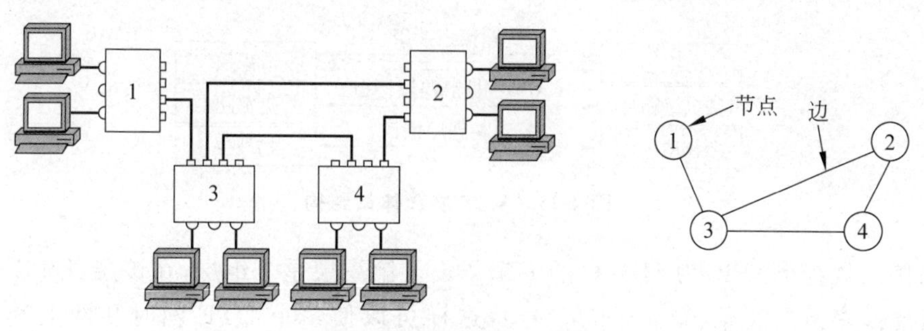

图 4-22 用图表示广域网

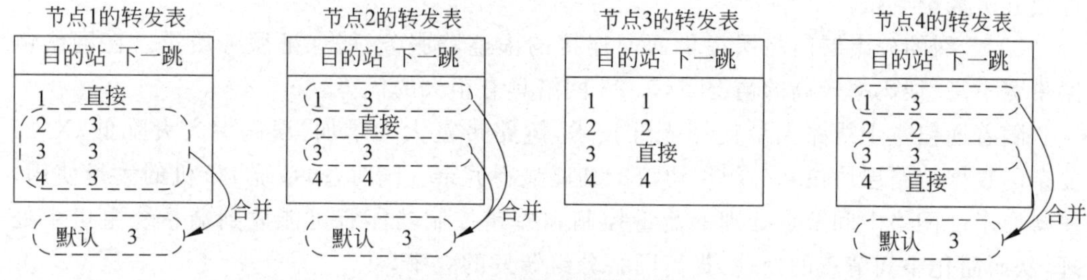

图 4-23 每个节点的转发表

跳”的项目，默认路由比其他项目的优先级低。若转发分组时找不到明确的项目对应，才使用默认路由。

4.7.3 X.25 分组交换网

CCITT 在 20 世纪 70 年代制订了公用分组交换网接口的建议，即 X. 25 标准。遵循 X. 25 标准设计的网络为 X. 25 分组交换网，简称 X. 25 网。

X. 25 标准制订了面向连接的虚电路服务的服务规范，主要对公用分组交换网的接口进行了定义。X. 25 网络示意图如图 4-24 所示。

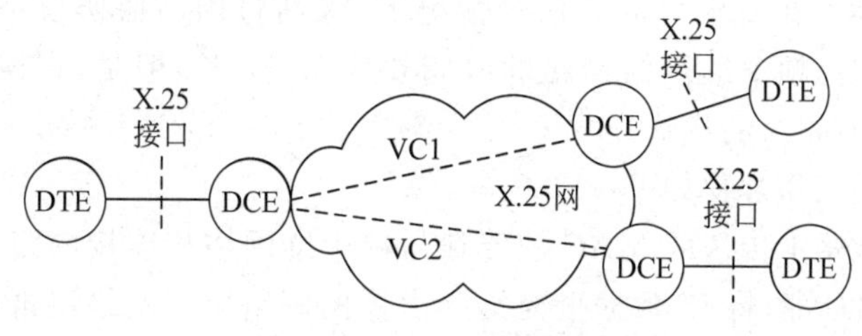

图 4-24 X. 25 网络示意图

上图表示一个数据终端设备 DTE 同时和另外两个 DTE 进行通信，网络中的虚线代表两条虚电路，X. 25 接口表示 DTE 与数据电路端接设备 DCE 之间的接口。

X. 25 标准规定了物理层、数据链路层和分组层三个层次的内容。其体系结构层次如图 4-25 所示。

最底层是物理层，接口标准是 X. 21 建议书。第二层是数据链路层，接口标准是平衡

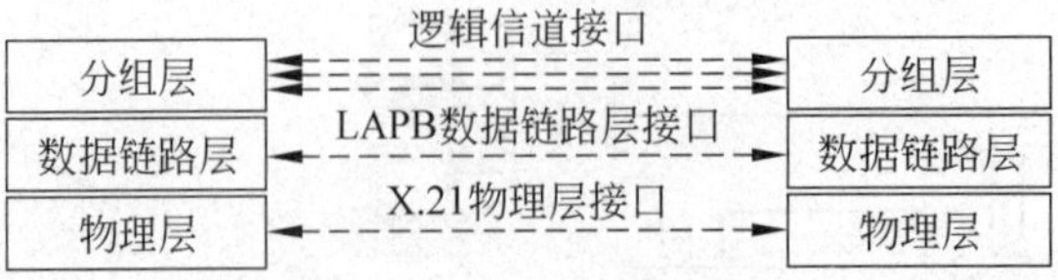

逻辑信道接口

分组层 ⟷ 分组层

LAPB数据链路层接口

数据链路层 ⟷ 数据链路层

X.21物理层接口

物理层 ⟷ 物理层

图 4-25　X.25 层次体系结构

型链路接入规程 LAPB，为 HDLC 的一个子集。第三层是分组层，在该层，DTE 与 DCE 之间可建立多条逻辑信道（0～4095 号），这样可以使一个 DTE 同时和网上其他多个 DTE 建立虚电路并进行通信。X.25 还规定了在经常需要进行通信的两个 DTE 之间可以建立永久虚电路。

X.25 网的分组层向高层提供面向连接的虚电路服务，能保证服务质量。在网络链路带宽不高、误码率较高的情况下，X.25 网络具有很大的优势。

随着通信主干线路大量使用光纤技术，链路带宽大大增加，误码率大大降低，X.25 复杂的数据链路层协议和分组层协议的功能显得冗余。同时，端系统 PC 机的大量使用，使得原来由网络中间节点处理的流量控制和差错控制功能有可能放到端系统主机中处理，从而简化中间节点的处理，提高网络分组转发的效率。

4.7.4 帧中继

帧中继（Frame Relay）采用快速分组交换技术，是对 X.25 网络的改进，被称为第二代的 X.25，于 1992 年问世。

帧中继的快速分组交换的基本原理是，当帧中继交换机收到一个帧的首部时，只要一查出帧的目的地址就立即开始转发该帧，边接收边转发，从而提高了交换节点即帧中继交换机的吞吐率。当帧中继交换机接收完一帧时，再进行差错校验，如果检测到有误码，节点要立即中止这次传输。当中止传输的指示到达下个节点后，下个节点也立即中止该帧的传输，并丢弃该帧。最坏的情况是，出错的帧已到达了目的节点，则由目的节点将该出错的帧丢弃。在要求可靠通信的情况下，源站将用高层协议请求重传该帧。显然，当帧发生差错时，帧中继网络纠错的时间要比 X.25 长，但是，在误码率极低的情况下，帧中继技术具有很大的优势。

帧中继网络的工作过程如下：

当用户在局域网上传送的 MAC 帧传到与帧中继网络相连接的路由器时，该路由器就剥去 MAC 帧的首部，将 IP 数据报交给路由器的网络层。网络层再将 IP 数据报传给帧中继接口卡。帧中继接口卡将 IP 数据报加以封装，加上帧中继帧的首部（其中包括帧中继的虚电路号），进行 CRC 检验和加上帧中继帧的尾部。然后帧中继接口卡将封装好的帧通过向电信公司租来的专线发送给帧中继网络中的帧中继交换机。帧中继交换机在收到一个帧时，就按虚电路号对帧进行转发（若检查出有差错则丢弃）。当这个帧被转发到虚电路的终点路由器时，该路由器剥去帧中继帧的首部和尾部，加上局域网的首部和尾部，交付给连接在此局域网上的目的主机。目的主机若发现有差错，则报告上层的协议处理，如图 4-26 所示。

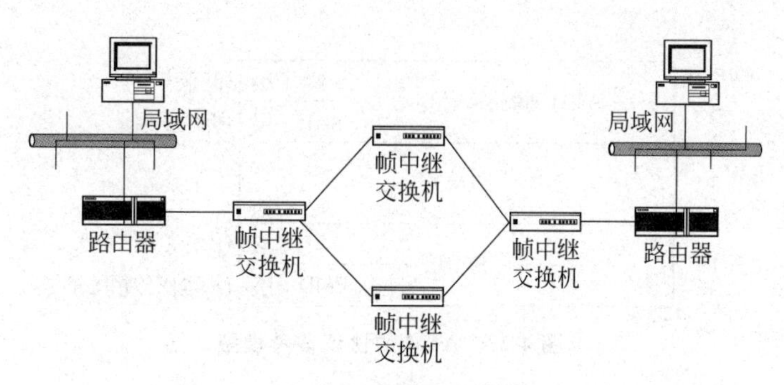

图 4-26 帧中继网络提供的虚电路服务

帧中继的主要优点如下：

(1) 减少了网络互连的代价。当使用专用帧中继网络时，将不同的源站产生的通信量复用到专用的主干网上，可以减少在广域网中使用的电路数。多条逻辑连接复用到一条物理连接上可以减少接入代价。

(2) 网络的复杂性减少但性能却提高了。与 X.25 相比，由于网络节点的处理量减少，由于更加有效地利用高速数据传输线路，帧中继明显改善了网络的性能和响应时间。

(3) 由于使用了国际标准，增加了互操作性。帧中继的简化的链路协议实现起来不难。接入设备通常只需要一些软件修改或简单的硬件改动就可支持接口标准。现有的分组交换设备和 T1/E1 复用器都可进行升级，以便在现有的主干网上支持帧中继。

(4) 协议的独立性。帧中继可以很容易地配置成容纳多种不同的网络协议(如 IP、IPX 和 SNA 等)的通信量。可以用帧中继作为公共的主干网，这样可统一所使用的硬件，也更加便于进行网络管理。

4.7.5 异步传递方式

异步传递方式(Asynchronous Transfer Mode，ATM)是建立在电路交换和分组交换的基础上的一种面向连接的快速分组交换技术，它采用定长分组作为传输和交换的单位。其中，这种定长分组叫做信元(Cell)。“异步”的含义是指 ATM 信元可“异步插入”到同步的 SDH 比特流中。ATM 采用的定长信元长度为 53 字节，信元首部为 5 字节，有利于用硬件实现高速交换。

一个 ATM 网络包括两种网络元素，即 ATM 端点(End Point)和 ATM 交换机。ATM 端点又称为 ATM 端系统，即在 ATM 网络中能够产生或接收信元的源站或目的站。ATM 端点通过点到点链路与 ATM 交换机相连。ATM 交换机就是一个快速分组交换机(交换容量高达数百 Gb/s)，其主要构件包括交换结构、若干个高速输入端口和输出端口，以及必要的缓存。

ATM 标准主要由 ITU-T、ATM 论坛(ATM Forum)以及 IETF 等参与制订，ATM 标准规定了 ATM 网络的协议参考模型，如图 4-27 所示。

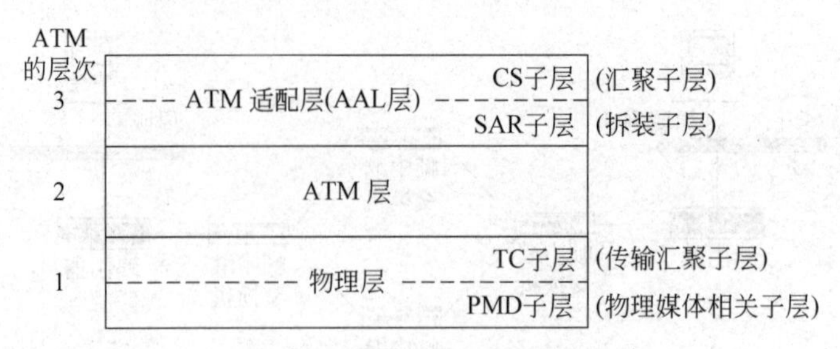

图 4-27　ATM 的协议参考模型

1. 物理层

物理层分为两个子层。靠下面的是物理媒体相关（Physical Medium Dependent，PMD）子层。PMD 子层的上面是传输汇聚（Transmission Convergence，TC）子层。PMD 子层负责在物理媒体上正确传输和接收比特流。它只完成和媒体相关的功能，如线路编码和解码、比特定时以及光电转换等。对不同的传输媒体 PMD 子层是不同的。可供使用的传输媒体有：铜线（UTP 或 STP）、同轴电缆、光纤（单模或多模）或无线信道等。TC 子层实现信元流和比特流的转换，包括速率适配（空闲信元的插入）、信元定界与同步、传输帧的产生与恢复等。在发送时，TC 子层将上面的 ATM 层交下来的信元流转换成比特流，再交给下面的 PMD 子层。在接收时，TC 子层将 PMD 子层交上来的比特流转换成信元流，标记出每一个信元的开始和结束，并交给 ATM 层。TC 子层的存在使得 ATM 层实现了与下面的传输媒体完全无关。典型的 TC 子层就是 SONET/SDH。

2. ATM 层

ATM 层主要完成交换和复用，以及流量控制等功能。为了实现交换和复用，每一个 ATM 连接都用信元首部中的两级标号来识别。第一级标号是虚通路标识（Virtual Channel Identifier，VCI），第二级标号是虚通道标识符（Virtual Path Identifier，VPI）。一个虚通路 VC 是在两个或两个以上端点之间的一个运送 ATM 信元的通路。一个虚通道 VP 包含有许多相同端点的虚通路，而这许多虚通路都使用同一个虚通道标识符 VPI。在一个给定的接口，复用在一条链路上的许多不同的虚通道，用它们的虚通道标识符 VPI 来识别。而复用在一个虚通道 VP 中的不同的虚通路，用它们的虚通路标识符 VCI 来识别。图 4-28 表示了使用 VPI 和 VCI 来标识 VP 和 VC 的方法。

在一个给定的接口上，属于不同 VP 的两个 VC，可以具有相同的 VCI。如图 4-28 所示的三个不同的虚通道 VP 可以使用相同的虚通路标识符 VC1 或 VC2。因此，要同时使用 VPI 和 VCI 这两个参数才能完全识别一个虚通路 VC。

3. ATM 适配层 AAL

ATM 传送和交换的是 53 字节固定长度的信元，但是上层的应用程序向下层传递的并不是 53 字节长的信元。例如，在因特网的 IP 层传送的是各种长度的 IP 数据报。因此当 IP 数据报需要在 ATM 网络上传送时，就需要有一个接口，它能够将 IP 数据报

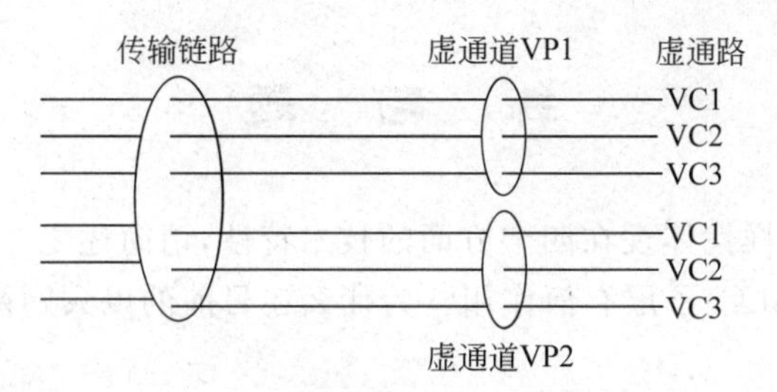

图 4-28 ATM 连接的标识符 VCI 和 VPI

装入一个个 ATM 信元，然后在 ATM 网络中传送。这个接口就是在 ATM 层上面的 ATM 适配层（ATM Adaptation Layer，AAL）。AAL 层的作用就是增强 ATM 层所提供的服务，并向上面高层提供各种不同的服务。ITU-T 的 I.362 规定了 AAL 向上提供的服务包括：将用户的应用数据单元 ADU 划分为信元或将信元重装成为应用数据单元 ADU；对比特差错进行检测和处理；处理丢失和错误交付的信元；流量控制和定时控制等功能。

为了向上层提供不同类型的服务和分组拆装功能，AAL 层被划分为两个子层，即 CS 子层和 SAR 子层。汇聚子层（Convergence Sublayer，CS）使 ATM 系统可以对不同的应用（如文件传送、点播视像等）提供不同的服务。每一个 AAL 用户通过相应的服务访问点 SAP（即应用程序的地址）接入到 AAL 层。拆装子层（Segmentation And Reassembly，SAR）在发送时，将 CS 子层传下来的协议数据单元划分成为长度为 48 字节的单元，交给 ATM 层作为信元的有效载荷。在接收时，SAR 子层进行相反的操作，将 ATM 层交上来的 48 字节长的有效载荷装配成汇聚子层协议数据单元。

本章小结

本章主要介绍了局域网和广域网的基本概念及工作原理，包括以下内容：

（1）局域网的基本概念、体系结构及其工作原理。根据所采用技术的不同，局域网可分为多种类型，包括 IEEE 802.3 局域网、DIXv2 以太网、令牌环网，以及IEEE 802.11无线局域网等。本章对各主要类型的局域网的标准和工作原理进行了详细介绍。

（2）局域网介质访问控制方法。局域网介质访问控制方法包括静态划分信道的介质访问控制方法、动态随机介质访问控制方法和轮询访问介质访问控制方法。其中，静态划分信道的介质访问控制方法包括频分多路复用、时分多路复用、波分多路复用、码分多路复用等；动态随机介质访问控制方法包括 ALOHA、CSMA、CSMA/CD、CSMA/CA 协议等；轮询访问介质访问控制方法包括令牌传递协议等。

（3）以太网工作原理，包括 CSMA/CD 协议、各种类型的高速局域网基本原理，以及基于集线器和以太网交换机进行局域网扩展的方法。此外，还介绍了虚拟局域网的概念和简要工作原理。

（4）广域网的基本概念、路由与转发的基本原理以及广域网基本服务等，着重介绍了 X.25 分组交换网、帧中继和 ATM 网络的工作原理。

练 习 题

4.1 局域网标准的多样性体现在四个方面的技术特性,请简述之。

4.2 逻辑链路控制(LLC)子层有何作用?为什么在目前的以太网网卡中没有 LLC 子层的功能?

4.3 简述以太网 CSMA/CD 的工作原理。

4.4 以太网中争用期有何物理意义?其大小由哪几个因素决定?

4.5 有 10 个站连接到以太网上。试计算以下三种情况下每一个站所能得到的带宽。

(1) 10 个站都连接到一个 10Mb/s 以太网集线器;

(2) 10 个站都连接到一个 100Mb/s 以太网集线器;

(3) 10 个站都连接到一个 10Mb/s 以太网交换机。

4.6 100 个站分布在 4km 长的总线上。协议采用 CSMA/CD。总线速率为 5Mb/s,帧平均长度为 1000bit。试估算每个站每秒钟发送的平均帧数的最大值。信号传播速率为 2×10^8m/s。

4.7 简述网桥的工作原理及特点。网桥、转发器以及以太网交换机三者异同点有哪些?

4.8 为什么需要虚拟局域网(VLAN)?简述划分 VLAN 的方法。

4.9 广域网与互联网在概念上有何不同?

4.10 试从多个方面比较虚电路和数据报这两种服务的优缺点。

4.11 广域网中的主机为什么采用层次结构的编址方式?

4.12 试分析 X.25、帧中继和 ATM 的技术特点,简述其优缺点。

4.13 为什么 X.25 不适合高带宽、低误码率的链路环境?试从层次结构上以及节点交换机的处理过程进行讨论。

4.14 为什么局域网采用广播通信方式而广域网不采用这种方式呢?

第5章 chapter 5

网络层与网络互连

第4章讲述了两类底层物理网络技术，本章及第6、7两章将分别讲述因特网所采用的TCP/IP体系结构中的网络层、传输层和应用层。在因特网中网络层的主要任务是将各种物理网络互连起来构成互联网。本章主要讨论将各种物理网络通过路由器互连成为全球范围的互联网——因特网所需要面临的各种问题，以及在因特网中的解决方案。因特网中网络互连需要解决的问题主要包括网络层编址、无连接数据报传送、差错处理、互联网路径建立与刷新机制和IP组播等，与此相关的协议或技术包括网际协议IPv4、地址解析协议ARP、因特网控制报文协议ICMP、无分类域间路由选择CIDR技术、开放最短路径优先路由选择协议OSPF、边界网关协议BGP和因特网组管理协议IGMP等。

最后，简要介绍移动IP、虚拟专用网VPN和网络地址转换NAT等技术。

5.1 网络层概念

根据OSI/RM，网络层为不同网络上的主机提供通信服务。数据链路层提供相邻节点间，以帧为单位的数据传输服务。网络层利用数据链路层提供的服务，向传输层提供主机间的分组传递服务。主要需要解决三个问题：网络层编址、路由选择和拥塞控制。

在TCP/IP体系中，网络层也称IP层或网间互连层，提供互联网主机之间无连接的通信服务。IP层利用数据链路层提供的服务向高层提供互联网主机间的IP包传递服务。因特网(Internet)是一个庞大的计算机互联网，由不同的物理网络通过网络互连设备(路由器)相互连接而成。IP层主要解决网络层编址和路由选择问题；为提高效率，将拥塞控制主要留给高层解决。

下面解释两个问题：第一，为什么因特网要考虑包容多种物理网络技术呢？原因是价格低廉的局域网只能提供短距离的高速通信，而能跨越长距离的广域网不能提供低费用的局部通信。没有哪种网络技术可以满足所有需求，因此需要考虑多种底层硬件技术。第二，为什么要网际互连呢？因为用户希望能够在任意两主机之间进行通信，各物理网络中的用户希望有一个不受任何物理网络边界限制的通信系统。网际互连的作用就是隐藏底层细节，使互联网可以看成是单一的虚拟网络，所有计算机都与它相连，而不管实际的物理连接如何。图5-1表示从用户的角度，互联网可看成是单个网络，虽然实际上它是通过路由器互连起来的多个物理网络的集合。每个物理网络中的主机以及互连设备路由器必须运行 TCP/IP 软件，以允许应用程序可以把互联网当成一个单独的物理网络来使用。

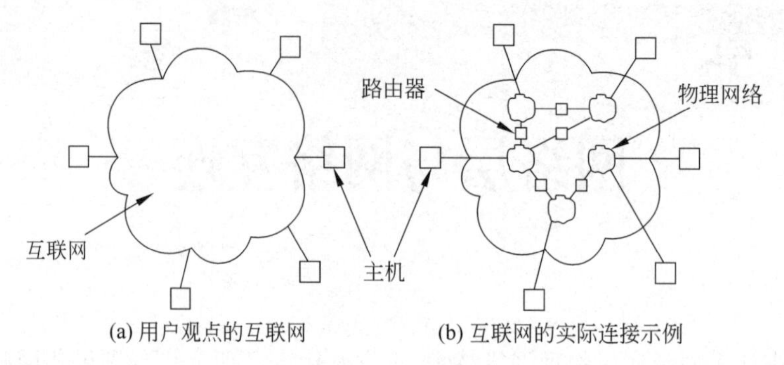

(a) 用户观点的互联网　(b) 互联网的实际连接示例

图 5-1　互联网

在 TCP/IP 体系中，IP 层位于第三层，包含 IP 协议（网际协议）、ICMP 协议（因特网控制报文协议）等若干协议，其中 IP 是网络层中最重要的协议，也是 TCP/IP 体系中最重要的协议，IP 协议数据单元称为 IP 数据报，也称为数据报、IP 包或 IP 分组。IP 层的下两层也称为网络接口层，网络接口层对应各种物理网络协议栈，即各种局域网和广域网协议栈。要注意的是，即使广域网（例如 X. 25 分组网）包含网络层协议（如 X. 25 分组级），也是在 IP 层之下，即 IP 包将被封装在广域网的网络层协议数据单元中传送。

IP 层在网络层为各个物理网络上的主机提供相互通信的功能。为此需要解决若干问题，主要包括：

(1) IP 编址和地址的分配　各物理网络都有自己的编址方式，为方便任意主机之间的通信，将多个物理网络互连起来的互联网需要统一标识所有主机。TCP/IP 设计人员选择了一种类似于物理网络编址的方案，IPv4 版本给每台主机都分配一个 32 比特的整数地址，称为网际协议地址（Internet Protocol address，IP 地址）。互联网可以包含很多物理网络，给其中的每个主机都应分配 IP 地址，那么该如何分配和使用 IP 地址，才能够优化路由查找提高互联网的运行效率呢？这是 IP 层要解决的主要问题之一。有关分类 IP 地址、子网划分、构造超网、无分类编址和 CIDR 等是相关内容。

(2) IP 包的转发　互联网中通信双方可能位于不同的物理网络中，怎样才能使 IP 包从源站抵达目的站呢？这需要依靠工作在网络层互连各物理网络的设备——路由器。路由器中有路由表，其中保存着到各个物理网络的路由信息。路由器通过查路由表为经过的每个 IP 包选择一条路由，再进行逐跳转发，使 IP 包不断接近目的站。路由查找算法与 IP 编址方案有关，路由查找结果是下一跳的 IP 地址。而 IP 包都得封装在所在物理网络的协议包（以下统一称为帧）中发送或转发，帧的目的地址用于标识帧的目的地，一般应为目的地的物理地址，而帧的目的地一般是下一跳路由器或目的站，那么它们的物理地址该如何获悉呢？可以利用地址解析协议 ARP 来获悉。

(3) 路由表的产生和动态刷新　转发 IP 包时需要查找路由表，路由表的正确与否决定 IP 包转发能否成功，那么路由表如何维护呢？这是一个关键问题，互联网是个大型网络，为提高路由信息维护的准确性和效率，已提出了自治系统概念及一系列路由选择算法和协议。

(4) 差错处理　IP包转发过程中可能会发生差错,因此IP层需要差错控制机制。差错处理由IP协议和ICMP协议共同完成。

(5) IP组播　有许多应用需要进行一对多的通信,例如网络电视。IP协议、网际组管理协议(IGMP)和组播路由选择协议共同完成IP组播。

IP层利用物理网络所提供的服务,执行本层的协议功能,向高层提供无连接的分组(数据报)交付服务。IP层通过IP数据报和IP地址实现对物理网络的抽象,隐藏底层网络体系结构和技术细节,向高层提供统一的IP数据报,使得各种物理网络帧的差异性对上层不复存在。

5.2 网络互连

因特网是一个很大的互联网,它由大量的通过路由器互连起来的物理网络构成。IP编址和IP数据报是支持TCP/IP软件隐藏物理网络细节,使构成的互联网看起来是一个统一实体的基础。本节介绍最初的IP编址方案以及一直在使用的IPv4数据报格式。

IPv4出现于20世纪70年代末,是第一个被实际应用的IP版本。20世纪90年代初,研究人员认为基于IPv4的因特网不适于音视频应用服务,另外更重要的是32位IP地址空间很快就会耗尽,因此开始研究新的IP协议。下一个可能替代的新版本是IPv6,IPv6提供比IPv4大得多的全局地址空间。IPv6协议的主要特点将在第8章阐述。

5.2.1 分类的IP地址

互联网是一个由设计者抽象出来的虚拟结构,IP层及以上的协议功能完全由软件实现。设计人员可以自由地选择IP编址方案、IP数据报格式以及交付技术等,不受底层网络硬件的支配。TCP/IP的设计者选择了一种类似于物理网络的编址方案,给因特网上每个主机分配一个32比特的唯一地址作为单播地址,该地址用于与该主机的所有通信中。

理想的地址应该较短,因为地址是分组的控制信息的一部分,地址位数越少分组的开销会越小,但理想的地址也要足够大,以便能够标识更多的主机。对于网际协议地址,最好能够标识全世界的所有主机。此外,IP地址应支持高效率的路由选择,比如根据目的主机的IP地址,就可以分辨能否与之直接通信,或者该选择哪个路由器作为下一跳,使IP包能逐跳转发到目的主机。

最初的IP编址方案将IP地址分为两部分:前缀和后缀。前缀标识主机所属的物理网络,称为网络号(Network ID)。后缀用于区分物理网络内的主机,即标识主机,后缀也称为主机号(Host ID)。那么前缀与后缀各应包含多少比特呢?显然,前缀越长,支持的物理网络数越多,但网络内的主机数就越少。反之,短前缀和长后缀,则意味着支持规模较大的物理网络(主机数多),但仅能支持较少量这样的网络。最初的IP编址方案兼顾了这两种情形,没有采用单一界限来划分前缀和后缀,而是采用三种界限划分,因此称为分类编址方案。

最初的分类编址方案包含5种形式的IP地址,见图5-2。其中A、B、C类是三种主要类别,用于标识主机和路由器。D类地址为组播地址。E类地址为保留地址,留作以后使用。自1993年起为了充分利用IP地址空间,因特网采用无类IP编址方案分配尚未分配的分类IP地址,将在5.4节介绍。虽然分类IP地址已不再广泛使用,但这是IP编址技术的基础,也是后续发展的基础。

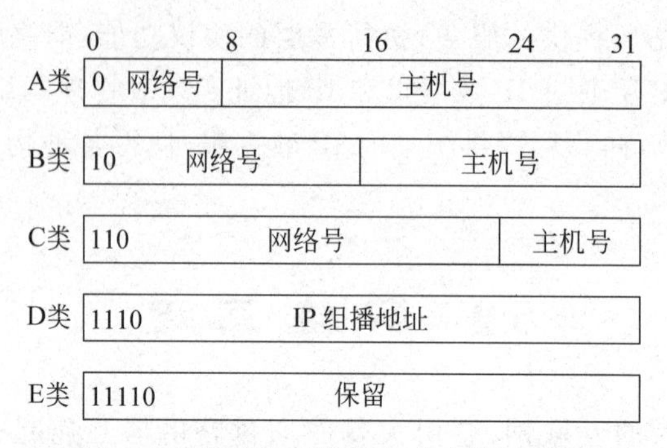

图5-2 最初的分类编址方案中的IP地址

分类IP地址是自标识的(Self-Identifying),仅从地址本身就能够确定前缀和后缀之间的边界,不用参考其他信息。从地址的最高3比特可以区分三种主要类别,从地址的最高4比特可以区分A、B、C、D四类。路由器在决定一个分组发往何处时要使用地址的网络号部分进行路由选择,地址的自标识特性使得网络号的抽取非常方便,有助于提高路由器的效率。

A类地址包含8比特的网络号部分和24比特的主机号部分,B类地址包含16比特的网络号和16比特的主机号,C类地址包含24比特的网络号和8比特的主机号。

为了方便,在应用程序或技术文档中一般采用点分十进制记法书写IP地址。将IP地址写成小数点分隔的4个十进制整数,每个整数给出IP地址一个八比特组的值。例如某主机32比特的IP地址:

10000001 00000001 01000110 00001111

可写成129.1.70.15。由于该地址最高两位是10,根据分类规定可知该地址是一个B类地址,并且网络号为129.1,主机号为70.15。该主机所在物理网络的IP网络地址也可写成32位IP地址形式:129.1.0.0,注意网络地址的主机号部分用全0表示。

5.2.2 IP地址的分配与使用

在最初的IP编址方案中,因特网中的每个物理网络都必须被分配一个唯一的网络号(IP地址前缀),该物理网络上的每个主机都使用该网络号作为主机IP地址的前缀。

为确保地址的网络部分在因特网上是唯一的,所有因特网地址都由一个中央管理机构进行分配。从因特网出现到1998年,一直由IANA(因特网赋号管理局)管理IP地址的分配,并制定政策。注意全球统一分配的是IP地址的网络号部分,而主机号由用户组织自行分配,必须保证同一物理网络中各主机的主机号互不相同。位于不同物理网络中的主机,其IP地址的主机号可以一样。1998年底,组建了ICANN(因特网名字与号码指派协会)，它负责指定政策，分配地址，并为协议中使用的名字和其他常量分配值。

ICANN 是顶级的地址管理机构，它授权了一些地址注册商 ARIN、RIPE、APNIC、LATNIC、AFRINIC。一个单位需要 IP 地址只需向本地 ISP(因特网服务提供商)提出申请，本地 ISP 将单位联入因特网，并为用户网络提供有效的地址前缀。本地 ISP 还有可能是更大型 ISP 的用户，本地 ISP 向它的 ISP 申请获得地址前缀。因此，一般只有最大型的 ISP 需要和地址注册商联系。

申请和分配分类 IP 地址时，应充分考虑物理网络的大小，根据网络中已经或将要包含的主机数申请合适类别的 IP 地址。表 5-1 总结了每个 IP 地址类的点分十进制值的范围。

表 5-1 每个 IP 地址类的点分十进制值的范围

类　别	最低地址	最高地址	备　　注
A	1.0.0.0	127.0.0.0	网络号 127 用于回送地址
B	128.0.0.0	191.255.0.0	128.0.0.0 不会被分配
C	192.0.0.0	223.255.255.0	192.0.0.0 不会被分配
D	224.0.0.0	239.255.255.255	组播地址

每个类中的地址值并不是全都可供分配。例如 A 类的网络号 127 保留用于回送地址，用于测试 TCP/IP 协议软件以及本机进程间的通信。发送到网络号 127 的分组永远不会出现在任何网络上。B 类地址中最先被分配的网络号是 128.1，C 类地址中最先被分配的网络号是 192.0.1。

由于 IP 地址是一个网络标识符和该网络上一个主机标识符的编码，因此 IP 地址不仅指明单个计算机，更指明了计算机到一个网络的连接。例如连接 2 个物理网络的路由器，有 2 个 IP 地址，其中的网络号互不相同，分别标识网络连接所属的物理网络。因此，准确地说，IP 地址标识的是计算机的网络连接。

例 5-1：设某单位有 3 个物理网络，分别分配了 128.9.0.0、128.10.0.0、128.11.0.0 三个 B 类 IP 网络地址，连接情况如图 5-3 所示，请给图中的主机和路由器分配 IP 地址。

解：主机和路由器的 IP 地址分配示例见图 5-3。例如连接到 128.11 网络的主机 H3 分配了 IP 地址 128.11.0.3，路由器 R2 互连了 128.9 和 128.10 两个网络，其两个接口的 IP 地址分别设置为 128.9.0.22 和 128.10.0.20。

另外，有一些只能在特定情况下使用的特殊形式的 IP 地址，见表 5-2。

表 5-2 特殊形式的 IP 地址

net-id	host-id	用作源地址	用作目的地址	说　　明
0	0	可以	不可以	启动时源站地址
全 1	全 1	不可以	可以	本地网受限广播地址
net-id	全 1	不可以	可以	定向广播地址
127	任意(常为 1)	可以	可以	回送地址

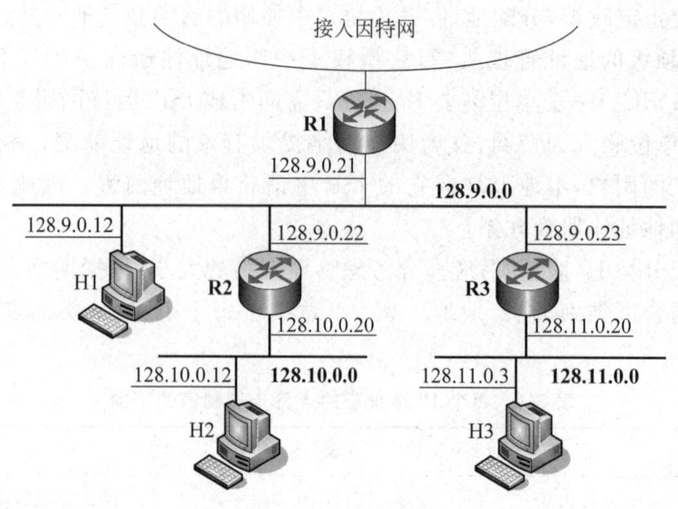

图 5-3 IP 地址分配示例

5.2.3 因特网地址到物理地址的映射

互联网使用 TCP/IP 软件实现物理网络的互连。IP 层及其以上各层软件都使用 IP 地址标识通信主机。但在一个物理网络内仍使用物理地址(硬件地址)标识网内的各个主机。

考虑连接到同一物理网络的主机 A 和 B,设 A 和 B 分配得到的 IP 地址分别为 I_A 和 I_B,物理地址分别为 P_A 和 P_B。TCP/IP 的设计目标是隐藏物理网络细节,高层软件仅利用 IP 地址进行通信,因此 A 上应用程序要向 B 的应用程序发送 IP 分组,只需知道 B 的 IP 地址。不过,IP 分组由 A 传到 B 必须依靠物理网络来实现,而物理网络中两台机器之间的通信必须使用硬件地址。由此产生了问题,即已知 B 的 IP 地址 I_B,A 如何获悉 B 的物理地址 P_B 呢?

如果通信双方 A 和 B 不在同一个物理网络中,则 IP 分组从 A 到 B 需要依赖沿途的路由器进行转发。每个主机和路由器都有路由表,包含到已知目的网络的路由,可能还包含默认路由。例如,通过查询本机的路由表,A 知道应该将分组发给本地路由器 R1,其 IP 地址为 I_{R1},由 R1 再进行转发。由上一段的讨论可以知道 A 向 R1 发送 IP 分组需要获悉 R1 的物理地址。同样 R1 通过查路由表可以知道下一个路由器 R2 的 IP 地址,然后也需要进行地址映射,获悉 R2 的物理地址。同理,A 至 B 路径上的最后一个路由器需要获悉 B 的物理地址。总之,协议软件需要一种机制将一个 IP 地址映射为其相对应的硬件地址,这种把高层协议地址映射为物理地址的问题称为地址解析问题。

TCP/IP 采用 2 种地址解析技术:直接映射法和动态绑定法。通过直接映射进行解析适用于物理地址是易配置的短地址的情形。而对于固定长度的长物理地址,例如以太网地址,则适于通过动态绑定进行解析。TCP/IP 采用地址解析协议(Address Resolution Protocol,ARP)完成动态地址解析。

如果网络硬件的硬件地址是可配置的,而且可以使用小整数,那么可以给网络内计算机顺序分配地址,给网络中的第一台计算机分配地址 1,给第二台分配地址 2,以此类推。我们已经知道，给一个网络内的计算机分配 IP 地址的要点是，使用相同的网络号，主机号部分任意分配，互不重复即可。假定一个网络的网络号是 202.119.211，则可以给其中硬件地址为 1 的计算机分配 IP 地址为 202.119.211.1，给硬件地址为 2 的计算机分配 IP 地址 202.119.211.2。也就是，将计算机的硬件地址编码到 IP 地址的主机号中。由于 IP 地址含有硬件地址的编码，因此地址解析极其简单，只需通过提取 IP 地址的主机号就可获得相应的物理地址，这样完成的地址解析称为直接映射。还可以采用不同于上述的方法将硬件地址融入 IP 地址，只要能从 IP 地址计算出物理地址即可。不过 IP 地址和硬件地址之间的关系越简单，直接映射的效率越高。

虽然直接映射是高效的，但将 48 位的以太网地址编入 32 位的 IP 地址不太可行。因此对有广播能力的以太网，使用 ARP 协议通过动态绑定进行地址解析。基本思路很简单：当主机 A 需要解析本网络内主机 B 的物理地址时，先广播一个特殊的报文，请求 IP 地址为 I_B 的主机 B 将其物理地址告诉它。网内所有主机都接收到这个请求，但只有主机 B 发现是在问自己（报文中指明了 I_B），所以向 A 单播发出一个含有自己物理地址的报文作为响应。

并非 A 每次向 B 发送分组前，都要先广播一个 ARP 请求以获悉 B 的物理地址，再利用物理网络发送 IP 分组。实际上，为降低通信费用，使用 ARP 的计算机各自维护着一张 ARP 表，ARP 表在高速缓存中，存放最近获得的 IP 地址与物理地址的映射（绑定）。为防止绑定陈旧，每个绑定都设有超时计时器，典型的超时时间是 20 分钟，过时的表项将被删除。当 A 要发送分组时，总是先在 ARP 高速缓存中寻找所需的绑定，如果找不到，才有可能向网络广播 ARP 请求，响应到达时再发送所有等待该解析结果的 IP 分组。注意，当应用程序生成了多个需要解析同一 IP 地址（如本地路由器的 IP 地址）的数据报时，ARP 一般会设法避免为解析该地址而广播多个请求。

ARP 报文格式相当通用，能够适用于任何物理地址和任何协议地址。图 5-4(a)给出了 ARP 报文格式，其中的 4 个地址字段占用字节数不固定，取决于硬件类型和协议类型，并由地址长度字段明确指出。ARP 报文中的硬件类型字段指明物理网络类型，值为 1 表示是以太网。协议字段指明高层协议地址类型，值为 0x0800 表示是 IP 地址。操作类型字段指明本 ARP 报文是 ARP 请求（值为 1）、ARP 响应（值为 2）、RARP 请求，还是 RARP 响应。硬件地址长度和协议地址长度字段分别指出了硬件地址和高层协议地址

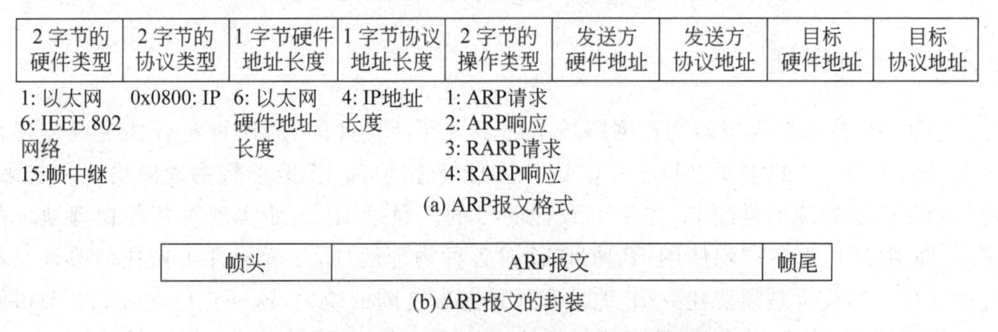

(a) ARP报文格式

(b) ARP报文的封装

图 5-4　ARP 报文格式和 ARP 报文的封装

的长度，这使得 ARP 能够在任意网络中使用。以太网硬件地址为 6 个八位组（字节）长，IP 地址为 4 字节长。

假设 A 为了向 B 发送 IP 分组而要获悉 B 的物理地址，则 A 应在 ARP 请求报文的目标协议地址中填上 B 的 IP 地址 I_B，为使 B 能够向 A 单播发送 ARP 响应，A 还应在 ARP 请求报文的发送方硬件地址和协议地址中分别填上 P_A 和 I_A。

发送 ARP 报文，要将其作为帧的数据封装在物理网络帧中，如图 5-4(b)所示。ARP 请求报文封装在广播帧中，广播出去以后，网络上的任何计算机都能收到。对于以太网，封装了 ARP 请求报文的广播帧类型为 0x0806，目的地址是广播地址，源地址是请求发送方 A 的物理地址 P_A。接收方 B 的 ARP 软件将首先提取发送方的硬件地址和 IP 协议地址，并检查本地高速缓存，查看 ARP 表中是否已存在该发送方的地址绑定，如果有，则用 ARP 请求中的发送方硬件地址覆盖该表项中的物理地址，并复位该表项的计时器。

接着，接收方检查 ARP 请求中的目标协议地址是不是与本机 IP 地址匹配，如果不是，则可停止处理该 ARP 请求。如果匹配，则先将请求报文的发送方 IP 地址和物理地址绑定写入 ARP 表，再将本机的物理地址 P_B 填入报文中所缺的目标硬件地址字段，交换发送方和目标地址对，把操作类型字段值改成 2（响应），最后将该 ARP 响应报文封装在单播帧中单播发给 A，对于以太帧，类型为 0x0806，目的地址为 P_A，源地址为 P_B。

ARP 响应报文仅有一个接收方，接收方 A 将 ARP 响应中发送方的 IP 地址和物理地址绑定写入 ARP 表中，然后 A 就可以用该绑定中的物理地址作为帧的目的地址，封装待发 IP 分组，并发送出去。

5.2.4 逆地址解析协议

逆地址解析协议（Reverse Address Resolution Protocol，RARP）用于将物理地址映射为 IP 地址。RARP 目前在因特网中基本不再使用，但它过去曾是无硬盘工作站自引导系统所使用的重要协议。RARP 允许系统在启动时获得一个 IP 地址，过程如下：在系统启动时，广播发送一个 RARP 请求，请求中包含本机的硬件地址，然后等待 RARP 服务器的响应，响应报文中给出请求方的 IP 地址。RARP 报文的格式与 ARP 报文的格式一样，仅仅是操作类型字段值不同。RARP 请求报文与响应报文各字段值的设置与 ARP 的类似。另外，封装了 RARP 报文的以太帧类型字段值应为 0x8035。

5.2.5 IP 数据报

TCP/IP 技术是为包容物理网络技术的多样性而设计的，而这种包容性主要体现在 IP 层中。TCP/IP 的重要思想之一就是通过 IP 数据报和 IP 地址将物理网络统一起来，达到隐藏底层物理网络细节，提供一致性的目的。通过 IP 地址实现对各种物理地址的统一，即 IP 层以上各层均使用 IP 地址，而对各种物理地址，互联网并不做任何改动。不过地址统一的代价是需要建立 IP 地址和地址解析之间的映射，这一点已在 5.2.3 节讲解过。IP 数据报（简称数据报）是因特网的基本传送单元，它提供对物理网络帧的统一。

与典型的物理网络帧类似，IP 数据报划分为首部和数据区，而且也包含源地址和目的地址，当然数据报首部中包含的是 IP 地址，而物理帧首部中包含的是物理地址。数据报要封装在物理帧中作为帧的数据传送，对于以太网，帧类型为 0x0800 表示帧数据区存放的是 IP 数据报。IPv4 数据报的格式如图 5-5 所示。

<table>
<tr><th>0</th><th>4</th><th>8</th><th>16</th><th>19</th><th>24　　31</th></tr>
<tr><td>版本</td><td>首部长度</td><td>服务类型</td><td colspan="3">总长度</td></tr>
<tr><td colspan="3">标识</td><td>标志</td><td colspan="2">片偏移量</td></tr>
<tr><td colspan="2">生存时间</td><td>协议</td><td colspan="3">首部校验和</td></tr>
<tr><td colspan="6">源站IP地址</td></tr>
<tr><td colspan="6">目的站IP地址</td></tr>
<tr><td colspan="5">IP选项</td><td>填充</td></tr>
<tr><td colspan="6">数据</td></tr>
<tr><td colspan="6">…</td></tr>
</table>

图 5-5　IPv4 数据报格式

数据报首部包含 20 字节的固定部分和可选的 IP 选项部分。下面介绍首部各字段的含义。

1. 版本

版本占 4 比特，包含了创建数据报所用的 IP 协议的版本信息。目前广泛使用的版本号是 4，IPv4 即表示版本 4 的 IP 协议。IPv6 网络目前也在发展，IPv6 有相同的版本字段，其余字段有所不同。本章中的 IP 除非特别说明，都是指 IPv4。

2. 首部长度

IP 首部的最大长度为 15×4 个字节。数据报首部长度必须是 4 字节的整数倍，有 IP 选项时可能需要在填充字段中填 0 来保证。由于选项字段很少使用，所以最常见的首部长度是 20 字节，字段值为 5。

3. 服务类型(TOS)

服务类型占 8 比特，指明应当如何处理数据报。这个字段最初用来指定数据报的优先级和期望的路径特征(低时延、高吞吐量或高可靠性)。在 20 世纪 90 年代 IETF 重新定义了该字段的含义，用于提供对分组的区分服务(Differentiated Service，DiffServ)。新定义将 TOS 前 6 比特作为码点(Codepoint，也称 DSCP)，后 2 位保留未用。一个码点值被映射到一个底层服务定义。无论使用最初的 TOS 解释还是修改后的区分服务解释，在数据报中指明某种服务级别，仅仅是提供给转发算法做参考，转发软件必须在当前可用的底层物理网络技术中进行选择，并且必须符合本地策略，并不能保证沿途路由器都接受并响应这种服务级别的请求。

4. 总长度

总长度占 16 比特，表示以字节为单位的整个数据报的长度。IP 数据报总长度理论上可以达到65535字节。但数据报从一台机器传送到另一台，总是要通过底层的物理网络进行传输；而每种分组交换技术都规定了一个物理帧所能传送的最大数据量，称为最大传送单元(MTU)。例如以太帧的MTU为1500字节，即一个以太帧至多传送1500字节的数据；有些硬件技术的传送限制是128字节。为了使互联网传输更高效，一般尽量使每个数据报尽可能长并且能封装在一个独立的物理帧中。一个数据报在从源站到目的站的过程中，可能会穿过MTU不尽相同的多个物理网络。如果把数据报的大小限制成互联网中最小可能的MTU，会令所有能够运载更大长度帧的网络不能充分发挥作用。

为隐藏底层网络技术并方便用户通信，TCP/IP软件并没有设计受物理网络限制的数据报。而是根据源站所在网络的MTU，以及高层协议数据的大小，选择一个合适的初始数据报大小，所谓合适，指在源站所在物理网络上能进行最大限度的封装。此外，提供一种机制，在数据报需要经过MTU小于数据报长度的网络时，把数据报分解成若干较小的片(Fragment)，数据报的分解的过程称为分片(Fragmentation)。每个数据报片都封装在单个物理帧中发送，并且作为独立的数据报进行传输。而且在数据报片到达目的站之前，如果需要还可被再次(多次)分片，在沿途路由器上不进行重装(Reassembled，也称重组)。TCP/IP规定所有的分片重装在目的站进行。

5. 标识

标识是16比特整数，是源主机赋予数据报的唯一标识符。实现方法如：在源主机的内存中保持一个全局计数器，每产生一个新数据报，计数器加1，值达到65536时置为0，将计数器的值分配给新数据报。总之要保证(在较长一段时间内)同一主机发出的各数据报的标识是唯一的。数据报分片，其实是分割数据报的数据部分，数据报片的首部基本上是初始数据报首部的副本，标识字段必须不加修改地复制到各个分片中，以方便重装时识别属于同一初始数据报的所有分片。

6. 标志

标志占3比特，只有低两位有效。中间一位为“不分片”(Don't Fragment Flag，简称DF)比特，置1时表示数据报不能被分片，为0时表示数据报允许被分片。当路由器必须对数据报分片才能转发，而该数据报的DF又被置位(为1)时，路由器将抛弃该数据报，并向其源主机发送一个ICMP差错报告。3个比特中的最低位是“更多分片”(More Fragments Flag，简称MF)，置位时说明该数据报不是最初始数据报的最后一个分片，该位复位(为0)时表示是最后一个分片。

7. 片偏移量

片偏移量占13比特，指出本数据报中数据相对于最初始数据报中数据的偏移量，以8个字节为单位。还没被分片的数据报或者第1个数据报片的偏移量为0。由于各片按独立数据报的方式传输，无法保证按序到达目的主机，而目的主机能够根据分片中的源站IP地址、标识、偏移量以及MF字段重装出最初始数据报的完整副本，除非未能收齐所有分片。

注意，因为片偏移量以 8 字节为单位，所以除最后一个分片外，其余分片的数据部分的大小应尽量接近但不超过网络 MTU 并且是 8 字节的整数倍，最后一个分片可以较其他片小。图 5-6 给出一种可能发生分片的互联网，其中 A 和 B 两主机分别直连到 MTU 为 1500 字节的以太网上，A 和 B 之间通信需要穿越 MTU 为 660 字节的网络。如果 A 向 B 发送一个长度超过 660 字节的数据报，则路由器 R1 需要把数据报分片，反之类似。

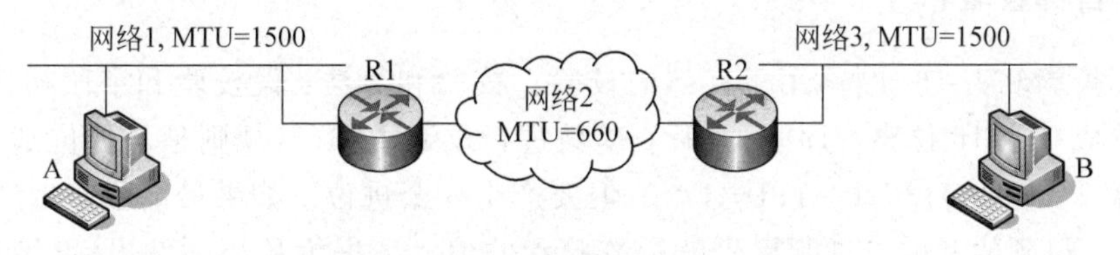

图 5-6　可能发生分片的情形示例

例 5-2：假定图 5-6 中 A 向 B 发送了一个首部 20 字节，数据区 1400 字节长，DF 为 0 的数据报，R1 向 R2 转发时要先把数据报分片，再分别封装在物理帧中发送，请写出分片结果。

解：分片结果如图 5-7 所示。

首部 | 1400字节的数据

(a) 初始数据报

片1首部 | 640字节数据1 | 片偏移量=0, MF=1, 总长度=660

片2首部 | 640字节数据2 | 片偏移量=80, MF=1, 总长度=660

片3首部 | 120字节数据3 | 片偏移量=160, MF=0, 总长度=140

(b) 在MTU=660字节的网络上的3个分片

图 5-7　分片示例

8. 生存时间(Time To Live，TTL)

生存时间占 1 个字节，设计初衷是用来指明数据报在互联网系统中允许保留的时间(以秒为单位)。由于路由器刚出现时速度慢，所以过去标准规定，如果路由器让一个数据报滞留了 K 秒，则应把 TTL 字段的值减去 K。但现在的路由器和网络完成一个数据报的转发一般仅需要几毫秒。因此，现在 TTL 实际起着“跳数限制”的作用，而不是延迟时间的估计。数据报每经过一个路由器，TTL 值就递减 1，并且一旦 TTL 减为 0，路由器就不再转发该数据报，而是予以丢弃，并向数据报的源站发送一个差错报告。

9. 协议

协议是 1 个字节的整数，指明数据报数据区的格式，即数据报封装了哪个协议的协议数据单元，以便目的站的 IP 软件知道应将数据交由哪个(高层)协议软件处理。协议和协议字段值的映射由一个中央管理机构(NIC)管理，以确保在整个因特网内保持一致。表 5-3 列出了一些网际协议与规定的协议编号。

表 5-3 指定的网际协议编号

协议字段值	1	2	3	4	6	8	17	88	89
协议名	ICMP	IGMP	GGP	IP	TCP	EGP	UDP	IGRP	OSPF

10. 首部校验和

首部校验和占16比特，用于首部的校验。校验和算法：设校验和字段初值为0，再把首部看成一个16位整数序列，对所有整数进行反码求和（其规则是从低位到高位逐位进行计算。0＋0＝0；0＋1＝1；1＋1＝0，但要产生一个进位。如果最高位产生进位，则结果要加1），得到的和的二进制反码就是校验和的值。数据报从源站发出后，沿途路由器及目的站都要检验首部校验和，如果检验失败，数据报将立即被丢弃。检验方法是对首部按照上述方法计算校验和，运算结果为0表示首部没有变化，否则表示有错。校验和要随首部任何字段的变更而重新计算，例如分片后要为各分片分别计算校验和，再如所有数据报的TTL字段在转发节点处都要被减1，因此路由器对每个被转发的数据报都要重算校验和。

网际协议不提供可靠通信功能，端到端或点到点之间没有确认，也没有对数据的差错控制，只检验首部，没有重传和流量控制。只有首部校验和的优点是大大节约了路由器处理每个数据报的时间，符合IP“尽力传递”的思想。缺点是给高层软件留下了数据不可靠的问题，增加了高层协议的负担。不过IP数据报首部和数据区的分开校验允许高层协议选择自己的校验方法。

11. 源站IP地址和目的站IP地址

源站IP地址和目的站IP地址也称为源IP地址和目的IP地址，各占4字节，分别指明本数据报最初发送者和最终接收者的IP地址。数据报经路由器转发时，这两个字段的值始终保持不变，即使被分片。路由器总是提取目的站IP地址与路由表中的表项进行匹配，来决定把数据报发往何处。

12. IP选项

IP选项长度可变，主要用于控制和测试两大目的。要求主机和路由器的IP模块均支持IP选项功能。每个数据报中选项字段是可选的。为保证数据报首部长度是32位的整数倍，可能需要填充字段包含若干0比特。IP选项不常用，因此IPv4数据报首部长度一般都为20字节。

一个数据报中可以包含0或多个选项。选项格式分单字节和多字节2种情况，前者仅含1字节的选项类型，后者含有1字节的选项类型、1字节的选项长度和若干字节的选项数据。有2个单字节选项：一个用于放在选项表的末尾使IP数据报首部长度是32位的整数倍，可放多个；一个用于放在选项之间，对齐选项使其长度都是32位的倍数。

选项长度计算选项类型、选项长度和选项数据在内的字节数。选项类型八位组分为拷贝标志、选项类、选项号3个字段：

拷贝标志 1位 1：表示分片时本选项拷贝到所有分片中。

0：表示分片时本选项仅拷贝到第1个片中。

选项类 2位 0：控制；2：诊断和测量；1或3：保留暂未使用。

选项号 5位 指明选项类中某个具体的选项。

可用的选项类与选项号列表可参见RFC791。这里简单介绍2个较受关注的选项：

(1) 松散源路由和记录路由选项(Loose Source and Record Route,LSRR)选项类型为131。该选项提供一种方法，允许源站提供路由信息供路由器在转发数据报至目的站的过程中使用，以及用于记录路由信息。该选项包括1字节的类型、1字节的长度、1字节的指针和包含一系列IP地址的路由数据。路由数据初始为源站指定的路由，等到包含该选项的数据报到达目的站时，变为记录的路由信息。松散源路由用于设定源站到目的站之间必须经过的几个中间路由器，而到达各个中间路由器允许使用任意路由。

(2) 严格源路由选项(Strict Source and Record Route,SSRR)选项类型为137，功能与LSRR相似，但该选项要求源站指明数据报的确切路径。路由数据是一条路径的数据，即各跳的IP地址列表。与LSRR相同，分片时该选项必须拷贝，且在一个数据报中至多出现一次。

5.2.6 无连接的数据报传送

IP提供无连接的数据报交付服务。本节重点关注IP数据报的传送。下面首先对互连物理网络完成数据报转发任务的互连设备路由器进行简单介绍。

1. 网络层互连设备——路由器

每个路由器与两个以上的物理网络有直接的连接。路由器的每个网络接口(Network Interface)提供双向通信，包含输入和输出端口。整个路由器结构可分为路由选择和分组转发两大部分。路由选择部分，简单地说就是按照选定的路由选择协议构造并维护路由表，将在后面介绍。分组转发部分由三个部分组成：交换结构、一组输入端口和一组输出端口。

路由器在输入端口接收IP分组，首先按照物理层协议进行比特流的接收，再按照数据链路层协议接收传送IP分组的帧，再将帧中的数据报交由网络层模块处理，若网络层模块在忙(查路由表)，则数据报被暂存在输入队列中等待处理，排队结束后，网络层模块根据数据报首部中的目的站IP地址查找路由表(实质上是匹配目的网络地址)，根据查找结果(包括下一跳IP地址和输出端口)，经过交换结构到达合适的输出端口。

输出端口也设有队列，当交换结构传送过来的分组的到达速率超过输出链路的发送速率时，来不及发送的数据报就暂存在队列中。排队结束后，输出端口中的数据链路层处理模块给IP分组加上帧头和帧尾，交给物理层实体后发送到线路上。

值得注意的是，路由器中输入或输出队列的溢出是造成分组丢失的重要原因。

2. 直接交付与间接交付

互联网中，每个路由器至少与2个物理网络有直接的连接。主机通常直接与一个物理网络连接，或者说属于一个物理网络。但也有直接与多个物理网络相连的多穴主机(Multihomed Host)。

主机和路由器都参与到IP数据报传送过程，而且都要选路。当一个主机上的应用程序试图进行通信时，TCP/IP协议将产生若干数据报。无论只有一个网络连接的主机还是多穴主机，都要做出最初的转发决策，即决定把数据报发往何处。

源主机首先根据目的主机的IP地址判断目的主机与本机是否在同一个物理网络上。对于最初的IP编址方案，可以根据分类编址规则从目的IP地址中抽取出网络前缀，再与本机IP地址的网络前缀作比较。

如果匹配，则意味着数据报可以直接交付。可通过地址解析获取目的主机的物理地址，再将IP数据报封装在物理帧中直接发给目的主机。

如果不匹配，则应将数据报交给本地路由器的本地网络连接(在源主机路由表中指定)。这时要先通过地址解析获取路由器该网络连接的物理地址，再将数据报封装在帧中发给路由器。这种交付称为间接交付。每个路由器将数据报间接交付给下一个路由器，直到数据报到达路径上最接近目的站的路由器，由该路由器将数据报直接交付给目的站。

上述表明，TCP/IP互联网中的路由器形成了一个相互协作的互连结构。对于源宿主机不在同一个物理网络上的数据报，将先被源主机传递到本地路由器，再经过若干次间接交付后抵达可进行直接交付的路由器，最后被直接交付。直接交付是任何数据报传输的最后一步。

3. 采用分类编址方案时的IP数据报转发算法

IP转发是基于路由表驱动的。路由表存储有关怎样到达目的网络的信息。主机和路由器都有路由表。当主机或路由器中的IP转发软件需要传输数据报时，它就查询路由表来决定把数据报发往何处(下一路由器或目的主机)。

路由表一般存储目的网络地址以及如何到达该网络的信息，并不保存主机地址信息。这有助于大大缩减路由表大小，因为网络数量远小于主机数量。此外，还有利于提高路由表查询效率以及降低路由表维护开销。

一个互联网及路由表的示例见图5-8。示例的互联网有4个B类网络，用3个路由器将它们互连起来。图5-8(b)是路由器R2的路由表。路由表一般包含多个(N,R)对，N是目的网络IP地址，R是通往网络N的路径上的下一跳的IP地址，实际上路由表中还会指明输出端口。当R2接收到一个目的网络地址为128.2.0.0的数据报，根据路由表，R2将直接交付该数据报。当R2接收到一个目的网络地址为128.4.0.0的数据报，逐条查询路由表项，路由选择结果是下一跳地址为128.3.0.2。注意路由表中的下一跳总是与本路由器的某网络连接属于同一个物理网络。

图5-8所示的是一个小型互联网。如果互联网包含的物理网络很多，路由表要包含所有网络会使路由表项数过多，不利于查找。有一种非常常用的用来隐藏信息和使路由表容量保持较小的技术是把多个表项合并成一个表项，即默认路由。例如对于只有一个网络连接的主机，除了和直连(同一物理网络内)的主机通信，其余情况都应通过唯一的

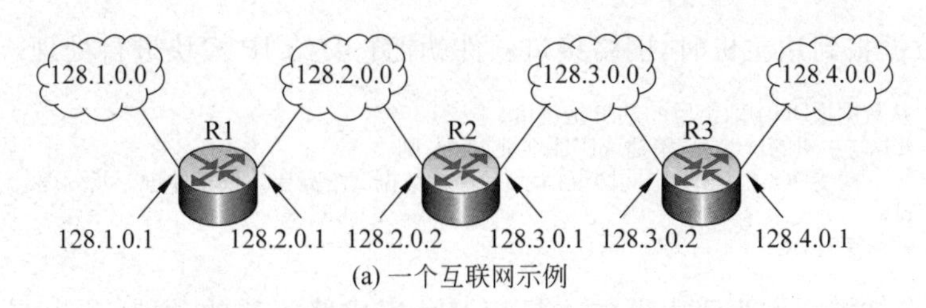

(a) 一个互联网示例

目的网络	路由(下一跳)
128.2.0.0	直连
128.3.0.0	直连
128.1.0.0	128.2.0.1
128.4.0.0	128.3.0.2

(b) 路由器R2的路由表

图 5-8　互联网及路由表示例

路由器与互联网的其余部分通信，因此主机路由表中一般只需 2 个表项即可。对于一个网点(例如包含多个物理网络的单位互联网)内的路由器，路由表中可以包含网点内的各网络的网络 IP 地址，最后加一个到所有其他网络的默认路由。

尽管 IP 转发是基于网络而不是基于个别主机的，但是多数 IP 转发软件允许为某个特定的目的主机特别指定路由。这主要用于测试，还可以出于安全的考虑。在调试网络连接或路由表时，尤其可能需要为单个主机指定一条特殊路由(特定主机路由)。

考虑上述所有情况，采用分类编址方案时 IP 数据报转发算法如图 5-9 所示。

```
采用最初的分类编址方案时的IP数据报转发(数据报DG, 路由表T)
从数据报DG中取出目的站IP 地址I_D;
if 表T 中含有I_D的一个特定路由, 则
      把DG发送到该表项指明的下一跳
      (包括完成下一跳IP地址到物理地址的映射, 将DG封装入帧并发送);
      return
根据分类地址规则, 从I_D中提取出网络前缀, 得到网络地址N;
if N 与任何一个直接相连的网络地址匹配, 则
      通过该网络把DG直接交付给目的站
      (包括解析I_D得到对应的物理地址, 将DG封装入帧并发送);
else if 表T 中包含一个到网络N 的路由, 则
      把DG发送到该表项指明的下一跳
else if 表T 中包含一个默认路由, 则
      把DG发送到该表项指明的下一跳(默认路由器);
else
      向DG 的源站发送一个目的不可达差错报告;
```

图 5-9　采用分类编址方案时的 IP 数据报转发算法

4. 对传入数据报的处理

前面讨论了 IP 数据报的传送过程，并详细介绍了如何基于路由表进行 IP 数据报的转发。下面讨论 IP 软件对传入数据报的处理。分为两种情况，一种是主机(非路由器)收到数据报；另一种是路由器收到数据报。

当一个数据报到达主机时,网络接口软件就把它交给 IP 模块进行处理:

```
从数据报DG中取出目的站IP 地址I_D;
if I_D与主机的IP 地址(单播或广播地址)匹配, 则
    接受DG, 根据DG中的协议指示将DG的数据交给高层协议软件进一步处理;
else
    丢弃DG;
```

注意,没有被指派作为路由器的主机应避免完成路由器的功能,所以当收到不是发给自己的数据报时,选择丢弃而不是转发。

当一个数据报到达路由器某网络连接上的输入端口时,网络接口软件把它交给 IP 模块进行处理:

```
从数据报DG中取出目的站IP地址I_D;
if (I_D与路由器的任一个物理网络连接的IP地址匹配) ||
  (I_D是受限IP广播地址, 或目标是路由器的某直连网络的定向IP广播地址), 则
    接受DG, 根据DG中的协议指示将DG的数据交给相应协议软件进一步处理;
else
    把DG首部中的生存时间TTL减1;
    if TTL为0, 则
        丢弃DG, 向DG的源站发送一个超时差错报告;
    else
        重新计算校验和, 并转发数据报
```

在网际协议的控制下,通过主机和路由器的 IP 实体间以及相邻路由器的 IP 实体间的通信,网际互连层能够向上一层提供无连接的数据报传送服务。

5.3 差错与控制报文协议(ICMP)

本节介绍 IP 数据报传送过程中的差错监测机制和因特网差错与控制报文协议(Internet Control Message Protocol,ICMP)。没有哪个采用分组交换技术的网络在任何时候都能运转正常,错误总是难免的。对于互联网,除了存在通信线路和处理器故障外,主机或路由器临时或永久的网络连接断开、路由器拥塞得没有缓存存放待转发的数据报、路由表有误导致出现了路由环路(Routing Cycle)等都可能导致数据报交付的失败,因此互联网需要差错检查与纠正机制。IP 没有设计为绝对可靠,差错与控制报文的目的是提供关于通信中发生问题的反馈,并不是使 IP 可靠,不能确保数据报被交付或返回一个 ICMP 报文。如果需要可靠通信,使用 IP 发送协议包的高层协议必须自己实现可靠性程序。

5.3.1 ICMP 报文

为提供高效率的尽力而为服务,IP 协议仅通过 IP 首部校验和提供一种传输差错检测手段,没有提供差错纠正机制,而是让高层协议(如 TCP)解决各种差错。虽然不直接纠错,但网际互连层有补充协议 ICMP,它提供一种差错报告机制,用于路由器或目的主机把发生的路由问题或交付问题通过发送 ICMP 报文通告给源站。源站必须将差错告诉给某个应用程序,或者采取其他措施来纠错。此外,ICMP 还包括提供信息的功能。在

每个IP实现中都必须包含ICMP。

为什么ICMP报文仅发给引出问题的数据报的源站呢？原因是数据报只含有源、目的站的IP地址，并不包含所走路径的完整记录（除非数据报使用了记录路由选项），而且实在无法确定究竟是路径上的哪个节点该对问题负责。

ICMP报文的传递需要IP的支持，即每个ICMP报文要封装在IP数据报中，源IP地址为发送报告的机器的IP地址，目的IP地址为出现差错的数据报的源站地址。因为一个ICMP报告可能要经过多个物理网络才能到达目的地，所以必须封装在IP数据报中，进而封装在帧中发送出去。ICMP的两级封装如图5-10所示，其中帧的类型字段值为0x0800，IP数据报的协议字段值为1，表示数据是ICMP报文。ICMP是IP的必要组成部分，因此不要把它当成高层协议。

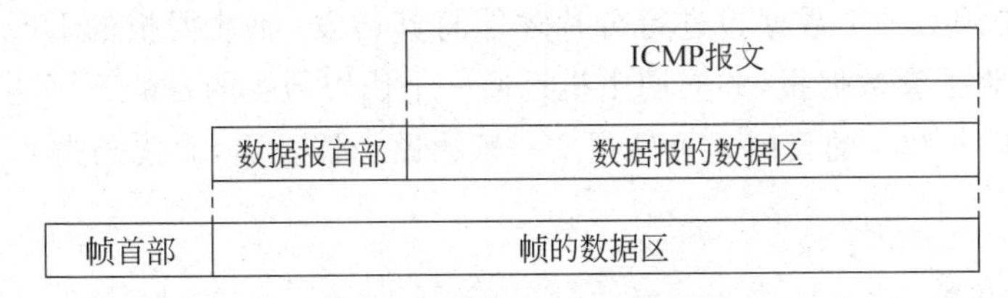

图5-10　两级ICMP封装

ICMP差错报告报文一般报告在数据报处理中遇到的差错。但为避免对差错报告再产生报告，协议规定对发生差错的ICMP差错报告报文不发送ICMP报文。另外，仅在处理片偏移量为0的分片的过程中才可能发送ICMP报文，对其余分片的处理不发差错报告。

ICMP报文分为两大类：ICMP差错报告报文和提供信息的报文。每个ICMP报文有自己的格式，前3个字段格式统一：1字节的类型、1字节的代码和2字节的校验和。类型用于标识报文类型，代码表示有关本类型的更多信息。校验和算法与IP首部校验和相同，不过是计算整个ICMP报文的校验和。此外，报告差错的ICMP报文总是复制了产生问题的数据报的首部和前64比特数据（包含重要信息），以便让接收方能够更准确地判断应由哪个协议及应用程序对已发生的差错负责。下面介绍部分差错报告报文和提供信息的报文，更多内容请参见RFC792。

5.3.2　目的不可达报文

ICMP目的不可达报文（Destination Unreachable Message）的格式如图5-11所示，类型为3。代码进一步描述问题：

0：网络不可达；　　1：主机不可达；

2：协议不可达；　　3：端口不可达；

4：需要分片但DF被置位；　　5：源路由失败。

如果根据路由器的路由表，一个数据报的目的站IP地址所指定的网络是不可达的，比如到那个网络的距离是无穷的，则路由器可向该数据报的源主机发送代码为0的目的网络不可达报文。如果路由器发现目的主机不可达，则向数据报的源主机发送代码为1

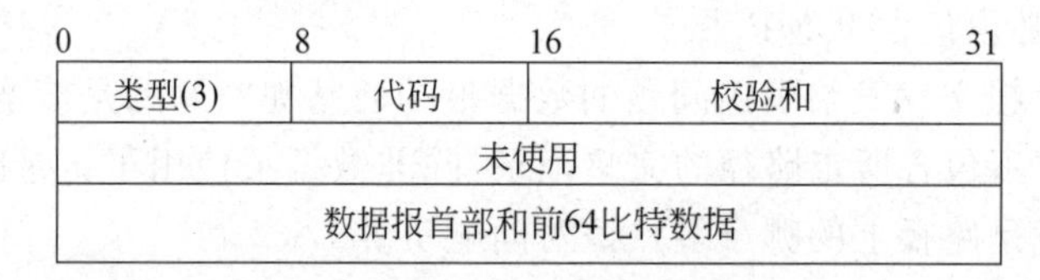

图 5-11　ICMP 目的不可达报文格式

的目的主机不可达报文。

在目的主机中,如果数据报指定的协议模块或者进程端口不在活动,IP 模块或传输层模块将无法交付协议包中的数据,则目的主机会向源主机发送代码为 2 或 3 的目的不可达报文。

当路由器必须对一个数据报进行分片才能将其转发,而数据报的 DF(不分片)标志置位时,路由器将丢弃数据报,并向源主机返回一个代码为 4 的目的不可达报文。

代码为 0、1、4 和 5 的目的不可达报文一般由路由器发出,而代码为 2 和 3 的一般由主机发出。

5.3.3　超时报文

ICMP 超时报文(Time Exceeded Message)的格式与目的不可达报文的相同,只是类型值为 11,而代码说明超时的性质:

0:运输过程中 TTL(time to live)超时;

1:分片重装超时。

路由协议用于维护更新路由表,路由表难免有时会有差错,差错可能导致数据报被兜圈子传递,例如从路由器 R1 发给 R2,经过数跳又发给了 R1。为了避免数据报在因特网中无休止地兜圈子而到不了目的站,IP 规定:路由器在转发数据报前要先将其 TTL 字段减 1,一旦 TTL 为 0,则丢弃之,并借助代码为 0 的超时报文通知数据报的源主机。

目的主机负责分片的重装。主机在收到第 1 个数据报片后就启动一个重装计时器。如果在时间限制内因未收齐所有分片而不能完成重装,则主机将丢弃已收到的数据报片,并且如果已收到过片偏移量为 0 的分片则向源主机发送代码为 1 的超时报文,否则不发。

代码为 0 的超时报文来自于路由器,代码为 1 的超时报文一般来自于主机。

5.3.4　源抑制报文

ICMP 源抑制报文(Source Quench Message)的格式与目的不可达报文的相同,只是类型值为 4,只有一个代码 0。

路由器要将数据报输出到至目的网络路径上的下一个网络,需要缓存空间暂存数据报,如果没有缓存空间,则可能丢弃数据报。如果一个网关丢弃一个数据报,它可能发送一个源抑制报文给数据报的源主机,网关对每一个它丢弃的报文发送一个源抑制报文。

如果数据报到达太快以至来不及处理，目的主机也可能发送源抑制报文。源抑制报文是发给主机的请求，请求其降低到目的主机的流量发送速度。源主机收到源抑制报文时，应降低至指定目的地的流量发送速度，直到不再从网关收到源抑制报文。然后源主机可以逐渐增加发送速度，直至再次收到源抑制报文。

当接近容量限制时，路由器或主机也可以发送源抑制报文，而不是等待直到超出容量。这意味着触发源抑制报文的数据报可以被交付。

路由器或主机都可以发送代码为0的源抑制报文。

差错报告报文还有：参数问题报文(类型12)和重定向报文(类型5)，可以参见RFC 792。注意对ICMP差错报告报文是不需要进行反馈的。

5.3.5 回应请求与应答报文

回应请求与应答是格式相同的一对报文，见图5-12。它们仅类型值不同，类型字段值为8表示报文是回应请求报文(Echo Message)，为0表示是回应应答报文(Echo Reply Message)。

0 类型(8/0)	8 代码	16 校验和 31
标识符		序号
数据		

图5-12 ICMP回应请求与应答报文的格式

图中数据字段长度可变，可以是任何数据，回应应答报文中返回的数据总是与收到的回应请求中的数据完全相同。标识符(Identifier)字段和序号(Sequence Number)字段被发送方用来匹配回应应答与回应请求，可以为0。例如，标识符可以设为TCP或UDP端口以标识一个会话，每发一个回应请求序号则增1，应答者在回应应答中返回相同的值。

回应应答报文可以来自路由器或主机。回应请求与应答主要用于测试目的站的可达性，还可以通过计算发出请求和收到应答之间的时间差来估计源和目的主机之间的往返时延。另外，通过适当设置封装了回应请求报文的数据报的TTL值，还可以实现路由跟踪功能。操作系统工具Ping和Tracert(或Traceroute)分别实现了可达性探测和路由跟踪功能。

提供信息的ICMP报文对还有：时间戳请求与应答、地址掩码请求与应答等，参见RFC792。

5.4 子网编址及无分类编址与CIDR

本节讨论IP编址方案的4种扩展形式：子网编址、代理ARP、异步点对点链路和无分类编址。它们都是为了节省IP地址空间，其中前3个通过节省网络前缀达到目的。

最初IPv4编址方案，把地址分成2部分，前缀作为IP地址的网络部分，后缀作为主机部分，并规定每个物理网络都要被分配一个唯一的网络地址，一个物理网络上每个主机的 IP 地址都有共同的一个前缀。因特网设计之初，个人计算机还不曾出现，因此设计人员没有预见到因特网的发展速度：每隔 9～15 个月，其物理网络数（已分配的分类 IP 网络地址数）就翻一番。

到 20 世纪 80 年代，就发现了分类 IP 网络地址将不够用。此外，已分配的地址并没有得到充分利用。例如一个 B 类 IP 网络地址可以给 6 万多个主机编址，但实际上为了网络性能较好，避免网络拥塞，一个 LAN 并不能连接如此多的主机，因而给一个 LAN 使用一个 B 类 IP 网络地址会导致地址空间的利用率极低。

在不摒弃分类编址的情况下，如何适应网络增长的需要呢？设计人员主要提出了 3 种技术：子网编址、代理 ARP、无编号的点对点链路，它们的动机都是减少网络前缀的使用。

20 世纪 90 年代，又创造了无分类编址方案，进一步提高了 32 比特地址空间的利用率以及路由效率。下面分别阐述这几种技术。

5.4.1 子网编址

对于一个中等大小的组织，比如有若干大楼的大学或公司，鉴于 LAN 技术的限制，一般需要构建若干 LAN 来覆盖本地区域。对于这种情况，TCP/IP 设计人员想到可以给这样的网点分配一个 IP 网络地址，再从主机号部分借用几比特来标识各个子网（各个 LAN）。

允许一个分类网络地址供多个物理网络使用，最广泛使用的技术称为子网编址（Subnet Addressing）或划分子网（Subnetting），相应更新的 IP 转发技术称为子网转发（Subnet Forwarding）。最初的 IP 编址方案中没有子网的概念，现在划分子网的思想已经融入当前的无分类编址方案中了。

划分子网技术使得多个物理网络可以共用一个网络前缀。将 IP 地址的后缀分成 2 个字段，分别用于标识物理网络和网络上的主机。具体方法如图 5-13 所示。IP 地址原有的前缀解释为因特网部分，用于标识网点，该网点可能包含多个物理网络。而原有的后缀解释为本地部分，因特网中的路由器在做转发决策时照例只用看网络前缀。本地部分的具体分配与后缀一样留给本地网点，网点上的所有主机和路由器知道本网点的子网划分方案，而这对网点之外的路由器是透明的，即它们可以认为这个网点仅有一个物理网络。本地部分的一部分用于标识网点上的物理网络，剩余部分用于标识给定物理网络上的主机。

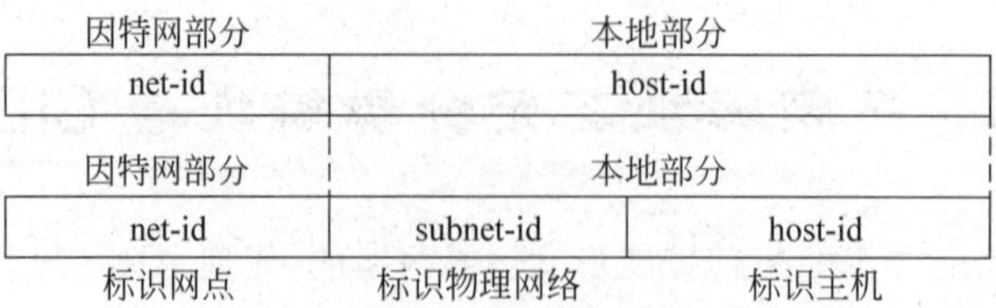

因特网部分	本地部分	
net-id	host-id	
因特网部分	**本地部分**	
net-id	subnet-id	host-id
标识网点	标识物理网络	标识主机

图 5-13 划分子网时 IP 地址结构

TCP/IP 的子网编址的标准允许各网点根据具体情况灵活选择子网划分方案。应当根据网点的拓扑及每个网络的主机数决定如何分割主机后缀。

例 5-3：一个包含 5 个物理网络的单位拥有一个 B 类网络地址 130.27.0.0，每个网络中主机不超过 1000 台，该如何划分 B 类 IP 地址的主机号部分呢？

解：我们知道，B 类 IP 地址主机号有 16 位，分类编址方案中，默认情况是不划分子网的，也可以说一个 B 类网络地址可用于 1 个子网，子网中的主机数最高可达 $2^{16}-2$。若从主机号字段划分出 3 比特作为子网号，则一个 B 类网络地址可用于 2^3-2 个子网，子网中的主机数最高可达 $2^{16-3}-2$。同理，假定各子网的子网号长度一样，设子网号占 x($x \geq 2$ 且 $x \leq 14$)比特，则最多允许有 2^x-2 个子网，每个子网最多有 $2^{16-x}-2$ 台主机。

注意一般要求避免使用全 0 和全 1 的子网号和主机号，所以子网号位数至少为 2，以免没有可分配的子网号；子网号位数必须小于等于 14，也即主机号位数大于等于 2，否则没有可分配的主机地址。

一个 B 类地址的所有定长子网划分方法如表 5-4 所示。对于本例，查表 5-4 可知满足条件(能包含 5 个子网)，且每个子网的主机数可达 1000 的共有 4 种选择，见表中**带阴影的 4 行**，即子网号字段占 3～6 位都可以满足条件。若选择子网号长度为 3，则子网号可以为 001、010、011、100、101、110 中的任意 5 个。

表 5-4　一个 B 类地址的所有定长子网划分方案

子网号长度	子网数	每个子网的主机数	子网号长度	子网数	每个子网的主机数
0	1	65 534	8	254	254
2	2	16 382	9	510	126
3	6	8190	10	1022	62
4	14	4094	11	2046	30
5	30	2046	12	4094	14
6	62	1022	13	8190	6
7	126	510	14	16 382	2

大多数划分子网的网点都采用了定长的分配方案。具体确定子网号占几比特由各网点自己确定，各子网号所占位数一致，各子网所能容纳的主机数一致。有时候，一个网点内的物理网络大小也很不均衡，有的主机多，有的包含很少的主机，采用固定长度的子网划分就显得地址空间利用得不够合理。TCP/IP 子网标准允许使用变长划分子网(Variable-Length Subnet Masks，VLSM)技术，允许为一个网点的各个物理网络挑选长度不一的子网号。采用 VLSM 分配地址，比较困难，容易出现地址二义性；优点是灵活，支持网点内大小网络的混合，并能够更充分利用地址空间。

标准要求用 32 比特的子网掩码来表示划分方案。无论使用定长或变长的配置方案，**使用子网编址的网点必须为每个网络设置一个子网掩码。子网掩码中的 1 表示主机 IP 地址的对应比特是网络号或子网号部分**。标准没有规定必须从主机号的高位起选择连续相邻的若干比特作为子网标识,标志物理网络,但实践中还是推荐如此,并且建议在所有共享同一 IP 网络地址的各物理网络中使用相同的掩码。

例 5-4:一个包含 5 个物理网络的单位拥有一个 B 类网络地址 130.27.0.0,每个网络中主机不超过 1000 台,请划分子网,并写出每个子网的子网地址、子网掩码、子网中的最小/最大主机地址及子网广播地址。

解:不妨选用子网号占用 3 比特的方案,并将原主机号部分的前 3 比特作为子网号部分,则各子网的子网掩码为 255.255.224.0。给每个物理网络指定一个子网号,子网地址和每个子网可用的主机地址见表 5-5,注意子网号也可选用 110。

表 5-5　子网编址示例:一个 B 类地址用于包含 5 个物理网络的网点

子网号	子网地址	子网掩码	子网中最小主机地址	子网中最大主机地址	子网广播地址
001	130.27.32.0	255.255.224.0	130.27.32.1	130.27.63.254	130.27.63.255
010	130.27.64.0	255.255.224.0	130.27.64.1	130.27.95.254	130.27.95.255
011	130.27.96.0	255.255.224.0	130.27.96.1	130.27.127.254	130.27.127.255
100	130.27.128.0	255.255.224.0	130.27.128.1	130.27.159.254	130.27.159.255
101	130.27.160.0	255.255.224.0	130.27.160.1	130.27.191.254	130.27.191.255

5.4.2 子网转发

在一个使用子网编址的网络上,必须适当修改主机和路由器上使用的标准 IP 转发算法。

在标准 IP 转发算法中,特定主机路由和默认路由属于特例,必须专门检查,对其他路由则按常规方式进行表查询,路由表中普通路由的表项形式如下:

(目的网络地址,下一跳地址)

其中,下一跳地址字段指明了一个路由器的地址。

不划分子网时,根据分类地址规定可以很容易地从待转发数据报的目的 IP 地址中提取出网络地址。使用子网编址时,仅从目的 IP 地址无法判断出其中哪些比特对应网络部分(含子网部分),哪些比特对应主机部分。因此子网转发算法要求在路由表的每个表项中增加一个字段,指明该表项中的网络(子网)所使用的子网掩码:

(子网掩码,目的网络地址,下一跳地址)

在查找路由时,修改过的算法使用表项中的子网掩码与数据报中的目的 IP 地址按比特位进行布尔与运算,再把结果与表项中的目的网络地址相比较,若相等,表明匹配,则把数据报转发到该表项中的下一跳地址。

通过巧妙设置掩码,对特定主机路由和默认路由的检查可以与查询普通路由一样。例如为 202.119.220.10 指定一条特定路由,在路由表中可以表达为:(255.255.255.255,202.119.220.10,下一跳地址);在路由表中可以这样表达默认路由:(0.0.0.0,0.0.

0.0,下一跳地址),与其他所有路由都不匹配时再选择默认路由。对与路由器直接相连的网络可以分别添加一个表项,不过下一跳地址字段不应是具体的地址,而应标明按直接交付转发。对于到达分类网络的路由(不考虑划分子网情况),可以使用默认掩码,例如对于到达C类网络202.119.230.0的路由,在路由表中可表示为(255.255.255.0,202.119.230.0,下一跳地址)。如果给路由表排序,应将最长掩码(掩码中的1比特最多)的表项排在最前面。

支持子网编址的统一的IP转发算法如图5-14所示。

```
采用子网编址方案时的IP数据报转发(数据报DG, 路由表T)
从数据报DG中取出目的IP地址I_D;
for 表T中的每一表项do
    将I_D与表项中的子网掩码按位相"与", 结果为N;
    if N等于该表项中的目的网络地址, 则
        if 下一跳指明应直接交付, 则
            把DG直接交付给目的站
            (包括解析I_D得到对应的物理地址, 将DG封装入帧并发送);
        else
            把DG 发往本表项指明的下一跳地址
            (包括完成下一跳地址到物理地址的映射, 将DG封装入帧并发送);
        return
for_end
因没有找到匹配的表项, 向DG的源站发送一个目的不可达差错报告
```

图5-14 支持子网编址的统一的IP转发算法

5.4.3 代理ARP

代理ARP是一种把一个分类IP地址的网络前缀用于两个物理网络的技术,并且只适用于使用ARP进行地址解析的网络。通过一个例子加以说明,图5-15中有两个物理网络,路由器R运行ARP代理软件,使得两个网络可以使用一个网络前缀。工作原理如下:

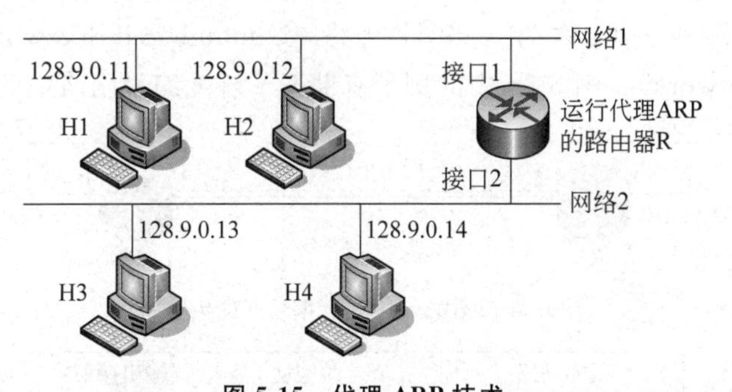

图5-15 代理ARP技术

两个物理网络中的主机共享一个网络前缀,因此这些主机就认为它们在一个物理网络上。当H1往H4发数据报时,H1为了将数据报"直接交付"给H4,需要广播ARP请求,询问H4的物理地址。R捕获到请求,首先判断ARP请求所询问的主机是否位于另

一物理网络，H4是这样，则R代替H4把自己的物理地址(接口1的)填入ARP响应报文单播发给H1。H1收到响应后，把地址映射存放到ARP高速缓存中，然后把数据报发给所谓的H4(物理地址实为R的)。R再根据数据报的目的地址将数据报直接交付给H4，真正发送前，R代表H1从接口2向网络2发送ARP请求，询问H4的物理地址，请求报文中发送方的IP地址为H1的IP地址，发送方的物理地址是R接口2的物理地址，这样，在H4响应请求前还将保存H1的地址映射。同理，H4向H1"直接交付"数据报，实质上也要经过R的转发。

使用代理ARP技术的路由器利用了ARP协议的一个假设，同一个物理网络中的主机是可以相互信任的。对于图5-15的例子，H1和H2会将R接口1的物理地址当作是H3和H4两主机的物理地址，同理，H3和H4会将R接口2的物理地址当作是H1和H2两主机的物理地址。把多个IP地址映射到同一个物理地址并不算违反协议规范。不过，有些ARP实现不允许这样，只要有两个不同的IP地址映射到同一硬件地址，就会发出警告。

代理ARP的主要缺点是网络必须使用ARP进行地址解析，不能用于复杂拓扑结构的网络中。

5.4.4 无编号的点对点网络

由于IP把点对点连接看成是一个网络，因此，采用最初的IP编址方案时，需要给这样的网络分配一个唯一的前缀。一般使用C类地址，但仅需要给点对点网络中的两点各分配1个主机标识就可以了，所以即使使用C类地址还是很浪费。

为了避免给因特网中每条点对点连接都分配一个前缀，发明了一种简单的技术：匿名联网(Anonymous Networking)。这种技术通常用在通过租用数字线路连接一对路由器时，线路两端的路由器接口都不需要分配IP地址。那么向这些接口发送帧时怎么设置帧的目的地址呢？所幸的是点对点连接的硬件与共享媒体的硬件不同，从一点发出的帧只有确定的一个目的地能够收到，因此物理帧中可以不使用硬件地址。使用匿名联网的点对点连接构成的网称为无编号网络(Unnumbered Network)或匿名网络(Anonymous Network)。图5-16中的例子有助于了解无编号网络中的转发。

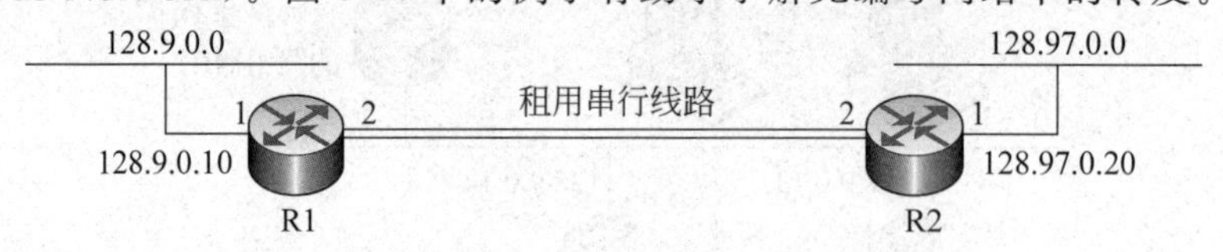

(a) 两个路由器之间的无编号点对点连接

目的网络	下一跳地址	输出接口
128.9.0.0	直接交付	1
其他(默认路由)	128.97.0.20	2

(b) 路由器R1的路由表

图5-16 无编号网络转发示例

图 5-16(a)中路由器 R1 和 R2 的接口 2 都没有分配 IP 地址。图 5-16(b)给出了图 5-16(a)中路由器 R1 的路由表,表中默认路由的下一跳地址是 R2 的以太网接口分配的 IP 地址(一般情形下应是 R2 的接口 2 的 IP 地址),这只是为了方便记住点对点连接另一端的路由器的地址。这个下一跳地址其实可以是 0,因为 R1 从其接口 2 向 R2 的租用线路接口转发数据报时,在帧中不用填写硬件地址,所以不需要下一跳地址以解析其硬件地址。

5.4.5 无分类编址与 CIDR

虽然子网编址和无编号网络能够节省 IP 网络地址,但到 1993 年,因特网的增长速度还是让人们感觉这些技术无法阻止地址空间的耗尽。此外,因特网还面临 B 类网络地址空间即将耗尽和路由信息过量等问题。因缺乏适于中等大小组织所需要的网络类而导致 B 类地址消耗快,毕竟一个 C 类地址仅有 254 个主机地址,所以一般单位更愿意申请 B 类地址。然而很少单位有 6 万多主机,因此导致即使划分子网,B 类地址也很少得到充分利用。另外,随着大量网络前缀的分配,路由器的路由表大小和增长速率也即将使当时的软件无法有效管理。

于是人们开始定义含有更多地址的新版 IP 协议 IPv6,并发明了一种称为无分类域间路由选择(Classless Inter-Domain Routing,CIDR)的新技术作为在新版 IP 被正式采纳前的过渡方案。1993 年发布的有关 CIDR 的 RFC 文档为 RFC1517～RFC1520。使用 CIDR 可以更加有效地分配 IPv4 的地址空间,另外可以减缓路由表的增长速度和降低对新 IP 网络地址的需求的增长速度,使得因特网在一定时期内仍能持续增长并高效地运转。

CIDR 最大的特点是采用无分类编址机制,与分类编址相同的是将地址分成前缀和后缀两部分,不同的是前后缀之间的边界不限于 3 种(1、2、3 字节长的前缀),而是任意的,前缀长度不一,可以是 1～32 之间的任意值。与子网编址类似,CIDR 使用 32 比特的地址掩码来指明前缀与后缀之间的边界。掩码中连续相邻的 1 比特对应于前缀,掩码中的 0 比特与后缀相对应。

对尚未分配的分类 IP 地址,CIDR 将其看作一些地址块,每个块内的地址连续。例如 A 类地址 58.0.0.0 和 59.0.0.0 一起可以看成一个大小为 2^{25} 的 CIDR 地址块(也称为"25 位的块"),掩码为 254.0.0.0,也可使用 CIDR 记法表示为 58.0.0.0/7,见图 5-17。这个地址块被 IANA 分配给了地址注册商 APNIC(亚太地区网络信息中心),由它把这些地址划分为若干地址块分配给一些大型 ISP。这些 ISP 会将申请到的地址块根据用户的要求划分成更小的地址块,分给单位或小型 ISP。一个单位将拥有的地址块再根据需要分成若干块(可以大小不等),分配给物理网络。使用 CIDR 后,为了方便路由聚合,减少路由表的项数,应尽量按照网络拓扑和网络所在地理位置来划分地址块。

	点分十进制记法	32 比特的二进制地址
最低地址	58.0.0.0	00111010 00000000 00000000 00000000
最高地址	59.255.255.255	00111011 11111111 11111111 11111111

图 5-17 CIDR 地址块 58.0.0.0/7 示例

地址块的 CIDR 记法也称斜线记法。斜线“/”后的数值 N 表示网络前缀的长度，确切地说有两种含义。对于一个主机的 IP 地址，N 表示地址的前 N 比特是一个具体的网络前缀，唯一标识了主机所在的物理网络；如果作为一个地址块，表示前 N 比特标识地址块，地址块拥有者可以自由分配 $32-N$ 比特的后缀。如果一个 ISP 拥有 N 比特长前缀的 CIDR 块，它可以选择给用户分配前缀长大于 N 比特的任意子地址块。这是无分类编址的一个主要优点：能够灵活分配各种大小的块。

例 5-5：某个 ISP 拥有地址块 202.118.0.0/15。先后有 5 个单位申请地址块，单位 A 需要 1800 个地址，单位 B、C、D、E 分别需要 900 个、900 个、400 个、3500 个地址，该怎样分配地址块呢？

解：首先分析各单位的需求，如果不使用 CIDR，则应给每个单位都分配一个 B 类网络地址（这将浪费很多地址）或若干 C 类地址。而使用 CIDR，对于单位 A，1800 个地址需要 11 比特标识主机，因此这个单位的 IP 地址前缀长度应是 32－11＝21。同理，单位 B、C、D、E 的网络前缀长度应分别为 22、22、23、20。另外应保证各个单位的前缀是可区分的，不会引起二义性。一种可能的分配方案如图 5-18 所示。

ISP/单位	地址块	前缀的二进制表示	地址数
ISP	202.118.0.0/15	11001010 0111011*	2^{17}=131072
单位 A	202.118.0.0/21	11001010 01110110 00000*	2^{11}=2048
单位 B	202.118.8.0/22	11001010 01110110 000010*	2^{10}=1024
单位 C	202.118.12.0/22	11001010 01110110 000011*	2^{10}=1024
单位 D	202.118.16.0/23	11001010 01110110 0001000*	2^{9}=512
单位 E	202.118.32.0/20	11001010 01110110 0010*	2^{12}=4096

图 5-18 CIDR 地址块划分示例

此外，各个单位内部可以根据需要再进行划分，直到给每个物理网络分配一个具体的网络前缀。CIDR 地址块划分机制可以大大缩减路由表的大小。例如若采用分类编址，可以给 A 单位分配 8 个 C 类网络地址，在 ISP 内路由器的路由表中，则需要包含 8 个表项表示到单位 A 的路由。而采用无分类编址，则在 ISP 内路由器的路由表中，仅需要使用一个“超网”路由 202.118.0.0/21。

5.4.6 使用 CIDR 时的路由查找算法

使用 CIDR，路由表的表项中应由“网络前缀/掩码”和“下一跳”组成。观察 ISP 给用户分配地址块，会发现用户地址块的网络前缀长度总是比 ISP 的长，网络前缀越长，其地址块就越小。路由表中可能会混合含有到 ISP 的路由、到 ISP 的某用户单位网络的路由以及到单位内某物理网络甚至到某主机的路由，显然目的地越具体的路由越值得采纳。因此路由表查找的目标是最长前缀匹配（Longest Prefix Match）。也就是说，查找路由表时，即使找到了一个匹配表项，查找还不能结束，必须查找完所有的表项，在所有的匹配表项中再选择具有最长前缀的路由表项。

为了提高查找下一跳的速度，在分类编址情况下，IP 查找使用散列方法，路由表项的存放地址取决于以网络前缀作为关键字的散列函数值。分类地址是自标识的，容易提取出网络前缀。采用无分类编址时，散列就不能很好发挥作用了。

为了避免低效率的搜索，无分类查找使用分层的数据结构。使用最广泛的是一种二叉线索的变形。方法是将路由表中的各个路由信息存放在一棵二叉线索树中。具体地说，就是将各表项中的网络前缀写成比特串（取前缀长度个比特），表项中网络前缀的比特串决定从根节点逐层向下的路径。可以令 0 比特对应左分叉，1 比特对应右分叉，在每个地址路径的终止节点中应包含相应表项信息（网络前缀/掩码以及下一跳地址）。如果包含特定主机路由，理论上二叉线索树应为 33 层（含根层）。

下面通过例子说明使用二叉线索存储结构时无分类路由查找的实现原理。例如路由表中有图 5-19 所示的一组路由，构建的二叉线索树如图 5-20 所示。由于路由开头有共同的“128.10”，因此对线索树做了适当优化，使根节点以下仅有单节点的 16 层合并为一层，层间包含这 16 个比特。同样对特定主机地址的第 4 个字节所对应的线索也进行了压缩。图 5-20 中**加粗的节点**表示路由表中某个网络前缀路径的终止。

网络前缀/前缀长度	下一跳
128.10.0.0/16	10.0.0.2
128.10.2.0/24	10.0.0.4
128.10.3.0/24	10.1.0.5
128.10.4.0/24	10.0.0.6
128.10.4.3/32	10.0.0.3
128.10.5.0/24	10.0.0.6
128.10.5.1/32	10.0.0.3

图 5-19　含有同一网络的一般路由和特殊路由的路由表示例

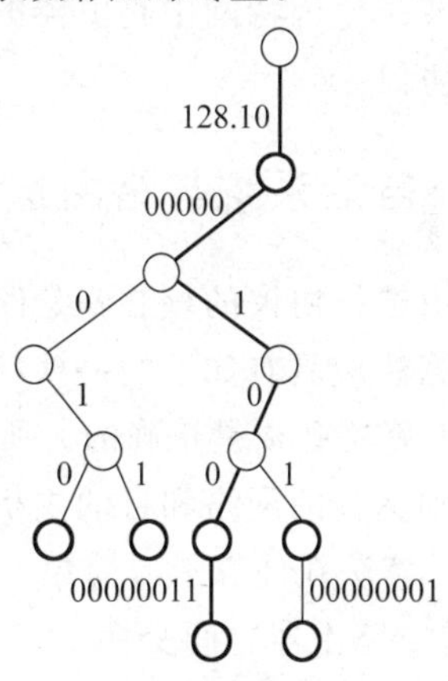

图 5-20　图 5-19 中路由表所构成的二叉线索树

给定一个目的 IP 地址 I_D（假定是 128.10.4.3），从线索树的根节点开始，首先将 I_D 的前 16 比特与分支上的“128.10”比较，相等则转到下一节点，该节点中存放路由信息，表示找到一个匹配项。继续往下查找，经过“00000”、“1”、“0”、“0”等分支，到达一个包含路由信息的节点，表示又找到一个匹配路由，覆盖较早发现的匹配，因为较晚的匹配对应一个更长的前缀。继续与“00000011”比较，相等，转到下一节点，该节点中包含路由，表示又匹配了。再覆盖先前发现的匹配，并且因该节点是叶子节点，所以查找结束。最长前缀的匹配所对应的下一跳地址是最终路由查找结果。如果 I_D 是 128.10.4.5，也将查找到叶子节点，但最长前缀的匹配项存储在叶子节点的上一个节点中。

5.4.7 专用 IP 地址

IP 地址资源是有限的，为了节约地址的使用，IANA 保留了 3 个只能用于专用互联网（Private Internet）内部通信的 IP 地址块[RFC 1918]，见表 5-6。任何机构可以使用 TCP/IP 技术并且使用保留的专用地址构建专用互联网。

表 5-6 保留用于专用互联网的 CIDR 地址块

前　　缀	最低地址	最高地址
10/8	10.0.0.0	10.255.255.255
172.16/12	172.16.0.0	172.31.255.255
192.168/16	192.168.0.0	192.168.255.255

完全隔离的专用互联网通常也不是人们所希望的，可以使用 NAT 技术（后面介绍）将使用专用地址的专用互联网联入因特网。

5.5 因特网的路由选择协议

本节讨论因特网中路由器的路由表是怎样初始化和动态更新的，以及几种常用的路由选择协议。

5.5.1 自治系统与路由选择协议分类

路由选择协议的核心就是路由选择算法，也即路由计算与更新算法。一个理想的路由选择算法应具有如下的一些特点：

(1) 算法必须是正确的。所谓正确是指：沿着各路由表所指引的路由，分组一定能够最终到达目的网络和目的主机。

(2) 算法在计算上应简单。更新路由表的计算要占用路由器的处理器资源，为计算路由，需要路由器之间交换信息，这将占用网络带宽。因此，路由选择算法应简单，以免对路由器的关键任务——数据报的转发产生大的影响。

(3) 算法应能适应通信量和网络拓扑的变化，这就是说，要有自适应性。当网络中的通信量发生变化时，算法应能自适应地改变路由以均衡各链路的负载。当某些路由器、链路发生故障不能工作时，或者设备或链路修复再投入运行时，算法应能及时地改变路由。

(4) 算法应具有稳定性。当网络通信量和网络拓扑相对稳定时，路由选择算法计算得出的路由应比较稳定，不应不停地变化。

(5) 算法应是公平的。算法应平等对待具有相同优先级的用户。

从能否随网络通信量或拓扑的变化进行自适应地调整来看，路由选择算法可以划分为两大类，即静态路由选择策略与动态路由选择策略。静态路由选择也称为非自适应路由选择，其特点是简单且开销较小，但不能及时适应网络状态的变化。动态路由选择也称为自适应路由选择，其特点是能较好地适应网络状态的变化，但实现起来较为复杂，开销也较大。

一个实际的路由选择算法应尽可能地接近于理想的算法。在不同的应用条件下，可以对以上几个方面有不同的侧重。实际上，因特网路由选择是个非常复杂的问题，因为它需要因特网中路由器共同协调工作。其次，路由选择的环境往往是不断变化的，而且这种变化有时是无法事先知道的。

因特网采用的路由选择协议主要是自适应的、分布式的路由选择协议。因特网采用分层次的路由选择协议，原因有：

(1) 因特网是全球范围的互联网，规模很大，已有几百万个路由器将很多物理网络互连在一起。如果让所有路由器知道到所有物理网络应怎样到达，则路由表将非常大，查询和更新起来都很费时，而且所有路由器之间交换路由信息的通信量就会使因特网的通信链路饱和。

(2) 许多单位不愿意外界了解自己单位互联网的拓扑细节，以及本单位采用的路由选择协议，但同时还希望连到因特网上。

整个因特网被划分为许多自治系统(Autonomous System，AS)。传统定义的 AS 是在单一技术管理下的一组路由器，使用一个内部网关协议(Interior Gateway Protocol，IGP)和共同的测度确定如何在 AS 内路由分组，并使用一个 AS 间路由选择协议决定如何将分组发送到其他自治系统。不过，这个经典的 AS 定义有了发展，现在单个 AS 可以使用多个内部网关协议，有时还使用几组测度。现在使用自治系统术语强调的是即使使用了多个 IGPs 和几组测度，一个 AS 的管理在其他自治系统看来也具有单个一致的内部路由选择规划，并对通过该 AS 可到达的目的地提供一致的描述。

因特网可看作是随意连接的 AS 的集合，一个 AS 与一个或多个其他的 AS 连接。每个 AS 都有一个编号，AS 号是 16 比特整数，用作与其他自治系统交换动态路由信息的标识符。每个与外界连接的 AS 必须指定本 AS 内的一台或几台路由器，使用某外部网关协议(Exterior Gateway Protocol，EGP)向其他 AS 通告网络可达性。当前因特网中使用的外部网关协议是版本号为 4 的边界网关协议(Border Gateway Protocol Version 4，BGP-4)。AS 之间使用 BGP-4 交换路由信息。

AS 号空间与 IP 地址空间一样是有限的，因此现在不建议把 AS 号作为管理的一种形式，而是把 AS 号作为路由策略的表示。仅当存在不同于边界路由器对等端所用的路由策略时才需要。由 IANA 下属的 APNIC 等地址注册商负责管理 AS 号的统一分配，这有助于限制全球路由表的扩展。因为一个自治系统将汇集本 AS 内相邻的 IP 地址前缀，并与其他 AS 交换信息，AS 划分过细不利于将公布于全球互联网的路由数量减至最低。

对于一个单接入网点(Single-Homed Site)，一般都不需要作为一个单独的 AS，因为网点的 1 个或多个前缀(1 个前缀表示一个 CIDR 地址块)通常都是由网点的 ISP 分配的，并且网点的前缀通常与网点服务提供者的其他客户有相同的路由策略。

一个网点如果满足下列条件，就可以分配 AS 号：①是多宿主的(Multi-Homed Site，也称为多接入网点)；②有单一的、明确定义的路由策略，并且不同于提供商的路由策略。

一个 AS 有权自主地决定在本系统中采用何种内部路由更新机制。一个 AS 内的路由器可以使用一个或多个内部网关协议与本 AS 内其他路由器交换路由信息。在互联网中常用的 IGP 有：RIP、OSPF 和 IGRP。IGRP(Interior Gateway Routing Protocol)是 Cisco 公司 20 世纪 80 年代开发的，是一种动态的最大可支持 255 跳的路由协议，使用一组测度的组合来确定到达一个网络的最佳路由，测度包括网络延迟、带宽、可靠性和负载等。Cisco IOS(Internetwork Operating System)允许路由器管理员为IGRP的每种测度设置权重,以影响组合度量的计算。IGRP是一种距离向量型的内部网关协议。距离向量路由协议要求每个路由器以规则的时间间隔向其相邻的路由器发送其路由表的全部或部分内容。随着路由信息在网络上扩散,路由器就可以计算到所有目的网络或目的站的距离。

总之,因特网路由选择协议可划分为两大类:

(1) 内部网关协议(IGP)。把一个自治系统内部路由器交换路由信息所用的任何协议统称为内部网关协议。每个自治系统可自主选择具体的IGP协议。目前因特网中常用的IGP有RIP、OSPF和IGRP。

(2) 外部网关协议(EGP)。两个自治系统之间传递网络可达性信息所用的协议称为外部网关协议。每个自治系统内都指定一个或多个路由器除了运行本系统的IGP外,还运行EGP与其他的自治系统交换信息。目前因特网中唯一在用的EGP协议是BGP-4。BGP称运行BGP的路由器为边界网关(Border Gateway)或边界路由器(Border Router)。在图5-21中,路由器R1收集自治系统AS1中的网络有关信息,并使用EGP把信息报告给AS2中的路由器R2。同样,R2把AS2的网络可达性信息报告给R1。

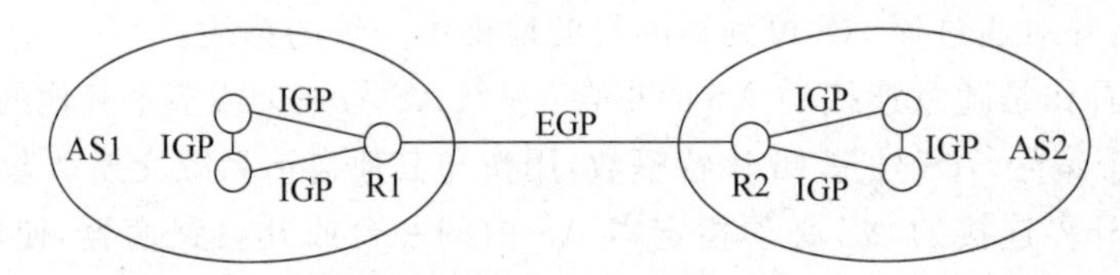

图5-21 自治系统、内部网关协议和外部网关协议

下面介绍因特网中最常用的两种IGP协议,即OSPF和RIP,以及唯一在用的EGP协议BGP-4。

5.5.2 内部网关协议RIP

路由信息协议(Routing Information Protocol,RIP)是内部网关协议中最先得到广泛使用的协议,RIP使用距离向量算法(Distance Vector Algorithm)更新路由表,常用于小型的自治系统。

距离向量算法要求每个路由器在路由表中列出到所有已知目的网络的最佳路由,并且定期把自己的路由表副本发送给与其直接相连的其他路由器。为了确定最佳路由,使用测度度量路由优劣。可以使用表示数据报到目的网络必须经过的路由器数目的测度,即跳数,也可以使用表示数据报经历的时延、发送数据报的开销或其他的测度。RIP使用跳数测度,这样,所谓最佳路由就是能够以最少跳数到达某目的网络的路由。

采用RIP的路由器启动时对路由表进行初始化,为与自己直接相连的每个网络生成一个表项。表项包括一个目的网络,到该网络的最短距离(最少跳数)及下一跳。例如,若路由器K与两个网络直连,则K初始的距离向量路由表如图5-22(a)所示。每个路由器根据相邻路由器定期发来的路由信息更新自己的路由表,获悉更多目的网络以及到各网络的最佳路由,路由表更新算法如图5-22(b)所示。

目的网络	距离	路由
网络1	0	直接
网络2	0	直接

(a) 采用距离向量算法的路由表初始化示例

距离向量路由更新算法(路由器X的路由表, RIP更新报文)
路由器X收到相邻路由器Y发来的RIP更新报文；
对RIP报文中的每一个路由项目(目的网络D, 距离M)，重复以下步骤：
若目的网络D不在路由表中，则将(目的网络D, 距离M+1, 下一跳Y)加到路由表中，否则
若路由表中目的网络为D的表项的下一跳为Y，则将该表项的距离更改为M+1，否则
若M+1小于路由表中目的网络为D的表项的距离，则将该表项的距离更改为M+1，且下一跳设置为Y。

(b) 距离向量算法

图 5-22 初始路由表和距离向量算法

每个路由器只和相邻路由器(数量非常有限)交换路由信息并更新路由表，一个自治系统中的所有路由器经过若干次路由通告与更新后，最终都会知道到达本 AS 中任何一个网络的最短距离和路径中下一跳路由器的地址。下面通过例子说明。

例 5-6：假如经过数次路由更新后路由器 K 的路由表如图 5-23(a)所示。当相邻路由器 J 的路由信息报文(如图 5-23(b)所示)到达路由器 K 后，请问 K 将如何更新自己的路由表?

解：K 检查 RIP 报文中的(目的网络，到该网络的距离)列表(J 的路由表副本)。如果 J 知道去某目的网络更短的路由，或者 J 列出了 K 中不曾有的目的网络，或者 K 目前到某目的网络的路由经过 J，而 J 到达该网络的距离有所改变，则 K 就会替换自己的路由表中的相应表项。更新后的 K 的路由表如图 5-23(c)所示。

目的网络	距离	下一跳
网络1	0	直接
网络2	0	直接
网络4	4	路由器L
网络17	7	路由器M
网络24	6	路由器J
网络30	2	路由器Q
网络42	2	路由器J

(a) 路由器K的路由表

目的网络	距离
网络1	2
网络4	3
网络17	**5**
网络21	**6**
网络24	**4**
网络30	9
网络42	**3**

(b) 来自路由器J的路由信息

目的网络	距离	下一跳
网络1	0	直接
网络2	0	直接
网络4	4	路由器L
网络17	**6**	**路由器J**
网络21	**7**	**路由器J**
网络24	**5**	**路由器J**
网络30	2	路由器Q
网络42	**4**	**路由器J**

(c) 更新后的K的路由表

图 5-23 基于距离向量算法的路由更新示例

图 5-23(b)中加粗的表项将引起 K 的路由表的更新。原本从 K 经路由器 M 至目的网络 17 的距离为 7，但邻居 J 声称它到网络 17 的距离为 5，这个路由更短，因此 K 路由表中至网络 17 的距离更新为 5+1(从 J 到目的网络的距离加上 K 到 J 的距离)，路径上的下一跳指定为 J。J 声称从它能够到达网络 21，K 路由表中无此目的网络，因此新增一个到网络 21 的表项。从 K 到网络 24 的路由原本经过 J，距离为 6，但 J 声称从它到网络 24 的距离(由 5 变)为 4 了，因此更新距离为 4+1。同理，K 的路由表中至网络 42 的路由也要做类似更新。

注意，如果J报告到某目的网络的距离是N，并且K根据该信息需要添加或更新自己路由表中的某个表项时，则该表项的距离为N+1，下一跳指定为路由器J。

虽然距离向量算法易于实现，但它也有缺点。当路由迅速发生变化（例如链路出现故障）时，相应的信息缓慢地从一个路由器传到另一个路由器，算法可能无法稳定下来，出现路由表的不一致问题和慢收敛问题。

RIP和下一节要介绍的OSPF都是分布式路由选择协议。它们共同的特点是每一个路由器都要不断地和其他一些路由器交换路由信息。RIP路由信息交换与更新有以下3个特点：

(1) RIP路由器仅和本自治系统内与自己相邻的路由器交换信息。RIP规定，信息仅在相邻的路由器之间交换，所谓相邻指在一个网络上。此外主机可以参与接收RIP广播并更新自己的路由表，但主机不发送路由更新报文。

(2) RIP支持2种信息交换方式。一种是定期的路由更新，即路由器按固定的时间间隔，例如每30秒向所有邻居广播一次更新报文，其中包含路由器当前所知道的全部路由信息，即自己的路由表。另一种是触发的路由更新，无论何时只要路由表中有路由发生改变，路由器就可立即向与其直连的主机和路由器发送触发更新报文。

(3) 路由表更新的原则是按照距离向量算法，确定并记录到各目的网络的最短距离（以跳数计）和路径上的下一跳。

RIP规定距离16表示无路由或不可达，还规定路由超时时间为180秒。例如假设某路由器X到网络n的当前路由以路由器G为下一跳，如果X有180秒都没有收到来自G的路由更新信息，则可以认为G崩溃了或X连到G的网络不可用了，因此X可以标记至网络n的距离为16，表示不可达。

RIP存在2个版本，版本1(RIP-1)出现于20世纪80年代[RFC 1058]，较新的版本2(RIP-2)发布于20世纪90年代[RFC 1388，RFC 2453]。RIP-1中交换的路由信息仅包含一组（网络地址，到网络的距离），而RIP-2的更新报文中还增加了下一跳信息，这有助于解决慢收敛问题和防止出现路由环路。RIP-2的更新报文中还增加了子网掩码信息，以支持变长子网地址或无分类地址。总之，RIP-2更新报文包含4元组（网络地址，子网掩码，到网络的下一跳，到网络的距离）列表，格式见图5-24。

<table>
<tr><td>命令</td><td>版本</td><td>为0</td></tr>
<tr><td colspan="2">网络1的协议族</td><td>网络1的路由标记</td></tr>
<tr><td colspan="3">网络1的IP地址</td></tr>
<tr><td colspan="3">网络1的子网掩码</td></tr>
<tr><td colspan="3">到网络1的下一跳</td></tr>
<tr><td colspan="3">到网络1的距离</td></tr>
<tr><td colspan="2">网络2的协议族</td><td>网络2的路由标记</td></tr>
<tr><td colspan="3">网络2的IP地址</td></tr>
<tr><td colspan="3">网络2的子网掩码</td></tr>
<tr><td colspan="3">到网络2的下一跳</td></tr>
<tr><td colspan="3">到网络2的距离</td></tr>
<tr><td colspan="3">……</td></tr>
</table>

图5-24 RIP-2报文格式

命令字段指明一种操作,例如为1表示请求,请求响应系统发送路由表所有或部分信息,为2表示响应,一个响应报文包含发送者路由表的全部或部分信息,该报文可以是为响应一个请求而发送,也可能是由发送者产生的一个更新报文。

路由标记(Route Tag)字段用于支持EGP,用于传播路由来源之类额外信息。例如,如果RIP-2路由器从另一个自治系统得知一个路由,可以使用路由标记字段携带那个自治系统的编号。

此外,为了避免增加不监听RIP-2分组的主机的负担,RIP-2使用一个永久的组播地址224.0.0.9定期发送路由更新。使用固定的组播地址意味着不需要依赖IGMP(因特网组管理协议)。RIP-2还比RIP-1增加了认证机制。

RIP基于UDP,使用UDP端口520(有关端口的意义请参阅下一章)。虽然可以在其他UDP端口发起RIP请求,但请求报文的UDP目的端口总是520,并且RIP广播更新报文的源端口也是520。

RIP作为内部网关协议,存在一些限制。第一,用一个小的跳数值表示无穷大,限制了使用RIP的互联网规模。使用RIP的互联网中,任意2台主机之间最多有15跳。第二,路由器周期地向邻居广播或组播完整的路由表,随着网络规模的增大,开销也会增大,路由更新的收敛时间也会延长。第三,RIP只使用跳数测度,不支持负载均衡,路由选择相对固定不变。

5.5.3 内部网关协议OSPF

1. 协议概述

OSPF是IETF的一个工作组设计的一个内部网关协议,它使用链路状态(Link State)算法,或称最短路径优先(Shortest Path First,SPF)算法。OSPF也即开放的SPF协议,所谓开放是指协议规范可在公开发表的文献中找到。

在链路状态路由选择协议中,每个路由器维护一个描述自治系统拓扑的数据库,该数据库称为链路状态数据库(LSDB)。LSDB的基本元素是LSA(Link State Advertisement,链路状态通告),LSA是描述一个路由器或网络的本地状态的数据单位。LSDB包含路由器的本地状态,例如路由器可用接口和可达的邻居等。路由器通过洪泛法(flooding)向整个自治系统发布自己的本地状态。路由器将LSA发送给邻接路由器,它们收到LSA后将分别更新自己的LSDB,并将LSA转发给自己的其他邻接路由器,LSA这种扩散方法称为洪泛法。洪泛法可以使网络拓扑发生变化时所有路由器都能更新数据库,从而每个参与的路由器都有相同的数据库。

所有路由器并行地运行着相同的算法。每个路由器基于LSDB使用Dijkstra最短路径算法,构建一个以自己为根的最短路径树(SPF树)。最短路径树给出到自治系统中每个目的地的路由。从外部得到的路由信息在树中作为叶子出现。每个路由器根据最短路径树得到前往每个目的地的最佳路由,并加入到路由表中。

OSPF能提供负载均衡(Load Balancing)功能,如果到一个目的站存在若干条代价相同的路由,则把流量均匀地分配给这些路由。而RIP只给每个目的站计算一条路由。路由的代价用单个无量纲测度描述。

OSPF 允许将一个自治系统(AS)中的网络分成若干组，每组称为一个区域(Area)。一个区域的拓扑相对于 AS 的其他部分来说是隐藏的。信息隐藏能够使路由信息流量显著减少。此外，在区域内的路由选择仅取决于区域自己的拓扑，从而保护区域不受外界坏路由数据的影响。区域是子网化的 IP 网络的泛化。

OSPF 允许灵活配置 IP 子网，支持特定主机的路由、特定子网的路由、无分类路由和特定分类网络的路由。OSPF 分发的每个路由都含有目的地和掩码。相同 IP 网络号的两个不同子网可能具有不同的大小(即不同的掩码)，即变长子网划分。主机路由被当作是掩码为全 1 的子网。IP 分组被转发到最佳(最长或最具体的)匹配所指定的下一跳。

所有 OSPF 协议交换都要被鉴别。这意味着只有可信的路由器可以参与自治系统的路由选择。OSPF 支持各种鉴别机制，而且允许每个区域配置不同的鉴别机制。

从外部得到的路由选择数据(例如从一个外部网关协议如 BGP 获得的路由)要在整个自治系统中通告。这些数据将与 OSPF 协议的链路状态数据分开存放。

2. OSPF 区域划分和路由器类别

OSPF 采用两层区域结构：一个骨干区域和若干非骨干区域。为使每个区域能够和同一 AS 内的其他区域进行通信，每个区域都设有边界路由器，所有区域边界路由器都属于特别的区域 0，也称为 OSPF 骨干(Backbone)。骨干负责在非骨干区域之间分发路由信息。骨干必须是连续的，但物理上不必是连续的，骨干连通性可以通过配置虚拟链路(Virtual Link)建立与维持。在任意两个有接口连接到普通非骨干区域的骨干路由器之间，可以配置虚拟链路，虚拟链路属于骨干。协议把由虚拟链路连接的两个路由器，当作就像是由一个无编号点到点骨干网络连接的一样处理。

如果不引入区域，则唯一具有专门功能的是那些通告外部路由信息的 OSPF 路由器。如果划分区域，则 AS 中的路由器按照功能可进一步分为 4 个有重叠的类别：

(1) 内部路由器(Internal Router)　一个所有直连网络属于同一区域的路由器。这些路由器运行一份基本路由选择算法。

(2) 区域边界路由器(Area Border Router，ABR)　将非骨干区域连接到骨干区域的路由器。这些路由器运行多份基本路由选择算法，每份用于连接的一个区域。区域边界路由器汇总它们所属区域的路由信息并散布到骨干，骨干路由器再将信息分发到其他区域。

(3) 骨干路由器(Backbone Router)　有接口到骨干区域的路由器。包括所有连接到不止 1 个区域的路由器。不过，骨干路由器不一定是区域边界路由器，可以是内部路由器，其所有接口都连接到骨干区域。

(4) AS 边界路由器(AS Boundary Router，ASBR)　至少有一个接口与另一 AS 相连，且与属于其他 AS 的路由器交换路由信息的路由器。AS 边界路由器将 AS 外部路由信息传遍本 AS。AS 中每个路由器都需要知道到每一 AS 边界路由器的路径。AS 边界路由器可能是内部或区域边界路由器，加入或没加入骨干。

图 5-25 给出了一个 OSPF 区域划分示例，共分 4 个区域，区域 1、2、3 的区域边界路由器和 R5、R6 属于区域 0；路由器 R1、R2、R5、R6、R8、R9 和 R12 是内部路由器；R3、R4、

R7、R10 和 R11 是区域边界路由器；R5 和 R7 是 AS 边界路由器。此外，该图实质上是个有向图。其中，每个路由器接口的输出端都有一个代价(Cost，也称开销)，如果没有标定则表示代价为 0，注意从网络到路由器的代价总为 0。代价可由系统管理员配置。代价越小，接口越有可能用于转发数据流量。从外部获得的路由数据(例如 BGP-4 获得的路由)也有代价与之关联。

自治系统中网络类型可分为 3 种：①点到点网络(Point to Point Networks)，指连接一对路由器的网络；②广播网络(Broadcast Networks)，指支持连接多个(超过 2 个)路由器，并且具有广播能力的网络。可使用 OSPF 的 Hello 协议动态发现网络上的相邻路由器，广播网上的每一对路由器之间都假定能直接通信，例如以太网；③非广播网络(Non-Broadcast Networks)，指支持连接多个路由器，但没有广播能力的网络，例如 X.25 公用数据网。对这种网络可能必须作适当配置以帮助发现邻居，使用 Hello 协议维持邻居关系。每个通常被组播的 OSPF 协议分组需要被依次发送到每个邻近路由器(Neighboring Router)。非广播网络在 OSPF 中分为 2 种模式：NBMA(Non-Broadcast Multi-Access)，模拟广播网上的 OSPF 操作，另一种是点到多点(Point to Multi-Point)网络，把网络视为点到点链路的集合。

图 5-25 中，唯一的点到点网络连接 R6 和 R10，并已被指定了接口地址 Ia 和 Ib。点到点网络的接口可以不指定 IP 地址。当指定了接口地址时，接口就作为末梢链路，每个路由器向另一个路由器的接口地址通告一个末梢连接。网络 N6 是一个连接了 3 个路由器的广播网络。

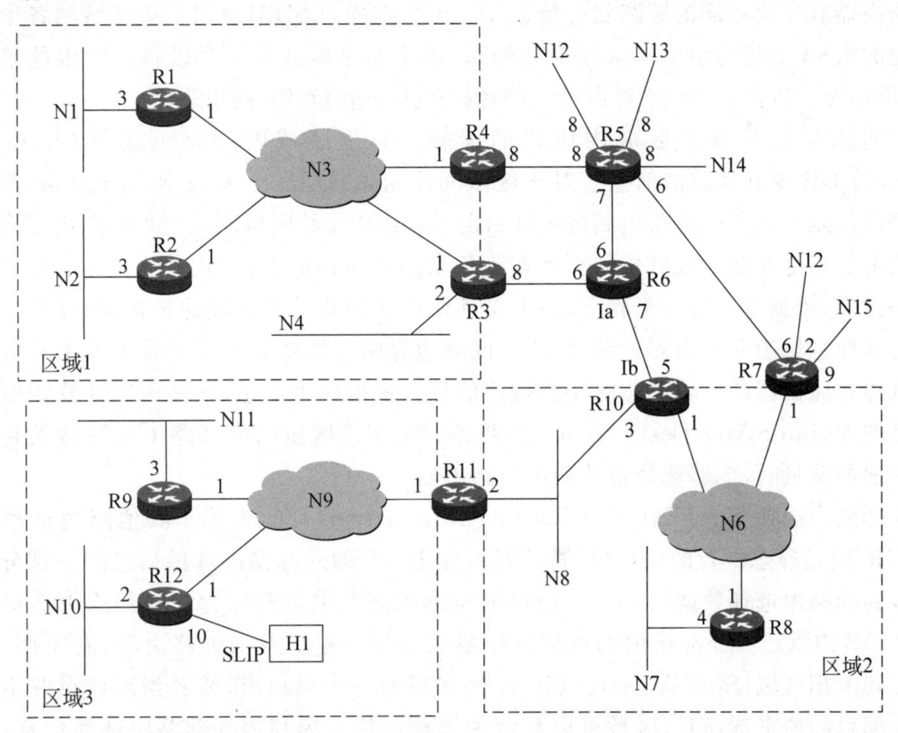

图 5-25 一个 AS 的 OSPF 区域配置示例

3. OSPF 基本路由选择算法

在每个区域运行单独的一份OSPF基本路由选择算法。连到多个区域的路由器运行多份算法,对它连接的每个区域都有一个独立的链路状态数据库。算法简单概括如下:

(1) 当路由器启动时,首先初始化路由协议数据结构,之后等待低级协议指示其接口已经工作。

(2) 然后路由器使用OSPF的Hello协议获得邻居。路由器发送Hello分组给它的邻居,接着收到邻居返回的Hello分组。在广播和点到点网络上,路由器通过发送Hello分组到组播地址AllSPFRouters 224.0.0.5动态地探测它的邻居。在非广播网络上,为发现邻居必须有一些配置信息。在广播和NBMA网络上,Hello协议还为网络选出一个指定路由器(Designated Router)。例如图5-25中网络N6就会选出一个指定路由器,由它产生网络N6的链路状态通告(Link State Advertisement,LSA)。

(3) 路由器将尝试与其新获得的邻居中的一些形成邻接关系(Adjacency)。一对邻接路由器之间的链路状态数据库是同步的。在广播和NBMA网络上,指定路由器决定哪些路由器应成为邻接的。邻接关系控制路由信息的分发,仅在邻接路由器上收发路由更新。

(4) 路由器周期地通告它的状态,也称为链路状态。路由器也在其状态改变时通告链路状态。路由器的邻接关系反映在它的LSA的内容中。邻接和链路状态之间的关系使得协议能够及时察觉不工作的路由器。

(5) LSA在整个区域内洪泛发送。OSPF使用可靠的洪泛算法,确保一个区域中的所有路由器有完全相同的链路状态数据库。该数据库(LSDB)由属于该区域的各个路由器发起的LSA的集合组成。从这个数据库,每个路由器计算一个以自己为根的最短路径树(Shortest-Path Tree)。再由最短路径树产生一个OSPF路由表。

上述描写的是单个区域内协议的运转。对于区域内部路由选择(Intra-Area Routing),不需要其他路由信息。对于区域间路由选择(Inter-Area Routing),则需要另外的路由信息。为了能够路由到区域外目的地,ABR要给区域注入附加的路由信息。附加的路由信息是对除本区域外的自治系统其余部分拓扑的汇总,汇总方法是:每个区域边界路由器(根据定义是连至骨干的)汇总其所连接的非骨干区域的拓扑,在骨干上传输到所有其他区域边界路由器。结果,一个区域边界路由器就有了关于骨干及来自各个其他区域边界路由器的区域汇总的完整拓扑信息。根据这个信息,该路由器计算到所有跨区域目的地(Inter-Area Destinations)的路径。这使该区域的内部路由器在转发到跨区域目的地的流量时,能够选择最佳的出口路由器。

外部路由选择信息(External Routing Information)可能来源于其他路由选择协议(如BGP)或是静态配置的,也可将默认路由作为AS的外部路由选择信息的一部分。从外部得到的路由选择数据与OSPF协议的链路状态数据分开保存。外部路由选择信息在整个AS内洪泛。外部路由选择信息一般被分发到每个参与的路由器,有个例外是:不洪泛到末梢区域(Stub Areas)。当一个区域仅有一个出口点,或者当出口点并不基于每个外部目的地来选择时,区域可以配置为末梢区域。为利用外部路由选择信息,到所有通告外部信息的路由器的路径必须传遍AS(末梢区域除外),因此非末梢区域的边界路由器要汇总AS边界路由器的位置。

4. 最短路径树和路由表生成示例

假如图5-25中的自治系统没有划分区域，即AS只有1个区域，其中R5和R7是AS边界路由器，则路由器R6构建的最短路径树如图5-26所示。

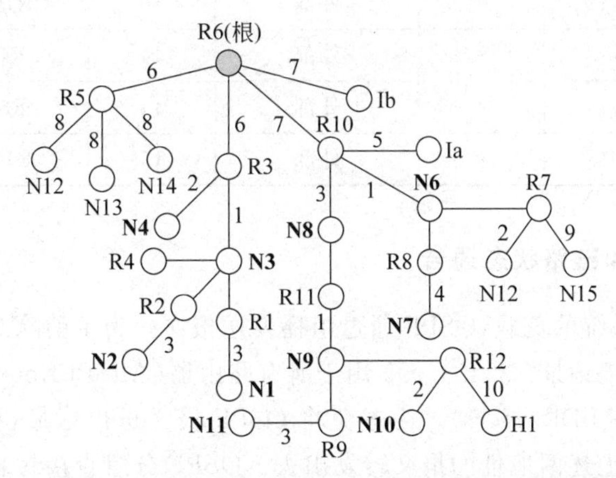

图5-26 图5-25中的自治系统不分区域时路由器R6的最短路径树

依据该树可以得到R6的路由表，见表5-7。其中计算了到R5和R7的区域内部路由(Intra-area Routes)，并进一步计算了到R5和R7所通告的目的网络N12～N15的外部路由(External Routes)。

表5-7 图5-25中的自治系统不分区域时R6的路由表

目的类型	目的	区域	路径类型	代价	下一跳	通告路由器
网络	N1	0	区域内部	10	R3	*
网络	N2	0	区域内部	10	R3	*
网络	N3	0	区域内部	7	R3	*
网络	N4	0	区域内部	8	R3	*
网络	Ib	0	区域内部	7	*	*
网络	Ia	0	区域内部	12	R10	*
网络	N6	0	区域内部	8	R10	*
网络	N7	0	区域内部	12	R10	*
网络	N8	0	区域内部	10	R10	*
网络	N9	0	区域内部	11	R10	*
网络	N10	0	区域内部	13	R10	*
网络	N11	0	区域内部	14	R10	*
网络	H1	0	区域内部	21	R10	*

续表

目的类型	目的	区域	路径类型	代价	下一跳	通告路由器
路由器	R5	0	区域内部	6	R5	*
路由器	R7	0	区域内部	8	R10	*
网络	N12	*	外部	10	R10	R7
网络	N13	*	外部	14	R5	R5
网络	N14	*	外部	14	R5	R5
网络	N15	*	外部	17	R10	R7

5. OSPF 分组和链路状态通告

为减少未参与系统的负载，OSPF 通过组播发送报文。为了消除对 IGMP 的依赖，协议预设了两个 IP 组播地址：224.0.0.5 用于所有路由器(AllSPFRouters)，224.0.0.6 用于所有指定路由器(AllDRouters)。为避免将 OSPF 报文送出区域，要对路由器进行配置，防止它将发送给上述两地址的报文转发出去。OSPF 分组直接封装在 IP 数据报中发送，协议号为 89。

OSPF 共有 5 种分组类型：

(1) Hello 分组　在每个运行的路由器接口上发送。用于发现和维持路由器的邻居关系。在广播和 NBMA 网络上，Hello 分组还要用于选举指定路由器和候补指定路由器。

(2) 数据库描述(Database Description)分组：包含 LSDB 摘要，即有关 LSDB 中链路状态通告(LSA)的摘要信息。摘要信息包括链路状态类型、通告 LSA 的路由器的地址、链路的成本和序列号。数据库描述用于检查路由器的 LSDB 是否同步，和链路状态请求分组一起用于形成邻接关系。数据库描述分组的发送取决于邻居的状态。

(3) 链路状态请求(Link State Request)：用于向另一路由器请求下载其 LSDB 中特定的链路状态记录。

(4) 链路状态更新(Link State Update)：用于 LSDB 的更新。每个链路状态更新分组携带一组新的 LSAs。单个链路状态更新分组可能包含不同路由器的 LSAs。每个 LSA 用发起路由器的 ID 和链路状态内容的校验和标记。每个 LSA 还有类型字段标识 LSA 的类型，LSA 分为如表 5-8 所示的 5 种类型。

表 5-8　LSA 类型

LS 类型	LSA 名字	LSA 描述
1	Router-LSAs	区域中的每个路由器发起一个 Router-LSA，描述路由器到本区域的接口的状态，仅洪泛遍及单个区域
2	Network-LSAs	区域中的每个广播和 NBMA 网络由其指定路由器发起一个 Network-LSA，该 LSA 包含连到该网络上的路由器列表，仅洪泛遍及单个区域

续表

LS 类型	LSA 名字	LSA 描述
3,4	Summary-LSAs	由区域边界路由器发起,洪泛遍及本 LSA 相关联的区域。每个 Summary-LSA 描述一条到区域外且还在 AS 内的一个目的地的路由(即一个 Inter-Area Route)。类型 3 描述到网络的路由。类型 4 描述到 AS 边界路由器的路由
5	AS-External-LSAs	由 AS 边界路由器发起,洪泛传遍 AS。该 LSA 描述至另一 AS 中的一个目的地的路由。AS 的默认路由也可以由 AS-External-LSAs 描述

(5) 链路状态确认(Link State Ack):用于对洪泛的确认。OSPF 的可靠更新机制通过链路状态更新和链路状态确认分组实现。

除了 Hello 分组,OSPF 路由选择分组都仅在邻接路由器上发送,分组的源 IP 地址是邻接的一端,目的 IP 地址是邻接的另一端或者是 IP 组播地址。

每个 LSA 描绘 OSPF 路由域的一部分。每个路由器发起一个 Router-LSA。无论何时一个路由器被选为指定路由器,它就发起一个 Network-LSA。区域边界路由器为每个已知的区域间目的地(Inter-Area Destination)发起单个 Summary-LSA。AS 边界路由器为每个已知的 AS 外目的地发起单个 AS-External-LSA。

例如考虑图 5-25 中的路由器 R4,它是一个区域边界路由器,连到区域 1 和骨干。R4 向骨干区域发起 5 个不同的 LSAs,1 个 Router-LSA 和 4 个 Summary-LSAs(为到网络 N1-N4 各发起 1 个)。R4 还要向区域 1 发起 8 个不同的 LSAs,1 个 Router-LSA 和 7 个 Summary-LSAs(其中为到网络 N6-N8 的路由各发起 1 个 Summary-LSA,为到 AS 边界路由器 R5 和 R7 的路由各发起 1 个,为到主机 Ia 和 Ib 的路由合并发起 1 个,另发起 1 个通告到网络 N9-N11 和主机 H1 的路由)。如果 R4 被选为网络 N3 的指定路由器,它还将向区域 1 为 N3 发起一个 Network-LSA。

再如图 5-25 中的 AS 边界路由器 R5。R5 将发起 3 个不同的 AS-External-LSAs(网络 N12-N14 各 1 个)。假如没有区域被配置为末梢区域,这些 LSAs 将被洪泛遍及整个 AS。不过,假如区域 3 被配置为末梢区域,网络 N12-N14 的 AS-External-LSAs 就不会洪泛到该区域中。而路由器 R11 将发起一个默认 Summary-LSA,该 LSA 将被洪泛传遍区域 3,指示所有区域 3 的内部路由器把到 AS 外的流量发送给 R11,由它再转发。

在洪泛过程中,许多 LSAs 可以包含在单个链路状态更新分组中运送,然后所有 LSAs 被洪泛传遍 OSPF 路由域。洪泛算法是可靠的,保证所有路由器拥有相同的 LSAs 集合,即链路状态数据库。

注意,唯有 AS-External-LSAs 要被洪泛传遍整个自治系统;所有其他类型的 LSAs 仅在单个区域内洪泛。不过,AS-External-LSAs 不被洪泛到末梢区域,这样可以减少末梢区域内路由器的链路状态数据库的大小。

由链路状态数据库,每个路由器构建以自己为根的最短路径树。根据树可以构建路由表,算法略,可以参见 RFC 2328。

5.5.4 外部网关协议 BGP

1. BGP 概述

BGP(Border Gateway Protocol)是设计用于 TCP/IP 互联网自治系统之间的路由选择协议。它的创建是基于 EGP 及其使用经验，这里的 EGP 是一个定义于 RFC 904 中的具体协议。BGP 最初版本 BGP-1 于 1989 年在 RFC 1105 中发布。后来又分别在 RFC 1163、RFC 1267、RFC 1771 中发布了 BGP-2、BGP-3、BGP-4，最新 BGP-4 发布在 RFC 4271 中。BGP-4(以后简称 BGP)增加了对 CIDR 的支持。而早期版本缺乏对 CIDR 的支持，所以都过时了，不能用于当今的因特网。

并非每个自治系统都需要使用 BGP，一个 AS 如果只有一条到因特网或另一个 AS 的连接，则不需要使用 BGP，而应使用默认路由或静态路由。提供中转服务的 AS(如 ISP)，有多条连接到其他 AS 的 AS，一般需要对数据流进出 AS 的路由选择策略和路由选择方式进行控制，在这些 AS 中应使用 BGP。在自治系统中需要配置一个或多个路由器运行 BGP，这些路由器称为 BGP 发言人(BGP Speaker)。一对通信的 BGP 发言人也可互称 BGP 对端(BGP Peer)。BGP 发言系统的主要功能是与其他 BGP 系统交换网络可达性信息。网络可达性信息包括可到达的网络信息以及到达网络所经过的一系列自治系统的信息。这些信息足够构造一个 AS 连通图，从图可以删除路由回路(Routing Loop)，并可以在 AS 级别上实施一些策略决策(Policy Decisions)。

BGP-4 提供一组机制支持 CIDR。这些机制包括支持将一组目的地作为一个 IP 前缀通告，并在 BGP 内部消除网络“类”的概念。BGP 还引入机制允许路由聚合，包括 AS 路径的聚合。

经由 BGP 交换的路由选择信息仅支持基于目的的转发模式(Destination-Based Forwarding Paradigm)，它假设路由器转发分组仅基于分组的 IP 首部中携带的目的地址。BGP 仅能够支持符合基于目的转发模式的策略。

2. BGP 特点

BGP 特点包括：

(1) BGP 是一个自治系统之间的路由选择协议。

(2) BGP 发言系统的主要功能是与其他 BGP 系统交换称为路径向量的网络可达性信息。BGP 通告下一跳和路径信息。

与距离向量路由选择协议类似，BGP 通告可到达的目的地和到达这些目的地各自的下一跳信息。BGP 发言人一般仅向其对端通告它自己使用的路由(指最首选的 BGP 路由，并且在转发中使用)。此外，BGP 还通告到达目的地的路径信息，允许接收方了解到达目的地的路径上的一系列自治系统，以避免路由环路以及执行路由策略。

(3) 经由 BGP 交换的路由选择信息仅支持基于目的的转发模式。

有些策略，基于目的的转发模式不支持，因而需要使用源路由技术来实施。这样的策略不能使用 BGP 实施。BGP 能够支持任何符合基于目的转发模式的策略。

(4) BGP 提供一组机制支持无类域间路由。

(5) BGP 假定一个 AS 内部的路由选择由 IGP 完成，BGP 对各个自治系统使用什么 IGP 没有特别的要求，对自治系统之间的互连拓扑不作限制。BGP 强调即使使用了多个 IGPs 和测度，一个 AS 的管理从其他自治系统看来应具有单个一致的内部路由选择规划并呈现一致的对通过它可达的目的地的描述。

(6) BGP 使用 TCP 作为传输协议，在 TCP 端口 179 上监听。TCP 提供可靠传输服务，因此 BGP 不需要执行显式的 BGP 报文分段、重传、确认和排序。

(7) BGP 采用增量更新以节约网络带宽。

运行 BGP 的路由器有一个独立于 IP 路由表的 BGP 路由选择表(BGP 表)，用于存储从其他路由器收到的信息，并将这些信息发送给其他路由器。在两个 BGP 系统之间建立一个 TCP 连接，连接上最初的数据流是输出策略所允许的 BGP 路由选择表。以后当 BGP 表有改变时，再发送增量更新。BGP 不要求定期地刷新 BGP 表。

路由器使用 BGP 路由选择进程从 BGP 表中选出前往每个网络的最佳路由，再与 IP 路由表中前往同一网络的路由进行比较，并根据管理距离确定其是否是最佳路由。如果是，则将其加入到 IP 路由表中。

(8) BGP 支持策略，不是简单地通告本地路由表中的路由，而是可以执行本地管理员选择的策略。例如，BGP 路由器经过配置，能够把自治系统内可达的目的地和允许通告给其他自治系统的目的地区分开来。

(9) BGP 需要周期地发送保活报文确保连接是活跃的。当连接出现错误时，发送通知报文并关闭 TCP 连接。

(10) BGP 提供鉴别机制，允许接收方对报文进行鉴别，即确认发送方的身份。

3. BGP 报文

BGP 定义了五种基本报文类型：OPEN(打开)、UPDATE(更新)、NOTIFICATION(通知)、KEEPALIVE(保活)和 ROUTE-REFRESH(路由刷新)。每个 BGP 报文都有固定大小的首部：

16字节的标记	2字节的长度	1字节类型

由于 BGP 基于 TCP，而 TCP 将高层协议数据看成是流式数据，不提供相邻 BGP 报文间的边界，因此需要标记字段标记报文的开始。在任何情况下，BGP 双方必须就标记值达成一致，这样才能使双方保持同步。在初始报文中，标记值为全 1，如果 BGP 双方同意使用鉴别机制，标记可以包含鉴别信息。首部中的长度字段指明以字节为计量单位的报文总长度，最小为 19 字节(不含数据部分)，允许的最大报文长度是 4096 字节。类型字段用于标识报文的类型，为 1 表示是 OPEN 报文，为 5 表示是 ROUTE-REFRESH 报文。

(1) OPEN 报文

两个 BGP 对等端一旦建立了 TCP 连接，就分别发送一个 OPEN 报文。OPEN 报告中声明发送者自己的 AS 号，并设置其他操作参数。如果 OPEN 报文被接受，对等端就会确认 OPEN 而发回 KEEPALIVE 报文。除了固定长度的 BGP 首部外，OPEN 报文还包含如图 5-27 所示的一些字段。

其中版本字段指示报文的协议版本号，当前 BGP 版本号为 4。保持时间（Hold Time）字段用来设定保持计时器，该计时器定义了 BGP 收到来自对等端的连续的 KEEPALIVE 和/或 UPDATE 报文可以经过的最大秒数。保持时间必须为 0 或者至少 3 秒。为 0 表示不使用 KEEPALIVE 报文。如果保持计时器的值大于 0，标准建议把 KEEPALIVE 间隔时间设置为保持计时器的 1/3，且不能小于 1 秒。如果保持计时器超时，则推断对等端不再可用。4 字节的 BGP 标识符唯一标识发送方，协议规定使用 BGP 发言人的一个 IP 地址作为 BGP 标识符的值，在启动时确定 BGP 标识符的值，并且用在每个本地接口及其与 BGP 对等端的通信中。

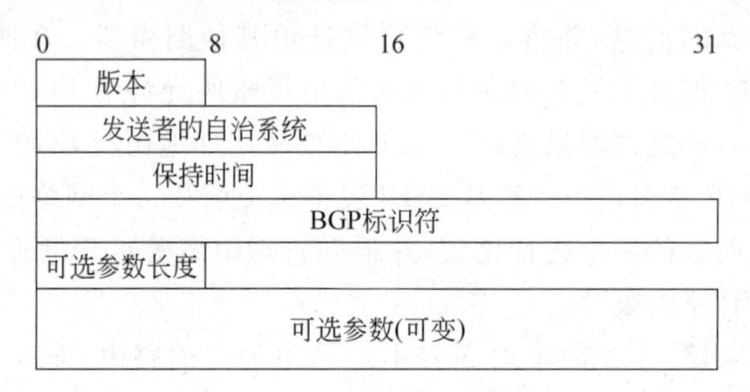

图 5-27　除 BGP 首部之外的 BGP OPEN 报文格式

可选参数长度指示可选参数字段以字节为单位的总长度。OPEN 报文的可选参数字段是可选的。可选参数包含一个参数列表，参数用于有关鉴别、能力、允许 32 位 AS 号等的协商。

（2）UPDATE 报文

两个 BGP 对等端发送 OPEN 报文并得到确认后，使用 UPDATE 报文相互传送路由选择信息。UPDATE 报文中的信息能够用于构建一幅图描述各个自治系统的关系。通过应用规则，路由环路和一些其他异常可能被发觉并从 AS 间路由（inter-AS routing）中删除。UPDATE 报文用于向对等端通告可行的且具有相同路径属性的路线，或者当目的地变得不可用时，用来撤销曾通告过但现在不可行的路线。除固定长度的 BGP 首部外，UPDATE 报文还可能包括如图 5-28 所示的字段，不过其中长度可变的字段并不出现在每个更新报文中。

撤销路由长度(2字节)
撤销路由(可变的)
总的路径属性长度(TPAL, 2 字节)
路径属性(Path Attributes, 变长)
网络层可达性信息(NLRI, 变长)

图 5-28　除 BGP 首部之外的 BGP UPDATE 报文格式

每个 UPDATE 报文分成两个部分，前一部分列出正准备撤销的目的地。如果没有要撤销的，则撤销路由长度字段值为 0，并省略撤销路由字段。撤销路由长度指出后面撤销路由字段以字节为单位的长度。后一部分给出要通告的新目的地的相关内容。如果没有新的目的地要通告，则 TPAL 字段值为 0，此时报文不包含路径属性和 NLRI 字段。

撤销路由和 NLRI 都是变长字段，都包含 IP 地址前缀的列表。为了适用于无分类编址,每个 IP 地址前缀编成一个 2 元组的形式<长度,前缀>。长度字段占 1 个字节,指明 IP 地址前缀的二进制位的长度,长度为 0 表示与所有 IP 地址匹配的前缀(此时没有前缀字段)。前缀字段包含一个 IP 地址前缀,后面接若干个使本字段位数为 8 的倍数的填充比特,这些后缀比特的值任意。

总的路径属性长度字段指出要通告的路由相关路径属性的长度(以字节为单位),由此可以确定 NLRI 字段的长度=BGP 报文长度−19−4−撤销路由长度−TPAL。

路径属性字段包含路径属性列表,每个路径属性是个变长的三元组<属性类型,属性长度,属性值>。属性类型占 2 个字节,由属性标志八位组和属性类型码八位组组成。属性标志主要用来标识属性是熟知的还是可选的,是可传递的还是不可传递的。属性类型码表示属性的类型,RFC 4271 中定义了 7 种属性类型,见表 5-9。目前已定义了 22 种路径属性,可参见 IANA 的在线发布。

表 5-9 BGP 路径属性

属性名称	类型码	含义
ORIGIN	1	熟知的强制的属性,定义路径信息的来历,可以来源于 IGP、EGP 或其他
AS_PATH	2	熟知的强制的属性,由一系列 AS 路径段组成,每个 AS 路径段包含一个或多个 AS 号
NEXT_HOP	3	熟知的强制的属性,定义应该用作到 NLRI 字段中列出的目的地的下一跳的路由器的(单播)IP 地址
MULTI_EXIT_DISC	4	可选的非传递的属性,一个 BGP 发言人的决策处理可能用该属性的值来区别到一个相邻自治系统的多个进入点
LOCAL_PREF	5	熟知的属性,一个 BGP 发言人用来通知其他内部对等端它对被通告路由的优先等级
ATOMIC_AGGREGATE	6	熟知的任意的属性,表示被聚合的路由中不含路由环路
AGGREGATOR	7	可选可传递的属性,6 字节长,包含形成聚合路由的最后一个 AS 号,以及形成聚合路由的 BGP 发言人的 IP 地址

一个 UPDATE 报文至多通告一组路径属性,但可以通告多个共享这些属性的目的地。一个 UPDATE 报文中包含的所有路径属性适用于该报文 NLRI 字段中所携带的所有目的地。一个 UPDATE 报文可以列出以前被通告过但现在要被撤销的多个路由。

(3) KEEPALIVE 报文

BGP 不使用 TCP 保活机制确定对等端是否可达,BGP 对等端之间通过足够多次交换 KEEPALIVE 报文来避免保持计时器超时。KEEPALIVE 报文之间合理的最大时间是保持时间间隔的 1/3,但 KEEPALIVE 报文发送频率也不必高于每秒 1 个。保持时间为 0 时不需要周期发送 KEEPALIVE 报文。KEEPALIVE 报文仅包含首部,19 字节长。

(4) NOTIFICATION 报文

当检测到错误状况时,BGP 发送通知(NOTIFICATION)报文,然后立即关闭 BGP 连接。除固定长度的 BGP 首部外,通知报文还包含的字段如图 5-29 所示。

差错码(1字节)	差错子码(1字节)	数据(可变)

图 5-29 除 BGP 首部之外的 BGP 通知报文格式

差错码指明通知的类型，目前定义了 6 个差错码：报文首部差错（Message Header Error）、OPEN 报文差错（OPEN Message Error）、UPDATE 报文差错、保持计时器超时（Hold Timer Expired）、有限状态机差错（Finite State Machine Error）和停止（Cease），差错码值分别为 1 到 6。差错子码提供更具体的有关错误的信息，每个差错码可能有若干差错子码，如果没定义子码，则子码字段置为 0。数据字段是变长的，用于诊断通知的原因，数据字段的内容取决于具体的错误。

(5) ROUTE-REFRESH 报文

BGP 发言人之间可以动态地交换路由刷新请求，然后再重新通告各自的 Adj-RIB-Out（允许通告的路由信息）。BGP 不要求周期刷新路由表，为允许本地策略改变时不用复位 BGP 连接，BGP 发言人应该或者保留其对等端向它通告的当前版本的路由信息，或者利用路由刷新功能。利用路由刷新功能，可以避免维护开销。一个 BGP 发言人若愿意接收来自对等方的路由刷新报文，应该在 BGP 会话建立时使用能力通告（OPEN 报文的能力可选参数）向对等方通告路由刷新能力。路由刷新报文的格式略，可参见 RFC 2918。

5.6 IP 组播

前面几节介绍了 IP 数据报单播交付机制及其相关技术，本节探讨 IP 的另一特性：数据报的多点交付，即 IP 组播。IP 组播的概念是 Steve Deering 在 1988 年首次提出的。1992 年 3 月 IETF 首次在因特网上试验了会议音频的组播。下面介绍 IP 组播的基本概念和主要相关技术。

5.6.1 IP 组播基本概念

IP 组播（IP Multicasting）是对硬件组播的互联网抽象，它仍然表示到达一个主机子集（包含若干主机）的传输，但它的概念更广泛，允许主机子集跨越互联网上任意的物理网络。这个子集在 IP 术语中称为组播组（Multicasting Group）。

对于一对多的通信，可以用单播实现，也可以用 IP 组播实现；相比而言，用 IP 组播实现可以大大节约网络资源。图 5-30 展示了组播的特点，图中网络 N1 和 N2 中的一些主机构成一个组播组 G，主机 S 是一个视频服务器，它可以不属于组播组 G。现在 S 要向 G 的成员发送一个包含视频信息的 IP 数据报。如果采用组播方式，源主机 S 只需要发送一个数据报，该数据报先到达路由器 R1，再到达 R2；在 R2 处再将数据报复制成 2 个拷贝，分别向 R3 和 R4 各转发一个拷贝；然后数据报被转发到具有硬件组播功能的局域网 N1 和 N2，也即到达成员主机上，如图 5-30 中箭头所示。多播数据报仅在传送路径分叉时才需要被复制再继续转发。如果采用单播方式，假如组 G 成员有 100 个，从源主机 S 就要发送 100 个副本，显然这很浪费网络资源。不仅如此，通过源主机单播实现一对多的通信，必然导致源主机负担重从而引入较大时延，而这对于一些时延敏感的应用，通常是无法容忍的。

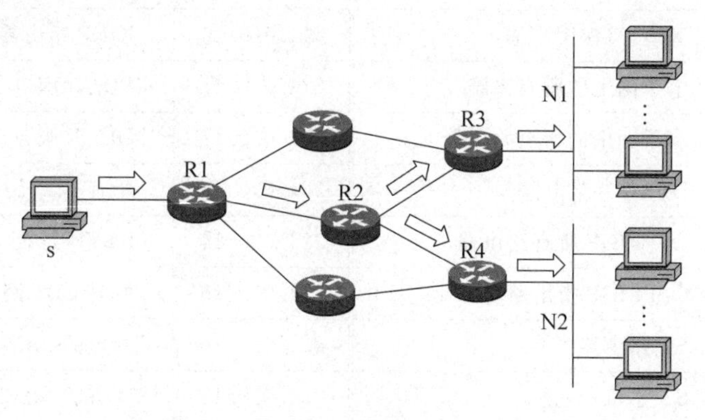

图 5-30　组播示例

当组播组的主机数很大时，采用组播可明显减轻网络资源的消耗。在因特网中组播主要靠运行组播协议的路由器（组播路由器）来实现。组播路由器可以是一个单独的路由器，也可以是运行组播软件的普通路由器。

从概念上讲，互联网组播系统有 3 个组成部分：组播编址机制、有效的通知与交付机制和有效的转发软件（Forwarding Facility）。主机需要一种通知机制把自己参与的组播组通知给组播路由器，路由器需要一种交付机制把组播数据报交付给主机。实现组播数据报正确有效的转发是实现组播的关键，目标是能够沿最短路径转发组播数据报，不向没有组成员的路径发送数据报拷贝，允许主机在任何时刻参加或退出组播组。

5.6.2　IP 组播地址和 IP 协议对组播的处理

首先要知道，IP 组播需要把 D 类地址（224.0.0.0～239.255.255.255）作为目的地址。回顾一下 D 类地址，前 4 个比特是 1110，其余 28 比特标识特定的组播组，其中不再有层次结构，也不包含任何其他信息。

IP 组播地址划分为 2 类：永久组地址和暂时性组地址。永久组地址也称为熟知组地址，由 IANA 指派用于因特网上的主要服务以及基础结构维护。永久组始终存在，不管组中是否有成员。暂时性组地址可供临时使用，需要时创建使用暂时性组地址的暂态组播组（Transient Multicast Group），没有组成员时则撤销该组播组。表 5-10 给出几个永久组地址的例子，更多永久组地址可参见 IANA 在线发布。

在 224.0.0.0 和 224.0.0.255 之间的地址保留用于路由选择协议和其他低级别的拓扑发现或维护协议。组播路由器不应该转发目的地址处于这个范围内的任何组播数据报，不管它的 TTL 值为多大。

IP 组播地址只可作为目的地址，不会出现在数据报的源地址字段，也不会出现在源路由或记录路由选项中。此外，不会为组播数据报产生 ICMP 差错报告。例如路由器对组播数据报的 TTL 的处理，与对单播数据报的一样，路径上每个路由器将 TTL 减 1，如果减为 0，则丢弃数据报，然而不同的是，不会因此发送 ICMP 报文。

表 5-10　永久组地址示例

永久组地址	含　义	永久组地址	含　义
224.0.0.0	基地址(保留)	224.0.0.10	IGRP 路由器
224.0.0.1	本子网上的所有系统	224.0.0.11	移动代理
224.0.0.2	本子网上的所有路由器	224.0.0.12	DHCP 服务器/中继代理
224.0.0.4	DVMRP 路由器	224.0.0.13	所有 PIM 路由器
224.0.0.5	OSPFIGP 所有路由器	224.0.0.14	RSVP-封装
224.0.0.6	OSPFIGP 指定路由器	224.0.0.15	所有 CBT 路由器
224.0.0.7	ST 路由器	224.0.0.16	指定的 SBM
224.0.0.8	ST 主机	224.0.0.17	所有的 SBM
224.0.0.9	RIP2 路由器	224.0.0.22	IGMP

组播数据报也要被封装在物理帧中发送，可分为两种情况。①物理网络仅支持单播和广播传送，此时一般用硬件广播方式传送组播数据报。②物理网络支持单播、广播和组播传送，如以太网，此时一般采用硬件组播方式传送组播数据报。

IP 协议特别规定了 IP 组播地址到以太网地址的映射：将 IP 组播地址中的低 23 位放入以太网组播地址 01.00.5E.00.00.00(16 进制)的低 23 位上。比如 224.0.0.1 映射为01.00.5E.00.00.01。不过这种映射并不是唯一的。因为我们知道 IP 组播地址有效位数为 28，只取 23 位产生以太网组播地址，显然有 2^5 个 IP 组播地址会映射到同一个硬件组播地址上。理论上确实存在冲突的可能性，但事实上冲突的机会不多。而且即使发生硬件地址冲突也没关系，因为各主机的 IP 软件还会根据 IP 组播地址判别传入的数据报可否接受。

IP 组播可以用在单个物理网络上。这种情况下，主机只要直接把数据报封装在帧中，就可以把它发给目的主机，不需要组播路由器，对用于本地网络控制的永久组的组播就是这样。

IP 组播也可以用在互联网上。这种情况下，需要组播路由器负责在网络间转发数据报。为此，组播路由器要管理组信息、传播组播路由选择信息并转发组播数据报。主机把组播数据报发给路由器所用的技术与单播数据报时不同。后一种情况要查找主机路由表确定初始路由器，并利用 ARP 解析路由器的硬件地址，将其作为帧的目的地址再发送承载单播数据报的帧。而主机发送组播数据报则不用查询主机的路由表，只需要使用网络硬件的组播能力将数据报发送到本地网上。如果网络上有组播路由器，它将接收组播数据报，并根据目的地址将数据报转发到其他网络上。当组播数据报要穿越不支持组播的互联网时，可使用 IP 隧道(IP-in-IP)技术传输，把组播数据报封装在常规的单播数据报中，单播数据报的源宿 IP 地址分别为隧道两头的组播路由器的 IP 地址。

在因特网中，并非所有主机都能参与组播通信。IP 协议规定，主机参与组播通信的方式有 3 级，如表 5-11 所示。注意，能发送组播数据报的主机未必能接收组播数据报，而能接收的必定能发送，因为前者可能是组外主机，而后者必然是组成员。

表 5-11 主机参与 IP 组播的 3 种级别

级别	含 义	级别	含 义
0	不能发送也不能接收 IP 组播数据报	2	既能发送也能接收 IP 组播数据报
1	能发送但不能接收 IP 组播数据报		

为了使主机具有发送组播数据报的能力，只需要对原主机 IP 软件增加 2 个功能：①使应用程序能够指定某组播 IP 地址作为本次传送的目的地址；②网络接口软件能够将 IP 组播地址映射到相应的硬件组播地址(或广播地址，若硬件不支持组播)。

为了使主机具有接收组播数据报的能力，对原主机 IP 软件的扩展较为复杂：①IP 软件必须提供应用程序加入或退出组播组的接口；②假如一个主机上有若干应用程序加入同一个组播组，IP 软件应为每一个应用程序传递一份发给该组的数据报的拷贝；③如果所有应用程序都离开了某个组播组，主机必须记住自己不再参与该组的通信；④IP 软件必须向本地组播路由器报告自己的组成员状态；⑤IP 软件必须为本机所连的每个网络分别维护一份组播地址列表，同时，应用软件要求加入或退出某组播组时，都要指定相关的特定网络。

5.6.3 IP 组管理协议

为了参与本网络上的 IP 组播，主机必须使用允许收发组播数据报的软件。而为了加入跨越物理网络的 IP 组播，主机另外还必须事先通知本地组播路由器关于自己加入某组播组的信息(也即组成员信息)。然后，各组播路由器之间再相互交换各自的组成员信息，并建立组播传送路由。本节介绍组播路由器和参与组播的主机之间交换组成员信息所用的协议——网际组管理协议(IGMP)。

IGMP 是 IP 协议的一部分，虽然 IGMP 和 ICMP 一样也使用 IP 数据报来携带报文。所有参与 2 级 IP 组播的主机必须包含 IGMP 软件。组播路由器都包含 IGMP 软件。目前最新版本是 IGMPv3(参见 RFC 3376，RFC 4604)，不过它是向后兼容的，因此同一网络上可以同时使用 IGMP 的三个版本。

IGMPv3 定义了两种报文类型：成员关系查询(Membership Query)报文和成员关系报告(Membership Report)报文。成员关系查询报文是由路由器发送的组播组成员探询报文，有 3 种变形：通用查询(General Queries)、特定组查询(Group-Specific)和特定组和源查询(Group-and-Source-Specific Queries)。成员关系报告用来报告主机接口的当前组播接收状态，组播接收状态的改变，由主机生成，发给组播路由器。IGMPv3 不仅允许主机报告加入某组播组，还可以指定接纳或拒绝来自特定源的发往该组播组的组播流量。

IGMP 工作过程可分为 2 个阶段：①当主机加入一个新的组播组时，向该组(使用该组的 IP 组播地址作为目的地址)发送一个 IGMP 报文，以声明其成员关系。本地组播路由器接收到这个报文后，一方面将这个组成员信息记录下来，另一方面向互联网上其他的组播路由器通告，以建立必要的路由。②为适应组成员的动态变化，本地组播路由器周期性地探询(例如每隔125s一次)其所连的本地网络上的主机,以确定本地网络中是否仍然有各个组播组的成员存在。只要有一个主机为某个组做出响应,路由器就认为该组是活跃的(因为有成员)。如果经过若干次探询都没有某组成员做出响应,则组播路由器就停止向其他组播路由器通告该组的成员信息。

由于一个网络中可以有多个主机参加多个组播组,还可能有多个组播路由器,因此IGMP特别考虑采取如下措施,避免组成员查询与报告造成本地网络(子网)的拥塞、产生不必要的流量或给无关主机带来额外开销:

(1) 主机与多播路由器之间的通信都尽量使用IP组播,以避免无关主机因接收和处理IGMP报文而付出额外开销。

IGMPv3中,组播路由器以全系统组地址(224.0.0.1)为IP目的地址发送通用查询,以待查组的组地址为IP目的地址发送特定组查询和特定组和源查询。以224.0.0.22为IP目的地址,发送IGMPv3报告,所有支持IGMPv3的组播路由器监听224.0.0.22。IGMPv1或v2兼容系统将IGMPv1或v2报告发送给报告的组地址字段所指定的组播组。

(2) 探询组成员情况时,不需要针对每个组播组发送一个查询报文,可以针对所有可能的组播组发送一个通用查询。路由器发送两次通用查询的间隔默认为125s。

(3) 主机不会同时响应IGMP查询。在查询报文中包含一个字段指定组成员最大响应时间N。当查询到达时,主机选择$0 \sim N$之间的一个随机时延,在这个时延之后再发送响应报文。这样可以避免同时的响应造成本地网络拥塞。

(4) 如果有多个组播路由器连接到同一个子网,它们会选出一个路由器负责本子网的组播查询。

(5) 在IGMPv3中,主机可以用一个报文报告自己的多个组成员关系,以节约带宽。路由器必须掌握每个主机的组成员关系和对发送源的过滤情况。

在IGMPv2中使用了另一种节省带宽的方法。各主机会监听其他主机的成员关系报告,一旦有主机报告了一个组播组的成员关系,其他主机就会抑制自己的报告。

5.6.4 组播转发和路由选择

组播转发和路由选择比单播的情形要复杂得多,体现在以下几个方面:

(1) 在单播路由选择中,只有当拓扑结构改变,链路带宽或负载发生改变,或设备出故障时才需要改变路由,而组播路由选择则不同,主机上一个应用程序加入或退出组播组就有可能造成组播路由的改变。

(2) 组播数据报可以从非组成员的主机上发起,并可能途经没有组成员的网络到达组成员主机。从特定源站到组播组所有成员的一组无环路路径可以用转发树(或交付树)来描述。其中组播数据报的源站是树的根节点,组播路由器对应于树中的一个节点,一条路径上的最后一个路由器称为叶路由器,连接在叶路由器上的网络称为叶网络。可见,对于某特定组播组,如果有多个处于不同物理网络上的数据报源站,将包含多个不同的转发树。

(3) 转发组播数据报时组播路由器不仅要检查目的地址,为了避免路由选择环路,还必须检查数据报的源地址。组播路由器必须有一个常规的路由表,其中有到每个目的地的最短路由。当组播数据报到达时,组播路由器取出源地址,在常规路由表中查找通往源站的接口,并避免向该接口转发该数据报。该机制称为反向路径转发(RPF)或反向路径广播(RPB)。

为了能够有效转发组播数据报,避免浪费带宽(如向既没有组成员也不通向组成员的网络传送组播数据报),组播路由器之间采用组播路由选择协议传播成员信息,构建组播路由表。组播路由表列出了通过路由器每个网络接口可以达到的组播组列表,每个表项由一对地址标识:(组地址,源站的网络前缀)。注意,组播路由表的大小与互联网的网络数和组播组数的乘积成正比。

组播路由器使用数据报的源地址和目的地址进行转发决策,分两个步骤。先用源地址查询常规路由器,应用 RPF 规则防止路由环路。再用目的地址查询组播路由表,检查可否通过路由器的某些接口到达目的地址指定的组成员,如果有就从这些接口转发数据报,如果没有就不从这些接口转发。此即为基本的组播转发模式,称为截尾反向路径转发(Truncated Reverse Path Forwarding,TRPF),或截尾反向路径广播(Truncated Reverse Path Broadcasting,TRPB)。

组播路由器使用组播路由选择协议传播组播路由信息。至今,IETF 已研究了不少组播路由选择协议,包括距离向量组播路由选择协议(DVMRP)[RFC 1075]、OSPF 组播扩展(MOSPF)[RFC 1584]、核心基干树(Core Based Trees,CTB)、协议无关组播-稀疏方式(Protocol Independent Multicast-Sparse Mode,PIM-SM)[RFC 4601]、协议无关组播-密集方式(Protocol Independent Multicast-Dense Mode,PIM-DM)[RFC 3973]。有两种基本的路由选择方法:数据驱动(Data-Driven)方法和需求驱动(Demand-Driven)方法。下面简单介绍一下这几种组播路由选择协议。

DVMRP 是一种内部网关协议,允许自治系统内组播路由器相互传递组成员关系和路由选择信息。它扩展了 RIP 协议,结合了 TRPB 算法。通过 RIP 来发现到源的最短路径,采用基于数据驱动的洪泛和修剪(Flood and Prune)策略构建转发树。

MOSPF 使用 OSPF 作为本地协议,将每一个路由器中的 IGMP 组成员通告作为 OSPF 区域中链路状态信息的一部分。MOSPF 可以使用路由器中的链路状态数据库构建基于源的组播分发树。

CBT 采用需求驱动的方式避免洪泛,并允许各源站尽可能地共享同一个转发树。CBT 为每个组构建一个共享的组播分发树,适于域间和域内的组播路由选择。CBT 把互联网分区(Region),每个区里指定一个核心路由器(也称核心、会合点),充当发送方和组接收方之间的会合点。区中有主机 H 加入组播组 G 时,本地路由器 L 一收到主机的请求,就生成一个 CBT 加入请求(JOIN_REQUEST)报文 J,并被单播发向核心路由器,动态建立转发树。在通往核心的路径上的每一个路由器都会对这个请求 J 进行检查。一旦已成为 CBT 共享树一部分的路由器 R 收到了该请求,R 就会向 L 返回确认(JOIN_ACK),继续传递 J,更新组播路由表并且开始向 H 方向转发组 G 的流量。在确认传回本地路由器 L 的过程中,中间路由器检查该报文,并配置路由表,以转发该组的流量。发送方可以将数据报通过隧道发给核心。

PIM-DM 是个与协议无关的，用于密集模式（网络中包含较多的组成员）的组播路由选择协议。采用数据驱动方式进行组播树的构造。它没有拓扑发现机制，而是使用下层的单播路由选择信息库提供反向路径信息，洪泛组播数据报到所有的组播路由器，并使用修剪报文避免把以后的数据报传播到没有组成员信息的路由器。所谓与协议无关，指的是 PIM 使用传统的单播路由表，但不限定使用何种单播路由选择协议建立这个表。

PIM-SM 是个与协议无关的，用于稀疏模式（网络中包含很少的组成员）的组播路由选择协议。PIM-SM 构建单向的共享树，每个组以一个集节点（Rendezvous Point，RP）为树的根，所有发向一个组的源站共享这个树，共享树也称为 RP 树。组播数据的发送方仅需要将数据发向组播组。发方的本地路由器接受数据分组，单播封装它们将其直接发给 RP。RP 接收这些被封装了的数据分组，去掉封装，将其转发到共享树上。分组然后沿着 RP 树被转发，并在分叉处被复制，最终到达组的所有接收方。此外 PIM-SM 还可选择为每个源创建最短路径树。

5.7 移动 IP

随着无线通信的兴起以及便携计算机的流行，产生了允许主机移动而且不中断正在进行的通信的需求。前面讨论的 IP 编址和 IP 数据报转发机制都是针对固定环境设计的。本节讨论由 IETF 设计的，允许便携计算机从一个网络移动到另一个网络的 IP 技术，即 IP 移动性支持（IP Mobility Support），一般简称为移动 IP（Mobile IP）。IETF 于 1996 年就公布了移动 IP 相关的建议标准。本节仅简单介绍 IPv4 移动 IP。

5.7.1 移动 IP 的概念

因特网当前使用的无分类 IP 编址机制是针对固定环境设计和优化的，主机地址的前缀标识与主机相连接的网络。如果一个主机从一个网络移动到一个新网络，根据前面介绍的内容，则主机地址必须改变，或者因特网上所有路由器都有到该主机的特定主机路由表项。这两个选择都不太可行，因为更改地址会中断所有现有传输层 TCP 连接；另一个选择需要在因特网上传播到所有移动主机的特定主机路由信息，这在通信上需要耗费大量带宽，在存储上需要有超大存储器存储路由表，显然从扩展性考虑这是极不可行的。

移动 IP 技术支持主机的移动，而且既不要求主机更改其 IP 地址，也不要求路由器获悉特定主机路由信息。它包括下列特征：

(1) 宏观移动性：移动 IP 并不支持主机的频繁移动，是为主机在给定位置停留相对较长一段时间的情况而设计的。

(2) 透明性：移动 IP 协议支持 IP 层以上的透明性，包括活跃 TCP 连接和 UDP 端口绑定的维护。对主机移动涉及不到的路由器来说，移动也是透明的。

(3) 与 IPv4 的互操作性：使用移动 IP 的主机既可以与运行常规 IPv4 软件的普通主机相互通信，也可以与其他移动主机通信，而且分配给移动主机的 IP 地址就是常规的 IP

地址。

(4) 物理广泛性：移动 IP 允许在整个因特网范围内的移动。

(5) 安全性：移动 IP 提供了可确保所有报文都经过鉴别的安全功能。

总的说来，移动 IP 是一种在整个因特网上提供移动功能的方案，它具有可扩展性、可靠性、安全性，并使主机在切换链路时仍可保持正在进行的通信。特别值得注意的是，移动 IP 提供一种路由机制，使移动主机可以以一个永久 IP 地址连接到任何链路(物理网络)上。

移动 IP 实现主机移动性的关键是允许移动主机拥有两个 IP 地址。一个是应用程序使用的长期固定的永久 IP 地址，称为主地址(Primary Address)或归属地址(Home Address)，该地址是在归属网络(Home Network)上分配得到的地址。另一个是主机移动到外地网络(Foreign Network)时临时获得的地址，称为次地址(Secondary Address)或转交地址(Care-of Address)。转交地址仅由下层的网络软件使用，以便经过外地网转发和交付。

移动 IP 定义了三种必须实现移动协议的功能实体：

(1) 移动主机。

(2) 归属代理(Home Agent)。有一个端口与移动主机同属于一个物理网络的路由器。归属代理和外地代理都会周期地发送代理通告消息，主机通过接收这些消息能够判定自己是否移动了。检测到自己移动后，主机通过与外地网通信获得一个转交地址，然后通过因特网将其新获得的转交地址通知给它的归属代理。归属代理还会解析送往移动主机的归属地址的数据报，并将这些包通过隧道技术传送到移动主机的转交地址上。

(3) 外地代理(Foreign Agent)。在移动主机的外地网络上的路由器。它可以给移动主机提供转交地址，帮助移动主机把它的转交地址通知给它的归属代理，并为已被归属代理设置了隧道的移动主机发送拆封后的 IP 包。但外地代理不是必需的。如果外地网络上有外地代理，则它将作为连接在外地网络上的移动主机的默认路由器。

5.7.2 移动 IP 的通信过程

移动 IP 包括三个主要部分：

(1) 主机移动后，要获取转交地址。有两种类型的转交地址。当外地网上没有外地代理时，移动主机可以通过 DHCP(动态主机配置协议)获取一个当地地址，这个地址称为同址转交地址(Co-Located Care-of-Address)。此时，移动主机要自己来处理所有转发和隧道动作。如果外地网上有外地代理，移动主机首先利用 ICMP 路由器发现机制[RFC 1256]发现外地代理，然后与该代理通信，获得一个转交地址，该地址称为外地代理转交地址(Foreign Agent Care-of-Address)。要注意的是，外地代理并不需要为每个移动主机分配一个唯一的 IP 地址，而是可以把自己的 IP 地址分配给每个到访的移动主机。

(2) 注册(Registration)。当移动主机发现它从一个网络移动到另一个网络时，就要进行注册。注册的主要目的是把移动主机的转交地址通知给它的归属代理，归属代理将根据转交地址把目的地址为移动主机主地址的数据报通过隧道送给移动主机。注册过程包括移动主机和它的归属代理之间一次注册请求和注册应答的交互，分为两种情况：

• 如果移动主机获得的是同址转交地址，则由移动主机直接进行注册，如图 5-31 所示。

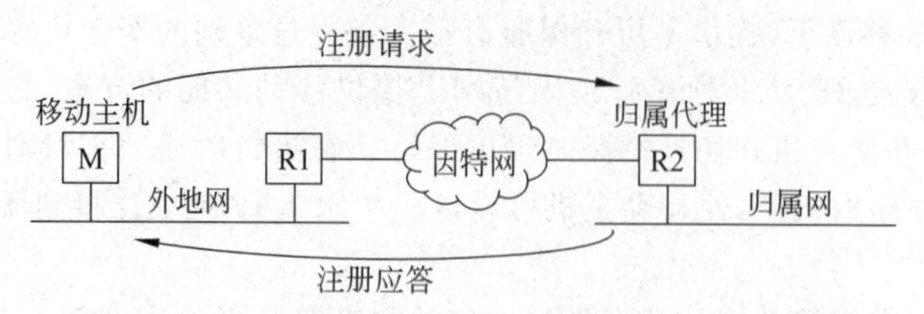

图 5-31 获得同址转交地址的移动主机的注册过程

• 如果有外地代理，移动主机通过代理发现机制获得代理转交地址，然后通过外地代理把注册请求消息中继给移动主机的归属代理。归属代理发送的注册应答也要通过外地代理中继给移动主机，如图 5-32 所示。

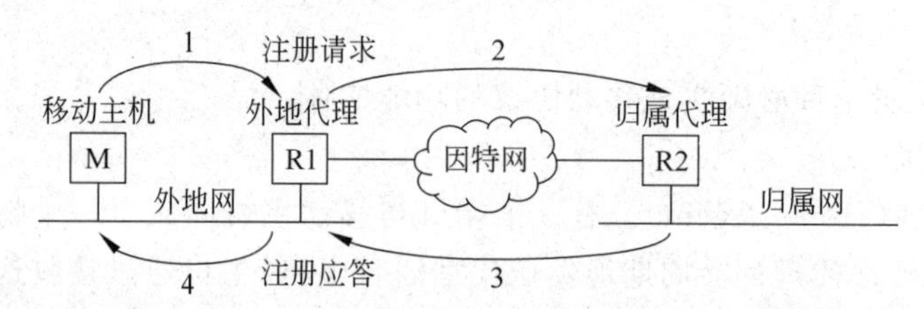

图 5-32 获得代理转交地址的移动主机的注册过程

移动主机回到归属网络后要进行注销。所有注册（包括注销）消息都是通过 UDP 发送的，注册请求消息必须被封装在目的端口号为 434 的 UDP 报文中。

(3) 数据报传送。移动主机连接到外地网络上时，对它发出或发往它的数据报要进行特殊的转发处理。

移动主机发送的数据报，源地址为移动主机的主地址，将被直接路由到通信对端。转发分为如下 3 种情况：

• 移动主机连接在归属网络上时就像普通主机一样工作。与其他主机拥有相同的路由表，路由表项和 IP 地址可以通过手工配置、DHCP 和 PPP 的 IPCP 得到，路由器的物理地址可以通过 ARP 得到。
• 移动主机连接在外地网络上，并且采用代理转交地址时，一般以外地代理作为移动主机当前的默认路由器。移动主机在外地网络时，禁止发送包含它的归属地址的 ARP 报文。外地代理的物理地址可以在包含代理通知消息（ICMP 路由器广播消息的扩展）的帧中找到。
• 移动主机连接在外地网络上，并且采用同址转交地址时，可以通过 DHCP 得到路由器的 IP 地址，通过发送包含同址转交地址的 ARP 请求获得路由器的物理地址。

发往移动主机的数据报，目的地址为移动主机的主地址，转发分为两种情况：

① 向位于归属网络上的移动主机传送数据报，无须特殊处理。

② 向位于外地网络上的移动主机传送数据报，数据报先被送往归属网络，由归属代

理截获这些数据报,然后经隧道将其发送到移动主机的转交地址。如果是代理转交地址,则经过封装的数据报先到达外地代理,然后再被直接交付给移动主机。

由上面的介绍可知,移动主机位于外地网与通信对端通信时,相互交互的数据报的路由构成了一个三角形,如图 5-33 所示。注意如果没有外地代理,隧道的两端应分别是归属代理和移动主机。

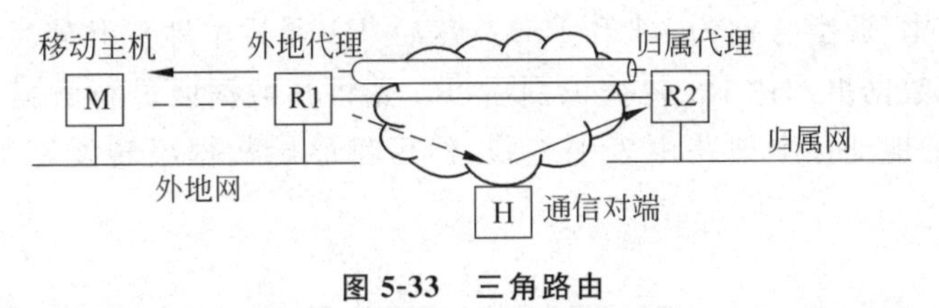

图 5-33 三角路由

三角路由显然不够优化,但优化路由存在安全方面的障碍。有关移动 IP 路由优化、安全,以及移动主机如何收发广播和组播包等问题,有兴趣的读者请参阅 IETF 的 Mip4 和 Mipshop 工作组公布的文档,这里不再讨论。

5.8 专用网络互连(VPN 和 NAT)

5.8.1 虚拟专用网

前面说过,因特网可以看成是单一的虚拟网络,所有的计算机都与它相连,这是一种单层抽象结构。因特网也可以看成一种双层结构。在这种结构中,每个机构有一个专用互联网,另外有一个中央互联网连接各个专用互联网。

专用互联网内主机之间的通信相对于外界应该是不可见的,即私密的。如果一个机构仅由一个网点组成,容易保证私密性。如果一个机构由分散的多个网点构成,为了保证私密性,最直接的方法是租用数字线路或帧中继永久虚电路来连接各个网点,不过成本较高。虚拟专用网(Virtual Private Network,VPN)技术提供了一种低成本的替代方法,允许机构使用因特网互连多个网点,并用加密来保证网点之间的通信量的私密性。

实现 VPN 有两种基本技术:隧道传输技术和加密技术。VPN 定义的是一条从某网点的一个路由器到另一个网点的一个路由器之间的通过因特网的隧道,使用 IP-in-IP 封装要经过隧道转发的数据报。为了防止经过因特网时被窥视,在将外发数据报封装到另一个数据报之前,先要将整个数据报进行加密。VPN 使用的 IP-in-IP 封装如图 5-34 所示。

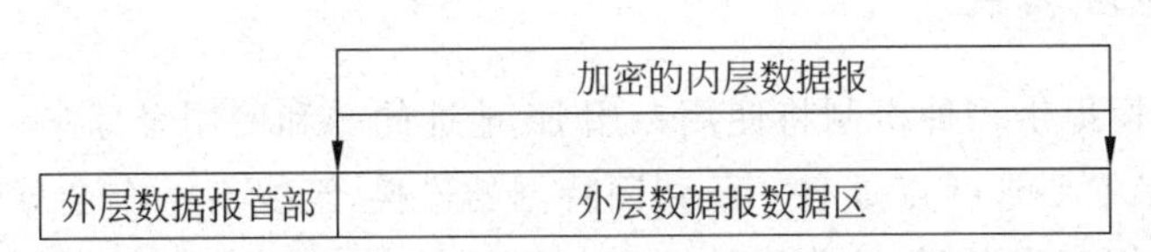

图 5-34 VPN 使用的 IP-in-IP 封装

当发自一个网点的数据报通过隧道到达接收路由器时,路由器先将数据区解密,还原出内层数据报，再将其转发给另一网点内的某台主机。

下面简单了解一下 VPN 的路由选择技术。图 5-35 所示为一个 VPN 以及处理隧道的一个路由器的路由表。考虑从 128.9.2.0/24 网络上某主机向 128.9.4.0/24 网络上某主机发送数据报。发送主机首先将数据报转发给 R2，R2 再把数据报转发给 R1。根据路由表，R1 应将数据报通过隧道转发给 R3。因此，R1 先对数据报做加密处理，再把它封装在外层数据报中(源宿分别为 R1 和 R3)。然后，R1 通过本地 ISP 转发外层数据报，经过因特网的外层数据报到达 R3 并被识别后，R3 先将其数据区进行解密，还原出原始数据报，再取出目的地址在本地路由表中查找，然后将原始数据报转发至 R4，由它进行最后的交付。

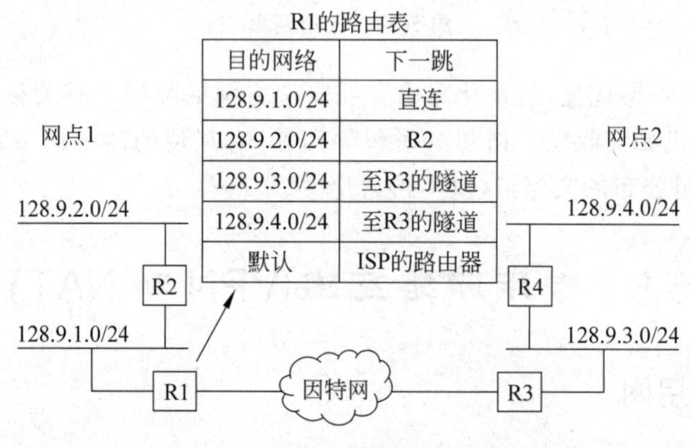

图 5-35　包含 2 个网点的 VPN 示例

VPN 能够为机构的各网点之间提供成本不高且能保密的通信服务，网点中可以只有一台主机。例如，现在不少公司向其员工提供 VPN 软件，以便员工能够利用因特网相对安全(防窃听)地访问本公司的网络。

学习 CIDR 时，我们提到过为节约 IPv4 地址，各专用互联网可以使用专用地址。当采用专用地址时，每个网点只需要一个全球有效的 IP 地址，用于 VPN 需要的隧道传输。

专用互联网内主机一般不仅需要和本互联网内主机通信，还需要访问因特网的其他部分。如果专用互联网没有为网点中每个主机都分配全球有效 IP 地址，那么可以使用应用网关(Application Gateway)或网络地址转换(Network Address Translation，NAT)技术实现网点内使用专用地址的主机和因特网上本专用互联网外的主机通信。下面简单介绍 NAT 技术。

5.8.2　网络地址转换

网络地址转换提供一种机制将使用专用 IP 地址的域和使用全球唯一注册 IP 地址的外部域连通。NAT 要求网点具有一条到因特网的连接，至少有一个全球唯一 IP 地址 G。可在互连网点和因特网的路由器上运行 NAT 软件，将 G 分配给该路由器。运行 NAT 软件的计算机称为 NAT 盒(NAT Box)。有两种传统 NAT 方法：基本网络地址转换(基本 NAT)和网络地址和端口转换(NAPT)。

基本NAT对传入数据报和外发数据报中的地址进行转换。用G替代每个外发数据报中的源地址，同时NAT在NAT转换表中记录外发数据报的源和目的地址。这样，从外部主机的角度看，所有数据报都来自NAT盒。传入数据报从因特网到达NAT时，NAT在转换表中查找传入数据报的源地址，提取相应的内部主机地址，用它替换数据报中的目的地址，再通过网点内互联网把数据报转发给内部主机。整个过程对于通信双方是透明的。缺点是如果NAT盒仅有一个全球唯一地址，则不允许网点内同时有多台主机并发访问给定的某个外部地址。对此，多地址NAT(持有多个全球唯一地址)可提供多个内部主机并发访问给定的某外部主机。

NAPT通过转换TCP或UDP协议端口号以及地址允许不受限的并发访问。NAPT对NAT转换表做了扩展，除了一对源地址以外，还要包含一对源和目的协议端口号(端口号将在下一章讨论)，以及转化后的本地端口号(NAPT使用的协议端口号)。

例如有5个主机在与外部通信，NAPT的地址和端口转换情况见表5-12。

表5-12 NAPT的转换表举例

内部地址(专用地址)	内部端口	NAPT端口	外部地址	外部端口	所用协议
10.10.8.27	21043	14007	211.23.33.12	80	tcp
10.10.9.23	43572	14012	211.23.33.12	80	tcp
10.10.9.12	21043	14013	211.23.33.12	80	tcp
10.10.12.124	89542	14015	130.126.13.45	21	tcp
10.10.1.10	5112	14018	202.115.232.57	66919	udp

注意表中前三个主机正在访问同一外部主机的同一外部TCP端口，TCP用五元组标识每个连接(参见下一章)。这三个连接在网点内部和网点外部(经过NAPT转换后)的五元组标识见表5-13。

表5-13 经过NAPT转换前后的TCP连接的五元组标识

在网点内部	经过NAPT转换后
(10.10.8.27,21043,211.23.33.12,80,tcp)	(G,14007,211.23.33.12,80,tcp)
(10.10.9.23,43572,211.23.33.12,80,tcp)	(G,14012,211.23.33.12,80,tcp)
(10.10.9.12,21043,211.23.33.12,80,tcp)	(G,14013,211.23.33.12,80,tcp)

从示例可以发现，NAPT的优点是能够仅用一个全球有效地址获得通用性、透明性和并发性。主要缺点是通信仅限于TCP和UDP。对于ICMP，NAT需要另做处理以维持透明性。此外，如果需要在应用协议数据中传递地址或端口信息，也不能使用NAT，除非使NAT能够识别应用，并对协议数据做必要的修改。绝大多数NAT实现只能识别很少几个应用。

本章小结

TCP/IP 体系的核心层是网络层和传输层，相应的核心协议是 IP 和 TCP 两大协议。本章主要讨论 TCP/IP 体系的网络层，也称 IP 层。IP 层负责为不同物理网络上的主机提供通信功能，另一任务是路由选择，主要内容包括：

(1) 网络层编址。IP 编址屏蔽了物理网络编址细节。介绍了最初的分类编址方案，能够给多个子网分配相同分类 IP 网络地址的子网划分方案，以及现在正在使用的能够进一步提高地址空间利用率的无分类编址方案。

(2) IP 地址到物理地址的解析 ARP 协议。ARP 报文被直接封装在物理帧中发送，查询主机通过发送 ARP 请求和接收 ARP 响应解析本物理网络上另一主机的物理地址。

(3) IP 协议的三大功能：无连接的数据报交付、数据报的转发、IP 差错与控制(ICMP)。数据报屏蔽了物理网络帧的细节。IP 软件负责数据报的转发，根据每个数据报中的目的地址查找源主机或路由器上的路由表决定把数据报发往何处。ICMP 是 IP 的一个组成部分，当一个数据报产生差错时，使用 ICMP 向其源站报告差错情况，ICMP 也用于提供信息或网络测试。

(4) 因特网路径建立与刷新机制。介绍了自治系统(AS)的概念，用于 AS 内部的路由选择协议 RIP 和 OSPF，以及用于 AS 之间的路由选择协议 BGP-4。RIP 使用距离向量算法。而 OSPF 使用链路状态算法，并支持将自治系统划分区域，因此适用于较大的 AS。一个 AS 中的 BGP 发言人使用 BGP 与位于另一 AS 中的对等端通信，双方相互通告自己的网络可达性信息，从而允许不同自治系统中的主机能够相互通信。

(5) IP 组播。IP 组播是对硬件组播的抽象，它允许将一份从源站发出的数据报交付到多个目的站。IP 组播组是动态变化的，主机的应用程序可以在任何时候加入或退出组播组。IP 组播不限于单个物理网络。主机使用 IGMP 与组播路由器通信，报告自己的组成员关系。组播路由器传播组成员信息，并为组播数据报选择适当的路由，使所有组成员都能收到每份数据报的拷贝。

此外，本章还简单讨论了移动 IP、虚拟专用网 VPN 和网络地址转换 NAT。

(1) 移动 IP 允许主机从归属网络移到另一个网络，而且不用更改其 IP 地址，也不需要所有路由器传播特定主机路由。移动主机有一个永久的主地址——归属地址。在外地网时首先获得一个次地址，即转交地址，然后再向归属代理注册，请求它转发数据报，移动主机返回归属网后要进行注销。

(2) 虚拟专用网(VPN)技术提供了一种低成本的方法，允许一个拥有分散的多网点的机构，使用因特网互连多个网点，并保证网点之间通信的私密性。VPN 主要利用加密和隧道技术实现。

(3) 网络地址转换(NAT)提供一种机制将使用专用 IP 地址的域和因特网连通。主要方法是在网点边界设置一个 NAT 盒，由它将外出数据报的源 IP 地址和源端口转换为一个全球唯一地址和一个 NAT 本地唯一的端口号，并在转换表中登记，以便对进入数据报作对应逆操作。

练 习 题

5.1 网络互连有何实际意义？进行网络互连时，有哪些共同的问题需要解决？

5.2 转发器、网桥和路由器有何区别？

5.3 试简单说明 IP、ARP、RARP 和 ICMP 协议的作用。

5.4 分类 IP 地址共分几类？各如何表示？单播分类 IP 地址如何使用？

5.5 试说明 IP 地址与硬件地址的区别，为什么要使用这两种不同的地址？

5.6 简述以太网上主机如何通过 ARP 查询其默认路由器的物理地址。

5.7 试辨认以下 IP 地址的网络类别：

(1) 138.56.23.13　　(2) 67.112.45.29

(3) 198.191.88.12　　(4) 191.62.77.32

5.8 IP 数据报中的首部检验和不检验数据报中的数据，这样做的最大好处是什么？坏处是什么？

5.9 当某个路由器发现数据报的检验和有差错时，为什么采取丢弃的办法而不是要求源站重传此数据报？计算首部检验和为什么不采用 CRC 检验码？

5.10 在因特网中 IP 数据报片在哪儿进行组装？这样做的优点是什么？

5.11 假设互联网由两个局域网通过路由器连接起来。第一个局域网上某主机有一个 400 字节长的 TCP 报文传到 IP 层，加上 20 字节的首部后成为 IP 数据报，要发向第二个局域网。但第二个局域网所能传送的最长数据帧中的数据部分只有 150 字节。因此数据报在路由器处必须进行分片。试问第二个局域网向其上层要传送多少字节的数据？

5.12 一个数据报长度为 4000 字节(包含固定长度的首部)。现在经过一个网络传送，此网络能够传送的最大数据长度为 1500 字节。试问应当划分为几个短些的数据报片？各数据报片的总长度字段、片偏移字段和 MF 标志应为何数值？

5.13 如何利用 ICMP 报文实现路由跟踪？

5.14 划分子网有何意义？子网掩码为 255.255.255.0 代表什么意思？某网络的子网掩码为 255.255.255.248，问该网络能够连接多少台主机？某一 A 类网络和一 B 类网络的子网号分别占 16 比特和 8 比特，问这两个网络的子网掩码含义有何不同？

5.15 设某路由器建立了如表 5-14 所示的路由表。

表 5-14 路由表

目的网络	子网掩码	下一跳
128.96.39.0	255.255.255.128	接口 0
128.96.39.128	255.255.255.128	接口 1
128.96.40.0	255.255.255.128	R2
192.4.153.0	255.255.255.192	R3
*(默认)	—	R4

此路由器可以从接口 0 和接口 1 直接交付分组,也可通过相邻的路由器 R2、R3 和 R4 进行转发。现共收到 5 个分组,其目的站 IP 地址分别为:

(1) 128.96.39.10　(2) 128.96.40.12　(3) 128.96.40.151

(4) 192.4.153.17　(5) 192.4.153.90

试分别计算其下一跳。

5.16 某单位分配到一个 B 类 IP 地址,其网络号为 129.250.0.0。该单位有 4000 台机器,平均分布在 16 个不同的地点。如选用子网掩码为 255.255.255.0,试给每一个地点分配一个子网地址,并算出每个地点主机 IP 地址的最小值和最大值。

5.17 设某 ISP(因特网服务提供者)拥有 CIDR 地址块 202.192.0.0/16。先后有 4 所大学(A、B、C、D)向该 ISP 分别申请大小为 4000、2000、4000、8000 个 IP 地址的地址块,试为 ISP 给这 4 所大学分配地址块。

5.18 简述采用无分类编址时的 IP 数据报转发算法。

5.19 试简述 RIP、OSPF 和 BGP 路由选择协议的主要特点。

5.20 有个 IP 数据报从首部开始的部分内容如图 5-36 所示(十六进制表示),请标出 IP 首部和传输层首部,并回答:

(1) 数据报首部长度和总长度各为多少字节?

(2) 数据报的协议字段是多少,表示什么意思?

(3) 源站 IP 地址和目的站 IP 地址分别是什么?(用点分十进制表示)

(4) TTL、校验和字段分别是多少?

(5) 源端口和宿端口是什么?并请推测所用的应用层协议是什么?

```
45 00 02 79 1C A4 40 00
80 06 00 00 0A 0A 01 5F
DA 1E 73 7B 07 38 00 50
19 71 85 77 7F 25 2B AA
50 18 FF FF 5B 6E 00 00
47 45 54 20 2F 73 2F 62
6C 6F 67 5F 34 62 63 66
64 64 63 64
```

图 5-36　IP 数据报部分内容

5.21 以下地址前缀中的哪一个与 2.52.90.140 匹配?

(1) 0/4　(2) 32/4　(3) 4/6　(4) 80/4

5.22 IGMP 协议的要点是什么?隧道技术是怎样使用的?

5.23 为什么说移动 IP 可以使移动主机以一个永久 IP 地址连接到任何链路(网络)上?

5.24 分析划分子网、无分类编址以及 NAT 是如何推迟 IPv4 地址空间的耗尽的?

5.25 简述 NAPT 的优缺点。

5.26 简述 VPN 的主要作用及其技术要点。

第6章 chapter 6

传 输 层

传输层的作用是在通信子网提供服务的基础上，为上层应用层提供有效的、合理的传输服务。使高层用户在相互通信时不必关心通信子网的实现细节和具体服务质量。传输层是TCP/IP参考模型的重要层次。本章在讨论传输层功能的基础上，主要阐述无连接的传输层协议UDP和面向连接的传输层协议TCP两大传输层协议，最后简述套接字和套接字编程的基本概念。

6.1 传输服务

6.1.1 传输层的功能

面向连接的传输服务与面向连接的网络服务十分相似，无连接的传输服务与无连接的网络服务也十分相似。既然有了网络层，为何还要设置传输层？下面给出相应的解释。

(1) 两个主机进行通信实际上是两个主机中的应用进程互相通信。一个主机中经常有多个应用进程同时分别与另一个主机中的多个应用进程通信。网络层协议或网际互联协议能够将分组送达目的主机，但它无法交付给主机中的应用进程(在TCP/IP协议族中，IP地址标识的是一个主机，而不是标识主机中的应用进程)，如图6-1所示。因此，网络层是通过通信子网为主机之间提供逻辑通信，而传输层则是依靠网络层的服务在两个主机的传输

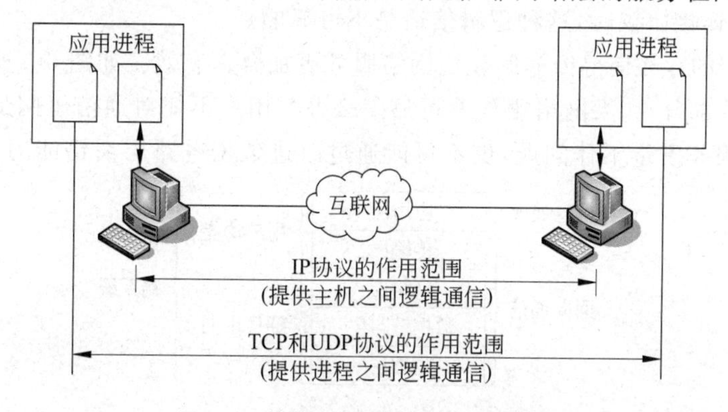

图6-1 传输层和网络层协议的区别

层实体之间建立一条端到端的逻辑通信信道，即为应用进程之间提供逻辑通信。

因此，传输层一个很重要的功能就是复用和分用，如图 6-2 所示。应用层不同进程递交下来的报文到达传输层后，再往下就复用网络层提供的网络服务。当这些报文由网络层选路和控制经过主机与通信子网各中间节点之间若干链路的转送到达目的主机后，目的主机的传输层就使用分用功能，将报文分别交付给相应的应用进程。

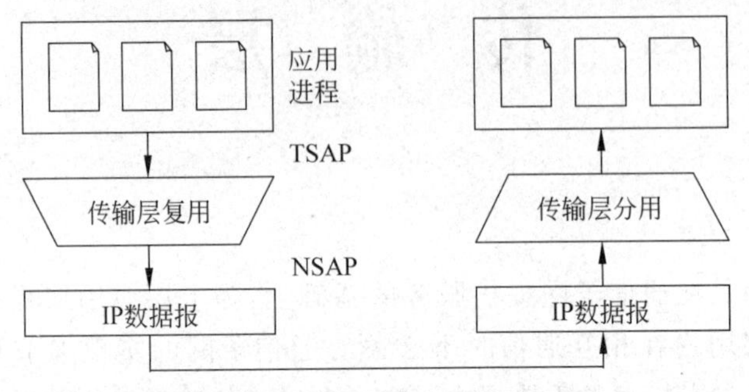

图 6-2 传输层的复用和分用

传输层向应用层提供服务的是传输层实体，传输层服务用户是应用层实体。传输层两个对等实体间遵循传输协议，保证了能够向应用层提供服务。传输层提供的服务需要使用网络层及其下层提供的网络服务。传输层与应用层之间的服务访问点 TSAP 是端口，传输层与网络层之间的服务访问点 NSAP 是 IP 数据报首部的协议字段。

(2) 传输层对整个报文段进行差错校验和检测。因为 IP 数据报每经过一个路由器都要重新计算校验和，为了提高传输效率，IP 首部中的首部校验和字段只检验首部是否出现差错而不检查数据部分。为保证将应用数据正确交付给应用层，传输层 TCP 和 UDP 的校验和既要校验首部也要校验数据部分，并且只在发送端进行一次校验和计算，在接收端进行一次检测，中间经过的路由器对 TCP 和 UDP 而言是透明的，不会重复计算校验和。

(3) 根据应用的不同，传输层需要执行不同的传输协议来提供不同的传输服务。当传输层采用面向连接的协议（如 TCP）时，它为应用进程在传输实体间建立一条全双工的可靠逻辑信道，尽管下面的网络可能是不可靠的（如 IP 交换网络）。当传输层采用如 UDP 这样的无连接协议时，这种逻辑信道是不可靠的。

(4) 传输层的存在使得传输服务比网络服务更加合理有效。如图 6-3 所示，网络层是通信子网的组成部分，如果网络服务不可靠怎么办？用户不能对通信子网加以控制，无法解决网络层的服务质量不佳问题，更不可能通过改进数据链路层纠错能力来改善低层条

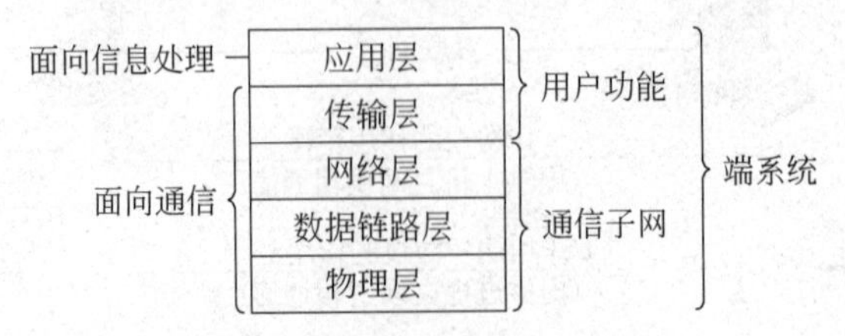

图 6-3 传输层的功能归属

件。解决这一问题唯一可行办法就是在网络层上面增加一层，即传输层。TCP/IP 协议的传输层既包括 TCP，也包括 UDP，它们提供不同的传输服务。应用层协议如果强调数据传输的可靠性，那么选择 TCP 较好，分组的丢失、残缺甚至网络重置都可以被传输层检测到，并采取相应的补救措施。如果应用层协议强调实时应用或者广播、多播等要求，那么选择 UDP 为宜。

注意，从通信处理的角度看，传输层属于面向通信功能的最高层。但从用户功能来划分，则传输层又属于用户功能中的最低层。传输层是整个网络体系结构中关键的一层。

(5) 传输层采用一个标准的原语集提供传输服务。由于传输服务独立于网络服务，故可以采用一个标准的原语集提供传输服务。而网络服务则因不同的网络可能有很大差异。因为传输服务是标准的，它为网络向高层提供了一个统一的服务界面，所以用传输服务原语编写的应用程序就可以广泛适用于各种网络。

显然，从以上分析可以看出要实现上述的功能，仅有网络层是不够的，在主机中就必须装有传输层协议。一个传输层协议通常可同时支持多个进程的连接。若通信子网所提供的服务越多，传输协议就可以做得越简单。若网络层提供虚电路服务，并且能保证报文无差错、不丢失、不重复，并且按序进行可靠交付，传输协议就很简单。但若网络层提供的是不可靠的数据报服务，要保证传输服务质量，则要求主机有一个复杂的传输协议。

6.1.2 传输层编址

传输层的 UDP 和 TCP 都使用了端口(Port)与上层的应用进程进行通信，端口就是传输层服务访问点 TSAP(也就是与应用进程的接口)，一些应用进程的默认端口参见图 6-4。端口的作用就是让应用层的各种应用进程都能将其数据通过端口向下交付给传输层，以及让传输层知道应当将其报文段中的数据通过端口向上交付给应用层相应的进程。从这个意义上讲，端口是应用层进程的标识。

应用层	DHCP	SNMP	TFTP	SMTP	FTP	HTTP
	(67)	(161)	(69)	(25)	(21)	(80)
传输层	UDP			TCP		
网络层	IP					

图 6-4 端口的作用示意图

在传输层与应用层的接口上所设置端口是一个 16 位的地址，并用端口号进行标识，所以 TCP 和 UDP 各有 65536 个端口可以使用。注意，端口只有本地意义。传输层的端口有以下两种类型：

(1) 熟知端口：专门分配给一些最常用的应用层程序，数值为 0～1023。这些端口号是 TCP/IP 体系确定并公布的，因而是所有用户进程都熟知的。

(2) 一般的端口号：用来随时分配给请求通信的客户进程，数值为 1024～65 535。

6.1.3 无连接服务和面向连接服务

从通信的角度上看，网络中各层所提供的服务可以分成两大类：无连接的服务(Connectionless)与面向连接的服务(Connection-Oriented)，其比较如表 6-1 所示。

表 6-1 两大类服务的比较

无连接的服务	面向连接的服务
通信之前不需要建立连接	数据通信之前需要建立连接，传输过程中需要保持连接，数据通信完毕之后释放连接
数据按顺序发送，但未必按顺序接收	按序接收
不可靠服务	可靠服务
协议简单，效率高	协议复杂，效率不高

无连接的服务与面向连接的服务在网络体系结构的各层中都有实现。一些具体实现的协议见表 6-2 所示。

表 6-2 两大类服务的具体实现协议

协 议 层 次	无连接的服务	面向连接的服务
传输层	UDP	TCP
网络层	IP	X.25 分组级
数据链路层	CSMA/CD	HDLC，PPP

6.2 无连接的传输层协议 UDP

6.2.1 UDP 概述

用户数据报协议（UDP）只是在 IP 数据报服务之上增加了端口复用与分用和差错控制的功能。UDP 协议具有如下特点：

(1) UDP 是无连接的。在传输数据前不需要与对方建立连接。

(2) UDP 提供不可靠的服务。数据可能不按发送顺序到达接收方，也可能会重复或者丢失数据。

(3) UDP 同时支持点到点和多点之间的通信。

(4) UDP 是面向报文的。发送方的 UDP 对应用程序交下来的报文，在封装成 UDP 用户数据报之后就向下交付给网络层处理；接收方的 UDP 对网络层交上来的 UDP 用户数据报，去除首部之后就递交给应用程序。需要说明的是，UDP 适于传输短的报文数据。

6.2.2 UDP 首部格式

1. UDP 格式

UDP 由数据字段和首部字段组成，如图 6-5 所示。UDP 首部由 4 个字段组成，每个字段都是两个字节。各字段意义如下：

(1) 源端口字段：标识源端口号。

(2) 目的端口字段：标识目的端口号。

(3) 长度字段：UDP 数据报的长度，以字节为单位，包括首部的 8 个字节在内。

2字节	2字节	2字节	2字节	
源端口	目的端口	长度	校验和	数据

图 6-5　用户数据报 UDP 首部

(4) 检验和字段：防止在传输中出错，其计算过程如下文所述。

2. UDP 校验

在计算检验和时在 UDP 数据报之前要增加 12 个字节的伪首部，如图 6-6 所示。所谓"伪首部"是因为这种首部只在计算 UDP 校验和的时候使用，既不向下层传送，也不向上层递交。

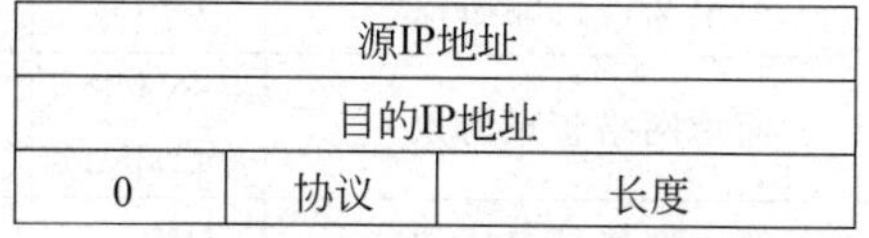

图 6-6　计算校验和使用的伪首部

下面以例 6-1 介绍校验和的计算过程。这种计算校验和的方法，完整地校验了通信双方的 5 元组信息（包括源 IP 地址、源端口、目的 IP 地址、目的端口、通信协议），其特点是简单，处理快速，便于高速数据传输。

例 6-1：网络需传输的 UDP 数据报数据如下，以十六进制数表示。其中第一行数据是 IP 数据报首部的内容，第二行数据是 UDP 数据。请计算其 UDP 校验和。

45 00 00 20 f9 12 00 00 80 11 bf 9f c0 a8 00 64 c0 a8 00 66

13 61 13 89 00 0c ?? ?? 50 43 41 55

解：

(1) UDP 首部的校验和字段设置为 0，如果 UDP 数据字段长度为奇数，则填充一个"0"字节。

(2) 将 UDP 首部和数据部分按照 16 位为单位划分为：

1361　1389　000c　0000　5043　4155

(3) 伪首部部分参与校验和计算，源 IP 地址 c0a8 0064，目的 IP 地址 c0a8 0066，IP 首部协议字段为 17（十六进制数为 11），UDP 长度字段为 12（十六进制数为 0C），按照 16 位为单位划分为：

c0a8　0064　c0a8　0066　0011　000C

(4) 进行反码求和运算。其规则是从低位到高位逐位进行计算。0+0=0，0+1=1，1+1=0 但要产生一个进位。如果最高位产生进位，加到末尾。

1361+1389+000c+0000+5043+4155

+c0a8+0064+c0a8+0066+0011+000C=23AC5

将高位产生进位加到末尾得 2+3AC5=3AC7

(5) 最后对累加的结果取反码，即得到 UDP 校验和。

上述步骤的计算结果 3AC7 取反码为 C538，就是 UDP 校验和字段的值。

6.2.3 UDP 实例

UDP 不保证可靠交付，但在传输数据之前不需要建立连接，UDP 比 TCP 的开销要小很多。只要应用程序接受这样的服务质量就可以使用UDP。在很多的实时应用（如IP电话、实时视频会议等）以及广播或者多播的情况下，则必须使用UDP协议。使用UDP协议的应用层协议如表6-3所示。

表6-3　使用UDP协议的应用层协议

协议名称	协议	默认端口	使用UDP协议原因说明
域名系统	DNS	53	为了减少协议的开销
动态主机配置协议	DHCP	67	需要进行报文广播
简单文件传输协议	TFTP	69	实现简单，文件需同时向许多机器下载
简单网络管理协议	SNMP Trap	161 162	网络上传输SNMP报文的开销小 SNMP接收Trap消息
路由选择信息协议	RIP	520	实现简单，路由协议开销小
实时传输协议	RTP	5004	因特网的实时应用
实时传输控制协议	RTCP	5005	

6.3　面向连接的传输层协议TCP

6.3.1　TCP概述

TCP是Internet的TCP/IP协议家族中最重要的协议之一。因特网中各种网络特性参差不齐，必须有一个功能很强的传输协议，满足互联网可靠传输的要求。TCP协议具有如下特点：

(1) TCP是面向连接的。在通信之前必须双方必须建立TCP连接。

(2) TCP提供可靠的服务。TCP协议可以保证传输的数据按发送顺序到达，且不出差错、不丢失、不重复。

(3) TCP只能进行点到点的通信。

(4) TCP是面向字节流的。发送方的TCP将应用程序交下来的数据视为无结构的字节流，并且分割成TCP报文段进行传输，在接收方向应用程序递交的也是字节流。

6.3.2　TCP首部格式

应用层的报文传送到传输层，加上TCP的首部，就构成TCP的数据传送单位，称为报文段(Segment)。在发送时，TCP的报文段作为IP数据报的数据。加上首部后，成为IP数据报。在接收时，IP数据报将其首部去除后上交给传输层，得到TCP报文段。再去掉其首部，得到应用层所需的报文。

TCP报文段首部的前20个字节是固定的，其后面是根据需要而增加的选项，如图6-7所示。

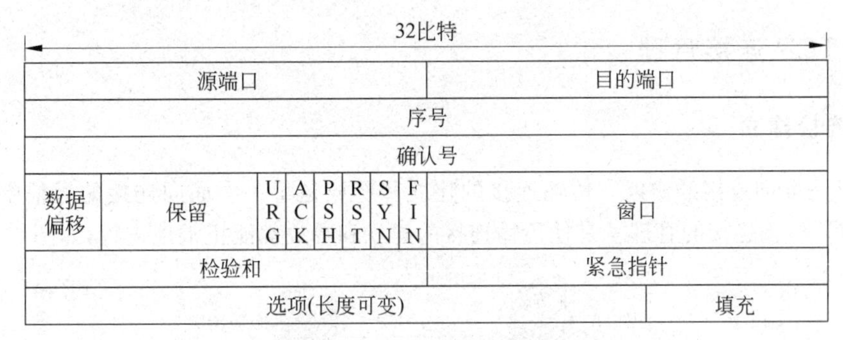

图 6-7 TCP 报文段的首部

(1) 源端口和目的端口：端口是传输层与应用层的服务接口。5 元组信息(包括源 IP 地址、源端口、目的 IP 地址、目的端口、TCP)可以唯一标识一个 TCP 连接。

(2) 序号：TCP 是面向字节流的，TCP 传送的报文可看成为连续的字节流。TCP 报文段中每一个字节都有一个编号，该字段指明本报文段所发送的数据的第一个字节的序号。

(3) 确认号：期望收到的下一个报文段首部的序号字段的值。确认具有累积效果。若确认号为 M，则表明序号 M－1 为止的所有数据都已经正确收到。

(4) 数据偏移：指出 TCP 报文段的首部长度，以 4 字节为单位。

(5) 标志位：用于区分不同类型的 TCP 报文，相应标志位置位时有效，其含义如表 6-4 所示。

表 6-4 TCP 首部标志位的含义

标 志 位	含 义
URG	表明此报文段中包含紧急数据
ACK	表明确认号字段有效
PSH	表明应尽快将此报文段交付给接收应用程序
RST	表明 TCP 连接出现严重差错，须释放连接，然后再重新建立连接
SYN	在连接建立是用来同步序号
FIN	用来释放一个连接

(6) 窗口：该字段在传输过程中经常动态变化，表明现在允许对方发送的数据量，以字节为单位。TCP 使用窗口机制进行流量控制。

(7) 检验和：检验和字段检查的范围包括伪首部、TCP 首部和数据两部分，与 UDP 校验和计算方法相同，但是伪首部中的协议字段值是 6。

(8) 紧急指针：只有在 URG＝1 时才有效，指明本报文段中紧急数据的字节数。

(9) 选项：长度为 0～40 字节，注意必须填充为 4 字节的整数倍。最常用的选项字段是最大段长度 MSS。

6.3.3 TCP 连接管理

1. 连接建立

TCP是面向连接的协议。传输连接的建立和释放是每一次面向连接的通信中必不可少的过程。传输连接的管理就是使传输连接的建立和释放都能正常地进行，如图6-8所示。

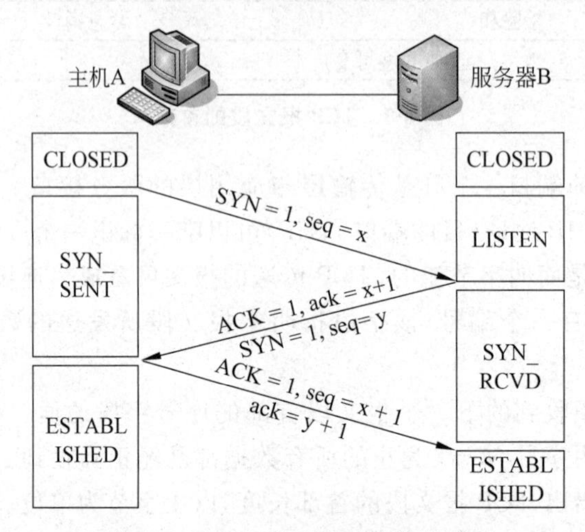

图6-8　TCP三次握手建立连接过程

（1）主机A的TCP向服务器B的TCP发出连接请求报文段，其首部中的同步比特标志位SYN应置为1，同时选择一个初始序号seq＝x。

（2）服务器B的TCP收到连接请求报文段后，则发回确认，标志位ACK应置为1，确认号应为ack＝x＋1。因为连接是双向的，所以服务器B也发出和A的连接请求，在报文段中同时应将SYN置为1，为自己选择一个初始序号seq＝y。

（3）主机A的TCP收到此报文段后，还要向服务器B给出确认，ACK应置为1，其确认号为ack＝y＋1。

TCP连接建立采用的这种过程叫做三次握手(Three-Way Handshake)。注意，TCP报文段首部的SYN和FIN置位的时候，需要消耗一个序列号，而仅有ACK置位时，不需要消耗序列号。在连接建立后，双方可以进行双向的数据传输了。

例6-2：仅使用二次握手而不使用三次握手时，会出现什么情况？

解：考虑主机A和服务器B之间的通信，如图6-9所示。

假定主机A给服务器B发送一个连接请求报文段，服务器B收到了这个报文段，并发送了确认应答报文段。按照两次握手的协定，服务器B认为连接已经成功地建立了，可以开始发送数据报文段。

然而另一方面，主机A在服务器B的应答报文段在传输中被丢失的情况下，将不知道服务器B是否已准备好，不知道服务器B建议什么样的序号用于服务器B到主机A的传输，也不知道服务器B是否同意主机A的初始序列号，主机A甚至怀疑服务器B是否收到自己的连接请求报文段。在这种情况下，主机A认为连接还未建立成功，将丢弃

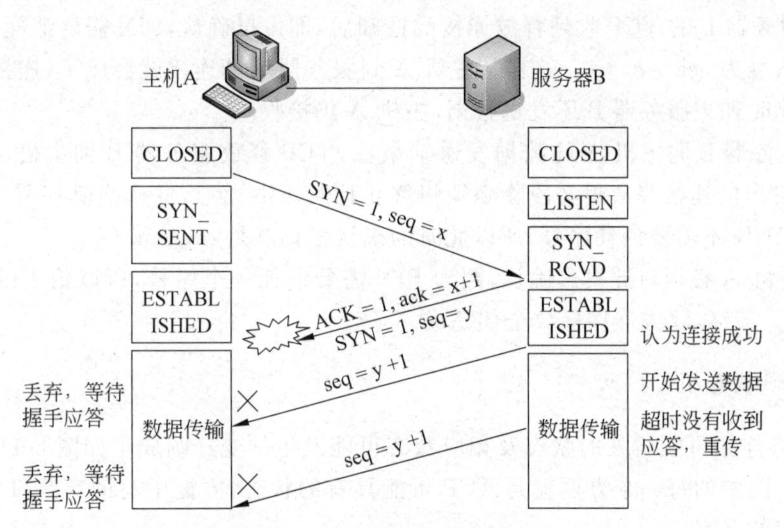

图 6-9 TCP 二次握手导致死锁

服务器 B 发来的任何数据报文段，只等待接收连接确认应答报文段。

而服务器 B 在发出的数据报文段超时后，重复发送同样的报文段。这样就形成了死锁。

2. 连接释放

在数据传输结束后，通信的双方都可以发出释放连接的请求，如图 6-10 所示。

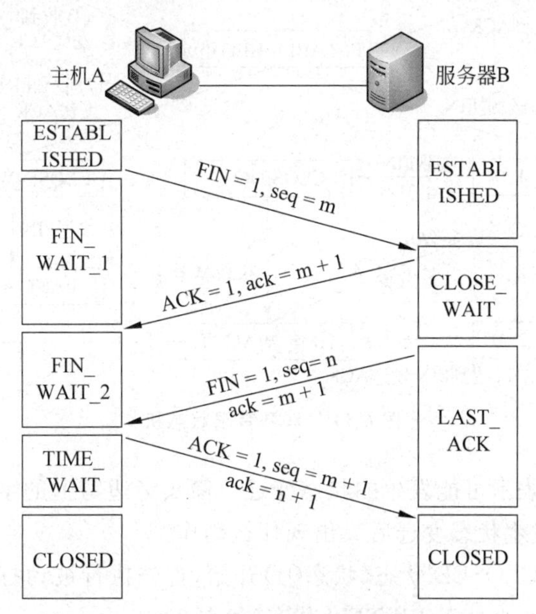

图 6-10 TCP 四次握手释放连接过程

(1) 主机 A 的 TCP 通知对方要释放从主机 A 到服务器 B 这个方向的连接，将发往主机 B 的 TCP 报文段首部的终止比特标志位 FIN 置 1，假定此时序号为 seq=m。

（2）服务器B的TCP收到释放连接的通知后，即发出确认，FIN需要消耗一个序号，所以其确认号为ack＝m＋1。这样从主机A到服务器B的连接就释放了，连接处于半关闭状态。此时如果服务器B还发送数据，主机A仍接收。

（3）服务器B向主机A的数据发送结束后，TCP释放服务器B到主机A的连接。服务器B发出的连接释放报文段除必须将终止比特FIN置1，并假定其序号seq＝n，因为标志位ACK不需要消耗序号，所以此时的确认号仍然是ack＝m＋1。

（4）主机A必须对此发出确认，因为FIN需要消耗一个序号，所以给出的确认号为ack＝n＋1。最终，双方连接释放全部完成。

3. 有限状态机

TCP将连接可能所处的状态及相应状态可能发生的变迁画成了如图6-11所示的有限状态机。图中的每一个方框就是TCP可能具有的状态，方框中写的字是TCP标准中给该状态起的名字。

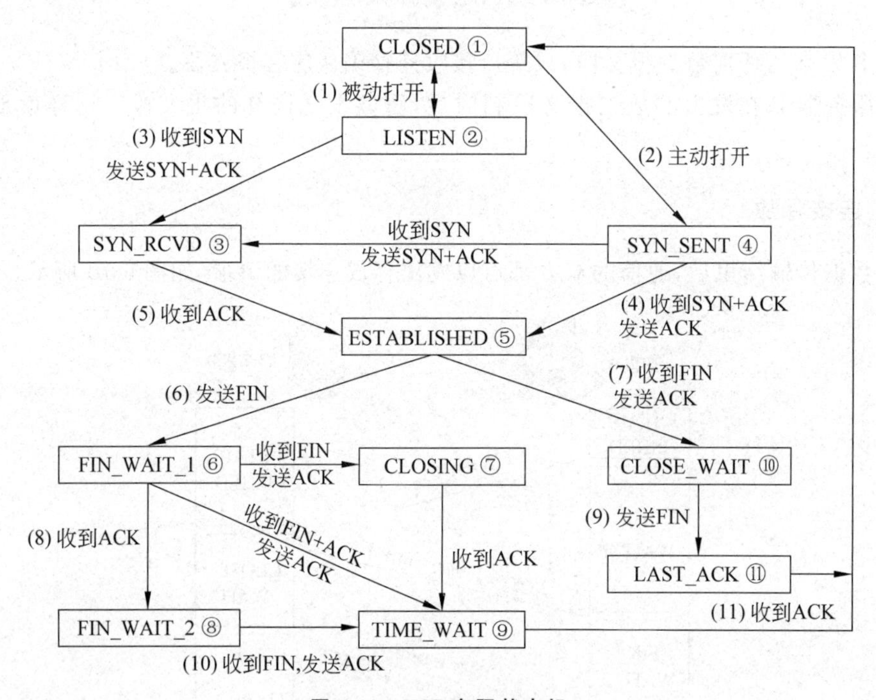

图6-11 TCP有限状态机

状态之间的箭头表示可能发生的状态变迁。箭头旁边写上的字，表明是什么原因引起这种变迁，或表明发生状态变迁后又出现什么动作。

（1）服务器端从CLOSED状态（状态①）开始，首先执行被动打开的操作（状态①→②），连接还未建立时一直处于LISTEN状态（状态②）。

（2）客户端也从CLOSED状态（状态①）开始，发起连接请求，执行主动打开的操作（状态①→④），发送一个SYN置为1的报文，因而进入SYN_SENT状态（状态④）。

（3）服务器端收到来自客户端的SYN置为1的连接请求报文后，发送确认ACK，并且报文中的SYN也置为1(状态②→③),然后进入SYN_RCVD状态(状态③)。

(4) 当客户端收到来自服务器的SYN和ACK同时置1的报文时,客户端就发送出三次握手中的最后的一个ACK(状态④→⑤),就进入连接已经建立的状态ESTABLISHED(状态⑤)。

(5) 服务器端在收到三次握手中的最后一个确认ACK时(状态③→⑤),也转为ESTABLISHED状态(状态⑤),此时双方可以进入数据传送阶段。具体内容见下节阐述。

当应用进程结束数据传送时,就要释放已建立的连接。这里假设是客户端先发起的连接释放过程。

(6) 客户端主机的TCP发送FIN置为1的报文(状态⑤→⑥),等待着确认ACK的到达。这时状态变为FIN_WAIT_1(状态⑥)。

(7) 服务器端收到从客户端发送的FIN报文段,发出确认ACK(状态⑤→⑩),此时服务器状态变为被动关闭CLOSE_WAIT状态(状态⑩)。

(8) 当客户端主机收到来自服务器端的确认ACK时(状态⑥→⑧),则处于半关闭状态,状态变为FIN_WAIT_2(状态⑧)。

(9) 当服务器端数据传输完毕,就发送出FIN置为1的报文给客户端(状态⑩→⑪),此时服务器端状态变为LAST_ACK状态(状态⑪)。

(10) 当客户端主机收到服务器发送的FIN置为1的报文后,发送确认ACK(状态⑧→⑨),此时客户端进入TIME_WAIT状态(状态⑨)。这时另一半连接也关闭了。但是TCP还要等待报文段在网络中的寿命的两倍时间,TCP才删除原来建立的连接记录(状态⑨→①),返回到初始的CLOSED状态(状态①)。

(11) 当服务器端收到客户端的ACK时,服务器进程就释放连接,删除连接记录,状态回到原来的CLOSED状态(状态⑪→①)。

6.3.4 TCP可靠传输

TCP是可靠的传输层协议,主要通过确认机制和超时重传机制来实现可靠传输,下面分别做介绍。

1. 确认机制

TCP将所要传送的整个应用层报文(这可能要嵌在多个TCP报文段中发送)看成是一个个字节组成的数据流,然后对每一个字节编一个序号。在连接建立时,双方要商定初始序号。TCP就将每一次所传送的报文段中的第一个数据字节的序号,放在TCP首部的序号字段中。

TCP的确认是对接收到的数据的最高序号(即收到的数据流中的最后一个字节的序号)表示确认。但返回的确认序号是已收到的数据的最高序号加1。也就是说,确认序号表示期望下次收到的第一个数据字节的序号。确认具有“累积确认”效果。

由于TCP能提供全双工通信,因此通信中的每一方都不必专门发送确认报文段,而可以在传送数据时顺便把确认信息捎带传送。这样做可以提高传输效率。

例6-3:用TCP传送112字节的数据。设窗口字段为100字节,而TCP报文段每次也是传送100字节的数据。再设发送端和接收端的起始序号分别选为100和200,试画出连接建立阶段到连接释放的图。

解：连接建立阶段到连接释放如图6-12所示。

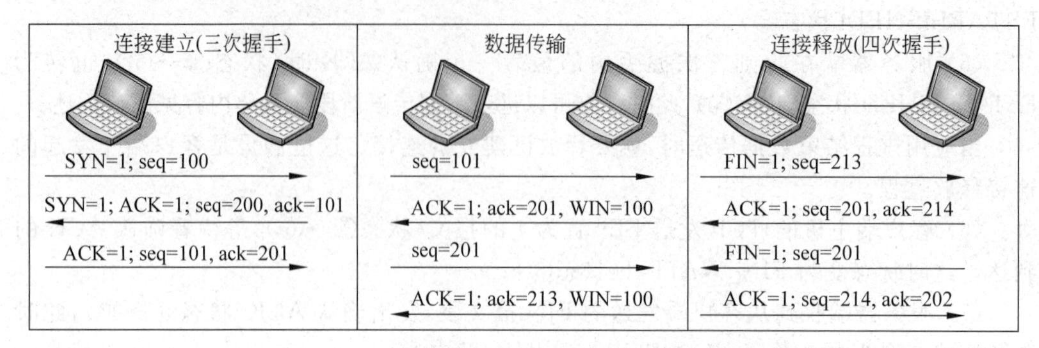

图6-12 TCP连接建立阶段到连接释放示意图

(1) 连接建立时标志位SYN和连接释放时标志位FIN置位时,都需要消耗掉一个序列号(下一次传输时序号字段加1),而仅标志位ACK置位不需要消耗序列号。

(2) TCP数据是按照字节编号的。由于每次只传送100字节的数据,所以对于112字节的数据,需要拆分成2个TCP报文段进行传输。第一个TCP报文段的序号字段值是101,传输的字节流是101～200;第二个TCP报文段的序号字段值是201,传输的字节流是201～212,一共12个字节。

(3) 确认号具有"累积确认"效果。在数据传输过程中,如果第一个确认号(ACK＝1;ack＝201,WIN＝100)丢失,但是收到第二个确认号(ACK＝1;ack＝213,WIN＝100),仍然表示序号212前的所有字节流都已经正确收到,不需要重传TCP报文段。

若收到的报文段无差错,只是未按序号,那么应如何处理？TCP对此未作明确规定,而是让TCP的实现者自行确定。目前有两种常用的处理方式：一是将不按序的报文段丢弃;二是先将其暂存于接收缓冲区内,待所缺序号的报文段收齐后再一起上交应用层。

例6-4：发送端每个报文中含有100字节的数据,且连续发送了8个报文段,其序号分别为1,101,201,…,701。设接收端正确收到了其中的7个,而未收到序号为201的报文段。请比较以上两种处理方式的优缺点。

解：

(1) 丢弃不按序到达的报文段。从序号201开始的所有报文段重传。这种方法处理简单,但是其效率不高,不要缓存保存数据分片。因为因特网采用的是数据报方式,有些报文段没有按照顺序到达,将导致重传后续已经正确到达的所有数据段。

(2) 先将不按序的报文段暂存于接收缓存内,待所缺序号的报文段收齐后再一起上交应用层。接收端可以将序号为301～701的5个报文段先进行暂存,而发回ack＝201的确认(即序号为200及这以前的都已正确收到了)。当发送端重发的序号为201的报文段正确到达接收端后,接收端就发回ack＝801的确认。这种方法较为复杂,而且需要较大缓存,但可以提高网络的传输效率。

2. 超时重传机制

超时重传机制最关键的因素是重传定时器的定时设置，但是确定合适的往返时延RTT是相当困难的事情。因为TCP的下层是一个网际互联环境。发送的报文段可能只经过一个高速率的局域网，但也可能是经过多个低速率的广域网，并且数据报所选择的路由还可能会发生变化。

TCP采用了一种自适应算法。算法思想描述如下：记录每一个报文段发出的时间，以及收到相应的确认报文段的时间，这两个时间之差就是报文段的往返时延。将各个报文段的往返时延样本加权平均，就得出报文段的平均往返时延RTT。每测量到一个新的往返时延样本，就按下式重新计算一次平均往返时延：

$$\begin{cases} \text{RTT 新值} = \text{RTT 样本(第一次测量)} \\ \text{RTT 新值} = \alpha \times \text{RTT 旧值} + (1-\alpha) \times \text{新的 RTT 样本(第二次以后的测量)} \end{cases}$$

在上式中 $0 \leqslant \alpha < 1$。若 α 很接近于1，表示新算出的往返时延RTT和原来的值相比变化不大，而对新的往返时延样本的影响不大。若选择 α 接近于零，则表示加权计算的往返时延受新的往返时延样本的影响较大。典型的 α 值为7/8。

例6-5：已知TCP的往返时延的当前值是30ms。现在收到了三个接连的确认报文段，它们比相应的数据报文段的发送时间分别滞后的时间是26ms、32ms和24ms。设 $\alpha=0.9$。试计算新的估计的往返时延值RTT。

解：$\text{RTT}_{新值} = 30 \times \alpha + 26 \times (1-\alpha) = 29.6\text{ms}$

$\text{RTT}_{新值} = 29.6 \times \alpha + 32 \times (1-\alpha) = 29.84\text{ms}$

$\text{RTT}_{新值} = 29.84 \times \alpha + 24 \times (1-\alpha) = 29.256\text{ms}$

即使有了RTT的值，要选择一个合适的超时重传间隔仍然是困难之事。正常情况下，TCP使用 $\text{RTO} = \beta \times \text{RTT}$ 作为超时重传间隔，最初的实现中，$\beta = 2$，但经验表明常数值不够灵活，而且当发生变化时不能很好做出反应。因此引入RTT的偏差的加权平均值RTTD，计算方法如下：

$$\begin{cases} \text{RTTD}_{新值} = \text{RTT}_{样本}/2\text{(第一次测量)} \\ \text{RTTD}_{新值} = \beta \times \text{RTTD}_{旧值} + (1-\beta) \times |\text{RTT}_{新值} - \text{RTT}_{样本}|\text{(第二次以后的测量)} \end{cases}$$

在上式中 $0 \leqslant \beta < 1$。典型的 β 值为3/4。

最后，超时重传时间RTO采用以下公式计算出来：

$$\text{RTO} = \text{RTT}_{新值} + 4 \times \text{RTTD}_{新值}$$

上面所说的往返时间的测量，实现起来相当复杂。发送出一个报文段，重发时间到了，还没有收到确认，于是重发此报文段，后来收到了确认报文段。现在的问题是：如何判定此确认报文段是对原来的报文段的确认，还是对重发的报文段的确认。由于重发的报文段和原来的报文段完全一样，因此源站在收到确认后，就无法做出正确的判断。

根据以上所述，Karn提出了一个算法：在计算平均往返时延时，只要报文段重发了，就不采用其往返时延样本。这样得出的平均往返时延和重发时间当然就较准确了。

3. 定时器

为了保证数据传输正常进行，TCP实现中应用到以下三种定时器：

(1) 重传定时器：发送方发送数据后，将发送的数据放到缓存中，同时设定重传定时器，如果超时重传时间RTO之内没有收到来自接收方的确认报文段，则将缓存数据重发。

(2) 持续定时器：接收方由于缓存满，就会给发送方发送一个窗口字段为0的报文段。当接收方缓存有了空闲时候，会发送窗口更新报文段给发送方。考虑这种情况，窗口更新报文段丢失了。此时，接收方有了缓存空间，等待发送方发送数据；而发送方没有收到窗口更新报文段，不能发送数据，也处于等待状态，从而双方进入了死锁情况。持续定时器就是为了避免这种情况发生而设定的。当持续定时器超时，发送方给接收方发送一个探寻消息，接收方响应将发送窗口更新报文段给发送方。

(3) 保活定时器：当一个连接双方空闲了比较长的时间后，该定时器计时超时，从而发送一个报文段查看通信的另一方是否依然存在。如果对方无应答，则此连接终止。

6.3.5 TCP流量控制

TCP采用大小可变滑动窗口的方式进行流量控制。窗口大小的单位是字节。根据接收方接收能力，通过接收窗口rwnd(Receive Window)可以实现端到端的流量控制，接收端将接收窗口rwnd的值放在TCP报文的首部中的“窗口”字段，传送给发送端。

发送窗口在连接建立时由双方商定初始值。在通信的过程中，接收端可根据自己的资源情况，随时动态地调整自己的接收窗口，然后告诉发送方，使发送方的发送窗口和自己的接收窗口一致。这种由接收端控制发送端的做法，在计算机网络中经常使用。

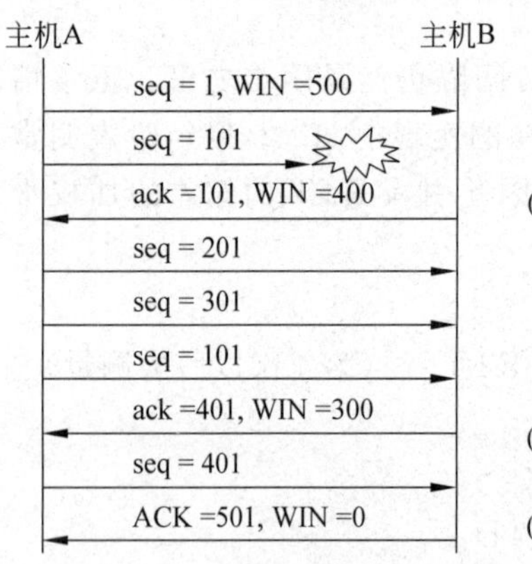

图 6-13 TCP 流量控制例题图

例 6-6：TCP采用大小可变滑动窗口的方式进行流量控制。根据图6-13的通信情况，设主机A向主机B发送数据。双方商定的窗口值是500。设每一个报文段为100字节长，序号的初始值为1(图6-13中第一个箭头上的seq＝1)。请问接收方对发送方进行了几次的流量控制？

解：主机B对主机A进行了三次流量控制。

(1) 第一次将窗口从初始的500字节减小为400字节。

(2) 当接收方收到SEQ＝101的报文段后，进行累积确认，第二次进行流量控制，又将窗口调整为300字节。当然，发送端实际能够发送的报文段大小还得和cwnd比较。

(3) 第三次将窗口减至零，即不允许发送方再发送数据了。这种状态将持续到主机B重新发出一个新的窗口值为止。但在这个时候，发送方仍然可以发送URG＝1的紧急数据。

6.3.6 TCP 拥塞控制

拥塞控制的基本功能是避免网络发生拥塞，或者缓解已经发生的拥塞。TCP/IP 拥塞控制机制主要集中在传输层实现。

流量控制和拥塞控制的区别。流量控制所要做的就是抑制发送端发送数据的速率，使接收端来得及接收。基本方法是接收方控制发送方的数据流。拥塞控制是一个全局性的过程，涉及与降低网络传输性能有关的所有因素。拥塞控制的前提条件：网络能够承受现有的网络负荷。

TCP 为了进行有效的拥塞控制，需要通过拥塞窗口 cwnd(congestion window)来进行衡量网络的拥塞程度。注意，发送窗口的取值依据拥塞窗口和接收窗口中的较小的值，即 Min[rwnd,cwnd]。rwnd 在流量控制中已阐述，在下文中将只关注 cwnd。发送方维持 cwnd 的状态变量，其大小取决于网络拥塞的程度，并且动态变化。发送方控制拥塞窗口的原则是：只要网络没有出现拥塞，拥塞窗口就可以再增大一些，以便把更多的分组发送出去。但只要出现拥塞，拥塞窗口就减小一些，以减少注入网络的分组数。

例 6-7：主机甲和主机乙之间已建立一个 TCP 连接，TCP 最大长度为 1000 字节。若主机甲的当前拥塞窗口为 4000 字节，在主机甲向主机乙连续发送 2 个最大报文段后，成功收到主机乙发送的第 1 个报文段的确认段，确认报文段中通告的接收窗口大小为 2000 字节，则此时主机甲还可以向主机乙发送的最大字节数是多少？

解：发送方的发送窗口的上限值应该取接收方窗口和拥塞窗口这两个值中较小的一个，即 Min[rwnd,cwnd]。

于是此时发送方的发送窗口为 Min{2000,4000}＝2000 字节，由于发送方还没有收到第二个最大报文段的确认，所以此时主机甲还可以向主机乙发送的最大字节数为 2000－1000＝1000 字节。

为了更好地进行拥塞控制，Internet 标准推荐使用以下四种技术，即慢启动、拥塞避免、快速重传和快速恢复。

这些算法有机的组合在一起，如图 6-14 所示。其中门限值 ssthresh 是为了防止发送数据过大引起网络拥塞，是在几种拥塞控制算法之间切换的阈值。

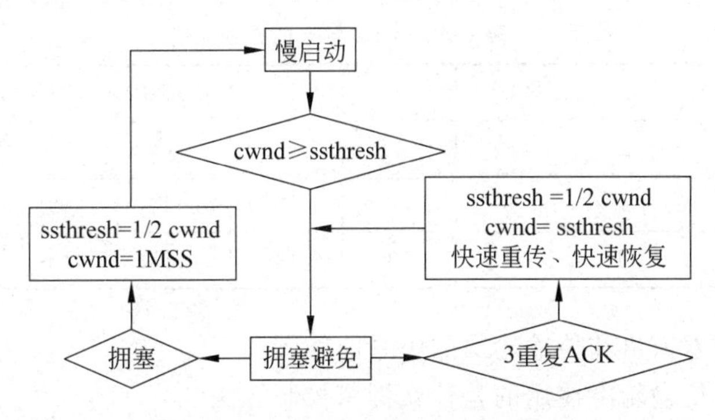

图 6-14 拥塞控制算法的关系图

(1) 慢启动。指在 TCP 刚建立连接或者当网络发生拥塞超时的时候，将拥塞窗口 cwnd 设置成一个报文段大小，并且当 cwnd≤ssthresh 时，指数方式增大 cwnd(即每经过一个传输轮次，cwnd 加倍)。

例如，A 向 B 发送数据，当刚开始发送 TCP 报文段时，令拥塞窗口 cwnd=1，即可以发送 1 个最大报文长度 MSS。当经过一个传输轮次后，A 收到来自 B 的报文确认，于是将拥塞窗口调整为 cwnd=2，即可以发送 2 个最大报文长度 MSS。当再经过一个传输轮次后，A 收到来自 B 对刚才的两个报文的确认，于是将拥塞窗口调整为 cwnd=4，下一次发送时可以一次发送 4 个报文段。

(2) 拥塞避免。当 cwnd≥ssthresh 时，为避免网络发生拥塞，进入拥塞避免算法，这时候以线性方式增大 cwnd(即每经过一个传输轮次，cwnd 只增大一个报文段)。

当网络出现拥塞时，无论在慢启动还是拥塞避免阶段，只要发送方检测到超时事件的发生(没有按时接收到确认，重传定时器超时)，就要把慢启动门限值 ssthresh 设置为出现拥塞时的发送方 cwnd 值的一半(但不能小于 2)。然后把拥塞窗口 cwnd 重新设置为 1，执行慢启动算法。这样做的目的是要迅速减少主机发送到网络中的分组数，使得发生拥塞的路由器有足够时间把队列中积压的分组处理完毕。

另外一种情况，当发送方连续收到三个重复的对同一报文段的确认报文时，直接重传尚未收到的报文段，而不必等待那个报文段设置的重传定时器超时。理由如下：在收到 3 个冗余的 ACK 的情况，虽然网络拥塞，但至少还有 ACK 报文段能够被正确交付。当超时发生时，说明网络可能已经拥塞得连 ACK 报文段都传输不了，发送方只能等待超时后重传数据。因此，超时时间发生时，网络拥塞严重，那么发送方应该最大限度抑制报文段发送量，故 cwnd=1；收到 3 个冗余 ACK 时，网络拥塞不是很严重，发送方稍微抑制一下发送报文段的数量即可，故 cwnd 减半。这种情况下，需要使用快速重传和快速恢复算法。

(3) 快速重传。快速重传算法是指发送方如果连续收到对同一报文段三个重复确认的 ACK，则立即重传该报文段，而不必等待重传定时器超时后重传。

(4) 快速恢复。快速恢复算法是指当采用快速重传算法的时候，直接执行拥塞避免算法。这样可以提高传输效率。

例 6-8：TCP 的拥塞窗口 cwnd(以报文段个数为单位)与传输轮次 n 的关系如表 6-5 所示。

表 6-5　cwnd 与 *n* 的关系

cwnd	1	2	4	8	16	17	18	19	20
n	1	2	3	4	5	6	7	8	9
cwnd	1	2	4	8	10	11	12	6	7
n	10	11	12	13	14	15	16	17	18

(1) 请画出拥塞窗口和传输轮次的关系曲线图。

(2) 请问各个传输轮次使用的是什么拥塞控制算法？

(3) 各个阶段的门限值 ssthresh 各是多大？

(4) 第 40 个报文段在第几个传输轮次发送？

解：

(1) 拥塞窗口和传输轮次的关系曲线图如图 6-15。

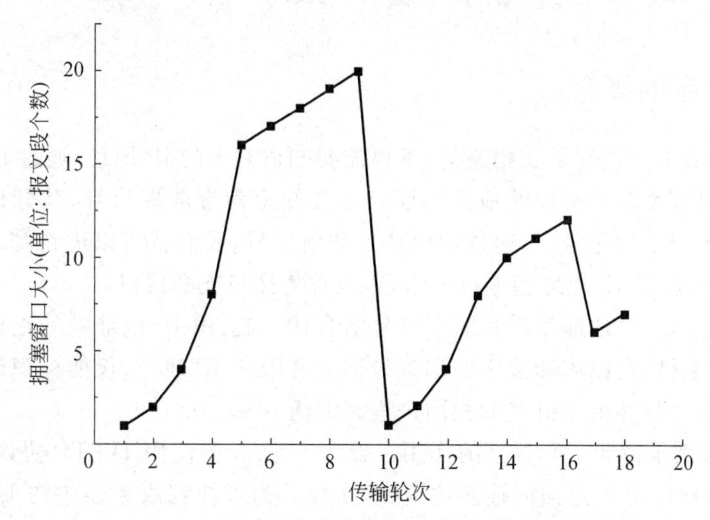

图 6-15 拥塞窗口和传输轮次的关系曲线图

(2) 慢开始算法的时间间隔[1,5]和[10,14]；拥塞避免算法的时间间隔[5,9]、[14,16]和[17,18]。

(3) 时间间隔[1,9]的门限值 ssthresh＝16；时间间隔[10,16]的门限值 ssthresh＝10，因为在 cwnd＝20 的时候发生了网络的超时(其根据就是发送端没有按时收到确认)，所以 ssthresh＝1/2cwnd＝20/2＝10；时间间隔[17,18]的门限值 ssthresh＝6，因为这是收到 3 个重复的对同一报文段的确认，所以进入快速重传算法，这时候 ssthresh＝1/2cwnd＝12/2＝6。

(4) 以表中传输轮次可发送的报文段个数为依据，第 40 个报文段在第 6 传输轮次。

$$1+2+4+8+16<40<1+2+4+8+16+17$$

6.3.7 TCP 实例

TCP 面向连接，且具有可靠传输、流量控制、拥塞控制等机制保障其可靠传输，应用层协议如果强调数据传输的可靠性，那么选择 TCP。使用 TCP 协议的常见协议如表 6-6 所示。

表 6-6 使用 TCP 协议的常见协议

协议名称	协　议	默认端口	使用 TCP 协议原因说明
文件传输	FTP	20 和 21	要求保证数据传输的可靠性
远程终端接入	TELNET	23	要求保证字符正确传输
邮件传输	SMTP	25	要求保证邮件从发送方正确到达接收方
	POP3	110	
万维网	HTTP	80	要求可靠的交换超媒体信息

6.4 套 接 字

6.4.1 套接字的概念

两台计算机中的进程要互相通信,不仅需要知道对方的IP地址,通过IP地址可以找到对方的计算机(类似于学校的地址),而且还要知道对方的端口号,其标识了计算机中的应用进程(类似于信箱号)。通过学校地址和信箱号,我们就可以进行邮政通信了。而套接字(Socket)就是IP地址和端口的结合,也称为插口或套接口。

因为套接字是IP地址和进程的端口号结合在一起,用IP地址唯一地标识出全球互联网上的一台主机,所以该套接字的端口号部分受限于IP地址,仅能标识出该主机上的特定进程,而不会与其他主机上的相同进程相混淆。

图6-16的例子说明了套接字的作用。设客户端A要使用HTTP协议与HTTP服务器C通信。HTTP使用面向连接的TCP协议。为了找到服务器中的HTTP,客户端A与服务器C建立的连接中,要使用HTTP服务的熟知端口,其默认端口号为80。客户端A也要给自己的进程分配一个端口号,设分配的源端口号为3095。这就是客户端A和服务器C建立的HTTP连接。

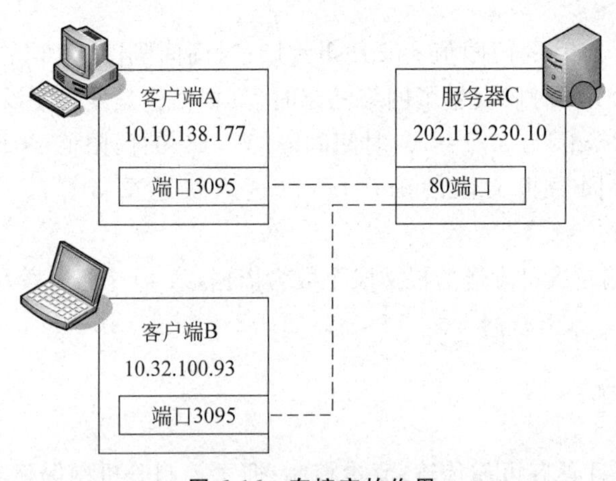

图6-16 套接字的作用

设客户端B现在也要和服务器C的HTTP建立控制连接。假定客户端B选择源端口号为3095。目的端口号当然还是80。这是客户端B和服务器C建立的第二个连接。这里的源端口号与第一个连接的源端口号相同,但纯属巧合。各主机都独立地分配自己的端口号。

图中的连接画成虚线,表示这种连接不是物理连接而只是逻辑连接。

为了在通信时不致发生混乱,就必须把端口号和主机的IP地址结合在一起使用。在图6-16的例子中,客户端A和B虽然都使用了相同的源端口号3095,但只要查一下各自的IP地址就可知道是哪一个客户端的数据。

例如:图6-16中的第一对连接套接字是:

(10.10.138.177,3095)和(202.119.230.10,80)

而第二对连接套接字是:

(10.32.100.93,3095)和(202.119.230.10,80)

上面的例子是使用面向连接的TCP。若使用无连接的UDP,虽然在相互通信的两个进程之间没有一条虚连接,但每一个方向一定有发送端口和接收端口,因而也同样可以使用套接字的概念。这样才能区分开同时通信的多个主机中的多个进程。

6.4.2 套接字编程

TCP/IP标准没有规定应用程序与TCP/IP协议软件接口的细节问题,而是允许系统设计者能够选择有关应用编程接口API的具体实现细节。最著名的API是美国加利福尼亚大学伯克利分校为Berkeley UNIX操作系统定义的套接字接口。微软公司的Windows Sockets是从Berkeley Sockets扩展而来的,以动态链接库(Dynamic Link Library,DLL)的形式提供给程序员使用,目前已经成为Windows网络编程事实上的标准。

1. 套接字编程类型

(1) 数据报套接字(SOCK_DGRAM):提供无连接服务。数据包以独立报文形式发送,不提供无差错保证,数据可能丢失或重复,并且接收顺序混乱。在传输层通常使用UDP协议。

(2) 流套接字(SOCK_STREAM):提供面向连接、可靠的数据传输服务。数据无差错、无重复发送,并且按发送顺序接收。在传输层通常使用TCP协议。

(3) 原始套接字(SOCK_RAW):允许对较低层协议(如网络层的IP协议)进行直接访问,用于实现自己定制的协议或者对数据报做较低层次的控制。

2. 典型编程调用时序图

图6-17给出的是无连接数据报套接字API调用时序图。图6-18给出的是面向连接的流套接字API调用时序图。

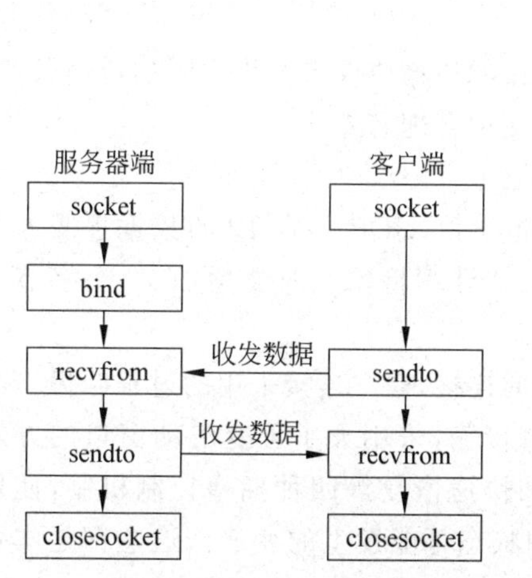

图6-17 无连接数据报套接字API调用时序图

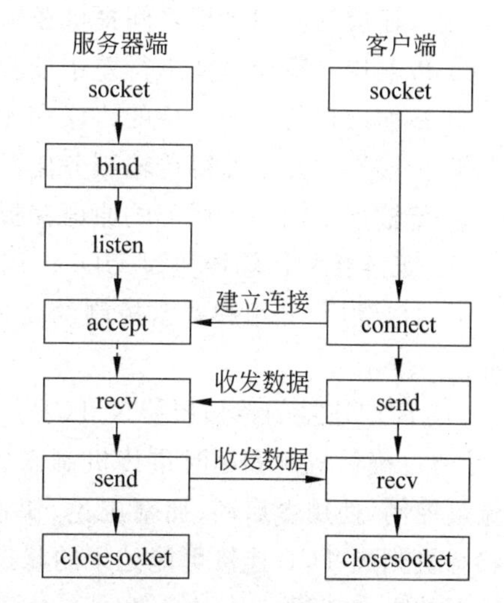

图6-18 面向连接的流套接字API调用时序图

3. 基本套接字API函数

对于Winsock套接字，程序中常用到的基本套接字API函数，见表6-7所示。

表6-7 基本套接字API函数

功　能	函　数	说　明
Winsock启动和终止	WSAStartup() WSACleanup()	启动过程调用WSAStartup()函数，完成Windows Sockets DLL的初始化，协商版本和分配必要的资源。最后需要调用函数WSACleanup()注销，并释放资源
创建与关闭套接字	socket() closesocket()	当使用完套接字后应该调用closesocket()函数释放分配给该套接字的资源
套接字绑定	bind()	将主机IP地址和端口号等信息与所创建的套接字关联
监听端口	listen() accept()	针对面向连接的服务器端程序，调用listen()函数进行监听，然后调用accept()接收来自客户端的实际连接，如果没有客户端连接，则服务器端会处于阻塞状态
套接字连接	connect()	客户端通过调用connect()函数与服务器端建立连接
数据传输	send()和recv() sendto()和 recvfrom()	面向连接的数据传输使用send()和recv()这一对函数，无连接的数据传输则使用sendto()和recvfrom()这一对函数进行数据的发送和接收

本章小结

(1) 传输服务。传输层的作用是在通信子网提供服务的基础上，为上层应用层提供有效的、合理的传输服务。使高层用户在相互通信时不必关心通信子网的实现细节和具体服务质量。在通信子网中没有传输层，传输层只存在于通信子网以外的主机中。

① 传输层为应用进程之间提供逻辑通信。

② 传输层对整个报文进行差错校验和检测。

③ 传输层执行面向连接的协议和无连接协议的传输协议来提供不同的传输服务。

④ 传输层的存在使得传输服务比网络服务更加合理有效。

⑤ 传输层采用一个标准的原语集提供传输服务。

(2) 无连接的传输层协议UDP。用户数据报协议UDP是在IP的数据报服务之上增加了端口复用/分用和差错控制的功能。注意在计算检验和时要增加12个字节的伪首部。

(3) 面向连接的传输层协议TCP。TCP面向连接，建立连接采用的过程叫做三次握手，且通过确认机制和超时重传机制来实现可靠传输，采用大小可变滑动窗口的方式进行流量控制，使用慢启动、拥塞避免、快速重传和快速恢复等四种拥塞控制机制，使用有限状态机刻画TCP连接可能处于的状态及各种状态可能发生的变迁。这些都是本章需要掌握的重点知识。

(4) 套接字。套接字就是 IP 地址和端口的结合,也称为插口、套接口。在因特网上使用五元组来标识进行通信的双方,即(源 IP 地址、源端口、目的 IP 地址、目的端口、协议)。在套接字编程方面,主要掌握无连接数据报套接字编程和面向连接的流套接字编程。

练　习　题

6.1 既然网络层协议或网际互联协议能够将源主机发出的分组按照协议首部中的目的地址交到目的主机,为什么还需要再设置一个传输层呢?

6.2 简述传输层的复用分用功能与网络层的复用分用功能有什么不同。

6.3 试述 UDP 和 TCP 协议的主要特点及它们的适用场合。

6.4 若一个应用进程使用传输层的用户数据报 UDP,但继续向下交给 IP 层后,又封装成 IP 数据报。既然都是数据报,是否可以跳过 UDP 而直接交给 IP 层?UDP 能否提供 IP 没有提供的功能?

6.5 一个 UDP 首部信息十六进制为 F7 21 00 45 00 2C E8 27。请问:

(1) 源端口、目的端口、数据报总长度、数据部分长度是多少?

(2) 该 UDP 数据报是从客户发送给服务器还是从服务器发送给客户?

(3) 使用该 UDP 服务的默认程序是什么?

6.6 一个用户数据报 UDP 的数据字段为 3752 字节,要使用以太网来传送。计算应划分为几个数据报片,并计算每一个数据报片的数据字段长度和片偏移字段的值。(注:IP 数据报固定首部长度,MTU=1500。)

6.7 TCP 报文段首部的十六进制为

04 85 00 50 2E 7C 84 03 FE 34 D7 47 50 11 FF 6C DE 69 00 00

(1) 请分析这个 TCP 报文段首部源端口和目的端口号。

(2) 该 TCP 报文段的序号和确认号是什么?

(3) TCP 的首部长度是多少?

(4) 请问这是与目的主机哪个应用层协议的 TCP 连接?

6.8 请分析 SYN Flood 攻击对三次握手的漏洞利用的原理。

6.9 某主机访问网络服务器时,在主机上捕获的 3 个 IP 数据报如表 6.8 所示。

表 6.8　数据报

序号	3 个 IP 数据报的内容(十六进制)
1	45 00 00 30　7F AD 40 00　40 06 00 00　0A 0A D6 B3　CA 77 E6 0A C2 89 00 50　91 23 2F C3　00 00 00 00　70 02 20 00　91 62 00 00 02 04 05 B4　01 01 04 02
2	45 00 00 30　00 00 40 00　3D 06 AC 88　CA 77 E6 0A　0A 0A D6 B3 00 50 C2 89　61 15 5F 3E　91 23 2F C4　70 12 16 D0　96 EA 00 00 02 04 05 B4　01 01 04 02
3	45 00 00 28　7F AE 40 00　40 06 00 00　0A 0A D6 B3　CA 77 E6 0A C2 89 00 50　91 23 2F C4　61 15 5F 3F　50 10 FA F0　91 5A 00 00

(1) 请问以上的3个报文完成了什么功能？

(2) 第1个报文中的源端口和目的端口号分别是多少？

(3) 从该主机到服务器经过了几个路由器转发？

6.10 试简述TCP协议在数据传输过程中收发双方是如何保证报文段可靠性的。

6.11 为什么说TCP协议中针对某数据包的应答包丢失也不一定导致该数据包重传？

6.12 主机甲和主机乙之间已建立一个TCP连接，主机甲向主机乙发送了两个连续的TCP报文段，分别包含300字节和500字节的有效载荷，第一个报文段的序列号为200，主机乙正确接收到这两个报文段后，发送给主机甲的确认号是多少？

6.13 若TCP中的序号采用64位编码，而每一个字节有自己的序号，试问：在75Tb/s的传输速率下（这是光纤信道理论上可达到的数据率），分组的寿命应为多大才不会使序号发生重复？

6.14 如果TCP协议使用的最大窗口尺寸为65535字节，假设传输信道不产生差错，带宽也不受限制。TCP报文在网络上的平均往返时间为20ms，问所能得到的最大吞吐量是多少？

6.15 使用TCP对实时话音数据传输时会有什么问题？使用UDP在传送数据文件时会有什么问题？

6.16 主机A向主机B发送一个很长的文件，其长度为L字节。假定TCP使用的MSS为1460字节。

(1) 在TCP的序号不重复使用的情况下，L的最大值是多少？

(2) 假定使用上面计算出的文件长度，而传输层、网络层和数据链路层所使用的首部开销共66字节，链路的数据率为100Mb/s，试求这个文件所需的最短发送时间。

6.17 设TCP的门限窗口的初始值为8（单位为报文段）。当拥塞窗口上升到12时网络发生了超时，TCP使用慢启动和拥塞避免。试分别求出第1次到第15次传输的各拥塞窗口大小。

6.18 考虑在一条具有10ms往返路程时间的线路上采用慢启动拥塞控制而不发生网络拥塞情况下的效应。接收窗口24KB，且最大段长2KB。那么，需要多长时间才能够发送第一个完全窗口？

6.19 一个TCP连接采用慢开始和拥塞避免机制进行拥塞控制，其最大报文段MSS段为1KB，假设发送方有足够多的数据要发送，当拥塞窗口为16KB时发生了超时，如果在接下来的4个RTT内的报文段均传输成功，那么当这些报文段均得到确认后，拥塞窗口的大小是多少？

6.20 在套接字编程中，为什么要求服务器端和客户端两部分程序中的SERVER_PORT值必须相同？

6.21 为什么套接字能在Internet上全局唯一标识某个应用进程？

6.22 试简述使用套接字编程接口进行服务器端面向连接的多进程网络应用程序设计的主要流程（包括连接建立、数据收发、连接拆除的全过程）。

第7章 chapter 7

应 用 层

应用层是计算机网络体系结构的最高层，直接为用户的应用进程提供服务。在因特网中，通过各种应用层协议为不同的应用进程提供服务。应用层协议则是应用进程间在通信时所必须遵循的规定。针对不同类型的应用进程，则需要选用各种应用层协议来提供相对应的应用服务，同时要对传输层提出相应的服务要求。图7-1列出了因特网部分应用层协议与传输层协议的对应关系。

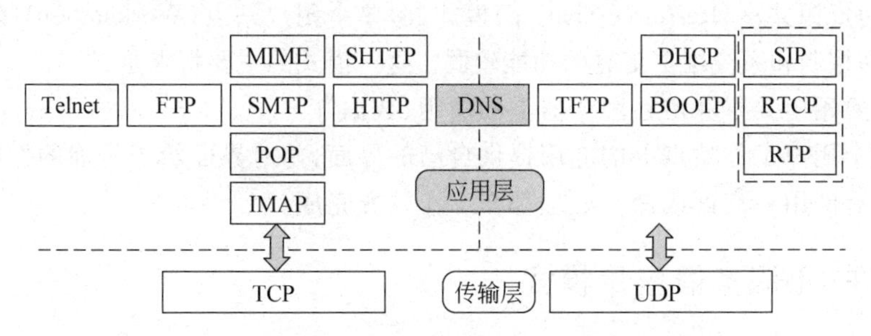

图7-1 因特网部分应用层协议与传输层协议的对应关系

本章将首先列出计算机网络的应用模式，然后按图7-1所示的应用层协议，依次介绍域名系统(DNS)、远程登录(Telnet)、文件传输协议(FTP)、简单文件传输协议(TFTP)、引导程序协议(BOOTP)、动态主机配置协议(DHCP)。接着重点介绍电子邮件系统的基本组成，以及简单邮件传输协议(SMTP)、邮局协议第3版(POP3)、因特网报文存取协议(IMAP)以及通用因特网邮件扩展(MIME)。最后讨论万维网(WWW)的工作原理和相应的超文本传输协议(HTTP)。

7.1 网络应用模式

网络应用模式的发展与计算机网络的发展进程密切相关，大体可有三个阶段：以大型机为中心的应用模式，以服务器为中心的应用模式和客户机/服务器应用模式。随着网络应用的发展需要，推出了基于Web的客户机/服务器应用模式，以及P2P模式。

7.1.1 以大型机为中心的应用模式

大型机为中心(Mainframe-Centric)的应用模式，也称为分时共享(Time-Sharing)模式，也就是面向终端的多用户计算机系统(主-从结构)。这一模式的主要特点是：

(1) 通过链路把简单终端(无独立处理能力)连接到主机或通信处理机。

(2) 用户界面是由系统专门提供的。

(3) 所有终端用户的信息都被传入主机处理。

(4) 主机将处理的结果返回到终端，显示在用户屏幕的特定位置。

(5) 系统采用严格的集中式控制和广泛的系统管理、性能管理机制。

7.1.2 以服务器为中心的应用模式

在20世纪80年代初，PC上市后揭开了计算机神秘的面纱，使计算机通信与网络走上了高速发展之路。早期的PC如CPU为8088，内存64KB～1MB，硬盘才20MB。在应用中处理数据力不从心，于是局域网应运而生。LAN是以服务器为中心(Server-Centric)的应用模式，也称为资源共享(Resource-Sharing)模式，向单个用户站点(Workstation)提供灵活的服务，但管理控制和系统维护工具的功能较弱。这一模式的主要特点是：

(1) 主要用于共享驻留在服务器上的应用、数据等。

(2) 每个用户工作站点上的应用提供自己的界面，并对界面给予全面的控制。

(3) 所有的用户查询或命令处理都在工作站方完成。

7.1.3 客户机/服务器应用模式

在客户机/服务器(Client-Server，C/S)应用模式中，分成前端(Front-End)(即客户机部分)和后端(Back-End)(即服务器部分)，如图7-2所示。客户机/服务器应用模式最大的技术特点是能充分利用客户机和服务器双方的智能、资源和计算能力，共同执行一个给定的任务，即负载由客户机和服务器共同承担。

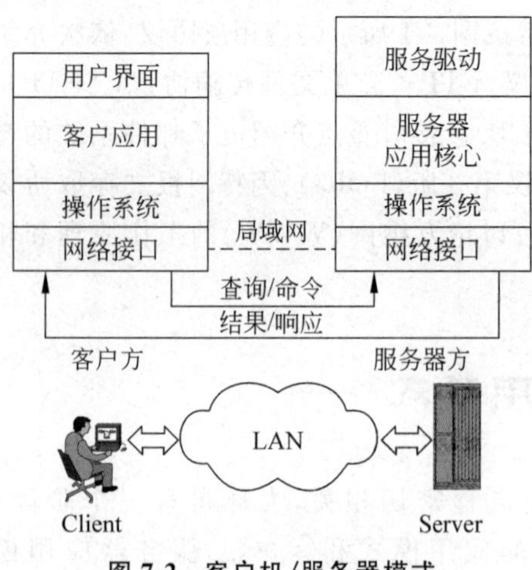

图7-2 客户机/服务器模式

1. 客户机/服务器应用模式的特点

从整体上看，客户机/服务器应用模式有以下的特点：

(1) 桌面上的智能。客户机负责处理用户界面，把用户的查询或命令变换成一个可被服务器理解的预定义语言，再将服务器返回的数据提交给用户。

(2) 最优化地共享服务器资源(如CPU、数据存储域)。

(3) 优化网络利用率，由于客户机只把请求的内容传给服务器，经服务器运行后把结果返回到客户机,可不必传输整个数据文件的内容。

(4) 在低层操作系统和通信系统之上提供一个抽象的层次,允许应用程序有较好的可维护性和可移植性。

如何区分资源共享模式和C/S模式两者之间的差别? 现通过工资管理的例子来加以阐明。当职工的工资记录存放在网上服务器的数据库里,在资源共享模式的环境中,客户机上的应用进程请求文件服务器通过网络发送想要的数据库表,在客户端收到从服务器传来的数据表,经检查并按需修改某些表项后,再送回到服务器。而在C/S模式下,数据库接收到请求后,自行修改数据库。由此可见,C/S模式的客户机只通过网络发送请求完成该操作的信息,服务器并不发送任何文件的内容。

2. 客户机/服务器应用模式的中间件

中间件(Middleware)是支持客户机/服务器模式进行对话、实施分布式应用的各种软件的总称。其目的是为了解决应用与网络的过分依赖关系,透明地连接客户机和服务器。

中间件的体系结构,如图7-3所示。从应用的角度看,中间件对网络的作用类同于操作系统对本地计算机资源(内存、硬盘、外设等)的作用。例如,在本地计算机上编写软件时,应用程序员可以不必考虑磁盘寻道、内存换页或I/O端口。显然,成功的中间件也是要在网络达到这种效果。

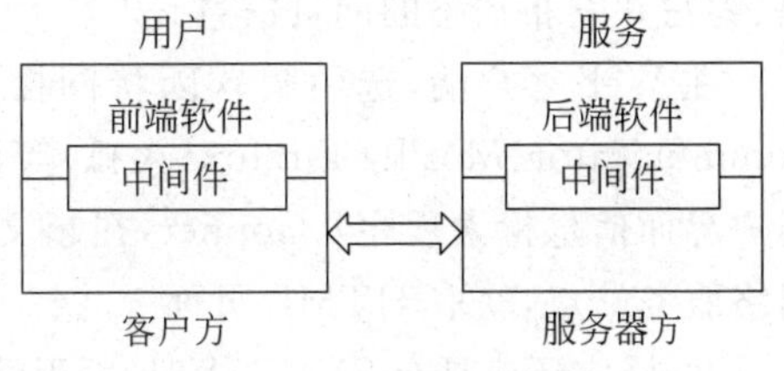

图7-3 中间件的体系结构

中间件的功能有两个方面,即连接功能和管理功能。具体体现在分布式服务、应用服务和管理服务,大体上分为:传输栈、远程过程调用(RPC)、双向消息队列、数据库互访、安全、管理、名字和ORB等。

7.1.4 基于Web的客户机/服务器应用模式

在当前广泛应用的因特网中,采用了基于Web的客户机/服务器应用模式。图7-4示出了它的基本组成。

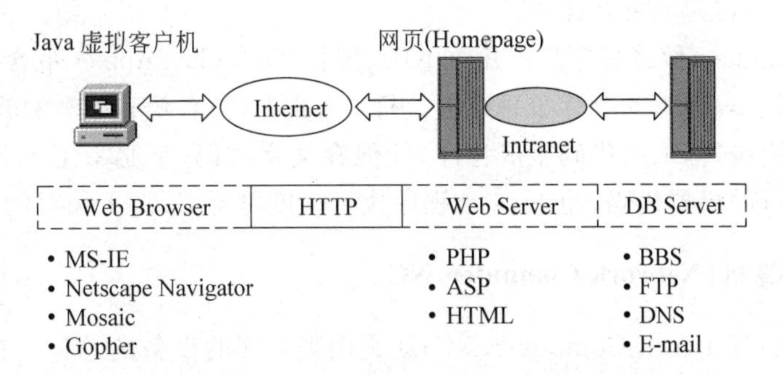

图7-4 基于Web的客户机/服务器应用模式

- Web Server(HTML网页、Java Applet);

- 客户机(浏览器)；
- 应用软件服务器；
- 专用功能的服务器(数据库、文件、电子邮件、打印、目录服务等)；
- Internet 或 Intranet(企业内联网)网络平台。

基于 Web 的客户机/服务器应用模式提供"多层次连接"，即 Web Browser/Web Server/DB Server 三层连接，又称客户机/网络模式。所涉及的一些新技术如下：

1. Web 服务

Web Browser/Web Server 实现万维网(World Wide Web，WWW)网页(Homepage)信息的组织、发布、检索和浏览。

在 Web 服务器端，采用超文本标记语言(Hypertext Makeup Language，HTML)、活动服务器页面(Active Server Pages，ASP)以及选用跨平台的嵌入式脚本语言 PHP 来组织、编写并发布动态的网页信息。

在 Web 客户端，选用微软因特网探险者(MS-IE)、网景公司航行者(Navigator)或 Communicator、Mozilla Firefox(火狐)等浏览器，以及早期使用的检索工具 Mosaic(图形用户界面信息检索程序)、Gopher，在超文本传输协议、TCP/IP 协议的支持下，任意漫游网络服务站点，获取 HTML 页面。

此外，它还应具有 SNMP 代理、远程管理、编辑、GUI 文件管理界面、非 HTML 文件的导入/导出、安全性能(SHTTP 或 SSL)、API 及界面描述工具和网络服务的集成性等功能。

2. Java 语言

Java 语言是一种提供可解释的、易移植的面向对象的编程语言，具有以下特征：

- 简单易用、方便移植，可构成 Java 虚拟机；
- 面向对象。公共对象请求代理体系结构(Common Object Request Broker Architecture，CORBA)使用 Java 来建立分布式对象系统。CORBA 是 OMG 于 1991 年提出的一个工业标准，它将面向对象技术和网络通信技术有机地结合起来，用于在分布式开放环境下实现应用的集成，使得基于对象的软件构件方便地可重用、可移植和可互操作。
- 程序简短(Java 解释程序只占几百 KB)、健壮、安全(JavaApplet 不含病毒)、多线程(Thread，Java 程序可在多处理机上执行)、可扩充(与 C 语言书写的软件库相连接)。
- 执行速度慢，但采用代码生成程序，能保存文字代码，不必重复解释，即可转换为高速运行的机器代码，使 Java 小程序执行速度可与 C、C++ 编写的程序相当。

3. 网络计算机(Network Computer，NC)

网络计算机(Network Computer，NC)就是用来上网的设备的总称。在基于 Web 的客户机/服务器应用模式中则称为客户机。客户机分为两类：

- 厚客户机：即常用的 PC，配置强大的操作系统，如 Windows 95/98/ME 或 Windows 2000/XP/7。

- 薄客户机，NC是网络计算（Internet PC、Net PC、Java-Station）是在1995年由Oracle、IBM、Sun公司先后提出的概念。特点是不必配置复杂的OS和大容量硬盘，具有强大的联网、多媒体、字处理和电子邮件等功能，且能支持TCP/IP协议栈、Java、浏览器、CORBA、SQL等开放系统。

Sun推出浏览器Hot Java，具有面向对象、动态交互操作与控制、动画显示以及不受平台制约的功能；并将Java虚拟机技术嵌入芯片（MicroJava、UltraJava）制成家用电器（如移动电话、机顶盒WebTV、IP-TV等）。

7.1.5 P2P模式

P2P是英文Peer-to-Peer的缩写，意思是“对等”。Intel工作组给出了如下的定义：P2P是通过在系统之间直接交换来共享计算机资源和服务的一种应用模式。P2P模式与C/S模式不同，没有服务器的概念，每一台连网的计算机成员都是对等的。也就是以非集中方式使用分布式资源来完成关键任务的一类系统和应用。这里的资源包括计算能力、数据（存储和内容）、网络带宽和场景（含计算机、人以及应用环境等）。而关键任务则指分布式计算、数据/内容共享、通信和协同或平台服务。

其实P2P并不是一个新概念，现在的电话通信网提供的服务就是典型的P2P模式。当前在因特网平台上，P2P可实现电子商务（Ebussiness）、IP电话、交互式游戏、交互式流媒体等应用。例如自组网（Ad-hoc系统）对P2P计算，允许用户可随进随出；对P2P内容共享，通过冗余服务提供高服务保证；对P2P协同，用户支持移动设备连网，可通过代理群接收消息，或发送中继来保持通信延迟和断开的透明。

7.2 网络基本服务

7.2.1 域名系统

因特网有了IP地址，为什么还要有域名？域名是什么？众所周知，在电话网上所用的一连串的电话数字号码不好记，而具体的单位名称或姓名就容易记。同样，用点分十进制的方法表示一个IP地址确实也不好记，可是计算机操作系统中的文件目录系统相对比较易记。因此，设计用名字来代替点分十进制的数字，而这个名字属性又分成一层一层的域来表示。表7-1列出了因特网域名系统（Domain Name System，DNS）与电话网的号簿系统的对照。

因特网的域名系统DNS是一个分布式数据库联机系统，采用客户机/服务器（Client/Server，C/S）应用模式。

客户机（Client）可以通过域名服务程序将域名解析到特定的IP地址。域名服务程序在专设的节点上运行，常将该节点称为域名服务器（DNS Server），如图7-5所示。

若图7-5中客户机的某一个应用进程需要将Web服务器的名字解析成IP地址，通过DNS请求报文，封装成UDP（在特定的应用中，也可封装成TCP），发给本地域名服务

表 7-1 因特网域名系统与电话网的号簿系统的对照

层 次	电话网	因 特 网
	电话号码簿	域名服务系统
	号簿分类	域
人们熟知记法	单位名称	域名 (主机或服务器名)
软件便于操作	电话号码	IP 地址 (逻辑地址)
硬件执行地址	交换机端口	网卡地址 (物理地址)

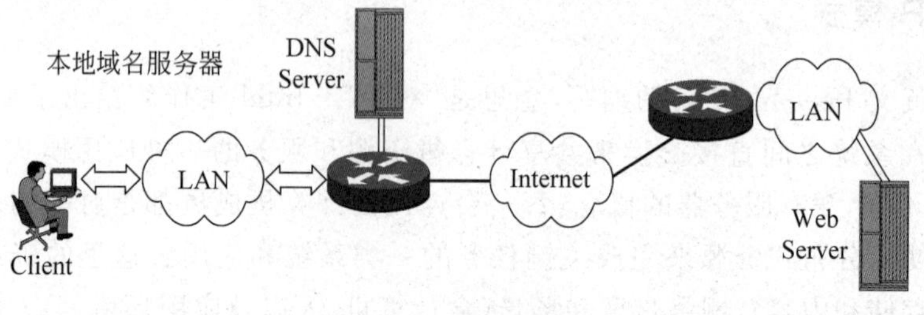

图 7-5 域名系统

器。本地域名服务器在查找域名后,把查得的 IP 地址放在 DNS 响应报文中回送,由此,应用进程可按所得 IP 地址进行通信。

域名服务器包含一张表,通过它来确立域内的主机名与相应的 IP 地址的关联关系。如果本地域名服务器没有任何条目与请求的名称相符,它会查询域内的其他域名服务器。其他域名服务器确定了 IP 地址后,会将信息发送回客户端。如果域名服务器无法确定 IP 地址,请求将超时,客户端便无法与 Web 服务器通信。

域名系统是指因特网专门设计的一个字符型的主机名字系统。主机名字实质上是一种比 IP 地址更高级(抽象)的地址表示形式。域名系统的功能主要包括:划分名字空间,管理名字以及名字与 IP 地址对应。

1. 域名结构

如何命名,将涉及整个网络系统的工作效率。TCP/IP 参照国际编址方案,采用层次型命名的方法。域名结构使整个名字空间是一个规则的倒树形结构,如图 7-6 所示。DNS 的分布式数据库是以域名为索引的,每个域名实际上就是一棵很大的逆向树中的路径,这棵逆向树称为域名空间(Domain Name Space,NDS)。如图 7-6 所示,树的最大深度不得超过 127 层,树中每个节点都有一个可以长达 63 个字符的文本标号。其优点是将结构加入到名字的命名中间。将名字分成若干部分,每个部分只管理自己的内容。而这个部分又可再分成若干部分,这样一层一层分开,每一个节点都有一个相应的名字(标识)。这样一来,一台主机的名字就是从树叶到树根路径上各个节点标识的一个序列,例如一个主机的域名可设成 www. njupt. edu. cn。

域名系统是一个命名的系统,它按命名规则产生的名字管理和名字与 IP 地址的对应方法。很明显,只需同一层不重名,主机名是不会重名的。实际上,因特网这样的互连

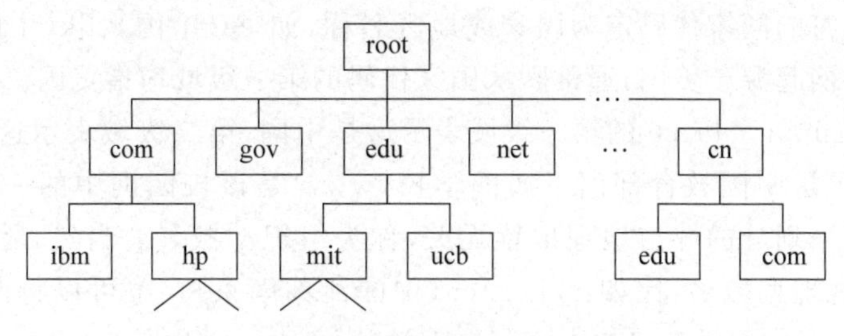

图 7-6 因特网的域名结构

网结构本身就是一种树型层次结构，所以域名的这种命名方式正好与其对应。

2. 域

按照域名的结构，域名系统包含了两个部分：一是名字的命名方法与管理方法；二是名字与 IP 地址对应的算法。什么是域？下面举例予以说明。比如，www. njupt. edu. cn 是一个主机名，而域名的写法规则与 IP 地址的类似，同样用点号“. ”将各级域分开，但域的层次顺序应自右向左，即右侧的域为高。

在上例中 www. njupt. edu. cn 含 4 个标号，即 www、njupt、edu、cn。有三级域：

第一级域　cn；

第二级域　edu. cn；

最低级域　njupt. edu. cn。

所谓“域”指的是这个域名中的每一个标号右面的标号和点。在这个例子中也可以认为 edu. cn 是 cn 的子域，njupt. edu. cn 又是 edu. cn 的子域。

3. 域名

TCP/IP 并未规定域的层次数，它可以有二层、三层或多层。因此，在域名系统中，并不能从域名上明显看出是主机名还是一个域名。但在使用中，我们能分别出来，因为每个域有其含义。

为了保证全球域名的统一性，因特网规定第一级(或称顶级)域名如表 7-2 所列(这里不区分大小写)。

表 7-2 第一级(或称顶级)域名

第一级域名	名　称	第一级域名	名　称
net	网络组织	store	专供商品交易的部门
edu	教育部门	info	专供资讯服务部门
gov	政府部门	nom	专供个人网址
mil	军事部门(仅美国使用)	firm	专供公司或商店
com	商业部门	web	专供 WWW
org	非政府组织	arts	专供文化团体
int	国际组织	rec	专供娱乐或休闲者

采用两个字符的国家代码定为国家或地区名称，如 cn（中国）、hk（中国香港）、jp（日本）等，由于因特网起源于美国，通常默认国家代码的第一级域均指美国。

上例 www. njupt. edu. cn 的第一级域表示这是中国，第二级域表示这是中国教育部门，第三级域表示是中国教育部门下属的学校，www 是该校园网中的一台服务器或主机。这种按组织来划分的域与地理位置无关，称为组织型域名。当然，还可以按地理位置划分域，称为地理型域名，比如：nj. js. cn（中国江苏南京）。也可以将两者组合起来，如：njupt. edu. cn（中国教育机构南京邮电大学）。

4. 域名解析服务

因特网引入域名，方便了用户使用，同时也增加了开销。域名如何与 IP 地址对应？通常在网络中心需设置域名服务器（或叫名字服务器，DNS）。域名服务器内含一个软件，它可在某一台指定的计算机上运行。提出请求域名解析服务的软件称为名字解析器，它实际上附加在许多网络应用软件中。

因特网上的域名系统是按照域名结构的级次来设定的，如图 7-7 所示。各级都有对应的域名服务器，一般可分为：

- 根域名服务器（Root Name Server）：全球根域名服务器共设十多个，大部分在北美。根域名服务器用于管辖第一级（顶级）域，如. cn、. jp 等。它并不必对其下属的所有域名解析，但一定能连接到所有的二级域名的域名服务器。
- 授权域名服务器（Authoritative Name Server）：每个授权域名服务器能将其管辖内的主机名解析为 IP 地址，每一台主机都必须在授权域名服务器处注册登记。
- 本地域名服务器（Local Name Server）：也称默认域名服务器，每个企业网、校园网都会配置一个或多个本地域名服务器。

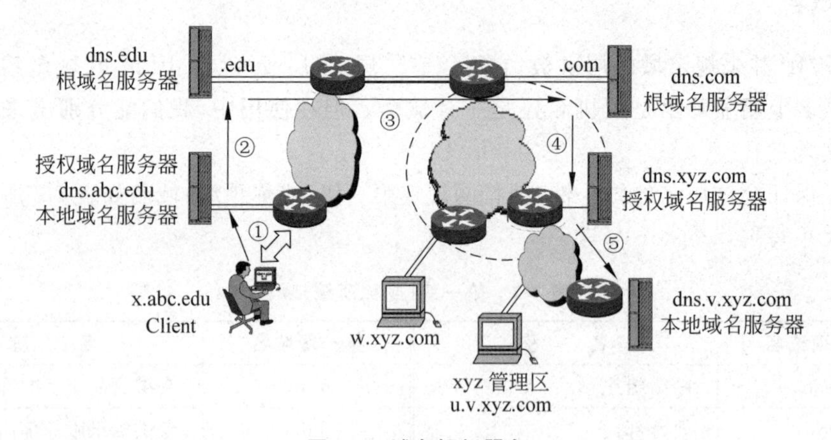

图 7-7 域名解析服务

因特网允许各单位内部可自行划分为若干个域名服务器管理区，设置成相应的授权域名服务器。例如图 7-7 中某单位 xyz 下设 w 和 v 分公司，而 v 分公司下设 u 部门。可见管理区是“域”的子集。

域名解析有正向和反向两种。下面具体说明域名解析原理：

(1) 正向域名解析

所谓正向域名解析就是从域名求得对应的IP地址。如上所述,在域的每一级都有一个域名服务器,即服务器是分布式存在的。因为每一级域管理着本级域的域名和地址,而域名系统又是树形层次结构,因此只要采用自顶向下的算法,从根开始向下,一定能找到所需名字的对应IP地址。

域名解析有两种方法:递归解析和重复解析。

• 递归解析

递归解析是从根开始解析,一次性完成。例如,图7-7中域名为x. abc. edu的主机要得到域名为u. v. xyz. com的主机的IP地址,递归的过程如下:首先,x. abc. edu的主机向本地域名服务器dns. abc. edu查询,若找不到,即向顶级域名服务器dns. edu查询,并依次按①→②→③→④→⑤查询,最后查得u. v. xyz. com的主机的IP地址返送给x. abc. edu的主机。这一例前后共使用10个UDP报文。

可见,递归的方法,不需要用户参与,都由服务器一次性完成。但是,根域名服务器负担将非常重,而且关系重大,一旦失效,全球的网络就将崩溃,所以全球的根域名服务器需同时不停运行。

• 重复解析

因特网的域名服务器是分层分布式存在的,为什么不利用这个特点进行域名解析呢?所以,如今实际采用的大多是另一种方法,即重复解析法,又称反复解析法。它先向本地域名服务器查询,本域名字服务器先查看自己的管理范围内有否。若没有,则将请求转向比本域高一层的授权域名服务器(或最靠近的),如找不到,再向高一层的域名服务器查询,直到能找到请求域名的地址。这里,每个域名服务器除了本身所管理的域名与地址信息外,还应知道上一级(或最靠近的)域名服务器的地址。仅当下层各级域名服务器都找不到时,才向根域名服务器查询,这种方法的好处是明显地减轻了根域名服务器的负荷。

(2) 反向域名解析

反向域名解析,即从IP地址找出相应的域名。一个IP地址可能对应若干个域名,因此,反向解析需要搜索整个服务器组(IP地址与域名结构之间没有任何关系)。为此,专门构造一个特别域和一个特别的报文。这个特别域称为反向解析域,记为in-addr. arpa,这个特别报文格式就是:

```
xxx.xxx.xxx.xxx .in-addr.arpa
```

其中xxx. xxx. xxx. xxx.为倒过来写的IP地址,比如IP地址为202.119.224.8,则反向解析域名写为8.224.119.202。

这是因为域名是从小到大写的(从子域到根域),而IP地址是从大到小写的(从网络到主机)。

反向解析不太使用,一般适用于无盘主机。需要注意的是,in-addr. arpa域实际定义了一个以地址做索引的域名空间。例如,如果nc. njupt. edu. cn的IP地址为202.119.230.8,那么in-addr. arpa域为8.230.119.202.in-addr. arpa,它对应域名nc. njupt.

edu. cn。

在实际的应用中，每个服务器以及主机都有自己的缓存，存入自己常用的 IP 地址与域名的对应表。因此并不都要到外部去查询，这就大大节省了网上的时间，减少了流量。

7.2.2 远程登录

远程登录（Telnet）是因特网中的基本应用服务之一。上网用户在本地的 PC 或终端上注册后，如果已在远程服务器开设了账户，就可进行登录，因特网对用户呈现透明，也称远程终端协议。Telnet 采用客户/服务器模式，如图 7-8 所示。图中客户进程通过 TCP 面向连接的服务发到远程服务器或主机，并显示从 TCP 连接上收到的数据。而服务器的操作系统内核中的伪终端驱动程序提供一个网络虚拟终端（Network Virtual Terminal，NVT），供操作系统和服务进程在 NVT 上建立注册，以及与用户进行交互操作。服务器上的应用程序可以不必考虑实际终端的类型。

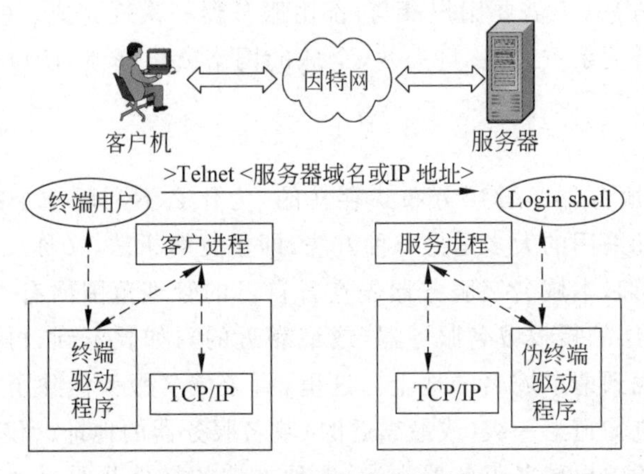

图 7-8 Telnet 协议工作流程

NVT 的格式定义：所有的通信使用 8 位的字符。在传送时，NVT 采用 7 位的 ASCII 码传数据，高位置 1 时作为控制命令。NVT 只使用 ASCII 码的几个控制字符，而所有可打印的 95 个字母、数字和标点符号，NVT 的定义与 ASCII 码一致。

7.2.3 文件传输协议

文件传输协议（File Transmission Protocol，FTP）也是因特网上常用的基本应用服务。FTP 是 Internet 的文件传输标准（参见 RFC959），它允许在连网的不同主机和不同操作系统之间传输文件，并许可含有不同的文件的结构和字符集。

FTP 是面向连接的 C/S 服务模式，使用两条 TCP 连接来完成文件传输，一条连接专用于控制（端口号为 21），另一条为数据连接（端口号为 20）。一个 FTP 服务器进程可同时为多个客户进程提供服务。FTP 服务器进程分为两部分：

- 主进程：负责接受客户的请求。
- 从属进程：负责处理请求，并按需可有多个从属进程。

主进程与从属进程的处理是并发式工作方式。

FTP 的工作原理如下(参见图 7-9)：

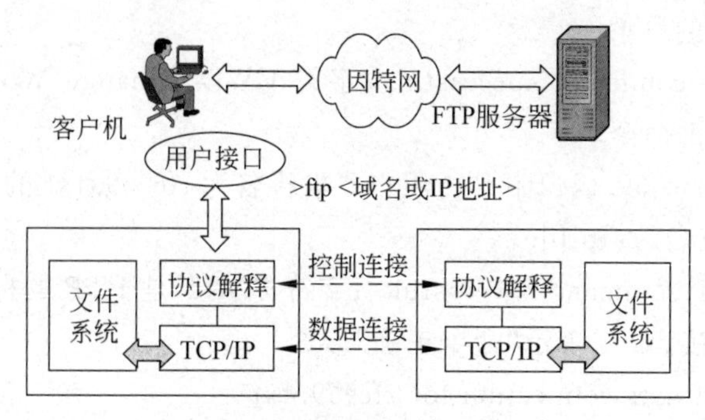

图 7-9 FTP 功能模块与连接

平时，服务器主进程总在公众熟知端口(端口号为 21)倾听客户的连接请求。当用户要求传输文件前，客户端进程发出连接请求，服务器主进程随即启动一个称之为控制进程(如图中的协议解释部分框图)的从属进程，在 FTP 客户与服务器端口号 21 之间建立一个控制连接，用来传送客户端的命令和服务器端的响应，该连接一直保持到 C/S 通信完成为止。当客户端发出数据传输命令时，服务器(端口号为 20)主动与客户建立一条数据连接，专门在该连接上传输数据。可见，FTP 使用了两个不同的端口号，确保并发、交互式的数据连接与控制连接的正常工作，该协议简单，易于实现。

图 7-9 给出了 FTP 的功能模块和连接的示意图。由图可知，用户接口为终端用户提供交互界面，接收用户发出的命令，负责将其转换成标准的 FTP 命令，并将控制连接上的 FTP 响应转换为用户可显示的格式。通信双方的协议解释器直接处理 FTP 的命令和响应。

例 7-1：FTP 命令与响应示例。例中的顺序号仅利于读者查看，实际不显示，所有过程均在操作系统命令提示符下进行交互，每一行的解释以“;”开始。

[01] ftp ftp. njupt. edu. cn;用户要用 FTP 和远地主机(南京邮电大学 ftp 服务器)建立连接。

[02] connected to ftp. njupt. edu. cn;本地 FTP 发出的连接成功信息。

[03] 220 nic FTP server (Sunos 4. 1) ready. ;从远地服务器返回的信息，220 表示“服务就绪”。

[04] Name: anonymous;本地 FTP 提示用户键入名字。此例用户键入的名字为“匿名”。

[05] 331 Guest login ok, send ident as password. ;数字 331 表示“用户名正确”，需要口令。

[06] Password: xyz@ jsjxy. njupt. edu. cn;本地 FTP 提示用户键入口令。用户这时可键入 guest 作为匿名的口令，也可以键入自己的电子邮件地址，例如南京邮电大学计算机学院(jsjxy)的主机上的 xyz。

[07] 230 Guest login ok, access restrictions apply. ;数字 230 表示用户已经注册完毕。

[08] ftp> cd rfc;"ftp>"是 FTP 的提示信息。用户键入的是将目录改变为包含 RFC 文件的目录。

[09] 250 CWD command successful.;字符 CWD: Change Working Directory 是 FTP 的标准命令。

[10] ftp> get rfc959.txt ftp-file;用户要求将名为 rfc959.txt 的文件复制到本地主机上,并改名为 ftp-file。

[11] 200 PORT command successful.;字符 PORT 是 FTP 的标准命令,表示要建立数据连接。200 表示"命令正确"。

[12] 150 ASCII data connection for rfc959.txt
(128.36.12.27,1401) (4318 bytes).;数字 150 表示"文件状态正确,即将建立数据连接"。

[13] 226 ASCII Transfer complete.
local: ftp-file remote: rfc959.txt
4488 bytes received in 15 seconds (0.3 Kbytes/s).;数字 226 是"释放数据连接"。现在一个新的本地文件已产生。

[14] ftp> quit;用户键入退出命令。

[15] 221 Goodbye.;表明 FTP 工作结束。

7.2.4 简单文件传输协议

简单文件传输协议(Trivial File Transfer Protocol,TFTP)的版本 2 是因特网的正式标准(RFC1350),它也使用 C/S 服务模式,但与 FTP 不同,使用 UDP 数据报,所以 TFTP 需要有应用层的差错纠正措施。

TFTP 工作原理:在 TFTP 客户进程通过熟知端口(端口号为 69)向服务器进程发出读(或写)请求 PDU,TFTP 服务器进程则选择一个新的端口与 TFTP 客户进程通信。

TFTP 的主要特点:

(1) 每次传送的数据 PDU 中数据字段不超出 512 字节。若文件长度正好是 512 字节的整数倍,在文件传送完毕后,需另发一个无数据的数据 PDU;若文件长度不是 512 字节的整数倍,则最后传送的数据 PDU 的数据字段不足 512 字节,以此作为文件的结束标志。

(2) 数据 PDU 形成一个文件块,每块按序编号,从 1 开始计量。TFTP 采用确认重发机制:当发完一文件块后应等待对方的确认,确认时应指明所确认的块编号。若发完块后,在规定时间内收不到确认,则重发文件块。同样,若发送确认的一方,在规定时间内收不到下一个文件块,也应重发确认 PDU。

(3) TFTP 只支持文件传输,对文件的读或写支持 ASCII 码或二进制传送,但不支持交互方式。

(4) TFTP 使用简单的首部,没有庞大的命令集,不能列目录,也不具备用户身份鉴别功能。

7.2.5 引导程序协议与动态主机配置协议

1. 引导程序协议

引导程序协议(BOOTstrap Protocol,BOOTP)目前还只是因特网的草案标准,其更新版本(RFC 2132)在1997年发布。BOOTP使用UDP为无盘工作站提供自动获取配置信息服务。

BOOTP使用C/S服务模式。为了获取配置信息,协议软件广播一个BOOTP请求报文,使用全1广播地址作为目的地址,而全0作为源地址。收到请求报文的BOOTP服务器查找该计算机的各项配置信息(如IP地址、子网掩码、默认路由器的IP地址、域名服务器的IP地址)后,将其放入一个BOOTP响应报文,可以采用广播方式回送给提出请求的计算机,或使用收到广播帧上的硬件地址(网卡地址)进行单播。

BOOTP是一个静态配置协议。当BOOTP服务器收到某主机的请求时,就在其数据库中查找该主机已确定的地址绑定信息。一旦当主机移动到其他网络时,则BOOTP不能提供服务,除非管理员人工添加或修改数据库信息。

2. 动态主机配置协议

动态主机配置协议(Dynamic Host Configuration Protocol,DHCP)是与BOOTP兼容的协议,所用的报文格式相似(参阅RFC 2131,2132),但比BOOTP更先进,提供动态配置机制,也称即插即用连网(Plug-and-Play Networking)。

DHCP允许一台计算机加入新网可自动获取IP地址,不用人工参与。DHCP对运行客户软件和服务器软件的计算机都适用。DHCP对运行服务器软件而位置固定的计算机将设一个永久地址,对运行客户软件的计算机移动到新网时,可自动获取配置信息。

DHCP使用C/S服务模式。当某主机需要IP地址时,启动时向DHCP服务器发送广播报文(目的IP地址为全1,源IP地址置全0),命名为广播发现报文(DHCPDISCOVER),主机成为DHCP客户。在本地网络的所有主机均能收到该广播发现报文,唯有DHCP服务器对此报文予以响应。DHCP服务器先在其数据库中查找该计算机配置信息,若找到,则采用提供报文(DHCPOFFER)将其回送到主机;若找不到,则从服务器的IP地址池中任选一个IP地址分配给主机。

如何避免在每个网络上都设置一台DHCP服务器,方法是设置一台DHCP中继代理(Relay Agent),该代理存有DHCP服务器的IP地址信息。当DHCP中继代理收到任何一台计算机发送广播发现报文后,则以单播形式向DHCP服务器转发,并等待回答。在收到DHCP服务器的提供报文后,DHCP中继代理再转发给主机。

目前,计算机上安装Windows 2000或XP操作系统后,单击“开始”→“设置”→“控制面板”→“网络连接”图标,就可添加TCP/IP协议。单击“属性”按钮,在IP地址一项提供两种可选方法:

(1) 指定IP地址:配置IP地址、子网掩码、默认路由器的IP地址、域名服务器的IP地址。

(2) 自动获取 IP 地址：即使用 DHCP 协议。目前无线校园网、家庭网络都选用了 DHCP 协议。

7.3 电子邮件系统与 SMTP

电子邮件(E-mail)是因特网上最成功的应用之一。电子邮件不仅使用方便，而且传递迅速、费用低廉。在因特网上，电子邮件系统不仅支持传送文字信息，而且还可通过附件传送声音、图片、视频文件，使用电子邮件提高了劳动生产效率，促进信息社会的发展。

随着网络技术的发展，1982 年制定了 ARPANET 上的电子邮件标准(RFC 821)，即简单邮件传输协议(Simple Mail Transfer Protocol，SMTP)和因特网文本报文格式(RFC 822)。1984 年，原 CCITT(现改名为 ITU-T)制定了报文处理系统(Message Hand System，MHS)，命名为 X.400 建议。过后 ISO 在 OSI-RM 中给出了面向报文的电文交换系统(Message Oriented Text Interchange System，MOTIF)的标准，1988 年，原 CCITT 参考 MOTIF 修改了 X.400 建议，进而推出了 X.435 建议——电子数据交换(Electronic Data Interchange，EDI)。

由于因特网的 SMTP 只能传送可打印的 7 位 ASCII 码邮件，1993 年又给出了通用因特网邮件扩展(Multipurpose Internet Mail Extensions，MIME)，于 1996 年修改后成为因特网的草案标准(RFC 2045～RFC 2049)。

7.3.1 电子邮件系统的组成

电子邮件系统基本由三个组件构成，如图 7-10 所示。图中列出了用户代理(User Agent，UA)，邮件服务器以及电子邮件所用协议，如 SMTP、POP3、IMAP4 和 MIME。

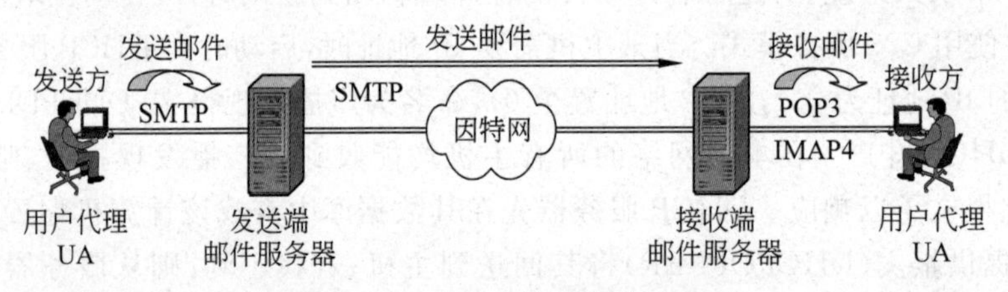

图 7-10 电子邮件系统的组成

1. 用户代理

用户代理是用户与电子邮件系统的接口。每台计算机必须安装相应的程序，在 Windows 平台上有 Outlook Express、Foxmail(张小龙创作)以及 Eudora、Pipeline 等；在 UNIX 平台上有 Mail、Elm、Pine 等。UA 使用户能通过友好的界面来发送和接收邮件，便于操作。

用户代理的基本功能包括：

(1) 撰写：为用户提供编辑信件的环境。

(2) 显示：能方便地在计算机屏幕上显示来信以及附件内容。

(3) 处理：包括收、发邮件。允许收信人能按不同方式处理信件，如阅读后存盘、转发、打印、回复、删除等，以及自建目录分类保存，对垃圾邮件可拒绝阅读。

2. 邮件服务器

邮件服务器是电子邮件系统的关键组件，因特网上的各 ISP 都设有邮件服务器，其功能就是收发邮件，并可按用户要求报告邮件传送状况(如已交付或被拒绝等)。

邮件服务器使用 C/S 服务模式。一个邮件服务器既可作为客户，也可作为服务器，图 7.10 中发送端邮件服务器在向接收端邮件服务器发送邮件时，发送端邮件服务器作为 SMTP 客户，而接收端邮件服务器是 SMTP 服务器。

3. 电子邮件所用的协议(这部分内容在下一节介绍)

下面将结合图 7.10 来介绍一份电子邮件的发送和接收过程：

(1) 发信人调用 UA，编辑待发邮件。UA 采用 SMTP，按面向连接的 TCP 方式将邮件传送到发送端邮件服务器。

(2) 发送端邮件服务器先将邮件存入缓冲队列，等待转发。

(3) 发送端邮件服务器的 SMTP 客户进程发现缓存的待发邮件，向接收端邮件服务器的 SMTP 服务器进程发起 TCP 连接请求。

(4) 当 TCP 连接建立后，SMTP 客户进程可向接收方 SMTP 服务器进程连续发送，发完所存邮件，即释放所建立的 TCP 连接。

(5) 接收方 SMTP 服务器进程将收到的邮件放入各收信人的用户邮箱，等待收件人读取。

(6) 收件人可随时调用用户代理，使用 POP3 或 IMAP4 查看接收端邮件服务器的用户邮箱，若有邮件则可阅读或取回。

7.3.2 SMTP

简单邮件传输协议(SMTP)规定了两个相互通信的 SMTP 进程应如何交换信息，共设 14 条命令和 21 种应答信息。每条命令用 4 个字母组成；而每种应答信息通常只有一行信息，由 3 位数字的代码开始，后附(也可不附)简单的文字说明。

现通过 SMTP 通信的三个阶段介绍部分命令与响应信息。

1. 连接建立

发信人将待发邮件放入邮件缓存，SMTP 客户每隔一定时间对邮件缓存扫描一次。如果有待发邮件，则使用端口号 25 与目的主机的 SMTP 服务器建立 TCP 连接。在连接建立后，SMTP 服务器发出“服务就绪”(220 Service Ready)。接着，SMTP 客户向 SMTP 邮件服务器发送 HELLO 命令，附上发方主机名。若 SMTP 邮件服务器有能力接收邮件，则回送 250 OK，表示接收就绪。若 SMTP 邮件服务器不可用，则回送服务暂不可用 421 Service not available。

特别指出，TCP 连接总是在发送端和接收端两个邮件服务器之间直接建立。SMTP 不使用中间的邮件服务器。

2. 邮件传送

邮件传送从 MAIL 命令开始，MAIL 命令后随发信人邮件地址，如 MAIL FROM：jsjxy@njupt.edu.cn。若 SMTP 服务器已准备好接收邮件，则回答“220 OK”；否则，回送一个代码指明原因，例如 451(处理时出错)，452(存储空间不够)，500(命令无法识别)等。

接着发送一个或多个 RCPT 命令，取决于同一邮件有一个或多个收信人，其作用是确认接收端系统能否接收邮件。格式为 RCPT TO：＜收信人地址＞。每发一个 RCPT 命令，应从 SMTP 服务器返回相应信息，如“250 OK”表示接收端邮箱有效，或“550 No such user here”则说明无此邮箱。

下面发送 DATA 命令，表示要开始传送邮件的内容。SMTP 邮件服务器返回信息：“354 Start mail input；end with ＜CRLF＞.＜CRLF＞”。接着 SMTP 客户发送邮件的内容。发送完毕，按要求发送两个＜CRLF＞表示邮件结束。＜CRLF＞表示回车换行，注意在两个＜CRLF＞之间用一个点隔开。若 SMTP 服务器收到的邮件正确，则返回“250 OK”，否则，送回出错代码。

3. 连接释放

邮件内容发完后，SMTP 客户应发送 QUIT 命令，SMTP 服务器返回信息“221(服务关闭)”，表示 SMTP 同意释放 TCP 连接。

由于电子邮件系统的 UA 屏蔽了上述 SMTP 客户与 SMTP 服务器的交互过程，因此，电子邮件用户是看不到这些过程的。

7.3.3 POP3 和 IMAP4

邮局协议第 3 版(Post Office Protocol v3，POP3)和因特网报文存取协议第 4 版(Internet Message Access Protocol v4，IMAP4)是两个常用的邮件读取协议，但两者是有不同之处。

POP3 是邮局协议第 3 版(RFC 1939)，成为因特网的正式标准。它使用 C/S 服务模式。在接收邮件的用户 PC 上必须运行 POP3 客户程序，而在用户所连接的 ISP 邮件服务器中则运行 POP3 服务器程序，同时还运行 SMTP 服务器程序。

POP3 服务器在鉴别用户输入的用户名和口令有效后才可读取邮箱中的邮件，POP3 协议的特点就是只要用户从 POP3 服务器读取了邮件，POP3 服务器就将该邮件删除。因此，使用 POP3 协议读取的邮件应立即将邮件复制到自己的电脑中。

IMAP4(RFC 2060)是 1996 年的第 4 版，目前只是因特网的建议标准。在使用 IMAP4 时，ISP 邮件服务器的 IAMP4 服务器保存着收到的邮件，用户在 PC 上运行 IMAP4 的客户程序，与 ISP 邮件服务器的 IAMP4 服务器程序建立 TCP 连接。

IMAP4 是一个联机协议，用户在 PC 机上可操控 ISP 邮件服务器的邮箱。当用户在 PC 机上的 IMAP4 的客户程序打开 IAMP4 服务器的邮箱时，用户可看到邮件的首部。

当用户打开指定的邮件，该邮件才传到 PC 上。在用户未发出删除命令前，IAMP4 服务器邮箱中的邮件一直保存着，可节省 PC 上硬盘的存储空间。

7.3.4 MIME

RFC 822 文档定义了邮件内容的主体结构和各种邮件头字段的详细细节，但是，它没有定义邮件体的格式，RFC 822 文档定义的邮件体部分通常都只能用于表述可打印的 ASCII 码文本，而无法表达出图片、声音等二进制数据。另外，SMTP 服务器在接收邮件内容时，当接收到只有一个“.”字符的单独行时，就会认为邮件内容已经结束，因此如果一封邮件正文中正好有内容仅为一个“.”字符的单独行，SMTP 服务器就会丢弃掉该行后面的内容，从而导致信息丢失。

由于因特网的迅速发展，人们已不满足于电子邮件仅仅是用来交换文本信息，而希望使用电子邮件来交换更为丰富多彩的多媒体信息，例如，在邮件中嵌入图片、声音、动画和附件。所以，Nathan Borenstein 向 IETF 提出的通用因特网邮件扩展(MIME)在 1996 年成为因特网的草案标准，解决了这类问题。

图 7-11 给出了 MIME 与 SMTP 之间的关系。当使用 RFC 822 邮件格式发送非 ASCII 码的二进制数据时，必须先采用某种编码方式将其“编码”成可打印的 ASCII 码字符后，再作为 RFC 822 邮件格式的内容。邮件读取程序在读到这种经过编码处理的邮件内容后，再按照相应的解码方式解码出原始的二进制数据。

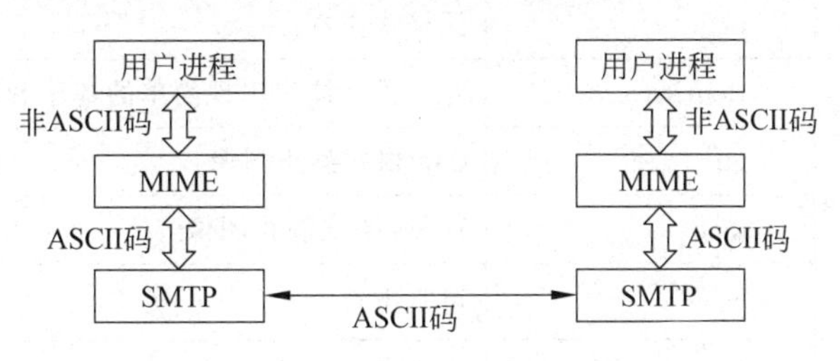

图 7-11 MIME 与 SMTP 的关系

可见，按图 7-11 MIME 需要解决两个技术问题：

(1) 邮件读取程序如何发现邮件中嵌入的原始二进制数据所采用的编码方式。

(2) 邮件读取程序如何找到所嵌入的图像或其他资源在整个邮件内容中的起止位置。

MIME 不是对因特网文本报文格式(RFC 822)的升级和替代，而是一种扩展。RFC 822 定义了邮件内容的格式和邮件首部字段的详细细节，而 MIME 则定义了如何在邮件体部分表达出多样的数据内容，包括多段平行的文本内容、可执行文件、其他的二进制对象，以及传送的非英语系文字，例如，在邮件体中内嵌的图像和视频附件等。另外，也可以避免邮件内容在传输过程中发生信息丢失。

1. MIME 标准的邮件首部字段

MIME 标准在 RFC 822 原有邮件格式的基础上扩展了一些 MIME 专用的邮件首部

字段，例如：

- MIME-Version 指定 MIME 的版本，现为 MIME-Version：1.0。
- Content-Type 指定邮件体的 MIME 内容类型。
- Content-Transfer-Encoding 指定编码方法。
- Content-Disposition 指定邮件读取程序处理数据内容的方式。
- Content-ID 用于为内嵌资源指定一个唯一标识号。
- Content-Location 用于为内嵌资源设置一个 URL 地址。
- Content-Base 用于为内嵌资源设置一个基准路径。

鉴于篇幅有限，这里仅介绍内容类型 Content-Type、内容传送编码的基本方法，详细内容请参照 RFC 2045～RFC 2049。

2. 内容类型

MIME 标准规定了内容类型 Content-Type，必须具有使用内容的“类型(type)和子类型(subtype)”加以说明，中间用“/”分开。表 7-3 列出了 MIME 标准定义的部分类型和子类型，并给出了简要的含义。

表 7-3　MIME 标准定义的类型/子类型及其含义

内容类型	子类型	含义
Text(正文)	plain	无格式文本
	richtext	允许报文体中出现简单的基于 SGML 的标志语言
Image(图像)	gif	GIF 格式静止图像
	jpeg	JPEG 格式静止图像
Audio(音频)	basic	可听声音
Video(视频)	mpeg	MPEG 格式活动图像或影片
Application(应用)	octet-stream	用户代理收到该类型的报文时先将其复制到一个文件中去，文件名可由用户决定，然后处理
	postscript	接收方只要执行其中的附录程序就可显示到来的报文
Message(报文)	rfc822	MIME RFC 822 邮件
	partial	将邮件分开传送
	external-body	邮件从网上获取
Multipart(组合)	mixed	表示报文体中的内容是混合组合类型，内容可以是文本、声音和附件等不同邮件内容的混合体
	related	表示报文体中的内容是关联(依赖)组合类型
	alternative	表示报文体中的内容是选择组合类型
	digest	每一部分是完整的 RFC 822 邮件

一封最复杂的电子邮件可含有邮件正文和邮件附件，邮件正文又可同时使用普通文本格式和HTML格式表示，并且HTML格式的正文中又引用了其他的内嵌资源。对于这种最复杂的电子邮件，可用如图7-12所示的MIME组合消息结构进行描述。

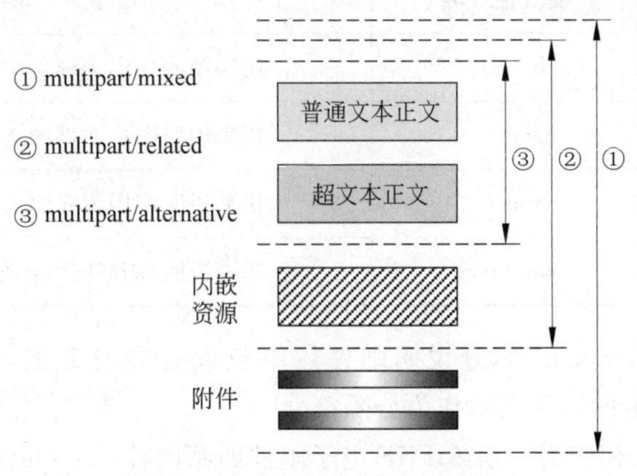

图7-12 MIME组合消息结构

从图7-12中可见，若要在邮件中添加附件，就必须将整封邮件的MIME类型定义为multipart/mixed；如果要在HTML格式的正文中引用内嵌资源，那应定义multipart/related类型的MIME消息；如果普通文本内容与HTML文本内容共存，那就要定义multipart/alternative类型的MIME消息。

multipart类型用于表示MIME组合消息，它是MIME标准中最重要的一种类型。一封MIME邮件中的MIME消息可以有三种组合关系：混合、关联、选择，它们对应的MIME类型如下：

- multipart/mixed表示邮件体中的内容是混合组合类型，内容可以是文本、声音和附件等不同邮件内容的混合体。例如图7-12中的整封邮件的MIME类型就必须定义为multipart/mixed。
- multipart/related表示邮件体中的内容是关联（依赖）组合类型，例如图7-12中的邮件正文要使用HTML代码引用内嵌的图片资源，它们组合成的MIME邮件的MIME类型就应定义为multipart/related，表示其中某些资源（HTML代码）要引用（依赖）另外的资源（图像数据），引用资源与被引用的资源必须组合成multipart/related类型的MIME组合邮件。
- multipart/alternative表示邮件体中的内容是选择组合类型，例如一封邮件的邮件正文同时采用HTML格式和普通文本格式进行表达时，就可以将它们嵌套在一个multipart/alternative类型的MIME组合邮件中。这种做法的好处在于如果邮件阅读程序不支持HTML格式时，可以采用其中的文本格式替代。

在Content-type头字段中除了可以定义消息体的MIME类型外，还可以在MIME类型后面包含相应的属性，属性以“属性名=属性值”的形式出现，属性与MIME类型之间采用分号（;）分隔，如下所示：

```
Content-Type:multipart/mixed;boundary="----=ABCD"
```

常用的属性如表 7-4 所示。

表 7-4 常用的属性

内容类型	属性名	说明
Text	charset	用来说明文本内容的字符集编码
Image	name	用来说明图片文件的文件名
Application	name	用来说明应用程序的文件名
Multipart	boundary	用来说明 MIME 消息之间的分隔符

表中“multipart/mixed”部分说明邮件体中包含有多段数据，每段数据之间使用 boundary 属性中指定的字符文本作为分隔符。

下面举例说明如何查看一份 MIME 电子邮件的源内容：在 Outlook Express 的收件箱，用鼠标选中收件箱内的一邮件（来自 Microsoft Outlook Express 开发组），单击鼠标右键，然后单击弹出菜单中的“属性”菜单项，如图 7-13(a)所示。在打开的属性对话框中，单击“详细信息”标签，如图 7-13(b)所示，然后单击“邮件来源…”按钮，就可以看到邮件的源文件内容了，见图 7-13(c)所示。

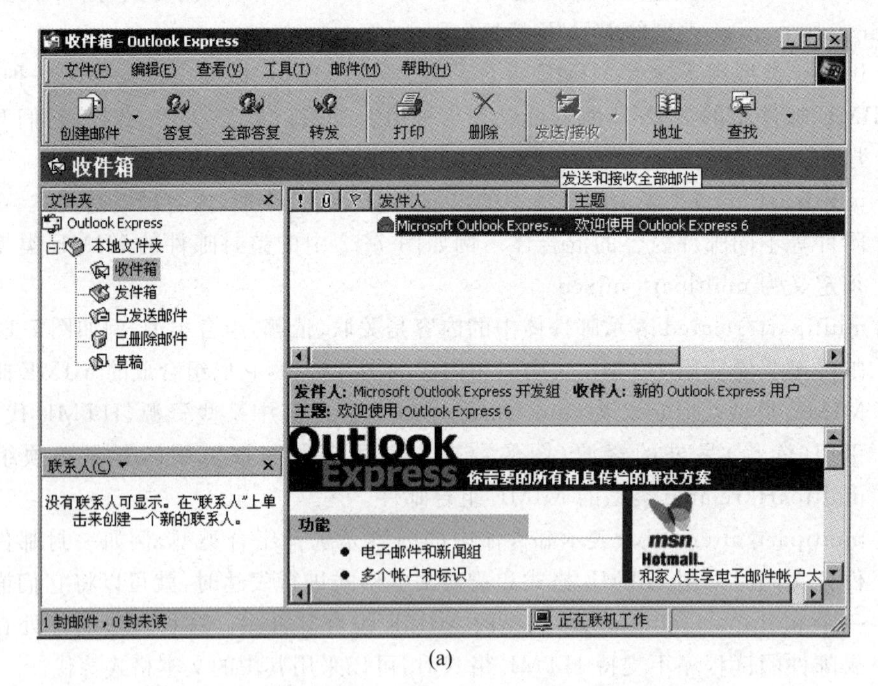

(a)

图 7-13 显示一份 MIME 邮件的源内容

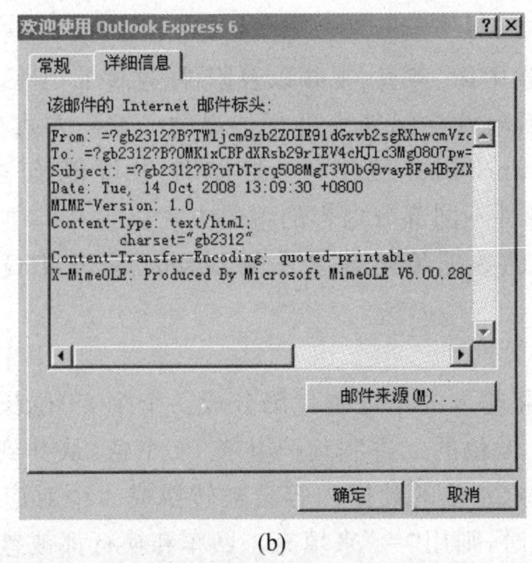

(b)

```
邮件来源
From: =?gb2312?B?TWljcm9zb2Z0IE91dGxvb2sgRXhwcmVzcyC/qrei1+k=?= <msoe@microsoft.com>
To: =?gb2312?B?0MK1xCBPdXRsb29rIEV4cHJlc3Mg0807pw==?=
Subject: =?gb2312?B?u7bTrcq508MgT3V0bG9vayBFeHByZXNzIDY=?=
Date: Tue, 14 Oct 2008 13:09:30 +0800
MIME-Version: 1.0
Content-Type: text/html;
      charset="gb2312"
Content-Transfer-Encoding: quoted-printable
X-MimeOLE: Produced By Microsoft MimeOLE V6.00.2800.1933

<HTML>
<HEAD>
<META HTTP-EQUIV=3D"Content-Type" CONTENT=3D"text/html; =
charset=3Dgb2312">
<STYLE>
font{font-family:"=CB=CE=CC=E5";font-size:9pt;color:#000000}
```

(c)

图 7-13 （续）

MIME 邮件扩展了 RFC 822 文档中已经定义了的邮件首部字段的内涵，例如，定义了邮件主题首部字段中内容值的格式，以便通过编码的方式在 subject 中也可以使用非 ASCII 码的字符。subject 首部字段中的值嵌套在一对“＝?”和“?＝”标记符之间。标记符之间的内容由三部分组成：邮件主题的原始内容的字符集、当前采用的编码方式、编码后的结果。这三部分之间使用“?”进行分隔。

下面是一个对包含非 ASCII 码字符的邮件主题进行编码后的结果：

```
Subject:=?gb2312?B?u7bTrcq508MgT3V0bG9vayBFeHByZXNzIDY=?=
```

其中，“gb2312”部分说明邮件主题的原始内容为 gb2312 编码的字符文本，“B”部分说明对邮件主题的原始内容按照 BASE64 方式进行了编码。

“u7bTrcq508MgT3V0bG9vayBFeHByZXNzIDY＝”为对邮件主题的原始内容“欢迎使用 Outlook Express 6”进行 BASE64 编码后的结果。

3. 内容传送编码

MIME 邮件可以传送图像、声音、视频以及附件，这些非 ASCII 码的数据都是通过一定的编码规则进行转换后附着在邮件中进行传递的。编码方式存储在邮件的内容传送编码 Content-Transfer-Encoding 域中，一封邮件中可能有多个 Content-Transfer-Encoding 域，分别对应邮件不同部分内容的编码方式。

目前 MIME 邮件中的数据编码普遍采用 Base64 编码或 Quoted-Printable 编码来实现。

(1) Base64 编码

Base64 编码方法是将输入的二进制代码分成一个个 24 位长的单元，并将每个单元划分为 4 组(每组 6 位)。6 位的二进制代码共有 64 个值，从 0 到 63，分别对应'A'—'Z'，'a'—'z'，'0'—'9'，'+'，'/'。每 24 位的数据内容会被转换成 4 个对应的 ASCII 码字符，当转换到数据末尾不足 24 位时，则用"="来填充。回车和换行都被忽略。

例如：现输入的二进制代码为 00001000 01110010 11111110。分成 4 组 6 位，则得 000010 000111 001011 111110，算出对应的 base64 编码为 CHN+。再将其 ASCII 编码发送，即 01000011 01001000 01001110 00101011。因此，base64 编码的开销为 25%。

(2) Quoted-Printable 编码

Quoted-Printable 编码方法也是将输入的信息转换成可打印的 ASCII 码字符。但它是根据信息的内容来决定是否进行编码，如果读入的字节是可直接打印的 ASCII 字符，位于十进制数 33～60、62～126 范围内的，则不要转换直接输出；若不是(如不可打印的 ASCII 字符、非 ASCII 码以及特定的等号"=")，则将该字节的二进制机内码分为两个 4 位，每个用一个十六进制数字来表示，然后在前面加"="，这样每个需要编码的字节会被转换成三个字符来表示。

例如：汉字"南京"的二进制机内码是：11000100 11001111 10111110 10101001，对应的十六进制码是：C4 CF BE A9，则 Quoted-Printable 编码的结果是 =C4=CF=BE=A9，都属于可打印的 ASCII 字符，但其编码开销达 200%。

如果输入的信息出现等号"="，则它的 Quoted-Printable 编码应为"=3D"。

7.4 万维网与 HTTP

物理学家蒂姆·伯纳斯·李(Tim Berners Lee)于 1990 年，在当时的 Nextstep 网络服务系统上开发出世界上第一个网络服务器和第一个客户端浏览器程序，后人称为万维网(Would Wide Web，WWW)，至今已成为因特网中最受瞩目的一种多媒体超文本(Hypertext)信息服务系统。它基于客户/服务器模式，整个系统是由浏览器(Browser)、Web 服务器和超文本传输协议(Hypertext Transfer Protocol，HTTP)三部分组成。

HTTP 是一个应用层协议，使用 TCP 连接为分布式超媒体(Hypermedia)信息系统提供可靠传送。

在 Web 服务器上，以网页或主页(Homepage)的形式来发布多媒体信息。网页采用超文本标记语言(Hypertext Markup Language,HTML)或可扩展的标记语言(Extensible Markup Language,XML)来编写,使网页设计师可用一个超链从本页面的某处链接到因特网上的任何一个其他页面,并使用搜索引擎方便地查找信息。

在客户端,选用因特网探险者(微软 IE)或网景公司航行者(Navigator)、Communicator、Mozilla Firefox(火狐)等浏览器,使用统一资源定位符(Uniform Resource Locator,URL)来标志 WWW 上的各种文档,使其在因特网中具有唯一的标识符。

现已有许多工具软件,如 FrontPage、Word、PowerPoint 等均可方便地编写主页。此外,利用微软推出的活动服务器页面(Active Server Pages,ASP),可通过创建服务器端脚本来实现动态交互式 Web 页面和应用程序,而且 ASP 脚本可与 HTML 语言、Java Applet(小程序)混合在一起书写,还可用 PHP 来创建有效的动态 Web 页面。若在网页上采用 Macromedia 公司的 Flash 5.0、Fireworks 和 Dreamweaver 组合工具,则可设计出梦幻实景般的网页动画(这部分内容本书不介绍)。

7.4.1 超文本传输协议

超文本传输协议(HTTP)作为应用层协议,其本身是无连接的,但使用了面向连接的 TCP 提供的服务,确保可靠地交换多媒体文件。HTTP 有多个版本,RFC 1945 定义的 HTTP1.0 是无状态的,目前使用的 1999 年给出的 HTTP1.1(RFC 2616)是因特网草案标准,SHTTP 是一个含安全规范的 HTTP 协议。

HTTP 是面向事务的客户服务器协议,从 HTTP 的角度,万维网的浏览器是一个 HTTP 的客户,万维网服务器也称 Web 服务器。

1. 万维网的工作原理

万维网的工作原理如图 7-14 所示。万维网上每个网站都设有 Web 服务器,它的服务器进程不断地监测 TCP 的 80 端口,随时准备接收浏览器(客户进程)发出的连接建立请求。

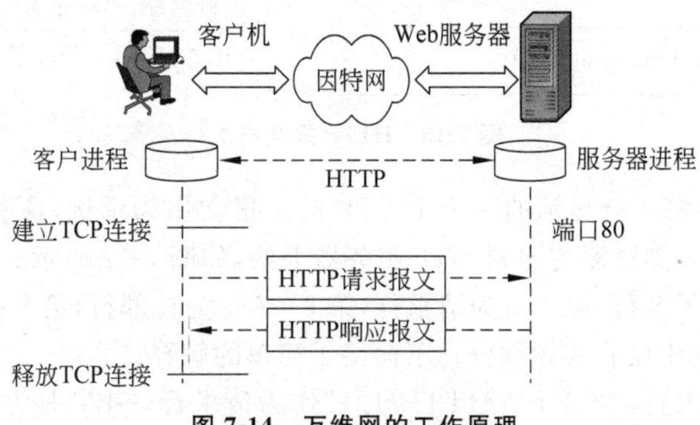

图 7-14 万维网的工作原理

用户可通过浏览器页面的 URL 窗口键入网站域名或 IP 地址,也可用鼠标直接单击页面上的任一可选部分。一旦监测到连接建立请求并建立了 TCP 连接,浏览器就向服务器发出 HTTP 请求报文,随后服务器返回 HTTP 响应报文,接着释放 TCP 连接。

图 7-15 给出了网上拦截的 HTTP 的请求报文(第 4 行阴影)和响应报文(第 5 行)。

[172.16.9.3]	[218.2.103.166]	TCP: D=80 S=2938 SYN SEQ=123615511 LEN=0 WIN
[218.2.103.166]	[172.16.9.3]	TCP: D=2938 S=80 SYN ACK=123615512 SEQ=35498
[172.16.9.3]	[218.2.103.166]	TCP: D=80 S=2938 ACK=3549805670 WIN=1656
[172.16.9.3]	[218.2.103.166]	HTTP: C Port=2938 GET / HTTP/1.1
[218.2.103.166]	[172.16.9.3]	HTTP: R Port=2938 HTML Data
[218.2.103.166]	[172.16.9.3]	TCP: D=2938 S=80 FIN ACK=123615890 SEQ=35498
[172.16.9.3]	[218.2.103.166]	TCP: D=80 S=2938 ACK=3549805882 WIN=1634
[172.16.9.3]	[218.2.103.166]	TCP: D=80 S=2938 FIN ACK=3549805882 SEQ=1236
[218.2.103.166]	[172.16.9.3]	TCP: D=2938 S=80 ACK=123615891 WIN=65535

图 7-15 HTTP 请求响应报文

HTTP 规定在客户端与服务器之间的每次交互包括一个 ASCII 码串组成的请求报文和一个"类 MIME"的响应报文,相关的报文格式与交互规则就是 HTTP 协议。

2. HTTP 的报文格式

如前所述,HTTP 的报文分为两种,即 HTTP 请求报文、HTTP 响应报文,其报文格式如图 7-16 所示,每个报文含三部分:开始行、首部行、实体部分。由图可见,两种报文格式在开始行的定义上有所不同,HTTP 请求报文的开始行命名为请求行,而 HTTP 响应报文中称为状态行。在开始行定义的三字段间设一空格分开,以 CRLF(回车-换行)表示结束。首部行用来指示浏览器、服务器或报文内容的一些信息。允许有多行首部,每个首部行设首部字段名和它的值,同样以 CRLF 表示结束。另用一个空行 CRLF 将首部行与实体部分分开。实体部分在请求报文中通常不用,在响应报文中也可没有该字段。

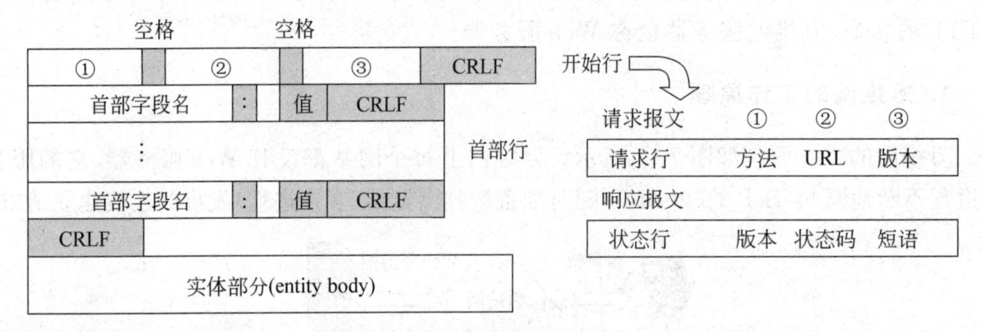

图 7-16 HTTP 报文格式

现将图 7-15 中第 4 行显示的一个 HTTP 请求报文作为示例,这些数据是真正以网络 HTTP 协议从 IE 浏览器传递到 Web 服务器上的,如图 7-17 所示。

这段程序使用了 8 行,第 1 行为请求行,第 2~7 行为首部行,第 8 行为空行表示首部行结束,事实上此例中没有实体部分。下面给予简单的解释:

(1) HTTP 请求行:"GET / HTTP/1.1"作为请求行,GET 是方法,表示请求若干选项信息。使用相对的 URL,省略主机的域名。版本为 HTTP/1.1。

(2) Accept:指浏览器或其他客户可以接受的 MIME 文件格式。服务器 Servlet 可以根据它判断并返回适当的文件格式。

(3) Accept-Language:指出浏览器可以接受的语言种类。zh-cn 是中文,而 en 或 en-us 表示英语。

```
HTTP: ----- Hypertext Transfer Protocol -----
HTTP:
HTTP: Line  1:  GET / HTTP/1.1
HTTP: Line  2:  Accept: image/gif, image/x-xbitmap, image/jpeg, image/pjpeg,
HTTP:            application/x-shockwave-flash, application/vnd.ms-powerpoin
HTTP:           t, application/vnd.ms-excel, application/msword, application
HTTP:           /QVOD, */*
HTTP: Line  3:  Accept-Language: zh-cn
HTTP: Line  4:  Accept-Encoding: gzip, deflate
HTTP: Line  5:  User-Agent: Mozilla/4.0 (compatible; MSIE 6.0; Windows NT 5.
HTTP:           0)
HTTP: Line  6:  Host: www.njupt.edu.cn
HTTP: Line  7:  Connection: Keep-Alive
HTTP: Line  8:
```

图 7-17 HTTP 请求报文示例

(4) Accept-Encoding：指出浏览器可以接受的编码方式。编码方式不同于文件格式，它是为了压缩文件并加速文件传递速度。浏览器在接收到 Web 响应之后先解码，然后再检查文件格式。

(5) User-Agent：客户浏览器名称为 Mozilla/4.0。

(6) Host：对应网址 URL 中的 Web 名称和端口号。例中列出的域名地址是南京邮电大学的主页。

(7) Connection：用来告诉服务器是否可以维持固定的 HTTP 连接。HTTP/1.1 使用 Keep-Alive 为默认值，这样，当浏览器需要多个文件时(比如一个 HTML 文件和相关的图形文件)，不需要每次都建立连接。若使用 close，则表示发完报文后就释放 TCP 连接。

当 HTTP 请求报文发出后，服务器将给出响应报文，如图 7-18 所示。

```
HTTP: ----- Hypertext Transfer Protocol -----
HTTP:
HTTP: Line  1:  HTTP/1.1 302 Found
HTTP: Line  2:  Date: Mon, 01 Dec 2008 00:18:22 GMT
HTTP: Line  3:  Server: Apache/2.2.3 (Red Hat)
HTTP: Line  4:  X-Powered-By: PHP/5.1.6
HTTP: Line  5:  location: new/
HTTP: Line  6:  Content-Length: 0
HTTP: Line  7:  Connection: close
HTTP: Line  8:  Content-Type: text/html; charset=GB2312
HTTP: Line  9:
HTTP:
```

图 7-18 HTTP 响应报文示例

通常，第 1 行为状态行，列出版本、状态码和解释状态码的短语。状态码为三位数字，分为 5 大类 33 种。如 1xx 表示通知信息，2xx 表示成功，3xx 表示重定向，4xx 表示客户的差错，5xx 表示服务器的差错。

图 7-18 中 HTTP/1.1 302 Found 表示已发现，后续的行是首部行(header line)，最后是内容(此例不存在)，通常是一幅图像或一个网页。在首部行中：Date 表示服务器产生并发送响应报文的日期和时间；Server 表明该报文是由一个 Apache/.2.2.3 Web 服务器产生的，类似于请求报文中的 User-Agent 字段；X-Powered-By：表明是使用 PHP(版本)的动态网页；Content-Length 表明被发送对象的字节数；Content-Type 表明实体中的对象是 HTML 文本。

7.4.2 超文本标记语言

1. HTML 的基本格式

元素(element)是 HTML 文档结构的基本组成部分。一个文档本身就是一个元素。每个 HTML 文档包含两个部分：首部(head)和主体(body)。图 7-19 是用微软 Frontpage 编写后的 HTML 基本文档。

(1) 首部以标签＜head＞,＜/head＞作为始/末,包含文档的标题(title)。这里标题相当于文件名,用户可使用标题来搜索页面和管理文档,并以标签＜title＞,＜/title＞作为始/末。

(2) 文档的主体(body)是 HTML 文档的信息内容。以标签＜body＞,＜/body＞作为始/末。主体部分可分为若干小元素,如段落(paragraph)、表格(table)和列表(list)等。

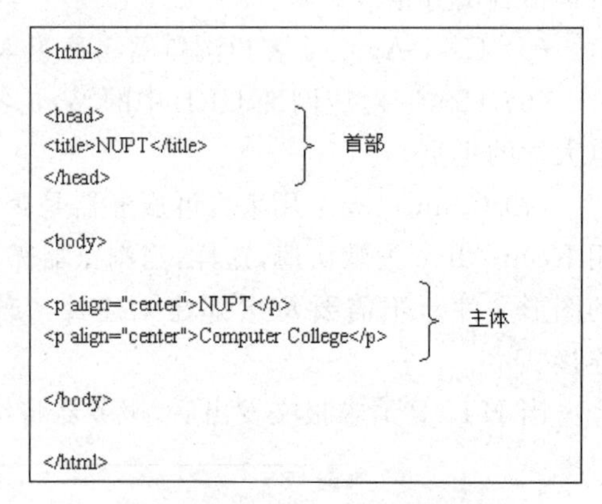

图 7-19 HTML 文档基本格式

图 7-19 主体由两个段落,分别用标签＜p＞,＜/p＞作为始/末,必须内嵌在主体内。由此可见,一个 HTML 文档具有三个特殊意义的字符：

- ＜表示一个标签的开始(lt,less than,小于)；
- ＞表示一个标签的开始(gt,greater than,大于)；
- & 表示转义序列的开始,以分号“;”结束(amp,ampersand,转义符)。若文件中出现上述三个字符,则使用“&”加以转义为“<”,“>”,“&”。

在主体中可设标题,称为题头(heading)。题头标签＜Hn＞,＜/Hn＞,其中 n 为题头的级别,分 6 级,1 级是最高级。

在段落标签名后,可附加属性,如 align＝center 表示居中,align＝right 表示右对齐,align＝left 表示左对齐(默认属性)。

HTML 允许在网页上插入图像。标签＜img＞表示在当前位置嵌入一张内含图像,例如：

```
<img border="0" src="file:///C: ER16-CS.jpg" width="132" height="248">
```

的意思是插入 ER16-CS. jpg 图片,边框宽度为 0,图片的尺寸(宽×高)为 132×248 像素,以文件形式存放在 C 盘根目录下。

2. 页面的超链接

超链接(hyperlink)是指从一个网页指向一个目标的链接关系。这个目标可以是另一个网页,也可以是同一网页上的不同位置,还可以是一张图片、一个电子邮件地址、一个文件，甚至是一个应用程序。而在一个网页中用来超链接的对象，可以是一段文本或者是一张图片。万维网提供了分布式服务，没有超链接也就没有万维网。

在 HTML 文档中建立一个超链接的语法规定为：

```
<a href="url">X</a>
```

其中，超链接的标签是<a>，</a>。字符 a 是 anchor（锚）的首字母，X 是超链接的起点，而"url"表示超链接的终点，即统一资源定位符，href 与锚 a 之间留一空格，href 是 hyper reference 的缩写，意思是"引用"。单击<a></a>当中的内容，即可打开一个链接文件，href 属性则表示这个链接文件的路径。例如链接到 admin. edu. cn/html 站点首页，就可以这样表示：

```
<a href="http://www.admin.edu.cn/html">站长网 站长学院 admin.edu.cn/html 首页</a
>
```

此外，使用 target 属性，可以在一个新窗口里打开链接文件。例如，

```
<a href="http://www.admin.edu.cn/html " target=_blank>站长网 站长学院 admin.edu.
cn/html 首页</a>
```

使用 title 属性，可以让鼠标悬停在超链接上的时候，显示该超链接的文字注释。例如，

```
<a href="http://www.admin.edu.cn/html" title="站长网 站长学院 网页制作的中文站点"
>站长网 站长学院网站</a>
```

希望注释多行显示，可以使用"
"作为换行符。例如，

```
<a href="http://www.admin.edu.cn /html" title="站长网 站长学院 &#10;网页制作的中文
站点">站长网 站长学院网站< /a>
```

使用 name 属性，可以跳转到一个文件的指定部位。使用 name 属性时，要注意：一是设定 name 的名称，二是设定一个 href 指向这个 name。例如，

```
<a href="#C1"> 参见第一章</a>
<a name="C1">第一章</a>
```

name 属性通常用于创建一个大文件的章节目录。每个章节都建立一个链接，放在文件的开始处，每个章节的开头都设置 name 属性。当用户单击某个章节的链接时，这个章节的内容就显示在最上面。如果浏览器不能找到 name 指定的部分，则显示文章开头，不报错。

在网站中，经常会看到"联系我们"的链接，一单击这个链接，就会触发邮件客户端，比如 Outlook Express，然后显示一个新建 mail 的窗口。用<a>可以实现这样的功能。例如，

```
<a href="mailto:info@sina.com">联系新浪</a>
```

超链接在本质上属于一个网页的一部分，它是一种允许与其他网页或站点之间进行

链接的元素。各个网页链接在一起后,才能真正构成一个网站。当浏览者单击已经链接的文字或图片后,链接目标将显示在浏览器上,并且根据目标的类型来打开或运行。

按照链接路径的不同,网页中超链接一般分为以下三种类型:内部链接、锚点链接和外部链接。如果按照使用对象的不同,网页中的链接又可以分为:文本超链接、图像超链接、E-mail 链接、锚点链接、多媒体文件链接、空链接等。

超链接是一种对象,它以特殊编码的文本或图形的形式来实现链接,如果单击该链接,则相当于指示浏览器移至同一网页内的某个位置,或打开一个新的网页,或打开某一个新的 WWW 网站中的网页。

网页上的超链接一般分为三种:第一种是绝对 URL 的超链接,URL 就是统一资源定位符,简单地讲就是网络上的一个站点、网页的完整路径,如 http://www.njupt.edu.cn;第二种是相对 URL 的超链接,如将自己网页上的某一段文字或某标题链接到同一网站的其他网页上面去;第三种称为同一网页的超链接,这就要使用到书签的超链接。

在网页中,一般文字上的超链接都是蓝色(当然,用户也可以自己设置成其他颜色),文字下面有一条下划线。当移动鼠标指针到该超链接上时,鼠标指针就会变成一只手的形状,这时候用鼠标左键单击,就可以直接跳到与这个超链接相连接的网页或 WWW 网站上去。如果用户已经浏览过某个超链接,这个超链接的文本颜色就会发生改变。只有图像的超链接访问后颜色不会发生变化。

本章小结

(1) 应用层是计算机网络体系结构的最高层,直接为用户的应用进程提供服务。在因特网中,通过各种应用层协议为不同的应用进程提供服务;应用层协议则是应用进程间在通信时所必须遵循的规定。本章介绍了因特网部分应用层协议与传输层协议的对应关系。

(2) 计算机网络的应用模式一般有三种:以大型机为中心的应用模式以服务器为中心的应用模式以及客户机/服务器应用模式。本章重点阐述了基于 Web 的客户机/服务器应用模式,并提及 P2P 模式在因特网中的应用。

(3) 本章阐述了网络基本服务,诸如 DNS、Telnet、FTP、TFTP、BOOTP 和 DHCP 等。在 DNS 中,读者要领会域、域名、域名结构以及域名解析服务等基本概念,注意 FTP 与 TFTP 的区别,熟悉 FTP 命令与响应的操作过程,理解 BOOTP 和 DHCP 协议的不同的应用环境。

(4) 电子邮件(e-mail)是因特网上最成功的应用之一。读者要理解电子邮件系统的组成,熟悉 SMTP、POP3、IMAP 以及 MIME,重点理解 MIME 标准的邮件首部字段、内容类型和内容传送编码的基本方法,领会 MIME 邮件中采用的 Base64 编码或 Quoted-printable 编码技术。

(5) 万维网(WWW)是至今因特网中最受瞩目的一种多媒体超文本信息服务系统。本章重点介绍万维网的工作原理和相应的超文本传输协议(HTTP)。读者要领会 HTTP 的报文格式,包括请求报文和响应报文示例,理解 HTML 的基本格式以及页面超链接等基本概念。

练 习 题

7.1 计算机网络的应用模式有几种？各有什么特点？

7.2 C/S应用模式的中间件是什么？它的功能有哪些？

7.3 因特网的应用层协议与传输层协议之间有什么对应关系？

7.4 因特网的域名系统的主要功能是什么？

7.5 域名系统中的根服务器和授权服务器有何区别？授权服务器与管辖区有何关系？

7.6 解释DNS的域名结构，试说明它与当前电话网的号码结构有何异同之处。

7.7 举例说明域名转换的过程。

7.8 域名服务器中的高速缓存的作用是什么？

7.9 叙述文件传输协议FTP的主要工作过程。主进程和从属进程各起什么作用？

7.10 简单文件传输协议TFTP与FTP有哪些区别？各用在什么场合？

7.11 参看书中示例试用FTP的命令和响应访问校园网FTP服务器。

7.12 远程登录Telnet服务方式是什么？为什么使用网络虚拟终端(NVT)？

7.13 试述BOOTP和DHCP协议的关系。当一台计算机第一次运行引导程序时，其ROM中有没有该主机的IP址、子网掩码或某个域名服务器的IP地址？

7.14 试述电子邮件系统的基本组成。用户代理(UA)有什么作用？

7.15 电子邮件的地址格式是怎样的？请解释各部分的含义。

7.16 在电子邮件中，为什么必须使用SMTP和POP这两个协议？POP与IMAP有何区别？

7.17 MIME与SMTP的关系是怎样的？

7.18 Quoted-Printable编码和base64编码的基本规则分别是什么？

7.19 一个二进制文件共3072字节长。若使用base64编码，并且每发送完80字节就插入一个回车符CR和一个换行符LF，问一共发送了多少个字节？

7.20 试将“欢迎”进行base64编码，并得出最后传送的ASCII数据。

7.21 试将数据11001100 10000001 00111000进行base64编码，并得出最后传送的ASCII数据。

7.22 试将数据01001100 10011101 00111001进行quoted-printable编码，并求出可传送的ASCII数据，并计算其编码开销。

7.23 解释以下名词：WWW、URL、URI、HTTP、HTML、CGI、浏览器、超文本、超媒体、超链接、页面，并写出各英文缩写词的原文。

7.24 假定一个超链接从一个万维网文档链接到另一个万维网文档时，由于万维网文档上出现了差错而使得超链接指向一个无效的计算机名字。这时浏览器将向用户报告什么？

7.25 当使用鼠标单击一个万维网文档时，若该文档除了文本外，还有一个本地gif图像和两个远程gif图像。试问：需要使用哪个应用程序，以及需要建立几次UDP连接和几次 TCP 连接？

7.26 试用 FrontPage 创建标题(title)名为“计算机”的一个万维网页面，请观察浏览器如何使用此标题，并查看其源代码。

7.27 假定某文档中有这样几个字：“下载 RFC 文档”。要求在单击到这几个字的地方时就能够链接到下载 RFC 文档的网站页面 http://www.ietf.org/rfc.html，试写出有关的 HTML 语句。

7.28 某页面的 URL 为 http://www.xyz.net/file/file.html。此页面中有一个网络拓扑结构简图 (map.gif)和一段简单的解释文字。要求能从这张简图或者从这段文字中的“网络拓扑”链接到解释该网络拓扑详细内容的主页 http://www.topology.net/ index.html。试用 FrontPage 实现上述要求，并查看两种相应的 HTML 语句。

第 8 章 chapter 8

网络管理和网络安全

随着计算机网络的发展和普及，网络规模不断扩大，复杂性不断增加，异构性越来越高。一个实际运作的网络，不论是公用网还是专用的企业网，通常由若干规模不同的子网组成，同时集成了多种网络操作系统，并有许多网络软件提供各种服务。这种复杂性使得网络管理和控制难以用传统的人工方式完成。随着用户对网络的性能要求越来越高，如果没有一个高效的网络管理系统对网络系统进行管理，就很难保证为用户提供令人满意的网络服务。网络管理是网络发展中一个很重要的关键技术，对网络的发展有着很大的影响，并已成为现代信息网络中重要的问题之一。

本章主要介绍网络管理的基本概念、主要功能和网络管理协议等，同时简要介绍网络安全相关的一些内容，包括网络安全的基本概念、常用的安全策略与技术。

8.1 网络管理的基本概念

8.1.1 网络管理的发展及逻辑结构

网络管理的目的是提高网络性能和有效利用率，最大限度地增加网络的可用性，改进服务质量和网络安全，简化多厂商提供的网络设备在网络环境下的互通、互连、互操作管理和控制网络运行成本。

1. 网络管理方法的演变

网络管理实际上就是控制一个复杂的计算机网络使其具有最高效率的过程。一般来说，网络管理是以提高整个网络系统的工作效率、管理水平和维护水平为目标的，主要涉及对一个网络系统的活动及资源进行监测、分析、控制和规划的系统。网络管理技术的发展经历了两个主要阶段：从传统的人工分散的管理方式过渡到计算机化的集中管理方式；从分离的多系统管理方式进展到由网管系统综合管理的方式。

(1) 人工分散的管理方式

人工分散的管理方式中，网络的操作维护人员以人工方式分散在各网络节点，统计各种业务数据和通信设备、传输线路的运行质量数据，按照主管部门的要求制作各种报表，定期向主管部门报送，并且按照主管部门的指示调整网络设备的运行。

这种管理方式局限于本地，不能及时汇总全网、全程的统计数据，不能及时调度设备、均衡负荷，还容易出现差错，已不能适应现代化网络的管理需要。

(2) 计算机化的集中管理方式

计算机网络技术是通信网管理计算机化的基础，网络中的各种状态数据的采集、处理都可用计算机来实现。计算机根据对网络状态数据的分析，可以判断网络中各部分的负荷和运行质量，对出现的异常情况采取一定的措施予以纠正。

2. 网络管理系统的逻辑结构

网络管理系统是由监测和控制网络的一组软件，配合分散在被管网络内部的硬件平台及通信线路组成，它可以帮助网络管理者维护和监视被管网络的运行。另外，通过对网络内部数据的采集和统计，网络管理系统还可以产生网络信息日志，用来分析和研究网络。

网络管理系统包含管理程序、管理代理、管理信息库和信息传输协议等，通常可分为管理系统和被管系统。管理程序不仅提供了管理员与被管对象的界面，还通过管理进程完成各项管理任务；被管系统由被管对象和管理代理组成，被管对象通常指网络上的各种被管设施，管理代理通过代理进程连接网络管理系统和被管对象，完成管理程序下达的管理任务；在管理程序中和被管系统中都有管理信息库(MIB)，它们用于存储管理中要用到的信息和数据；网络管理协议是为管理信息而定义的网络传输协议。

网络管理系统一般由以下两部分组成：

(1) 一个单独的操作员界面，功能强大，界面友好。通过这个界面可以完成主要的网络管理任务。目前几乎所有的网络管理系统都支持流行的GUI(图形用户接口)界面。

(2) 少量单独的设备。早期的网络设备不具备网络管理功能，所以当时的网络管理系统必须附加大量网络管理设备才能和被管对象接口。现在的网络设备则大多支持网络管理协议，网络管理所要求的硬件和软件资源绝大部分已被集成在网络设备内部。

一个网络管理系统在逻辑上由被管对象、管理进程、管理协议三部分组成。

被管对象是抽象的网络资源。被管对象是从OSI角度所看到的OSI环境下的资源，可以通过使用OSI网络管理协议来管理这些资源。ISO的CMIS/CMIP采用1号抽象语法记法(ASN.1)来描述对象，被管对象在属性(Attributes)、行为(Behaviors)和通知(Notifications)等方面进行了定义和封装。被管对象对应于网络中具体可以操作的数据，如设备的工作状态、工作参数、统计数据等，通过这些数据，网络管理系统可实时了解网络设备的运行状态和性能指标等。有的管理对象是外部可以对其进行控制的；而有些管理对象则是只可读但不可修改的。

管理进程主要由软件模块构成，通过对管理对象的操作，对网络中的设备等进行全面的管理和控制，并根据网络中各个管理对象的变化来决定对管理对象采取相应的操作。

管理协议负责在管理系统与被管对象之间传送操作命令和解释管理操作命令。实际上，管理协议保证了管理进程中的数据与具体被管对象中的参数和状态的一致性。

通常将网络管理功能按其作用分为三部分：操作(包括运行状态显示、操作控制、告警、统计、计费数据的收集与存储、安全控制等)、管理(包括网络配置、软件管理、计费和账单生成、服务分配、数据收集、网络数据报告、性能分析、支持工具及人员、资产、规划管理等)和维护(包括网络测试、故障告警、统计报告、故障定位、服务恢复、网络测试工具等),因此,网管系统也可称网络的操作管理和维护系统。

典型的网络管理系统逻辑模型如图 8-1 所示。图中的代理(Agent)是一种负责管理相关的被管对象的应用进程,它可以视为管理进程的一部分。

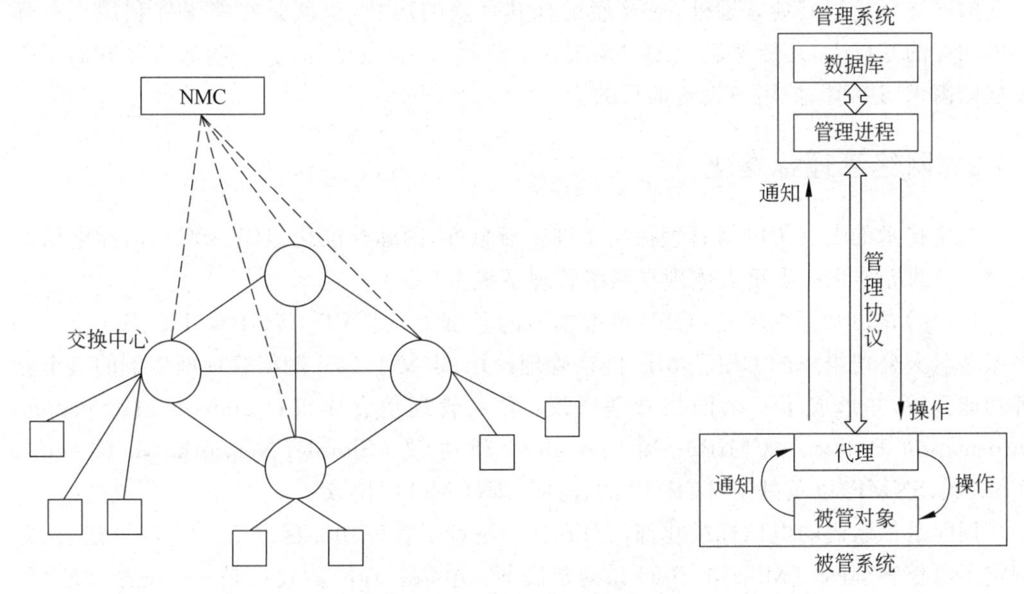

图 8-1 网络管理系统的逻辑模型

3. Internet 网络管理逻辑模型

基于 TCP/IP 协议的网络的广泛使用使得 Internet 的网络管理模型几乎成了事实上的国际标准。Internet 的网络管理模型如图 8-2 所示。在 Internet 的管理模型中,用网络元素(Network Element,NE)来表示网络资源,这与 OSI 定义的被管对象的概念是一致的。每个网络元素都有一个负责执行管理任务的管理代理,整个网络有一至多个对网络实施集中式管理的管理进程(网管中心),此外,Internet 网络管理逻辑模型中还引入了外部代理(Proxy Agent)的概念。它与管理代理的区别在于:管理代理仅是管理操作的执行机构,是网络元素的一部分;而外部代理则是在网络元素外附加的,专为那些不符合管理协议标准的网络元素而设,完成管理协议转换、管理信息过滤以及统计信息或数据采集的操作。当一个网络资源不能与网络管理进程直接交换管理信息时,就要用到外部代理。外部代理相当于

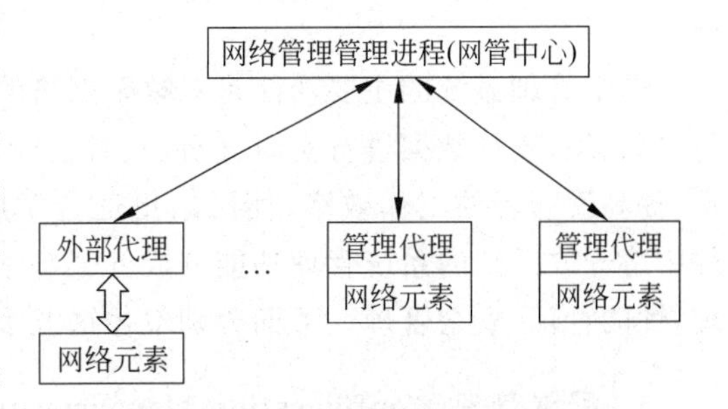

图 8-2 Internet 网络管理逻辑模型

一个“翻译设备”,一边采用管理协议与管理进程通信,另一边则与所管的被管对象通信。这种管理机制的好处是为管理进程提供了透明的管理环境,唯一需要增加的信息是当对网络资源进行管理时,要选择相应的外部代理,一个外部代理能够管理多个同类的被管对象,但对于不同类型的被管对象,需要设计不同的外部代理。

网络管理系统应尽可能标准化,遵循标准协议的设备都可以接入网络管理系统,不能因为某些产品不符合规范而限制了整个网络系统的发展。网络管理系统除能将用户当前的网络环境很好地管理外,还要能配合其环境的成长,也就是在能很好利用现有环境的功能的基础上,还能够满足用户系统在节点增长、设备增加、新功能加入等方面不断发展的需求,达到保护用户投资的目的。

8.1.2 网络管理标准化

网络技术的发展为网络管理提出了许多新思维,国际标准化组织(ISO)、国际电信联盟(ITU)的标准化成果重点体现在网络管理系统中。

在ISO的开放系统互连(OSI)参考模型的基础上,由AT&T、IBM、HP、Sun等100多家著名大公司组成的OSI/NMF(网络管理论坛)定义了OSI网络管理框架下的五个管理功能区域,并形成了三个网络管理协议:公共管理信息协议(Common Management Information Protocol,CMIP)、简化网络管理协议(Simple Network Management Protocol,SNMP)以及基于TCP/IP的公共管理(CMOT)协议。

国际电信联盟的电信标准化部门(ITU-T)制订了管理功能标准X.700系列建议,并制定了电信管理网(TMN)M.3000系列建议书。电信管理网的建设是一个复杂、综合的系统工程,其目标首先是把各个被管理的、独立的网络系统通过标准化的接口连接起来,再逐步完善,增加新的功能,最终实现电信管理网。

8.2 网络管理的主要功能

网络管理系统的主要功能是对整个网络的运行情况进行监控,对采集的被管对象的各种状态及统计数据进行实时分析,及时发现、处理问题,以使网络的运行更加有效和稳定,提高管理者的工作效率,使网络更适合于用户的需要。ISO在ISO/IEC 7498—4文件中将开放系统的系统管理功能分成五个基本功能域,包括故障管理、计费管理、配置管理、性能管理、安全管理。下面分别叙述这五个基本功能。

1. 配置管理(Configuration Management,CM)

配置管理的目的是实现某个特定功能或使网络性能达到最佳。配置管理涉及网络配置的收集、监视和修改等任务,如网络拓扑结构的规划、设备内各功能部件的配置、通信路由的建立与拆除,以及通过插入、修改和删除操作来修改网络资源的配置(重构网络资源)等。

配置管理是配置网络、优化网络的重要手段,配置管理主要对被管理对象进行定义、初始化、控制、鉴别和检测，以使被管对象的工作状态适应系统的要求。配置管理的主要功能包括：

(1) 设置开发系统中有关路由操作的参数。

(2) 修改被管对象的属性。

(3) 初始化或关闭被管对象。

(4) 根据要求收集系统当前状态的有关信息。

(5) 更改系统的配置。

配置管理的重点是被管对象的标识和状态，这些信息是被管对象在网络中的唯一标识，只有通过这些信息才能操控被管对象。配置管理的目的是通过定义、收集、管理和使用配置信息，以及网络资源配置的控制，使网络环境所提供的服务质量维持在最佳水平。配置管理的功能可随被管网络规模的不同而不同，但至少应具有事件报告、状态监测和管理配置信息等功能。

2. 性能管理(Performance Management，PM)

典型的网络性能管理分为性能监测和网络控制两部分。性能监测侧重于对系统运行及通信效率等系统性能进行评价，其能力包括收集、分析有关被管网络当前的数据信息。网络控制则根据性能监测的结果对被管对象的状态进行调整，其目的是保证网络提供可靠、连续的通信能力，并使用最少的网络资源和具有最少的时延。网络性能管理的功能如下：

(1) 从被管对象中收集与性能有关的数据。

(2) 被管对象的性能统计，与性能有关的历史数据的分析、统计、记录和维护。

(3) 分析当前统计数据以检测性能故障，产生性能告警，报告性能事件。

(4) 将当前统计数据的分析结果与历史模型比较以预测性能的长期变化。

(5) 形成改进网络性能的评价准则和相关参数的门限。

(6) 以保证网络的性能为目的，对被管对象或被管对象组进行控制。

3. 故障管理(Fault Management，FM)

所谓故障，是指引起系统非正常操作的事件，可分为：

(1) 由损坏的部件或软件故障引起的故障，常常是可重复的。

(2) 由环境影响引起的外部故障，通常是突发的，不可重复。

故障管理主要对来自硬件设备或网络节点的报警信息进行监控、报告和存储，以及进行故障的诊断、定位与处理，是对系统非正常状态的监控。

故障管理是网络管理中最基本的功能之一。当网络中某个被管对象失效时，网络管理系统必须能迅速查找到故障点并及时报告或排除故障。对网络中既往故障信息的统计和存储，对于分析故障原因、防止类似故障的再次发生相当重要。故障管理通常包括故障检测、诊断和隔离及排除等几个方面。

故障检测：接收故障报告，维护和检查故障日志，监视故障事件的发生，及时告警。

故障诊断：通过执行诊断测试功能，寻找故障发生的准确位置，分析故障发生的原因。

故障纠正：将故障点从正常系统中隔离出去。如有可能，根据故障原因进行修复。

故障管理可为操作决策提供依据，以确保网络的可用性。

4. 计费管理（Accounting Management，AM）

计费管理主要管理被管网络中各种业务的资费标准及用户业务使用情况等，为成本计算和收费提供依据。它可估算出用户使用网络资源可能需要的费用和代价以及已经使用的资源。网络管理者还可规定用户可使用的最大费用，从而防止用户过多占用和使用网络资源。计费管理功能应包括：

(1) 统计网络的利用率等效益数据，为网络管理人员设定不同时间段的费率提供依据。

(2) 根据用户使用的特定业务，在若干用户之间公平、合理地分摊费用。

(3) 允许采用信用记账方式收取费用，包括提供有关资源使用的详细记录供用户查询。

(4) 当某个服务需要占用多个资源时，能计算各个资源的费用。

5. 安全管理（Security Management，SM）

安全管理主要保护网络资源与设备不被非法访问。只有安全的网络，其可用性和可靠性才能得到保证。由于网络具有开放性和分布性，安全管理一直是其薄弱环节之一，而用户对网络安全的要求往往又相当高，因此网络安全管理就显得非常重要。网络中主要有以下几方面的安全问题：

(1) 网络数据的私有性：保护网络数据不被侵入者非法获取。

(2) 授权：防止侵入者在网络上发送错误信息。

(3) 访问控制：控制对网络资源的访问。

完善的安全管理机制可降低运行网络及其管理系统的风险。安全管理功能可动态分析网络安全漏洞，并及时采取相应的应对措施，将网络危险最小化，确保网络安全。

网络安全管理应包括对授权机制、访问控制、加密和密钥的管理；另外还要维护和检查安全日志，包括创建、删除、控制安全服务和机制，与安全相关信息的分发，与安全相关事件的通报等。

上述五个不同的管理功能需要的服务有许多是重复的。例如，日志的建立、维护和控制是多个管理功能域都要用到的。为此，ISO 把各管理功能域中共同的内容抽取出来，专门定义了一些管理功能服务来应用于不同的管理功能域。这些管理功能服务称为系统管理功能（SMF）。网络管理功能、系统管理功能与其他管理协议和服务之间的关系如图 8-3 所示。图 8-3 的方框内只列出了一部分典型的系统管理功能。

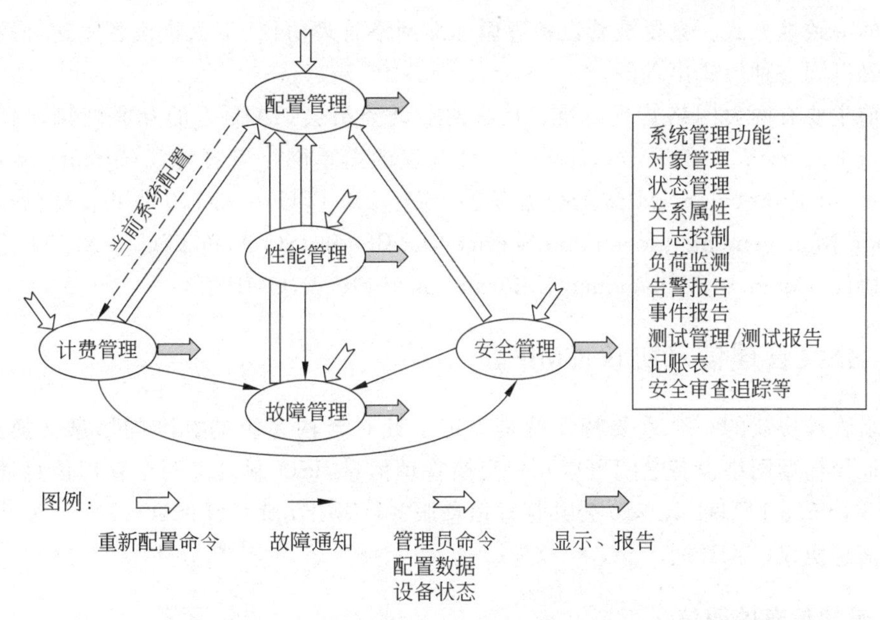

图 8-3 网络管理功能、系统管理功能与其他管理协议和服务之间的关系

8.3 网络管理协议

在网络管理中，不管是配合早期设备的附加网络管理计算机，还是新设备中配备的网络管理接口，从网络管理的角度分析，一般都可将其抽象为"管理者—代理者"的管理模型。管理者可以是网络管理系统的工作站、微机，它位于网络系统的主干位置，负责发出管理操作指令并接收来自代理的信息。代理者位于被管设备一侧，将管理者的管理命令转换为本设备的专用指令，执行管理操作，返回设备信息。

管理者与代理者之间的信息交换必须遵照有关的网管协议标准。网管协议定义了一组调用网管服务的接口原语，以及在网管系统之间进行信息和命令交换的 PDU(协议数据单元)。PDU 是管理信息交换的最基本单位，可以携带作用于管理者和被管对象的操作、状态询问及异步突发事件报告等信息。

8.3.1 网络管理协议的产生与发展

随着网络技术的不断发展，网络管理系统所面对的被管对象的种类越来越多，可以想象，即使是功能相近的设备，不同厂家生产的设备也会有不同的状态报告或数据输出接口，所以管理者需要不断更新从各种不同的网络设备获取数据的方法。

在目前这样一个异构性不断加大的网络环境中，对不同的厂商设备采取不同的数据获取方法，并在此基础上实现网络管理系统是非常不科学的。因此，网络管理系统给我们提出了制定一个管理者和代理之间通信的标准，即网络管理协议的需求。

网络管理协议提供了一种访问由任何生产厂商生产的任何网络设备，并获得一系列标准值的一致性方式。只要被管设备遵循标准网络管理协议，那么该设备发送和返回的数据都是以同一种形式出现的。

目前主要有两大网络管理标准：互联网活动委员会(IAB)下的互联网科研任务组(Internet Research Task Force，IRTF)设计开发的简单网络管理协议(Simple Network Management Protocol，SNMP)、ISO开发的ISO 9595 ITU-T X.710公共管理信息服务(Common Management Information Services，CMIS)和ISO 9596 ITU-T X.711公共管理信息协议(Common Management Information Protocol，CMIP)。

8.3.2 公共管理信息协议(CMIP)

网络管理协议的一个重要特征就是规定了针对异构系统的标准的信息交换方式。为了保证异构型网络设备之间可以互相交换管理信息，ISO制定了两个管理信息通信的标准：ISO 9595 ITU-T X.710公共管理信息服务(CMIS)和ISO 9596 ITU-T X.711公共管理信息协议(CMIP)。

1. 管理信息的通信

在ISO的网络管理标准中，应用层中与网络管理应用有关的实体称为系统管理应用实体(SAME)，它主要由以下三个关键元素组成。

(1) 联系控制服务元素(ACSE)：它负责建立和拆除两个系统之间应用层的通信联系。

(2) 远程操作服务元素(ROSE)：它负责建立和释放应用层的连接。

(3) 公共管理信息服务元素(CMISE)：它负责网络管理信息在网络管理实体之间的逻辑通信。

OSI管理信息的通信必须在面向连接的传送服务的支持下才能完成，同时还与应用层环境有一定的关系。管理进程和管理代理是一对对等的应用软件，它们都是通过调用CMISE的服务来交换管理信息，CMISE提供的服务访问是支持管理进程和代理进程之间有控制的联系。联系(Association)用于管理信息的查询和响应，处理事件通报，远程启动管理对象等操作。CMISE利用了OSI的ACSE服务和ROSE服务来实现它自己的管理和服务。基于CMISE的管理信息通信的层次结构如图8-4所示。

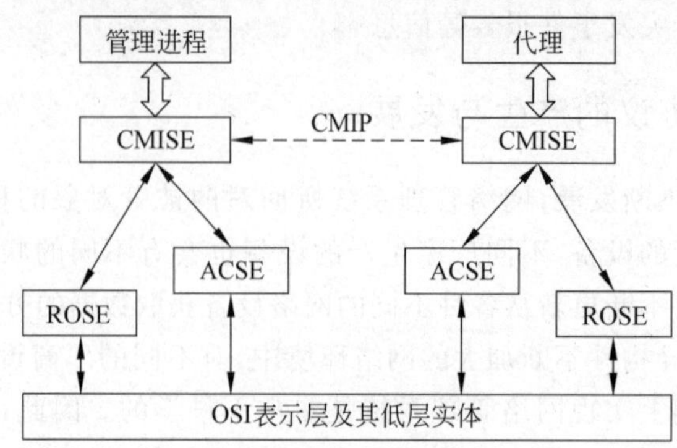

图8-4 管理信息通信的层次结构

2. 公共管理信息服务元素(CMISE)

CMISE是在ISO 9595文件中定义的,它主要用于控制网络管理系统中网络管理实体间有关管理信息的交换。CMISE的定义分为接口和协议两部分。接口用于指定提供的服务,协议用于指定协议数据单元(PDU)的格式和相关过程。CMISE提供七类服务,如表8-1所示。

表8-1 CMISE提供的七类服务

序号	服务类别	功能
1	M_EVENT_REPORT	用于向服务用户报告发现或发生的事件
2	M_GET	用于从对等实体中提取管理信息。这个服务利用被管对象的名字等标识信息提取给定被管对象的属性名和属性值,也可以选择一组被管对象
3	M_CANCEL_GET	用于要求对等实体取消以前发出的M_GET请求,即不必发回上一个M_GET的响应
4	M_SET	用来请求另一个管理进程(或代理)修改被管对象的属性值
5	M_ACTION	在一个用户需要请求另一个用户(管理进程或代理)对被管对象执行某种操作时使用
6	M_CREATE	支持用户创建被管对象的新实例。这个服务需要一些相应的管理信息,例如属性值等参数,该服务请求总会得到一个响应
7	M_DELETE	用于删除被管对象的实例,这个服务请求总会得到一个响应

此外,CMISE还要直接调用下面子层的服务,以便向用户提供建立联系等服务。这些服务包括:M_INITIALISE服务,用来在对等的两个CMISE服务用户之间建立联系;M_TERMINATE服务,支持CMISE服务用户正常释放与对等用户的一个联系;M_ABORT服务,支持在异常情况下CMISE服务用户释放与对等用户的一个联系。M_INITIALISE和M_TERMINATE服务是要确认的,并要在ACSE的支持下实现。

CMISE是按照一定的功能单元来组织的,每种服务用一个功能单元来实现,对应于一组特定的服务原语,再加上一些特殊的功能单元用于实现直接服务以外的功能。特殊的功能单元提供以下功能:

(1) 对象选择功能单元:它可以使用"视窗"和同步参数,其中"视窗"是一个被管对象范围。这是选择被管对象首先执行的一步。

(2) 过滤器功能单元:它使得上述服务功能单元(除M_EVENT_REPORT和M_CREAT之外)可以使用过滤器参数。其中过滤器是指定搜索的测试条件,使用布尔操作符,它作用于"视窗"内的每个被管对象,凡符合匹配条件的就要按布尔操作符进行管理操作。这是选择被管对象必须进行的一步。

(3) 多重应答功能单元:它支持七种服务功能单元可以使用相关标识参数。

(4) 扩展功能单元:它提供了一些在表示层P_DATA服务中没有的表示服务。

应用层的 CMISE 为了提供各种服务，必须调用应用层的其他一些服务，主要是远程操作服务元素(ROSE)的服务，它包括以下四种：RO_INVOKE、RO_RESULT、RO_ERROR 和 RO_REJECT。而 ROSE 接着又要调用表示层的 P_DATA 服务。

CMISE 在进行操作之前必须先激活 ACSE 的服务，这时在 A_ASSOCIATE(应用层联系)的用户数据字段中包含的信息有：

(1) 功能单元代码：发起方的 CMISE 用户必须明确给出在操作中需要使用的扩展功能单元代码。

(2) 访问控制码：这个参数未定义但可以使用，CMISE 用户可以利用它建立操作的访问规则。

(3) 用户信息：可以包含用户需要传送的任何信息。

3. 公共管理信息协议(CMIP)

CMIP 是 ISO 制定的网络管理协议(即 ISO 9596/ITU-T X.711)。它所支持的服务正是 CMISE 的各种服务。协议数据单元(PDU)的语法和语义是按照 ASN.1 规则定义的。CMIP 是一个相当复杂和详细的网络管理协议，其功能结构如图 8-5 所示。

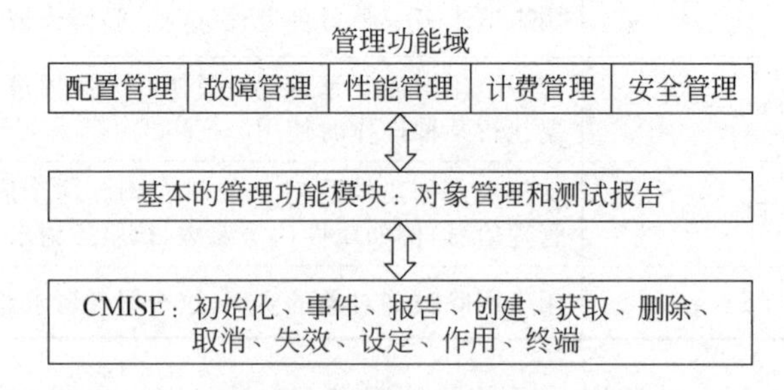

图 8-5　CMIP 的功能结构

CMIP 定义了 11 种 PDU(不在此列举)。PDU 由三个主要字段组成：

(1) ARGUMENT(变量)：该字段是通信发起方用户给出的操作参数。从发起方传到接收方，实体从请求原语中获得参数。变量常以复杂和高级的对象形式来表示。

(2) RESULT(结果)：该字段包含从接收方送回的有关操作执行情况的信息，实体从响应原语中得到这些信息。

(3) ERROR(出错信息)：ERROR 字段与 RESULT 字段的处理过程相同，实体从响应原语中得到这些信息。

CMIP 基于事件管理的策略有以下几个特点：它的变量不仅传递信息，而且完成一定的网络管理任务；拥有验证、访问控制和安全日志等一系列安全管理措施；完全独立于下层传输平台。

由于 CMIP 的标准过于庞大和复杂，给实际应用带来了相当大的困难，需要巨大的 CPU 处理能力和海量的存储，所以迄今为止还没有出现一个完全符合 CMIP 的网络管理系统。

8.3.3 简单网络管理协议(SNMP)

1. 简单网络管理协议

1988年,Internet体系结构委员会(Internet Architecture Board,IAB)在简单网关监控协议(SGMP)的基础上公布了SNMPv1(RFC 1157);1993年,又设计出功能更强、更有效的SNMPv2,该版本集成了用于验证的MD5算法和加密机制,进一步增加了协议的安全性。此后SNMPv2又继续改进并升级为SNMPv3。目前SNMP已成了事实上的网络管理工业标准。SNMP的功能结构如图8-6所示。

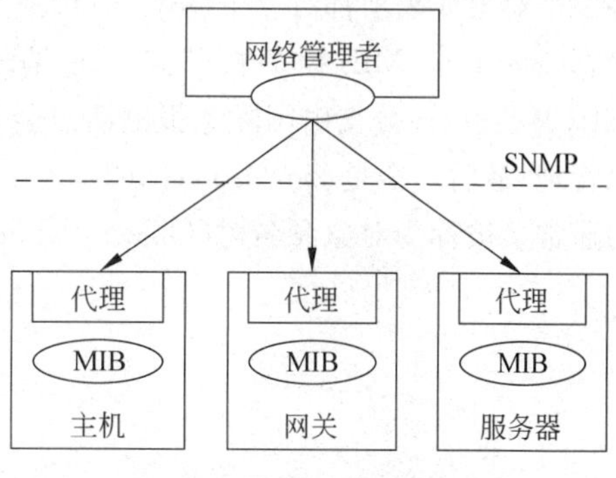

图8-6 SNMP的功能结构

SNMP的三个基本元素是:管理者(管理进程)、代理、管理信息库(Management Information Base,MIB)。管理者中的关键构件是管理程序,而管理程序运行时就成为管理进程。管理进程处于网络模型的核心,负责完成网络管理的各项功能。代理是运行于网络中被管设备上的网络管理代理程序,负责和管理者中运行的管理进程进行通信。被管对象必须维护一个可供管理进程读写的若干控制和状态信息,这些信息的集合称为管理信息库。

管理程序和代理程序按照客户机/服务器的方式工作。管理程序作为客户端的角色,运行的是SNMP客户机程序,向某个代理程序发出请求(或命令),运行于被管对象中的代理程序则作为服务器的角色,运行SNMP服务器程序,返回响应(或根据命令执行某种操作)。在网络管理系统中往往是少数几个客户程序与多个服务器程序进行交互。

2. 管理信息库(MIB)

管理信息库(MIB)是一个网络中所有可能的被管对象的集合的数据结构,由RFC 1212定义。只有在MIB中的对象才能由SNMP进行管理。例如,对于网络中的路由器,应当记录各网络端口的状态、出入的分组的流量、差错情况的统计数据等,供网络管理系统随时读取;而对于网络中的调制解调器,则应当记录收发的字节数、波特率和呼叫统计信息等,供网络管理系统读取。这些信息都应该保存在各设备内部的MIB中。

MIB使用层次型、结构化的形式定义了一个设备可获得的网络管理信息。为了和标准的网络管理协议一致,每个设备必须使用MIB中定义的格式显示信息。

OSI提出的ASN.1(Abstract Syntax Notation One,抽象语法记法1)是一种数据类型描述语言,具有类似于面向对象程序设计语言中所提供的类型机制,它可定义任意复杂结构的数据类型,而不同的数据类型之间还可以有继承关系。ASN.1的一个子集为MIB定义了语法。每个MIB都使用定义在ASN.1中的树型结构组织的所有可用信息。其中的每片信息是一个有标号的节点,每个节点包含:一个对象标识符、一个简短的文本描述。

对象标识符（Object Identifier，OID）是由句点隔开的一组整数，它命名节点并指示它在 ASN.1 树中的准确位置。简短的文本描述对带标号的节点进行描述。一个带标号节点可以拥有包含其他带标号节点的子树。如果带标号节点没有子树，就是叶子节点，它包含一个值并被称为对象。

MIB 是一个树形结构，它存放被管设备上的所有管理对象与被管对象的值。不同的被管设备在 MIB 中有相同或不同的对象。一个 MIB 描述了包含在数据库中的对象或表项。每一个对象或表项都有 4 个属性，即对象类型（Object Type）、语法（Syntax）、存取（Access）、状态（Status）。MIB 树的根节点没有编号，它下面有三个子树，其名称和编号分别是：ccitt(0)，表示该分支由国际电报电话协会 CCITT 管理；iso(1)，表示该分支由国际标准化组织管理；最后一个是 joint-iso-ccitt(2)，表示该分支由 ISO 和 CCITT 共同管理。这个树形结构通常又被称为对象命名树（Object Naming Tree），如图 8-7 所示。

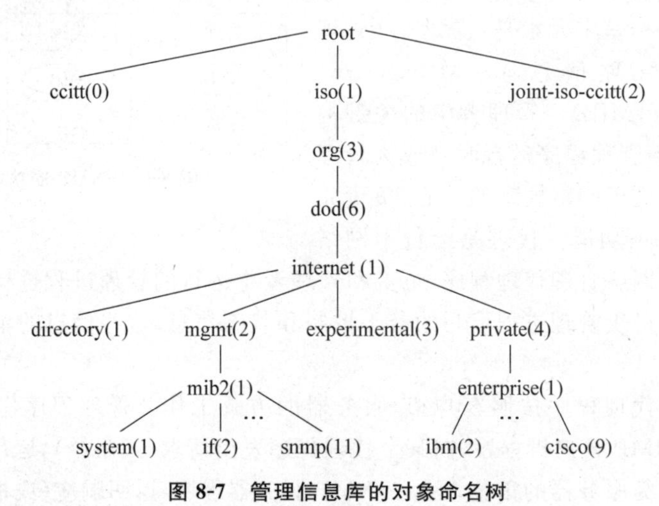

图 8-7 管理信息库的对象命名树

当描述一个对象标识符（Object Identifier）时，可以使用几种格式。最简单的格式是列出由根开始到所讨论的对象遍历该树所找到的整数值。

一个被管对象必须被“标识”，对于互联网 MIB 来说，用 ASN.1 记法来表示的标识符开头如下：

```
Internet OBJECT IDENTIFIER::={iso(1)org(3)dod(6)Internet(1)...}
```

或者用一种更简单的数字格式{1.3.6.1}来表示。

通过该树型结构的帮助，可以容易理解任何以简单的数字格式表示的一个被管对象在管理信息库中的标识：

```
{1.3.6.1.2.1.…}
```

或者用稍微长一些的文本格式表示 MIB 标识：

```
iso.org.dod.internet.mgmt.mib.…
```

标准的 MIB 包含了一系列对象，这些对象由 Internet 标准组织管理，都是被严格定义和众所周知的。任何公司或机构都可以向 Internet 标准组织申请以获得对象的 MIB 标识，例如 MIB 中的对象{1.3.6.1.4.1}，即企业(Enterprises)，其所属对象标识已超过 3000，其中 IBM 为{1.3.6.1.4.1.2}，Cisco 为{1.3.6.1.4.1.9}等。从理论上说，世界上所有连接到 Internet 的设备都可以纳入到 MIB 的数据结构中，并使用 SNMP 进行管理。目前可用的标准 MIB 有两种版本，它们被称为 MIB-I(RFC 1156/1066)和 MIB-Ⅱ(RFC 1213/1158)。

3. SNMP 的协议数据单元

SNMPv1 定义了五种协议数据单元 PDU(即 SNMP 报文)，用来在管理进程和代理之间交换数据。协议数据单元的具体定义如表 8-2 所示。

表 8-2　SNMP 协议数据单元

PDU 编号	PDU 类型	功　能
0	Get_Request	用来查询(取)一个或多个对象的值
1	Get_NextRequest	允许在一个 MIB 树上检索下一个变量，此操作可反复进行
2	Get_Response	对 get/set 报文做出响应，并提供差错编码、差错状态等信息
3	Set_Request	对一个或多个变量的值进行设置
4	Trap	向管理进程报告代理中发生的事件

SNMP 数据报文包括三个部分：协议版本号(Version)、管理域(Community)和协议数据单元(PDU)。所有数据都采用 ASN.1 语法进行编码传输。协议版本号是一个整数，标识当前数据发送方使用的 SNMP 协议版本号。管理域用于规定管理的信任范围。SNMP 数据报文格式如图 8-8 所示。

图 8-8　SNMP 数据报文格式

在 SNMP 数据报文中，协议版本号字段总是填入当前版本号－1，即对于 SNMPv1，该字段填入 0。管理域是为了增加系统安全性而引入的，是一个字符串，用于存放管理进程和代理进程之间的明文口令，常用的值为6个字符“public”。PDU由三个部分组成。第一部分为表8-2中的PDU编号，第二部分为Get/Set首部或Trap首部，第三部分为变量绑定(Variable-Bindings)。变量绑定指明一个或多个变量的名和对应的值。

虽然SNMP规定了五种协议数据单元，实际上从操作的角度来看SNMP只有两种基本的管理功能，即读操作和写操作。读操作主要是使用Get报文来检测各种被管对象的状态，而写操作则是用Set报文来改变各种被管对象的状态。

SNMP的这些功能是通过轮询操作来实现的，即SNMP管理进程定时向被管设备周期性地发送查询信息，轮询的时间间隔可通过SNMP的管理信息库MIB来设置。使用轮询的方式可使系统相对简单并能限制通过网络的管理信息的流量。但轮询管理协议不够灵活，而且所能管理的设备数目不能太多，否则将导致轮询一周的时间间隔过大。另外轮询方式的开销也比较大，如果轮询频繁而并未得到有用的报告，则通信线路和网络管理系统的处理能力就被浪费了。

但SNMP并不是只能使用轮询方式访问，它也允许被管设备不经查询就向管理者发送某些信息。这种机制称为陷阱(Trap)。它是由管理者设置的要求被管对象捕捉的事件，一旦事件发生，即使管理者未查询，被管对象也将立即向管理者发送信息，但这种陷阱信息的参数是受限制的。

总之，SNMP协议既使用轮询方式维持对网络资源的周期性的监视，同时也采用陷阱机制使管理者可及时获得特殊事件的报告，使其成为一种有效的网络管理协议。

在TCP/IP网络中，SNMP使用无连接的UDP作为传输协议，因此在网络上传送SNMP报文的开销较小。但UDP是不保证可靠交付的。另外，SNMP在运行代理程序的服务器端默认使用161号端口来接收Get或Set报文和发送响应报文(与该默认端口通信的客户端使用临时端口)，但运行管理程序的客户端则默认使用162号端口来接收来自各代理的Trap报文。

4. 管理信息结构(SMI)

管理信息结构(Structure of Management Information，SMI)由RFC 1155定义，是SNMP的另一个重要组成部分。SMI标准规定了所有的MIB变量必须使用抽象语法记法1(ASN.1)来定义。通过这种记法定义的数据的含义不存在任何的二义性。例如使用ASN.1的设计者不能简单地定义“一个整型变量”，而必须说明该变量的准确格式和整数的取值范围。这种定义方式对于在异构性日益增加的网络环境中的应用而言，尤为重要。

(1) 抽象语法表示(ASN.1)

ITU-T推荐标准X.409提供了一种高层的数据类型定义语言，允许使用者用独立于物理传输的方法定义协议标准中的数据类型。ISO采用了这一标准并将其命名为抽象语法表示(Abstract Syntax Notation)，即ASN.1。

ASN.1描述的是用户数据表示和传送过程中的语法，而不涉及数据的语法。管理信息库MIB中的对象就是用ASN.1来描述的。ASN.1的功能包括：定义消息中所包含数据的类型以及消息的结构；提供消息发送的编码规则。

除了数据类型的定义功能以外，ASN.1还为各种类型的数据如何在网络中传输制定了一系列规则，称为基本编码规则(Base Encoding Rules，BER)。

(2) ASN.1 的要点

ASN.1 的词法有这样一些约定：

- 标识符(即值的名或字段名)、数据类型名和模块名由大写或小写字母、数字以及连字符组成。
- ASN.1 固有的数据类型全部由大写字母组成。
- 用户自定义的数据类型名和模块名的第一个字母用大写，后面至少要有一个非大写字母。
- 标识符的第一个字母用小写，后面可用数字、连字符以及一些大写字母以增加可读性。
- 多个空格或空行都被认为是一个空格。
- 注释由两个连字符(--)开始，由另外两个连字符或行结束符表示结束。

在 SNMP 协议中所用到的 ASN.1 的数据类型分为基本类型和构造类型两种，如表 8-3 所示。

表 8-3　SNMP 中使用的 ASN.1 的部分类型名称及其主要特点

分类	标记	类型名称	主要特点
基本类型	UNIVERSAL 2	INTEGER	整数
	UNIVERSAL 4	OCTET STRING	8 位位组序列的字节串
	UNIVERSAL 5	NULL	空值，用于尚未获得数据的情况
	UNIVERSAL 6	OBJECT IDENTIFIER	对象标识符
构造类型	UNIVERSAL 16	SEQUENCE	包含一个或多个组成元素的有序表
	UNIVERSAL 16	SEQUENCE OF	SEQUENCE 序列
	无标记	CHOICE	可选择多个数据类型中的某一个数据类型
	无标记	ANY	可描述事先不知道的任何类型的任何值

表 8-3 中第二列是标签(Tag)。ASN.1 规定每一个数据类型都要有一个唯一的标记，以便能在异构系统中无二义性标识各种数据类型。标记有两个分量，一个是标记的类(Class)，另一个是非负整数。标记共分为四类，分别是通用类、应用类、上下文类和专用类。表 8-3 中列举的数据类型都属于通用类。

(3) ASN.1 的基本编码规则

ASN.1 规定的基本编码规则(BER)采用 TLV 方法进行编码。这种方法把各种数据元素表示为由三个字段组成的八位位组序列：标签(Tag)字段是关于标签和编码格式的信息；长度(Length)字段用于定义内容字段中数据的长度；内容(Value)字段表示实际的数据。因此一个 BER 编码实际上是一个 TLV 三元组(标签、长度、内容)，且每个字段的长度都是字节的整数倍，BER 编码格式如图 8-9 所示。

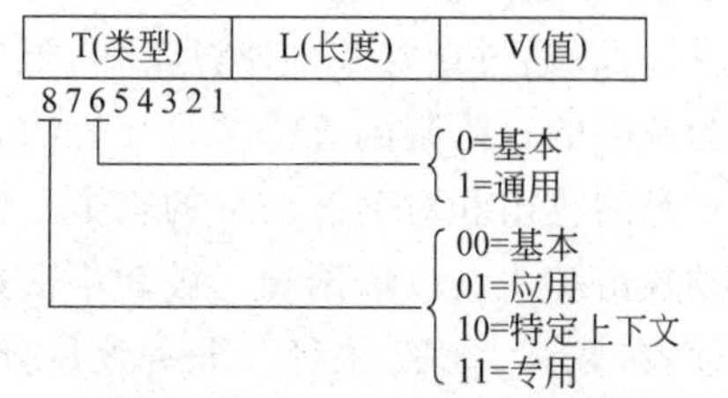

图 8-9　ASN.1 规定的 BER 编码格式

8.4 网络安全概述

网络安全是网络管理中的一个主要问题，是信息安全的基本保证，也是计算机通信与网络领域中有待进一步研究与完善的重要方面。随着计算机网络的普及，计算机网络的应用不断向深度和广度发展，一个网络化社会已经展现在我们面前。网络中的信息既可存储于网络节点上，即静态信息，又可传播于网络节点间，即动态信息。这些信息中有些是开放的，如广告、网站的页面信息等；而有些是保密的，如私人间的通信、政府及军事部门的信息、商业机密等。由于计算机网络分布的广域性、网络体系结构的开放性、网络信息资源的共享性和网络信道的公用性，为各种威胁提供了可乘之机，使计算机网络的数据安全面临着新的挑战。信息化社会正面临着计算机网络系统安全问题的严重威胁。

网络安全是指网络系统的硬件、软件及系统中的各种数据不受偶然或恶意的因素而遭到破坏、更改、泄露，网络中的各系统可以连续、可靠、正常地运行，网络服务不中断。或者说，任何涉及网络信息的保密性、完整性、可用性、真实性和可控性的相关技术和理论都是网络安全所要研究的领域。

网络安全涉及的内容既有技术方面的问题，也有管理方面的问题，两方面相互补充，缺一不可。技术方面主要侧重于通过一定的技术手段，防范外部非法用户的攻击；管理方面则侧重于对内部人为因素的管理。

不同环境和应用中的网络安全包括以下几方面的内容：

(1) 系统运行安全。即保证信息处理和传输系统的安全。它侧重于保证系统正常运行，避免因为系统的崩溃和损坏而对系统存储、处理和传输的信息造成破坏和损失。

(2) 系统信息安全。侧重于保护信息的保密性、真实性和完整性。避免攻击者利用系统的安全漏洞进行窃听、冒充、诈骗等有损于合法用户的行为，确保用户口令鉴别、用户存取权限控制、数据存取权限控制、安全审计、安全问题跟踪、计算机病毒预防、数据加密等功能的正常执行。

(3) 信息传输安全。侧重于防止和控制非法、有害的信息进行传播，避免因信息的不当传输方式而导致安全问题。

8.4.1 网络安全性的威胁因素

网络安全所面临的威胁宏观上可分为人为威胁和自然威胁。自然威胁通常指地震、水灾、雷击等自然现象对网络系统硬件设备可能的损害。对于自然威胁的预防相对容易，一般通过做好基础建设工作，保持数据的异地备份等手段即可保证安全。而对于人为威胁的预防则困难得多。人为的恶意攻击是有目的的破坏，对网络的攻击包括对静态信息的攻击和对动态信息的攻击。根据对动态信息的攻击形式不同，可以将攻击分为被动攻击和主动攻击两种。被动攻击是指在不干扰网络信息系统正常工作的情况下，进行侦收、截获、窃取、破译和业务流量分析等。主动攻击是指以各种方式有选择地破坏信息（如修改、删除、伪造、添加、重放、乱序、冒充、病毒等）。

人为的恶意攻击通常都具有很高的智能性，从事恶意攻击的人员大都具有相当高的专业技术和熟练的操作技能，在攻击前都经过了周密的预谋和精心策划，从而使这种攻击具有很强的隐蔽性。随着计算机和互联网技术的迅速发展，网络信息系统中的恶意攻击也随之发展变化，攻击手段日新月异，越来越难察觉和防范。而针对网络信息系统的恶意攻击往往会造成极其严重的后果，甚至会影响到社会的和谐和稳定。

对于被动攻击方式，攻击者通过监听网络上传递的信息流，从而获取信息的内容，或希望得到信息流的长度、传输频率等数据，进行业务流分析。因为被动攻击不对传输的信息做任何修改，因而难以检测。对抗这种攻击的重点在于防范。

除了被动攻击的方式外，攻击者还可以采用主动攻击的方式。主动攻击是指攻击者通过对网络中传输的原始信息有选择地进行修改、删除、延迟、乱序、复制及插入数据流或数据流的一部分等技术手段，以达到其非法目的。主动攻击可以归纳为中断、篡改、伪造三种。中断是指攻击者阻断由发送方到接收方的信息流，使接收方无法收到信息，这是针对信息可用性的攻击；篡改是指攻击插入发送方和接收方的信息传输通道，对发送方发送的信息进行修改、破坏，使接收方得到错误的信息，从而破坏信息的完整性；伪造则是针对信息的真实性的攻击，通常有两种攻击方式，攻击者或者是首先记录一段发送方与接收方之间的信息流，然后在适当时间向接收方或发送方重放这段信息，或者是完全伪造一段信息流，冒充可被接收方信任的第三方，向接收方发送。

8.4.2 网络安全的目标

网络安全的目标是通过采用各种技术措施以及管理措施，使网络系统在保密性、可用性、完整性、可靠性、不可抵赖性等方面得到充分的保证。

1. 保密性

保密性要求网络信息不被泄露给非授权的用户、实体或过程，或供其利用。即网络上信息的内容不应被未授权的第三方所知。保密性是在可靠性和可用性基础之上，保障网络信息安全的重要手段。

常用的保密手段主要有两种，即：

(1) 物理保密。利用各种物理方法，如限制、隔离、屏蔽、控制等措施，保护信息不被泄露。

(2) 信息加密。采用各种加密算法对信息进行加密处理，即使第三方通过某种途径得到了加密后的信息，也无法在信息有效的时间段内破解该信息。

2. 可用性

可用性主要用来衡量网络系统面向用户的安全性能。网络系统最基本的功能是向用户提供服务。可用性要求网络信息可被授权实体访问并按需求使用，并且当网络部分受损或需要降级使用时仍能为授权用户提供有效服务。

可用性还应有以下功能：

(1) 身份识别、确认以及访问控制功能。该功能主要用于对用户的权限进行控制，确保用户只能根据其权限等级访问相应的资源,防止或限制经隐蔽通道的非法访问。

(2) 业务流控制功能。该功能是利用负荷均衡的方法,在多个网络通路中均衡地传输业务数据,防止因业务流量过度集中而引起的网络阻塞。

(3) 路由选择控制功能。根据所传送的信息的目的地选择子网、中继线或链路等进行信息传送,并能根据网络结构、流量等的变化动态调整路由。

(4) 审计跟踪功能。该功能是把网络信息系统中发生的所有安全事件情况存储在安全审计跟踪表之中,以便对网络用户的行为进行统计和分析,并能在发生问题后为分析原因、分清责任和及时采取相应的措施提供依据。所记录安全的事件的信息主要包括事件类型、被管对象安全等级、事件发生的时间、事件的类型、事件的结果等。

3. 完整性

完整性要求网络信息未经授权不能进行改变。网络信息在存储及传输过程中要保持不变,不能被偶然或蓄意地进行删除、修改、伪造、乱序、重放、插入等操作,防止网络信息被破坏或丢失。完整性与保密性不同,保密性要求信息不被泄露给未授权的实体,而完整性则要求信息不致受到各种原因的破坏。影响网络信息完整性的主要因素有:设备故障导致信息完整性被破坏;传输、处理和存储过程中产生误码导致信息完整性被破坏;人为攻击、计算机病毒等导致信息完整性被破坏等。

保障网络信息完整性的主要方法有:

(1) 协议。参与网络数据传输的各方通过各种安全协议,确保能有效地检测出完整性被破坏的数据。

(2) 检错及纠错编码。通过在原始信息中附加校验及控制信息,完成信息的检错和纠错功能。

(3) 数字签名。通过相关算法,使接收方可明确判断信息是否由合法的用户发出,保障信息的真实性。

(4) 公证。通过作为网络用户均可信任的第三方,如网络管理或中介机构等来证明网络信息的真实性。

4. 可靠性

可靠性主要表现在网络系统的硬件可靠性、软件可靠性、人员可靠性、环境可靠性等方面,是网络系统安全的最基本要求之一。硬件系统是网络系统运行的基础平台,其可靠性直接关系到网络系统是否能可靠地实现预先设计的功能。软件可靠性是指在规定的时间内,程序成功运行的概率。人员可靠性是指人员成功地完成工作或任务的概率,它在整个系统可靠性中扮演极为重要角色,因为程序设计完成后即可按照预定逻辑执行,这种情况下系统失效的大部分原因是人为差错造成的。环境可靠性是指在规定的环境内,保证网络成功运行的概率。这里的环境主要是指自然环境和电磁环境。

网络系统的可靠性可通过三种指标来衡量:抗毁性、生存性和有效性。

增强抗毁性可以有效地避免因各种灾害(战争、地震等)造成的大面积瘫痪事件;生存性主要反映随机性破坏和网络拓扑结构的设计对系统可靠性的影响;有效性主要反映在网络系统的部件失效情况下，满足业务性能要求的程度，如网络部件失效时，在处理能力下降、平均延时增加、线路阻塞等情况下，网络是否还能达到设计指标的要求。

5. 不可抵赖性

不可抵赖性即不可否认性。在网络系统的信息交互过程中，所有参与者都不可能否认或抵赖曾经完成的操作和承诺。不可抵赖性通过相关的算法实现，利用信息源证据可以防止发信方否认已发送信息的行为；利用递交接收证据可以防止收信方事后否认已经接收的信息。

8.4.3 安全服务与安全机制

安全服务与安全机制指的是基于 OSI 的安全体系结构实现安全通信所必要的服务以及相应的机制。

1. 安全服务

ISO 7498-2 描述了五种可选的安全服务，它们分别是：

(1) 身份鉴别(Authentication)服务

这种服务是在两个开放系统同等层中的实体建立连接和数据传送期间，为提供连接实体身份的鉴别而规定的一种服务。这种服务用于防止假冒或重放以前的连接，即防止伪造连接初始化这种类型的攻击。这种鉴别服务可以是单向的，也可以是双向的。

(2) 访问控制(Access Control)服务

这种服务可以防止未经授权的用户非法使用系统资源。这种服务不仅可以提供给单个用户，也可以提供给封闭的用户组中的所有用户。

(3) 数据保密(Data Confidentiality)服务

这种服务的目的是通过加密技术来保护网络中各系统之间交换的数据，防止因数据被截获而造成的泄密。

(4) 数据完整性(Data Integrity)服务

这种服务用来防止未授权用户对网络数据的主动攻击，如对正在交换的数据进行修改、插入等操作，造成数据的错误、延时及丢失等，以保证接收方收到的信息与发送方发送的信息完全一致。

(5) 不可否认性(Non-Repudiation)服务

这种服务用来确保数据是由合法实体发出的，它对数据来源方的对等实体进行鉴别，以防假冒，并可防止发送方在数据发送完毕后否认自己曾经发送过的数据，或接收方在接收数据后否认自己曾经收到过数据。该服务由以下两种服务组成：

- 不可否认发送：这种服务向数据接收者提供数据源的证据，从而可防止发送者否认发送过这个数据。
- 不可否认接收：这种服务在数据已成功送达接收者后向数据发送者提供数据已交付的证据，因而接收者事后不能否认曾收到此数据。

上述这两种服务实际上是一种数字签名服务。

2. 安全机制

与上述五种安全服务相关的安全机制有八种，它们分别是：

（1）加密机制（Encipher Mechanisms）

加密是提供数据保密的最常用的方法。按密钥类型划分，加密算法可分为对称密钥和非对称密钥加密算法两种。按密码体制分，可分为序列密码和分组密码算法两种。用加密的方法与其他技术相结合，可以提供数据的保密性和完整性。使用加密机制后，还要有与之配合的密钥的分发和管理机制。

（2）访问控制机制（Access Control Mechanisms）

访问控制是按事先确定的规则判断用户对系统资源的访问是否合法。当一个用户试图非法访问一个未经授权使用的系统资源时，该机制将拒绝这一访问，并向审计跟踪系统报告这一事件。审计跟踪系统将产生报警信号或形成部分追踪审计信息。

（3）数字签名机制（Digital Signature Mechanisms）

数字签名是一种标识网络用户身份的方法，是解决网络通信中特有的安全问题的有效手段，可有效地预防和解决用户对其在网络上的活动产生否认、伪造、冒充或篡改等安全问题。

（4）数据完整性机制（Data Integrity Mechanisms）

数据完整性包括两层含义：数据本身的完整性和数据序列的完整性。数据本身的完整性一般由数据的发送方和接收方共同保证。发送方在发送数据时加上一个标记，这个标记是数据本身的函数，如针对字节的奇偶校验、针对分组数据的累加和或 CRC 校验等；或使用密码校验函数，它本身是经过加密的。接收方在接收数据时使用相同的函数产生一个对应的标记，并将所产生的标记与接收到的标记相比较，即可判断出在传输过程中数据是否被修改过。数据序列的完整性是指接收方判断数据编号的连续性和时间标记顺序的正确性，以防止数据传送过程中可能发生的假冒、丢失、重发、插入或修改数据等安全问题。

（5）身份鉴别机制（Authentication Mechanisms）

身份鉴别机制是指收发双方以交换信息的方式来确认实体身份的机制。交换信息可以是单向的，也可以通过收发双方的多次交互完成。通常用于身份鉴别的技术有口令技术和密码技术。口令一般由发送方提供，接收方进行检测，以判断用户的合法性。密码技术则是将交换的数据加密，只有合法用户才能解密，得出有意义的明文。在许多情况下，密码技术与下列技术中的一种或多种一起使用，包括时间标记和同步时钟、双方或三方"握手"、数字签名和公证机构等。

（6）数据流填充机制（Traffic Padding Mechanisms）

数据流填充机制又称为防业务流分析机制，这种机制主要用于对抗非法用户在线路上监听数据，防止其对数据的流量和流向进行分析。该机制采用的方法一般是由保密装置在无信息传输时连续发出伪随机序列，使得窃听者无法判断其所接收到的数据中哪些是有用信息，哪些是无用信息。

(7) 路由控制机制(Routing Control Mechanisms)

在实际的网络环境中，从源节点到目的节点的路径可能有多条，它们的安全性各不相同。路由控制机制给信息的发送者提供了一种选择指定路由的功能，以保证数据的安全。

(8) 公证机制(Notarization Mechanisms)

在使用网络的时候，并不是所有用户都是诚实、可信的，同时也可能由于系统故障或网络延时等原因使信息产生丢失、乱序等情况，这些都可能引起责任问题。为了解决这个问题，就需要有一个各方都信任的实体提供公证服务，仲裁出现的问题。这种实体就是公证机构。

引入公证机制后，所有需要公证服务的通信数据都必须经过公证机构来转送，以确保公证机构能得到必要的信息，供以后仲裁使用。

此外，还有与系统要求的安全级别直接有关的安全机制，如安全审计跟踪(Security Audit Trail)、可信功能(Trusted Function)、安全标号(Security Labels)、事件检测(Event Detection)和安全恢复(Security Recovery)等。

8.5 数据加密技术

数据加密就是使用密码，通过多种复杂的措施对原始数据加以变换，以防第三方窃取、伪造或篡改，达到保护原始数据的目的。数据加密模型如图8-10所示。

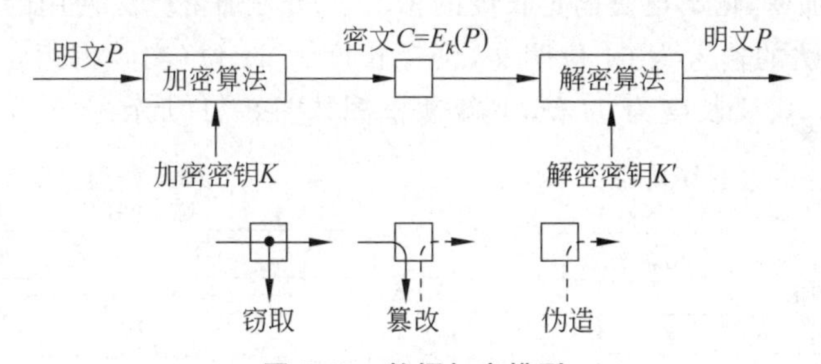

图8-10 数据加密模型

数据加密模型中的明文 P(Plain-Text)是一段有意义的文字或数据，在发送方通过加密算法将其变换为密文 C(Cipher-Text)。密文是以加密密钥 K 为参数的函数，记作 $C=E_k(P)$。在接收方用解密密钥 K'，通过解密算法，将密文 C 还原为明文 P，即 $P=D_{k'}[E_k(P)]$。

数据加密涉及两大关键技术：加密算法的研究与设计和密码分析(或破译)。二者在理论上是矛盾的。设计密码和破译密码的技术统称为密码学。

密码设计方法有多种，按现代密码体制可分为两类：对称密钥密码系统和非对称密钥密码系统。

8.5.1 对称密钥密码技术

对称密钥密码(Symmetric Key Cryptography)系统是一种传统的密码体制，其加密和解密用的是相同的密钥，即 $K=K'$，可确保用解密密钥 K' 能将密码译成明文，即 $D_{k'}[E_k(P)]=P$。早期传统的密码体制常采用替换法和易位法。在此基础上，美国在1977年将IBM研制的组合式加密方法——数据加密标准（Data Encryption Standard，DES）列为联邦信息标准，该标准后又被ISO定为数据加密标准。

在使用对称密钥密码技术的情况下，由于加密、解密密钥相同，所以密码体制的安全性就是密钥的安全性。如果密钥泄露，则密码系统便被攻破。因此，这种情况下密钥通常需要经过安全的密钥信道由发送方传送给接收方。

对称密钥密码技术的优点是安全性高，加、解密速度快。但由于对密钥安全性的依赖程度过高，随着网络规模的急剧扩大，密钥的分发和管理成为一个难点。另外，对称密钥密码技术在设计时未考虑消息确认问题，也缺乏自动检测密钥泄露的能力。

对称密钥密码技术从加密模式上又可分为序列密码和分组密码。

1. 序列密码

采用序列密码时，加密系统通过有限状态机产生高品质的伪随机序列，对信息流逐位进行加密，得出密文序列，其安全强度完全取决于所产生的伪随机序列的品质。序列密码一直是外交和军事等场合处理涉密数据所使用的基本技术之一。

2. 分组密码

分组密码的基本原理是：将明文以组（如64位为一组）为单元，用同一密钥和算法对每一组明文进行加密，输出也是固定长度的密文。DES加密算法使用的就是分组密码方式。DES密码算法的输入为64位明文，密钥长度为64位（实际密钥长度为56位，另8位用于奇偶校验），密文长度为64位，其算法框图如图8-11所示。

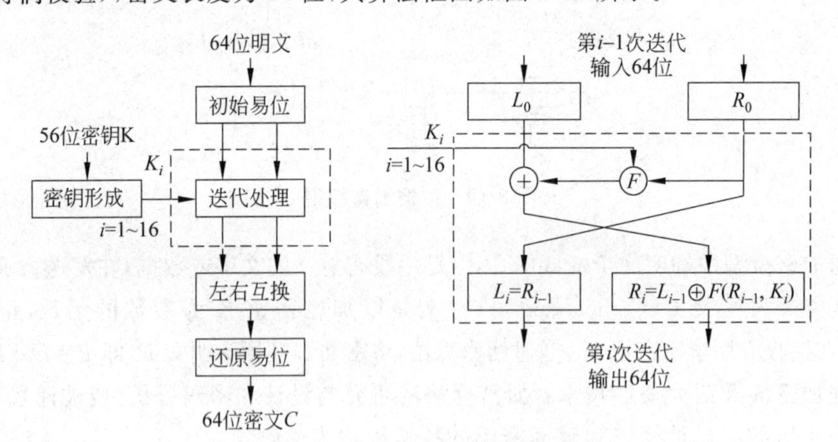

图8-11　DES加密算法框图

在DES加密算法中，64位明文 P 首先进行初始易位后得 P_0，其左半边32位和右半边32位分别记为 L_0 和 R_0，然后再经过16次迭代。若用 P_i 表示第 i 次迭代的结果，同时令 L_i 和 R_i 分别为左半边32位和右半边32位，则从图8-11中可得：

$$L_i=R_{i-1} \tag{8-1}$$

$$R_i = L_{i-1} \oplus F(R_{i-1}, K_i) \tag{8-2}$$

式中，$i=1,2,\cdots,16$；K_i 是 48 位的密钥，是从原始的 64 位密钥 K 经过多次变换而成的。式(8-2)称为 DES 加密方程，在每次迭代中要进行函数 F 的变换、模 2 加运算以及左右半边的互换。在最后一次迭代之后，左、右半边没有互换，这是为了使算法既能加密又能解密。最后一次变换是逆变换，其输入为 $R_{16}L_{16}$，输出为 64 位密文 C。

DES 加密中起核心作用的是函数 F。它是一个复杂的变换，先将 $F(R_{i-1}, K_i)$ 中的 R_{i-1} 的 32 位变换扩展为 48 位，记为 $E(R_{i-1})$，再将其与 48 位的 K_i 按模 2 相加，所得的 48 位结果顺序地分为 8 个 6 位长的组 $B_1, B_2, \cdots, B_8$，即

$$E(R_{i-1}) \oplus K_i = B_1 B_2 \cdots B_8$$

然后将 6 位长的组经过 S 变换转换为 4 位长的组，或写成 $B_j \rightarrow S_j(B_j)$，其中，$j=1, 2,\cdots,8$。再将 8 个 4 位长的 $S_j(B_j)$ 按顺序排好；再进行一次易位，即得出 32 位的 $F(R_{i-1}, K_i)$。

解密的过程与加密相似，但 16 个密钥的顺序正好相反。

DES 算法的安全性完全取决于密钥的安全性，其算法是公开的。DES 可提供 7.2×10^{16} 个密钥，即使使用每秒百万次运算的计算机来对 DES 加密算法进行破译，至少也需要运算约 2000 年。DES 算法可以用软件或硬件实现，AT&T 首先用 LSI 芯片实现了 DES 的全部工作模式，即数据加密处理机 DEP。在 1995 年，DES 的原始形式被攻破，但修改后的形式仍然有效。对 Lai 和 Massey 提出的 IDEA(International Data Encryption Algorithm)，目前尚无有效的攻击方法进行破译。另外，MIT 采用了 DES 技术开发的网络安全系统 Kerberos 在网络通信的身份认证上已成为工业中的事实标准。

8.5.2 非对称密钥密码技术

非对称密钥密码(Asymmetric Key Cryptography)系统中有两个密钥 K 和 K'。每个通信方进行保密通信时，通常将加密密钥 K 公布(称为公钥，Public Key)，而保留秘密密钥 K'(称为私钥，Privacy Key)，所以人们习惯称之为公开密钥技术。使用公开密钥密码系统时，用户可以将自己设计的加密密钥和算法公之于众，而只保密解密密钥。对于任何人利用这个加密密钥和算法向该用户发送的加密信息，该用户均可以将之还原。由于公钥算法不需要联机密钥服务器，密钥分配协议简单，所以简化了密钥管理。除加密功能外，公钥系统还可以提供数字签名。

公钥密码的缺点是：算法一般比较复杂，运算时系统开销大，加解密速度慢。

因此，实际应用环境中的加密普遍采用非对称密码技术和对称密钥密码技术相结合的混合加密体制，即加解密时采用对称密钥密码技术，以获得较高的处理速度；而密钥的传送则采用非对称密钥密码技术，以获得较高的安全性。这样既解决了密钥管理的困难，又解决了加解密速度的问题。

公开密钥的概念是在 1976 年由 Diffie 和 Hellman 提出的。目前常用的公开密钥算法是 RSA 算法，该算法由 Rivest、Shamir 和 Adleman 三人在 1977 年提出，常用于数据加密和数字签名。数字签名标准(Digital Signature Standard，DSS)算法可实现数字签名但不提供加密；而最早 Diffie 和 Hellman 提出的算法是基于共享密钥的，既无签名又无加

密，通常与传统密码算法共同使用。这些算法的复杂度各不相同，提供的功能也不完全一样。

RSA 算法有公开密钥系统的基本特征，如：

(1) 若用 PK(公开密钥，即公钥)对明文 P 进行加密，再用 SK(秘密密钥，即私钥)解密，即可恢复出明文，即 $P=D_{SK}[E_{PK}(P)]$。

(2) 加密密钥 PK 不能用于解密，即 $D_{PK'}[E_{PK}(P)]\neq P$。

(3) 从已知的 PK 不能推导出 SK，但有利于计算机生成 SK 和 PK。

(4) 加密运算和解密运算可以对调，即 $E_{PK}[D_{SK}(P)]=P$。

根据这些特征，在公开密钥系统中，可将 PK 作成公钥文件发给用户，若用户 A 要向用户 B 发送明文 M，只需从公钥文件中查到用户 B 的公钥，设为 PKB，然后利用加密算法 E 对 M 加密，得密文 $C=E_{PKB}(M)$。B 收到密文后，利用只有 B 用户所掌握的解密密钥 SKB 对密文 C 解密，可得明文 $M=D_{SKB}[E_{PKB}(P)]$。任何第三者即使截获 C，由于不知道 SKB，也无从解得明文。

RSA 系统的理论依据是著名的欧拉定理：若整数 a 和 n 互为素数，则 $a^{\varphi(n)}=1(\mathrm{mod}\ n)$，其中，$\varphi(n)$是比 m 小且与 n 互素的正整数个数。

RSA 公开密钥技术的构成要点如下：

(1) 取两个足够大的秘密的素数 p 和 q(一般至少是 100 位以上的十进制数)。

(2) 计算 $n=pq$，n 是可以公开的(事实上，从 n 分解因子求 p 和 q 是极其费时的)。

(3) 求出 n 的欧拉函数 $z=\varphi(n)=(p-1)(q-1)$。

(4) 选取整数 e，满足$[e,z]=1$，即 e 与 $\varphi(n)$互素，e 可公开。

(5) 计算 d，满足 $de=1(\mathrm{mod}\ z)$，d 应保密。

为了理解 RSA 算法的使用，现举一个简单的例子。若取 $p=7$，$q=11$，则计算出 $n=77$，$z=60$。由于 17 与 60 没有公因子，因此可取 $d=17$，解方程 $17e=1(\mathrm{mod}\ 60)$可以得 $e=53$。假设发送方发送字符串 HELLO，如图 8-12 所示，字母 H 在英文字母表中排在第 8 位，取其数字值为 8，则密文 $C=M^e(\mathrm{mod}\ n)=8^{53}(\mathrm{mod}\ 77)=50$。在接收方，对密文进行解密，计算 $M=C^d(\mathrm{mod}\ n)=50^{17}(\mathrm{mod}\ 77)=8$，恢复出原文。其他字母的加密与解密处理过程见图 8-12。

明文字符	数字代码	发送方计算密文 $C=M^e(\mathrm{mod}\ n)$	接收方计算明文 $M=C^d(\mathrm{mod}\ n)$
H	8	$8^{53}(\mathrm{mod}\ 77)=50$	$50^{17}(\mathrm{mod}\ 77)=8$
E	5	$5^{53}(\mathrm{mod}\ 77)=59$	$59^{17}(\mathrm{mod}\ 77)=5$
L	12	$12^{53}(\mathrm{mod}\ 77)=45$	$45^{17}(\mathrm{mod}\ 77)=12$
L	12	同上	同上
O	15	$15^{53}(\mathrm{mod}\ 77)=64$	$64^{17}(\mathrm{mod}\ 77)=15$

图 8-12 RSA 算法示例

8.6 用户身份认证

身份认证(Authentication)是建立安全通信的前提条件。用户身份认证是通信参与方在进行数据交换前的身份鉴定过程，以确定通信的参与方有无合法的身份。身份认证协议是一种特殊的通信协议，它定义了参与认证服务的通信方在身份认证的过程中需要交换的所有消息的格式、语义和产生的次序，常采用加密机制来保证消息的完整性、保密性。

口令(Password)是一种最基本的身份认证方法,早期的口令仅在本地显示时表示为不可见,在网络中是用 ASCII 按明文方式传送的,容易遭受在线或离线方式的攻击。现在几乎所有的操作系统都提供了对口令在传输时进行加密的措施。

另一种身份认证技术是基于硬件设备的,称为身份认证标记。这种认证方法使用 IC 智能卡,又称 PIN 保护记忆卡,在智能卡中记录了用户识别号,通过读卡设备将 PIN 读入,经鉴别有效后才能进行通信。

基于密码学原理的密码身份认证协议可提供更多的安全服务,如共享密钥认证、公钥认证和零知识认证等。

8.6.1 基于共享密钥的用户认证协议

假设在 A 和 B 之间有一个共享的秘密密钥 K_{AB},当 A 要求与 B 进行通信时,双方可采用如图 8-13 所示的过程进行用户认证。

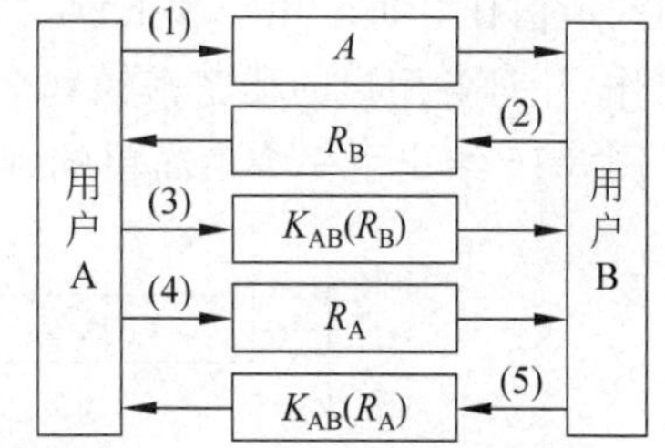

图 8-13 基于共享密钥算法的用户认证

(1) A 向 B 发送自己的身份标识。

(2) B 收到 A 的身份标识后,为了证实确实是 A 发出的,于是选择一个随机的大数 R_B 用明文发给 A。

(3) A 收到 R_B 后用共享的秘密密钥 K_{AB} 对 R_B 进行加密,然后将密文发回给 B;B 收到密文后就能确信对方是 A,因为除此以外无人知道密钥 K_{AB}。

(4) 此时 A 尚无法确定对方是否为 B,所以 A 也选择一个随机大数 R_A,用明文发给 B。

(5) B 收到后用 K_{AB} 对 R_A 进行加密,然后将密文发回给 A,A 收到密文后也确信对方就是 B;至此用户认证完毕。

如果这时 A 希望和 B 建立一个秘密的用于本次会话的密钥,它可以选择一个密钥 K_S,然后用 K_{AB} 对其进行加密后发送给 B,此后双方即可使用 K_S 进行会话。这个 K_S 就是所谓的会话密钥(Session Key),是指在一次会话过程中使用的密钥,可由计算机随机生成。在实际应用中,会话密钥可以不局限于某次会话过程,而是在一定的时间内有效;也可以每次会话都携带下一次会话将要使用的密钥,实现密钥的滚动变化,进一步加强安全性。

8.6.2 基于公开密钥算法的用户认证协议

基于公开密钥算法的用户认证的典型过程如图 8-14 所示。

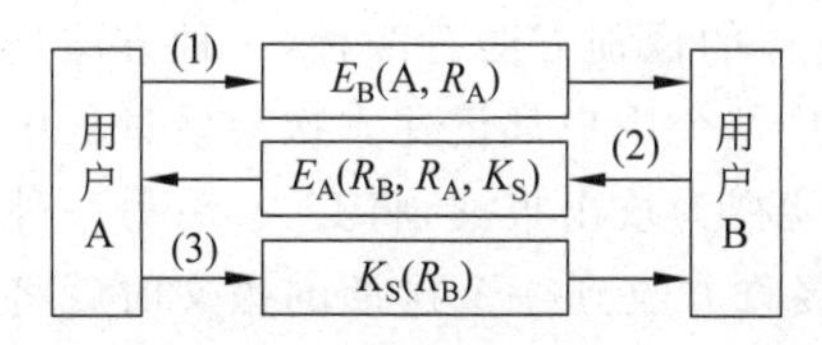

图 8-14 基于公开密钥算法的用户认证

(1) A 选择一个随机数 R_A,用 B 的公开密钥 E_B 对 A 的标识符和 R_A 进行加密,将密文发给 B。

(2) B 解开密文后不能确定密文是否真的来自 A,于是它选择一个随机数 R_B 和一个会话密钥 K_S,用 A 的公开密钥 E_A 对 R_A、R_B 和 K_S 进行加密,将密文发回给 A。

(3) A 解开密文,看到其中的 R_A 正是自己刚才发给 B 的,于是知道该密文一定发自 B,因为其他人不可能得到 R_A,同样因为收到的报文中包含自己刚才发给 B 的 R_A,就证明这是一个最新的报文而不是一个复制品,于是 A 用 K_S 对 R_B 进行加密表示确认;B 解开密文,知道这一定是 A 发来的,因为其他人无法知道 K_S 和 R_B。

基于公开密钥算法的用户认证在目录系统中得到了应用,如轻量级目录访问协议(Lightweight Directory Access Protocol,LDAP)及 ITU-T X.509 目录服务标准。

8.6.3 基于密钥分发中心的用户认证协议

基于密钥分发中心(Key Distribution Center,KDC)的用户认证的概念是 1978 年由 Needham 和 Schroeder 提出的,其必要条件是 KDC 的权威性和安全性要有保障,并为网络用户所信任。每个用户和 KDC 之间都有一个共享的秘密密钥,系统中所有的用户认证工作、针对各用户的秘密密钥和会话密钥的管理都必须通过 KDC 来进行。

图 8-15 给出了一个最简单的利用 KDC 进行用户认证的协议的实现过程。

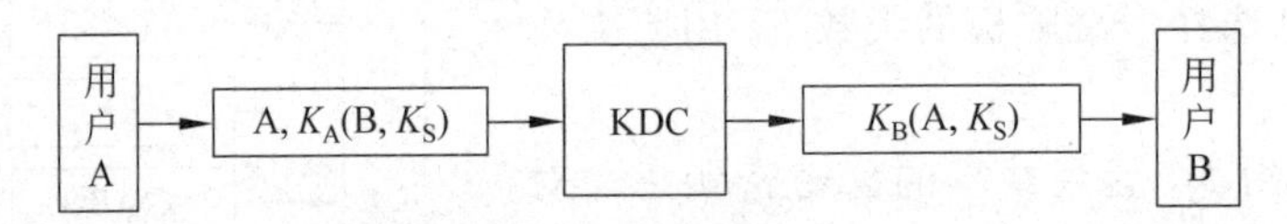

图 8-15 基于 KDC 的用户认证过程

(1) A 用户要求与 B 用户进行通信,A 可选择一个会话密钥 K_S,然后用与 KDC 共享的密钥 K_A 对 B 的标识和 K_S 进行加密,并将密文和 A 的标识一起发给 KDC。

(2) KDC 收到后,用与 A 共享的密钥 K_A 将密文解开,此时 KDC 可以确信这是 A 发来的,因为其他人无法用 K_A 发来加密报文。

(3) KDC 重新构造一个报文,放入 A 的标识和会话密钥 K_S,并用与 B 共享的密钥 K_B 加密报文,将密文发给 B;B 用密钥 K_B 将密文解开,此时 B 可以确信这是 KDC 发来的,并且获知了 A 希望用 K_S 与它进行会话。

上述简单的 KDC 用户认证示例协议的安全性并不高,存在着被重复攻击的可能性。假设 B 为银行,若用户 C 为 A 提供了一定的服务后,要求 A 用银行转账的方式向其支付酬金,于是 A 和 B(银行)建立一个会话,指定 B 将一定数量的金额转至 C 的账上。如果在这个过程中,C 将 KDC 发给 B 的密文和随后 A 发给 B 的密文都复制了下来,等会话结束后,C 将这些报文依序重发给 B,而 B 无法区分这是一个新的指令还是一个老指令的副本,因此又会执行相同的操作,将一定数量的金额转至 C 的账上,这种攻击方式称为重复攻击,也称为回放攻击。

可以通过对重复攻击的识别来解决这个问题。具体的识别方法有两种,一种方法是通信双方在每个报文中都附加一个一次性的报文号,且每个用户都记住本次会话过程中所有已经用过的报文号,只要收到的重复编号的报文就视为攻击报文,将其丢弃;另一种方法是在报文中附加一个时间戳,并规定有效期,当接收方收到一个过期的报文时就将它丢弃。采用上述两种方法中的任一种都可以抵御重复攻击。

在实际应用中,基于对称密钥加密算法 KDC 的用户认证 Kerberos 版本 5 的协议已被 IETF 认定为 RFC 1510,目前主要的操作系统都支持 Kerberos 认证系统,它已成为事实上的工业标准。

8.6.4 数字签名

数字签名是通信双方在网上交换信息时采用公开密钥法对所收发的信息进行确认,以此来防止伪造和欺骗的一种身份认证方法。数字签名系统的基本功能有:

(1) 接收方通过文件中附加的发送方的签名信息能认证发送方的身份;

(2) 发送方无法否认曾经发送过的签名文件;

(3) 接收方不可能伪造接收到的文件的内容。

使用公开密钥算法的数字签名,其加密算法和解密算法除了要满足 $D[E(P)]=P$ 外,还必须满足 $E[D(P)]=P$,即加密过程和解密过程是可逆的。RSA 算法就具有这样的特性。使用公开密钥算法的数字签名的过程如图 8-16 所示。

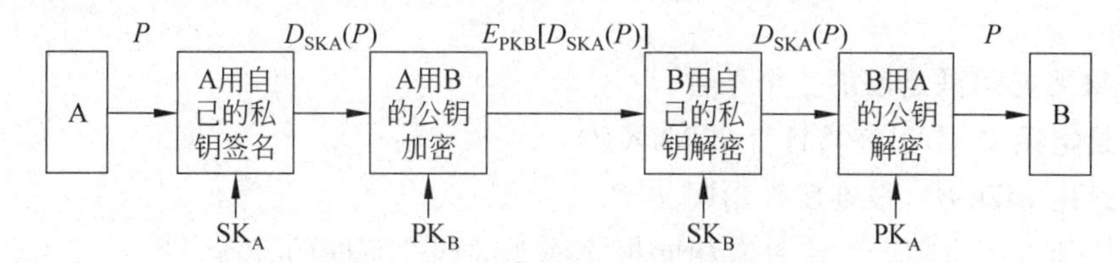

图 8-16 基于公开密钥算法的数字签名

(1) 当 A 要向 B 发送签名的报文 P 时,由于 A 知道自己的私钥 SK_A 和 B 的公钥 PK_B,它先用私钥 SK_A 对明文 P 进行签字,即 $D_{SKA}(P)$,然后用 B 的公钥 PK_B 对 $D_{SKA}(P)$ 加密,向 B 发送 $E_{PKB}[D_{SKA}(P)]$。

(2) B 收到 A 发送的密文后,先用私钥 D_{SKB} 解开密文,将 $D_{SKA}(P)$ 复制一份放在安全的场所,然后用 A 的公钥 E_{PKA} 将 $D_{SKA}(P)$ 解开,取出明文 P。

上述算法是符合数字签名系统的基本功能要求的。

1. A 不可否认

当 A 发送过签名的报文后试图否认给 B 发过 P 时,B 可以出示 $D_{SKA}(P)$ 作为证据。因为 B 没有 A 的私钥 D_{SKA},除非 A 确实发过 $D_{SKA}(P)$,否则 B 是不会有这样一份密文的。通过第三方(公证机构),只要用 A 的公钥 E_{PKA} 解开 $D_{SKA}(P)$,就可以判断 A 是否发送过签名文件,证实 B 说的是否是真话。

2. B 不可伪造

如 B 将 P 伪造为 P',则 B 不可能在第三方的面前出示 $D_{SKA}(P')$,这就证明了 B 伪造了 P。

这种数字签名在实际使用中也存在一些问题,但不是算法本身的问题,而是与算法的使用环境有关。例如,当 A 发送一个签名报文给 B 后,只有 SK_A 仍然是秘密的,B 才能证明 A 确实发过 $D_{SKA}(P)$;如果 A 试图否认这一点,他只需公开他的私钥,并声称他的私钥被盗用,这样任何人,包括 B 都有可能发送 $D_{SKA}(P)$。其次,A 改变了他的私钥,出于安全因素的考虑,这种做法显然也是无可非议的。但这时如果发生纠纷的话,仲裁方用新的 PK_A 去解老的 $D_{SKA}(P)$,就会置 B 于非常不利的地位。因此,在实际的使用中,还需要有某种集中管理和控制机制来记录所有密钥的变化情况及变化时间。

8.6.5 报文摘要

数字签名虽然可以确保收发双方互相确认身份,以及无法否认曾经收发过的报文,但数字签名机制同时使用了用户认证和数据加密两种算法,复杂度过高。对于有些只需要签名而不需要加密的应用,若将报文全部进行加密,将降低整个系统的处理效率。为此人们提出一个新的方案:使用一个单向的哈希(Hash)函数,对任意长度的明文进行计算,生成一个固定长度的比特串,然后仅对该比特串进行加密。这样的处理方法通常称为报文摘要(Message Digests,MD),常用的算法有 MD5 和 SHA(Source Hash Algorithm)。

报文摘要必须满足以下三个条件:

(1) 给定明文 P,很容易计算出 MD(P)。

(2) 给出 MD(P),很难反推出明文 P。

(3) 任何人不可能产生出具有相同报文摘要的两个不同的报文。

为满足条件(3),MD(P)至少必须达到 128 位。实际上,有很多函数符合以上三个条件。在公开密钥密码系统中,使用报文摘要进行数字签名的过程是:A 首先对明文 P 计算出 MD(P),然后用私钥 SK_A 对 MD(P)进行数字签名,连同明文 P 一起发送给 B。B 将密文 D_{SKA}[MD(P)]复制一份放在安全的场所,然后用 A 的公钥 PK_A 解开密文,取出 MD(P)。然后 B 对收到的报文 P 进行摘要计算,如果计算结果和 A 送来的 MD(P)相同,则将 P 收下来,否则就说明 P 在传输过程中被篡改过。

当 A 试图否认发送过 P 时,B 可向仲裁方出示 P 和 D_{SKA}[MD(P)]来证明自己确实收到过 P。

8.7 IPSec与虚拟专用网

IPSec(IP Security Protocol,IPSec)是为网络层提供安全性的一组协议。它为任意两个网络层实体之间提供多种安全性服务,包括机密性、源鉴别和数据完整性等。

虚拟专用网(Virtal Privacy Network,VPN)是将物理分布在不同地点的网络通过公用骨干网(尤其是 Internet)连接而成的逻辑上的虚拟子网。简言之,它是一种建立在开放性网络平台上的专有网络。VPN 的定义允许一个给定的站点是一个或者多个 VPN 的一部分,也就是说,VPN 可以是交叠的。为了保障信息的安全,VPN 技术采用了鉴别、访问控制、保密性和完整性等措施,以防信息被泄露、篡改和复制。

基于 Internet 的 VPN 具有节省费用,灵活,易于扩展,易于管理,且能保护信息在

Internet 上传输的安全性等优点。企业可以利用 VPN 技术和 Internet 构建安全的企业内部网(Intranet)和外部网(Extranet)。VPN 分为两种模式：直接模式和隧道模式。直接模式使用 IP 和编址来建立对 VPN 上传输的数据的直接控制，对数据加密；采用基于用户身份的鉴别，而不是基于 IP 地址的。隧道模式使用 IP 帧作为隧道发送分组。大多数 VPN 都运行在 IP 骨干网上，数据加密通常有三种方法：使用具有加密功能的防火墙，使用带有加密功能的路由器和使用单独的加密设备。

目前，在七层 OSI 参考模型层次结构的基础上，主要有下列几种隧道协议用于构建 VPN：

(1) 点到点隧道协议(Point-to-Point Tunneling Protocol，PPTP)。

(2) 第二层隧道协议(Layer 2 Tunnel Protocol，L2TP)。

(3) IPSec 协议。

1. 点到点隧道协议

点到点隧道协议(PPTP)在第二层上可以支持封装 IP 协议及非 IP 协议(如 IPX、Apple Talk 等)。PPTP 的工作原理是：网络协议将待发送的数据加上协议特定的控制信息组成数据报(Data Packet)进行交换。PPTP 的工作对于用户来说是透明的，用户关心的只是需要传送的数据。PPTP 的工作方式是在 TCP/IP 数据报中封装原始分组，例如包括控制信息在内的整个 IPX 分组都将成为 TCP/IP 数据报中的“数据”区，然后通过因特网进行传输；另一端的软件分析收到的数据报，去除增加的 PPTP 控制信息，将其还原成 IPX 分组并发送给 IPX 协议进行常规处理。这一处理过程称为隧道(Tunneling)。

2. 第二层隧道协议(L2TP)

第二层隧道协议(L2TP)，也称之为层二隧道协议。Cisco、3COM 等公司已可向 ISP 和电信部门提供 L2TP 产品，并取代 PPTP 和 Cisco 早期专有的 L2F(Layer 2 Forward)，在 SOHO 和移动通信中得到了应用，如图 8-17 所示。客户端(SOHO 或移动用户)拨号到本地 ISP 的 L2TP 接入集中器的局端(Point of Presence，POP)，通过 IP 网的 L2TP 隧道连到 L2TP 网络服务器、远程鉴别用户拨入服务(Remote Authentication Dial In User Service，RADIUS)服务器上。RADIUS 是一个维护用户配置文件的数据库，用来鉴定用户，包括口令和访问优先权。代理 RADIUS 功能允许在 ISP 的接入点(POP)设备上接入客户的 RADIUS 服务器，获得必要的用户配置文件信息。

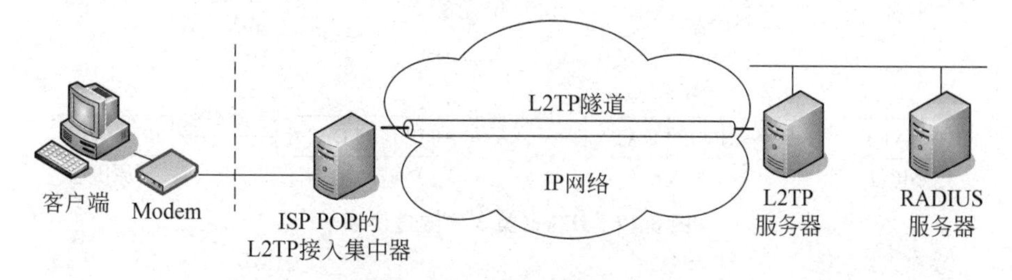

图 8-17 第二层隧道协议(L2TP)

3. IP 安全协议(IPSec)

Internet 工程任务组标准化的 IPSec 是简化的端到端安全协议所具有的特定的安全机制。它在第三层执行对称或非对称加密，IPSec 可以两种不同的方式运行：传输方式(Transfer Mode)和隧道方式(Tunnel Model)，如图 8-18 所示。

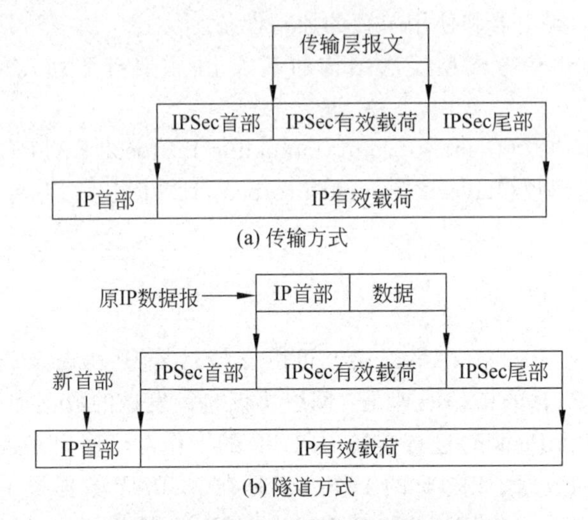

图 8-18　IPSec 的传输方式和隧道方式

在传输方式下，IPSec 保护传输层交给网络层传输的报文，即只保护 IP 数据报的有效载荷，而不保护 IP 数据报的首部。传输方式通常用于保护主机到主机之间的数据，发送主机使用 IPSec 鉴别和(或)加密来自传输层的有效载荷，并将其封装成 IP 数据报进行传输，接收主机使用 IPSec 检验鉴别和(或)解密 IP 数据报，并传递给传输层。

在隧道方式下，IPSec 保护包括 IP 首部在内的整个 IP 数据报，在对整个 IP 数据报进行鉴别和(或)加密后，再增加一个新的 IP 首部。隧道方式通常用于两台路由器之间或路由器与主机之间的数据传输，因此，也常用于构建 VPN，如图 8-19 所示。

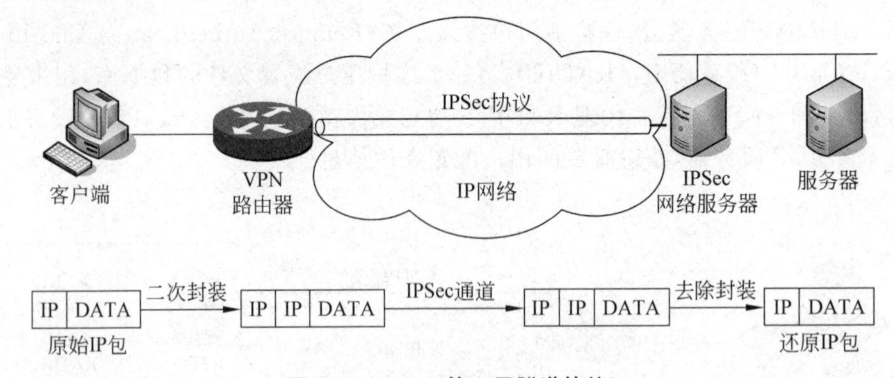

图 8-19　IPSec(第 3 层隧道协议)

在上面使用的鉴别和加密方法过程中，IPSec 使用两种机制来保证网络通信的安全：

(1) 首部鉴别(Authentication Header，AH，参见 RFC 4302、RFC 4305)：提供认证

和数据完整性。

(2) 封装安全净负荷(Encapsulation Security Payload,ESP,参见 RFC 4303、RFC 4305):实现保密通信。

当源主机向目的主机发送安全数据报时,可以使用 AH 或 ESP。AH 提供源鉴别和数据完整性服务,但不提供机密性服务。ESP 能够同时提供鉴别、数据完整性和机密性服务,协议相对 AH 复杂。在两个节点之间用 AH 或 ESP 进行通信之前,首先要在这两个节点之间建立一条网络层的逻辑连接,称为安全关联(Security Association,SA)。通过安全关联,在节点间协商建立在 AH 和 ESP 中所需要的安全参数,包括加密的密钥等。

在使用首部鉴别协议 AH 时,源节点把 AH 首部插入到原 IP 数据报数据部分的前面,如图 8-20 所示,同时将 IP 首部中的协议字段设置为 51,这指明该数据报数据中包含了一个 AH 首部。在传输过程中,AH 首部对中间路由器是透明的,仅当该 IP 数据报到达终点时,目的主机或终点路由器才会去处理 AH 的首部字段。通过处理鉴别数据字段来决定该数据报的 SA,进而鉴别该数据报的完整性和来源。

图 8-20 在 IP 数据报中 AH 首部

AH 首部中主要包含以下一些字段:

(1) 下一个首部:它表明了在 AH 首部之后的数据类型(如 TCP、UDP、ICMP 等)。

(2) 安全参数索引 SPI:32 位的值,唯一标识该数据报的 SA。

(3) 序号:32 位的值,建立 SA 时的初始序号为 0。AH 用该序号防止重放攻击。

(4) 鉴别数据:一个可变长字段,包含一个经过加密或签名的报文摘要。

使用 ESP 时,在创建 SA 后,源和目的主机先共享一个加密密钥和一个鉴别密钥,然后源主机才能向目的主机发送安全数据报。如图 8-21 所示,通过在初始 IP 数据报有效载荷前后分别添加首部和尾部字段,并把已封装数据插入一个 IP 数据报的有效载荷中,生成一个安全数据报。IP 数据报首部的协议字段设置为 50,证明这个数据报包括了 ESP 的首部和尾部。ESP 首部包含一个 32 位的 SPI 字段和一个 32 位的序号字段。ESP 尾部包含一个下一个首部和填充数据。鉴别数据和 AH 中的鉴别数据的作用类似,鉴别范围不包括新 IP 首部,因此,ESP 既提供鉴别和数据完整性服务,又提供机密性服务。

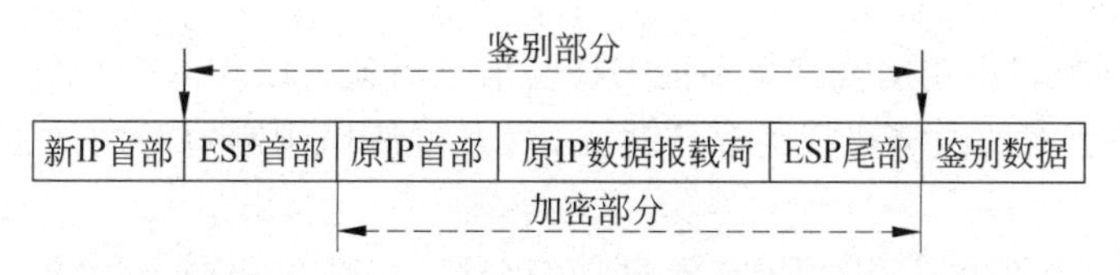

图 8-21 在 IP 数据报中的 ESP 各字段

8.8 高层安全

由于IP网“尽力而为”的理念，TCP/IP协议非常简洁，没有加密、身份认证等安全特性，因此需要在TCP之上建立一个安全通信层次以便向上层应用提供安全通信的机制。

1. 传输层安全

传输层网关在两个通信节点之间代为传递TCP连接并进行控制，这个层次一般称为传输层安全。常见的传输层安全技术有安全套接层(SSL)协议、SOCKS和安全RPC等。

SSL结构分为两个层次：SSL协商子层(上层)和SSL记录子层(下层)，如图8-22所示。两个子层对应的协议如下：

应用层
SSL协商子层
SSL记录子层
传输层
IP层

图8-22 SSL层次结构

(1) SSL协商子层协议：通信双方通过SSL协商子层交换版本号、加密算法、身份认证并交换密钥。SSL采用公钥方式进行身份认证，但大量数据传输仍使用对称密钥方式。SSL v3提供了Deffie-Hellman密钥交换算法、基于RSA的密钥交换机制和在Frotezza chip上的密钥交换机制。

(2) SSL记录子层协议：它把上层的应用程序提供的信息分段、压缩、数据认证和加密，由传输层传送出去。SSL v3提供对数据认证用的MD5和SHA以及数据加密用的RC4和DES等的支持，用来对数据进行认证和加密的密钥可以通过SSL的握手协议来协商。

综上所述，归纳SSL协商子层的工作流程如下：

(1) 在客户端与服务端进行通信之前，客户端发出客户请求消息，服务端收到请求后，发回一个服务请求消息。在交换请求消息后，就确定了双方采用的SSL协议的版本号、会话标志、加密算法集和压缩算法。

(2) 服务端在服务请求消息之后，还可以发出一个X.509格式的证书(Certificate)，向客户端鉴别身份。随后服务端发出服务请求结束消息，表明握手阶段结束，等待客户端回答。

(3) 客户端此时也可以发回自己的X.509格式的证书，向服务端认证自己的身份，客户端随即产生一个对称密钥，用服务端公钥进行加密，客户端据此生成密钥交换信息传送给服务端。

(4) 如果采用了双向身份认证，客户端还需要对密钥交换信息进行签名，并发送证书检验(Certificate Verify)报文。

(5) 服务端获得密钥交换信息和证书检验信息后就可以获得客户端生成的密钥。

至此，有关加密的约定和密钥都已建立，双方可使用刚刚协商的加密约定交换应用数据。

SSL记录层接收上层的数据，首先将它们分段，然后用协商子层约定的压缩方法进行压缩，压缩后的记录用约定的流加密或块加密方式进行加密，再由传输层发送出去。

传输层安全机制的主要优点是它提供基于进程对进程的(而不是主机对主机的)安

全服务和加密传输信道。利用公钥体系进行身份认证,安全强度高,并支持用户选择的加密算法。传输层安全机制的主要缺点就是对应用层不透明,应用程序必须修改以使用SSL应用接口,同时SSL同样存在公钥体系所有的不方便性。为了保持Internet上的通用性,目前一般的SSL协议实现只要求服务器方向客户端出示证书以证明自己的身份而不要求用户方同样出示证书,在建立起SSL信道后再加密传输用户和口令实现客户端的身份认证。

2. 应用层安全性

传输层安全协议允许为主机进程之间的数据通道增加安全属性,但它们都无法根据所传送内容的不同安全要求作出区别对待。如果确实想要区分一个个具体文件的不同的安全性要求,就必须在应用层采用安全机制。提供应用层的安全服务,实际上是最灵活的处理单个文件安全性的手段。例如,一个电子邮件系统可能需要对要发出的信件的个别段落实施数据签名,较低层的协议提供的安全功能一般不会知道任何要发出的信件的段落结构,从而不可能知道该对哪一部分进行签名,只有应用层才是唯一能够提供这种安全服务的层次。

一般说来,在应用层提供安全服务有下面几种可能的方法。

(1) 专用强化邮件(PEM)和PGP

专用强化邮件和PGP对每个应用(及应用协议)分别进行修改和扩展,加入新的安全功能。例如在RFC 1421至1424中,IETF规定了专用强化邮件(PEM)来为基于SMTP的电子邮件系统提供安全服务。PEM依赖于一个既存的、完全可操作的PKI(公钥基础)。PEM PKI是按层次组织的,由下述三个层次构成:顶层为Internet安全政策登记机构(IPRA);中层为安全政策证书颁发机构(PCA);底层为证书颁发机构(CA)。

建立一个符合PEM规范的PKI涉及很多非技术因素,因为它需要各方在一个共同点上达成信任。由于需要满足多方的要求,因而整个PKI的建立过程进展缓慢,至今尚没有一个实际可操作的PKI出现。为此,MIT开发了PGP(Pretty Good Privacy)软件包,它能符合PEM的绝大多数规范,但不必要求PKI的存在。PGP采用了分布式的信任模型,即由每个用户自己决定该信任哪些用户。因此,PGP不是去推广一个全局的PKI,而是让用户自己建立自己的信任网。

(2) S-HTTP

S-HTTP是Web上使用的超文本传输协议(HTTP)的安全增强版本,由企业集成技术公司设计。S-HTTP提供了文件级的安全机制,因此每个文件都可以被设成保密/签字状态。用作加密及签名的算法可以由参与通信的收发双方协商。S-HTTP提供了对多种单向散列函数的支持,如MD2、MD5及SHA;对多种私钥体制的支持,如DES、3DES、RC2以及RC4等;对数字签名体制的支持,如RSA和DSS。由于目前还没有Web安全性的公认标准,暂由WWW Consortium、IETF或其他有关的标准化组织来制定。

S-HTTP和SSL是从不同角度提供Web的安全性的。S-HTTP对单个文件作“保密/签字”之区分,而SSL则把参与通信的相应过程之间的数据通道按保密(Private)和已认证(Authenticated)进行监管。

（3）安全电子交易（SET）协议

除了电子邮件系统外，应用层安全性的另一个重要的应用是电子商务，尤其是信用卡交易。为使 Internet 上的信用卡交易更安全，Master Card 公司与 IBM、Netscape、GTE 和 Cybercash 等公司一起制定了安全电子付费协议（SEPP），Visa 国际公司与微软等公司制定了安全交易技术（STT）协议。同时，MasterCard、Visa 国际和微软已经同意联手推出 Internet 上的安全信用卡交易服务，并发布了相应的安全电子交易（SET）协议，其中规定了信用卡持卡人用其信用卡通过 Internet 进行付费的方法。这套机制的后台有一个证书颁发的基础设施，提供对 X.509 证书的支持。SET 标准在 1997 年 5 月发布了第一版，它提供数据保密、数据完整性、持卡人和商户的身份认证及与其他安全系统的互操作性等功能。

（4）中间件

因为直接修改应用程序或其协议可能会使应用协议和系统不兼容，给用户带来不便，所以可通过中间件层次实现所有安全服务的功能，将底层安全服务进行抽象和屏蔽，即通过定义统一的安全服务接口向应用层提供身份认证、访问控制、数据加密等安全服务。中间件层次是指传输层与应用层之间的独立层次，与传输层无关。虽然 SSL 也可以看成是一个独立的安全层次，但它与 TCP/IP 紧密捆绑在一起，因此不把它看作中间件层次。

认证系统设计领域内最主要的进展之一就是制定了标准化的安全 API，即通用安全服务 API（GSS-API）。GSS-API 可以支持各种不同的加密算法、认证协议以及其他安全服务，对于用户完全透明。目前各种安全服务都提供了 GSS-API 的接口。基于 WWW 代理服务的中间件方案能够对应用提供更高层的界面，甚至不需修改现有应用就能够享受中间件提供的安全服务。如 OMG（Object Management Group）提出的面向对象的 CORBA（Common Object Request Broker Architecture）技术是支持 C/S 方式分布计算的支撑环境。

目前，网络应用的模式正在从传统的客户机/服务器转向 BWD（Browse/Web/Database，浏览器/Web/数据库）方式，以浏览器为通用客户端软件。由于 BWD 模式采用浏览器作为通用的客户端，因而原先的客户端软件工作很大部分变成了网页界面设计。各种数据库系统也提供了 Web 接口，可以在 CGI/Java/ASP 等网页创作工具中采用标准化的方式直接访问数据库。因此，对整个系统，无论是开发还是维护，其工作量都大为减轻，特别是能够提供对内部网络应用和 Internet 统一的访问界面，使用十分方便。

尽管各种安全服务技术取得了不少进展，但若将 Internet 推向以满足承载流媒体业务为主的全业务网，解决安全性问题、可管理性问题，仍然任重而道远。

8.9 其他安全技术

8.9.1 防火墙技术

防火墙是网络之间一种特殊的访问控制措施，是一种屏障，用于隔离 Internet 的某一部分，限制这部分网络和Internet其他部分之间数据的自由流动。通常被隔离出的小部分网络称为内部网或内网(Intranet)，其余的Internet部分的网络称为外部网或外网。防火墙(Firewall)是建立在内外网络边界上的IP过滤封锁机制，如8-23所示。内部网络被认为是安全的，而外部网络被认为是不安全的和不可信任的。

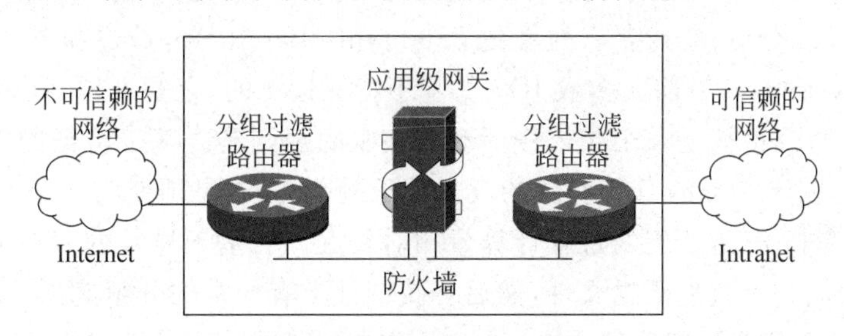

图 8-23 防火墙的一般原理

防火墙的作用就是防止未经授权的通信量进出受保护的内部网络，通过边界控制强化内部网络的安全。

防火墙技术可分为三大类型：IP级防火墙、应用级防火墙和链路级防火墙。IP级防火墙多基于报文过滤(Packet Filter)技术实现，应用级防火墙又称为代理(Proxy)防火墙，是通过分别连接内外部网络的代理主机实现防火墙的功能，而链路级防火墙的工作原理和组成结构和应用级防火墙类似，但它并不针对专门的应用协议，而是一种通用的TCP(或UDP)的连接中继服务，并在此基础上实现防火墙的功能。

目前的防火墙系统大多混合使用上述三种类型，可由软件或硬件来实现。防火墙系统通常由过滤路由器和代理服务器组成。IP过滤模块可对来往的IP数据报头的源地址、目的地址、协议号、TCP/UDP端口号和分片数等基本信息进行过滤，允许或禁止某些IP地址的数据报访问。防火墙为解决某些企业设定内/外网络边界安全的问题起了一定的作用，但它并不能解决所有网络安全问题，更不能认为网络安全措施就是建立防火墙。防火墙只能是网络安全政策和策略中的一个组成部分，只能解决网络安全的部分问题。

配置代理服务器(Proxy Server)用来限制内部用户进入Internet，其本质是应用层网关，它为特定的网络应用通信充当中继，整个过程对用户完全透明。代理服务器的优点是它拥有用户级的身份认证、日志记录和账号管理。日本NEC提出的SOCK5(RFC 1928)作为通用应用的代理服务器，由一个运行在防火墙系统上的代理服务器软件包和一个链接到各种网络应用程序的库函数包组成，支持基于TCP、UDP的应用。现在的主流浏览器都支持SOCK5。代理服务器的缺点是：若要提供全面的安全保证，就需对每一项服务都建立对应的应用层网关，这就大大限制了新业务的应用。

8.9.2 入侵检测系统

防火墙通过检查IP、TCP、UDP和ICMP数据报的首部字段来决定哪些分组可以通过，而为了检测更多的攻击类型，往往还需要使用另一种网络安全技术来查看首部以外的部分，查看并分析分组中携带的应用数据，甚至分析分组之间的关系，即实行深度分组检测(Deep Packet Inspection，DPI)。入侵检测系统(Intrusion Detection System，IDS)正是一种 IDS 安全技术，它的工作过程包括信息采集、信息分析和报警三个步骤。当 IDS 观察到一个可疑分组或分组序列时，它能够阻止这些分组进入网络，滤除可疑流量。如果 IDS 没有理由不让该分组通过，又觉得其活动可疑，可以向网络管理员发出警告信息，让网络管理员密切关注该流量，并采取适当的行动。

IDS 大致可以分为基于特征的系统（Signature-Based System）和基于异常的系统（Abnormaly System）。目前大多数 IDS 是基于特征检测的，它要维护一个范围广泛的攻击特征数据库，每个特征是一个与入侵活动相关联的规则集。基于特征的 IDS 需要解决一些问题：一是基于特征的 IDS 对新的攻击缺乏判断力；二是即使与一个特征匹配，也可能并不是一个攻击；三是匹配的过程计算量相对较大。当基于异常的 IDS 观察正常运行的流量时，会生成一个流量概括文件，然后寻找统计上有异常的分组流。

IDS 能够检测到范围广泛的攻击，包括网络映射（例如使用 Nmap 进行的分析）、端口扫描、TCP 协议栈扫描、DDoS 泛洪攻击、蠕虫和操作系统脆弱性攻击等。对来自网络内部的攻击，IDS 可用来识别未经授权使用计算机系统资源的行为，识别有权使用计算机系统资源，但滥用特权的行为等。目前，在网络中部署的入侵检测系统有一些专用的设备，如 Cisco、Check Point 和其他安全设备厂商在市场上销售的产品，也有一些免费的产品，如 Snort IDS 等。

本章小结

（1）ISO 在 ISO/IEC 74984 文件中将开放系统的系统管理功能分成五个基本功能域，包括故障管理、计费管理、配置管理、性能管理、安全管理。

（2）在 ISO 的开放系统互连（OSI）参考模型的基础上，根据网络管理框架下的五个管理功能区域，形成了三个网络管理协议：公共管理信息协议（Common Management Information Protocol，CMIP）、简化网络管理协议（Simple Network Management Protocol，SNMP）以及基于 TCP/IP 的公共管理（CMOT）协议。国际电信联盟的电信标准化部门（ITU-T）也制订了管理功能标准 X.700 及电信管理网（TMN）M.3000 系列建议书。

（3）网络安全的主要目标是通过采用各种技术以及管理措施，使网络系统在可靠性、可用性、完整性、保密性、不可抵赖性等方面得到充分的保证。

（4）加密机制分为对称密钥系统和非对称密钥系统。常用的安全技术有认证、签名、访问控制、数字摘要、防火墙、入侵检测等。网络层的安全协议有 IPSec；传输层安全协议有 SSL；应用层的安全协议根据不同的应用，有 PGP、S-HTTP 和 SET 等。

练习题

8.1 画出管理信息通信的体系结构。

8.2 在简单网络管理协议中，SNMP 原始版本与 SNMPv2 有什么不同？

8.3 SNMP 采用的管理方式是什么?
8.4 在 SNMP 中,MIB 是什么? 其结构如何?
8.5 在网络管理系统中,什么叫代理? 代理与外部代理有何异同?
8.6 一个集中式的网络管理系统在逻辑上有哪些功能模块?
8.7 CMISE 主要提供哪些服务?
8.8 下面哪些故障属于物理故障? 哪些属于逻辑故障?
(1) 设备或线路损坏;
(2) 网络设备配置错误;
(3) 系统的负载过高引起的故障;
(4) 线路受到严重电磁干扰;
(5) 网络插头误接;
(6) 重要进程或端口关闭引起的故障。
8.9 在某网络中,在网管工作站上对一些关键服务器,如 DNS 服务器、E-mail 服务器等实施监控,以防止磁盘占满或系统死机造成网络服务的中断。分析下列操作哪个是不正确的,并加以解释。
(1) 为服务器设置严重故障报警的 Trap,以及时通知网管工作站。
(2) 在每服务台上运行 SNMP 的守护进程,以响应网管工作站的查询请求。
(3) 在网络配置管理工具中设置相应监控参数的 MIB。
(4) 收集这些服务器上的用户信息存放于网管工作站上。
8.10 指出下列不属于基于策略的网络管理的选项,并加以解释。
(1) 使用 VLAN 虚拟网自动管理功能动态适应网络中用户的变化。
(2) 依赖 LDAP、DEN 等目录服务建立基于用户的访问控制策略。
(3) 利用四层交换技术的负载均衡功能自动根据策略的优先级定义进行关键任务的优先传输。
(4) 采用三层交换技术对路由实现线速转发,减少路由器的"瓶颈"阻碍。
8.11 举例说明现在网络安全有哪些主要的威胁因素。
8.12 在 ISO/OSI 定义的安全体系结构中规定了哪五种服务?
8.13 衡量网络安全的指标有哪些?
8.14 对称密钥密码系统的特点是什么?
8.15 在 RSA 算法中,发送方传送数据所用的加密密钥是什么?
8.16 在数字签名中,首先实施电子签名的密钥是什么?
8.17 IPSec 协议中的 AH、ESP 和 IKE 的作用分别是什么?
8.18 什么是 VPN? 有几种模式?

第9章 chapter 9

网络技术发展动态

计算机通信与网络的应用是网络技术发展的源动力，随着用户的急剧增加，不同类型的新业务先后推出，对网络技术提出更高的要求。本章主要介绍下一代因特网技术发展动态，首先是基于IPv6的下一代因特网的关键技术，其次介绍基于软交换/IMS的下一代网络的基本概念、体系结构以及协议，最后讨论可信网络和普适服务。

- 无线网络(802.12和802.16)。
- 智能手机使用的3G网络。
- RFID和传感器网络。
- 使用CDN的内容分发。
- 对等网络。
- (存储的、流式的以及实况的)实时媒体。
- 因特网电话(IP语音)。
- 延迟容忍网络。

9.1 基于IPv6的下一代因特网

因特网已经成为国家信息基础设施的重要组成部分，没有因特网的发展和高速推进，不可能达到现在的社会信息化的普及程度。因特网之所以能以如此巨大的能量推动社会信息化进程，其特点是：首先，采用了IP技术作为统一的技术标准，架构了网络互连通信平台；其次，Web技术及基于Web业务的产生，建立了开拓新兴业务的技术平台；因特网采用了“先发展，后治理”的模式，在简单、宽松的环境中得以发展。但是，因特网的体系结构存在着固有的缺陷，在服务质量、安全可信方面都面临重大的挑战，已成为高速化应用发展的一个主要“瓶颈”问题，基于IPv6的下一台因特网(Next Generation Internet，NGI)已成为国内外研究的热点。

9.1.1 IP网的QoS技术

IP的基本设计原理来自“端到端”的思想：把“智能”尽可能地放到网络的边缘节点(源和目的网络中的主机)中，留下“傻”的核心网络。网络中间节点(路由器)除了把IP

数据报的目的地址与路由表对照后，确定其下一跳并转发外，几乎不需要做其他任何工作。如果下一跳的队列较长，则IP数据报的转发可能会被延迟；如果下一跳的队列缓冲区满或不可用，则允许路由器超时丢弃IP数据报。这种“尽力而为”的服务理念，无法预知服务质量(QoS)。因此要使基于IP技术的网络作为需要服务质量保证的电信业务的承载网(即IP电信网)，就必须采取技术措施，使IP网能够提供一定的服务质量保证。IP QoS是指当IP数据报流经一个或多个网络时，其所表现的性能属性，诸如业务有效性、延迟、抖动、吞吐量、包丢失率等。

1. 综合业务模型

综合业务(Integrated Service，Int-Serv)模型能够在因特网中提供有别于“尽力而为”服务的一种服务模型，沿着传统电路交换网保证服务质量的思路：端到端地建立连接并预留资源。Int-Serv是以流为单位保证服务质量，每个流都从网络请求特定级别的服务。Int-Serv定义了两种新的业务模型：保证型(Guaranteed)业务和控制型载荷(Controlled-Load)。保证型业务严格界定端到端数据报延迟，并具有不丢包的保证；虽不能控制固定延迟，但能保证排队延迟的大小，网络使用加权公平排队，用于需要严格QoS保证的应用；控制型载荷利用统计复用的方法控制载荷，用于比前者具有更大灵活性的应用，可假设网络包传输的差错率近似于下层传输媒质的基本包差错率；包平均传输延迟约等于网络绝对延迟(光传输延迟＋路由器转发延迟)。Int-Serv模型的重要组成部分之一是资源预留协议(Resource Reservation Protocol，RSVP)作为请求带宽和其他网络资源的信令协议。RSVP的工作过程如图9-1所示。发送端在发送数据流之前，先发送一个RSVP PATH消息给接收端。PATH消息包含了发送端的信息以及数据流的特点。当数据通路上的某台路由器收到这个PATH消息时，它就把该数据流的状态信息保留下来。当接收端收到该PATH消息时，它产生一个RESV消息表示QoS请求并把它返回给发送端。RESV消息将在与PATH消息相同的路径上返回，沿途路由器根据请求保留资源(但如何预留资源与RSVP无关)。因为每台路由器在数据流转发的过程中都保存了状态信息，因此需要在通信中周期性地交换PATH和RESV消息。

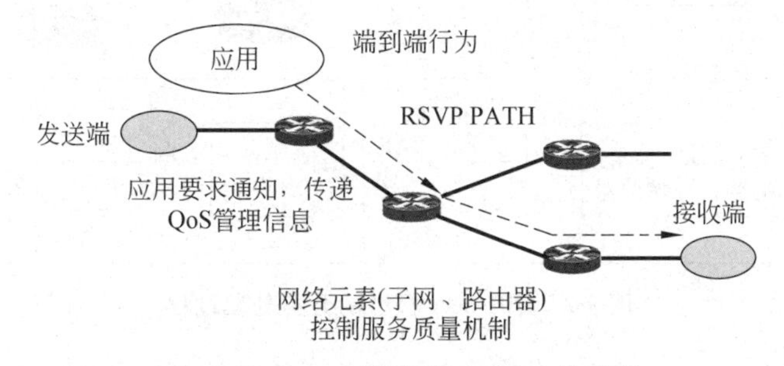

图9-1 Int-Serv模型RSVP的工作过程

Int-Serv模型要求在端到端的通信中为每个数据流都执行上面的信令过程，并且网络中每台路由器必须为所有经过它的数据流保留状态信息(比如会话建立信息以及带宽分配信息)，因此Int-Serv模型不具有支持大型网络的可扩展性，一般用于网络边缘或需要“绝对”QoS保证的业务。

2. 分类业务模型

分类业务(Differentiated Services,Diff-Serv)模型是IETF针对Inter-Serv不具有可扩展性,无法支持大范围的组网而提出的另外一种QoS体系,如图9-2所示。Diff-Serv旨在为因特网上的流量提供有区别的业务级别。与Inter-Serv相比,Diff-Serv定义的是一个粒度粗而相对简单的控制系统。图9-2中分类调节单元中的EF为加速转发,相对应于EF的PHB可被用来建立一个低丢包率、低延迟、低抖动、保证带宽的端到端(在DS域中)的业务;AF可保证处理转发;BF则是IP网原有的“尽力而为”策略。边缘路由器的功能是通过标识该字段,对数据流进行分类、标记和策略管理。转发路由器则通过标识该字段的服务类别(ToS),将其置入不同的队列,并由输出队列的分类调度器按流量管理机制控制每个队列给予不同的每一跳行为(PHB),服务类型的标识可利用IPv4报头中的ToS字段,或利用IPv6的业务类型(Traffic Class)字段。Diff-Serv在Diff-Serv域的边缘对进入的流进行分类,并为每一类型指定一个类型标志——DSCP(Diff-Serv编码点,6位)。域内的核心路由器只查看DSCP值,并根据每一类的特定逐跳行为(PHB)调度包的转发。网关路由器则完成不同域的约定策略,并进行包标识翻译,聚合同类业务后传送。

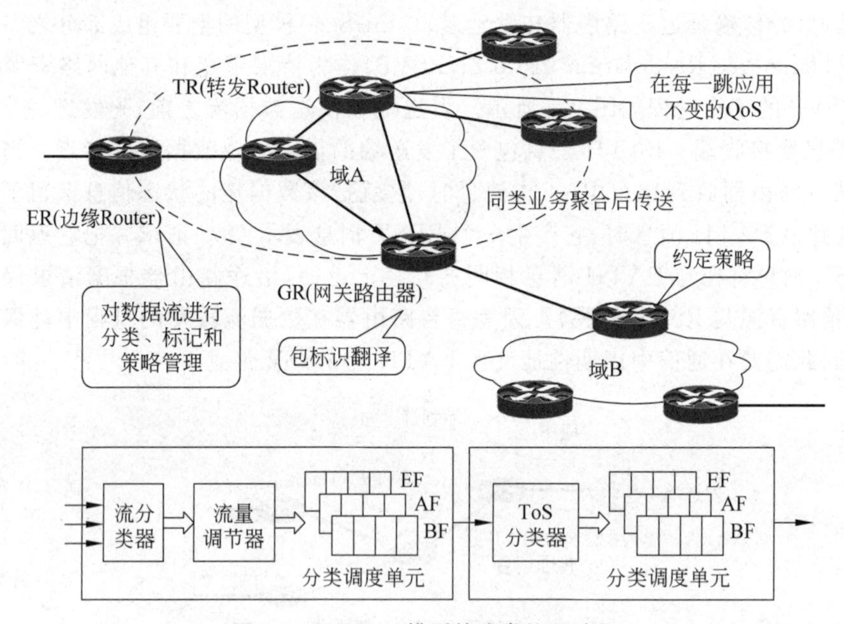

图9-2　Diff-Serv模型的分类处理过程

另外,Diff-Serv是对流聚合后的每一类QoS进行控制,而不是像Int-Serv那样针对每个流。因此,DiffServ具有良好的可扩展性,能够在大型网络上提供QoS服务。

Diff-Serv的设计思想是希望通过使用一种与目前IP协议相结合的方式来实现对网络QoS的保证,因此其实现比Int-Serv模型要简单,网络额外负担也较小,但聚合后的粒度较粗,因此更适合于主干网。

3. 多协议标签交换

多协议标签交换(Multiple Protocol Label Switch,MPLS)技术为每一个 IP 数据报加上一个固定长度的标签,并根据标签值进行转发,因此 MPLS 从原理上能够实现高速转发。根据标签确定的转发路径称为标签交换路径(Label Switch Path,LSP)。MPLS 在提供 QoS 方面的作用如下:

(1) 支持 Diff-Serv

MPLS 用一个垫层头封装了 IP 数据报,核心路由器看不到 Diff-Serv 的 DSCP,因此 Diff-Serv 与 MPLS 并不兼容。为此,IETF 提出了一种 MPLS 支持 Diff-Serv 的方法。MPLS 支持的 Diff-Serv 能够把 Diff-Serv 的多个行为聚集(BA)映射到 MPLS 的一条 LSP 上,可以依据 BA 的 PHB 来转发 LSP 上的流量。目前定义的 LSP 与 BA 的映射有两种方式:E-LSP 和 L-LSP。E-LSP 用 EXP 字段把多个 BA 指派到一条 LSP 上,L-LSP 把一条 LSP 指派给一个 BA(表示为多个包丢弃优先级)。

(2) 流量工程

现在 IP 网的动态路由协议(如 RIP、OSPF 和 IS-IS)都会导致流量分布的不均匀,因为它们总是选择最短路径转发 IP 数据报。其后果是在两个节点之间顺着最短路径上的路由器和链路可能发生了拥塞,而沿较长路径的路由器和链路反倒空闲。MPLS 流量工程(Traffic Engineering,TE)可以安排流量如何通过网络,以避免不均衡地使用网络而导致的拥塞。为使 MPLS 流量工程自动化,QoS 约束路由在流量工程中具有重要的作用。

(3) 保护与恢复

IP 路由机制的故障恢复时间通常需要数秒甚至数十秒,会影响到某些业务。在 MPLS 网络中,可以在入口和出口之间事先建立工作 LSP 和备用 LSP(也可同时预留资源),这样就能够在主 LSP 出现故障时实现最低程度的中断。这种保护可以是 1+1 的,也可以是 1:1 的;可以在入口和出口处交换(路径保护),也可以在与故障邻接的节点本地交换(链路保护)。为每条链路预先建立恢复路径的保护交换策略通常被称为 MPLS 快速重路由。

4. LAN 的 QoS 技术

IP 和 MPLS 都工作在比 LAN 更高的层次上,如果承载它们的网络是 LAN,那么 LAN 技术也必须支持 QoS。除了 ATM 能够支持 QoS 之外,还有一种在以太网中支持 QoS 的技术。

LAN 的 IEEE 802.10 和 802.1D 标准扩展了以太网的帧格式,增加了 4 个字节,包括在以太网上传输数据时的 VLAN(Virtual LAN)标签和显示的"user_priority"字段。802.1D"user_priority"字段(已在 802.1p 中定义)使用 802.1Q VLAN 标签的 3 位定义了 8 种以太网上的流量类型。对于以太网交换机上的某端口上的一定数量的队列,802.1D 定义了使用哪种流量类型,以及如何把它们指派给这些队列的方式。

子网带宽管理(SBM)协议是一种工作在 IEEE 802 类型的 LAN 上、基于 RSVP 的许可控制信令协议。SBM 提供了一种把因特网级的"setup"协议(比如 RSVP)映射到

IEEE 802类型网络上的方法，提出了一种RSVP使能的主机/路由器与链路层设备（如交换机）的互操作机制，以支持为RSVP使能的数据流能够预留LAN资源。

9.1.2 基于IPv6的NGI

1. 下一代因特网的发展背景

面对因特网的发展何去何从，1996年10月美国政府宣布启动了下一代因特网（NGI）研究计划。作为NGI计划的一个补充部分，美国100多所高校随后联合发起了Internet2研究计划。在Internet2所提出的NGN体系结构中，中间件（Middleware）是在网络和应用之间构架的桥梁，它可为各种应用系统提供一组公共服务，例如，向上层提供识别、验证、授权、目录和安全等服务。

美国国防部先进研究计划局（DARPA）项目资助了南加州大学、麻省理工学院和加州大学伯克利分校研究新一代因特网体系结构，提出了面向变化的设计、可控制的透明性等，因特网进入了更新期，以IPv6为基础的NGI引起了人们的关注。

2. 基于IPv6的NGI

基于IPv6的NGI有待重点解决的关键技术如下：

(1) 网络可扩展技术

大容量路由器、高速链路、大型网络负载分担技术、大规模路由技术是当前保证网络可扩展性的主要技术。

- 大容量路由器技术：最可行的方法是采用一体化路由器结构方案，又称为路由器矩阵技术或多机箱（Multi-Chassis）组合技术。采用多机箱组合技术后，最大交换容量理论上可以达到92Tb/s，支持1152个40Gb/s端口，大大减少了业务呈现点（POP）内设备间互联端口。每个节点只有一个路由控制进程，从外部看仿佛像一个路由器一样，路由体系和MPLS实施变得比较简单，运行管理得以简化，运营成本可以降低。从长远发展看，电的交换矩阵在速度上总是要受限于器件和微带处理工艺以及功耗和串扰的，其规模则会受限于芯片内部逻辑和引脚数的限制，接口速率的提高也要受数据报首部处理的复杂性所限，日益增长的巨大路由表对线速处理和交换也成为很大的负担，路由器的长远扩展性问题的深入研究工作仍需继续进行。
- 高速链路技术：通过多条等价链路增加网络容量是大型IP网络设计的基本方法。目前基于链路状态算法的内部网关协议（IGP）能够支持多达16条等价路径的负载分担，可基本满足网络可扩展性的要求。网络负载分担技术在内部边界网关协议（iBGP）引入路由反射器（RR）后，对路由信息进行了选择性转发，屏蔽了多条等价路径信息，使得边界网关协议（BGP）不能利用IGP实现等价路径的负载分担和最短路径的选择，造成流量分布的不均衡，严重影响了网络的可扩展性。多协议标记交换（MPLS）、MPLS虚拟专用网（VPN）和组播负载分担技术也存在一些不足之处，需要进一步完善才能满足大容量、可扩展性的要求。

- 路由器控制技术　路由器控制引擎普遍采用64位高性能多CPU，同时SPP路由算法中引入了部分路由计算(PRC)和增量最短路径优先(I-SPF)等优化算法后，使得SPF计算效率大大提高，减少了计算次数。按照目前的技术，在传输链路可用性达到99.9%的情况下，2000台路由器和8000条中继链路的网络可以稳定运行，SPF计算时间小于100ms。8000条链路的典型网络结构，单向网络容量最大可达320Tb/s，按照平均流量穿越5条中继链路计算，具备同时传递3200万对2Mb/s带宽的可视电话业务。

(2) 网络可用性技术

影响网络可用性的关键技术有路由快速收敛技术、快速重路由技术(FRR)、软硬件在线升级技术、协议平稳重起技术和设备自身的可靠性技术等，另外还依赖于底层传送网络的可用性。影响快速路由收敛和快速重路由切换时间的关键因素是故障检测和判断技术，由因特网工程任务组(IETF)提出的双向失效检测(BFD)协议是关键。BFD协议通过定期发送基于数据报协议(UDP)层的故障检测数据包，不但可以检测和判断传输链路、光接口和设备端口的中断故障，还可以检测和判断传输层、链路层、IP层和应用层存在的误码、丢包等软故障，弥补了目前基于SDH故障检测只能实现传输层故障检测的不足。目前BFD缺省检测间隔是10ms，连续3次检测到故障，就判断链路故障，也就是30ms就可以检测和判断故障。BFD技术已经是新一代路由器端口故障检测的必备功能，不依赖于任何其他协议或者应用，采用硬件实现，不影响设备性能。采用BFD后，结合其他技术，大型网络路由收敛时间有望小于500ms，FRR时间小于50ms。IETF还提出了一系列平稳协议重起协议，包括针对中间系统-中间系统(IS-IS)、开放式最短路径优先(OSPF)协议、BGP、标记分配协议(LDP)、资源预留协议(RSVP)等的平稳重起。平稳重起就是在路由器控制平面故障、软件升级、主备切换等情况下，依然保证数据转发平面能正常工作，不影响业务的正常提供。它是在网络稳定，也就是拓扑没有变化的情况下，尽量保证业务提供。如果在协议重起期间，网络拓扑发生变化，由于控制引擎不能及时进行计算，就可能造成网络路由不同步，产生路由黑洞。

(3) 网络管理控制技术

要实现业务的管理和控制，需要依靠应用层和网络层的协同配合。网络层管理和控制的难点是配置管理和资源管理、业务开通和准入控制，技术瓶颈是管理协议和管理对象的标准化模型。目前网络管理协议主要是简单网络管理协议(SNMP)和网络配置协议(NETCONF)。SNMP采用UDP传送，实现简单，技术成熟，但是在安全可靠性、管理操作效率、交互操作和复杂操作实现上还不能满足管理需求。NETCONF协议采用可扩展标识语言(XML)作为配置数据和协议消息内容的数据编码方式，采用基于传输控制协议(TCP)的SSHv2进行传送，用简单的远程过程调用(RPC)方式实现操作和控制。NETCONF是将来网络管理，尤其是设备配置和业务开通管理的主要发展方向，SNMP在数据采集和故障报警等方面的使用将会长期存在。网络层的业务控制主要在业务接入控制点实现，一般指业务路由器 (SR)和宽带接入服务器(BRAS)。目前有远程拨号用户认证(RADIUS)和公用开放策略服务(COPS)两种协议体系实现业务管理系统和业务接入控制点之间的通信，实现业务的管理和控制。RADIUS基于UDP协议，通过属性值来实现控制功能,已经在AAA认证中广泛使用,但是RADIUS协议在可靠性、安全性、交互性、可扩展性和在线过程控制上不能满足业务控制的需求。COPS基于TCP协议,优化了管理信息库(MIB)的设计,加强了操作的交互能力,能够在线调整业务。

(4) 网络安全技术

网络安全的关键是实现应用层、网络层和物理层的溯源和攻击者的物理定位。溯源是事后威慑方式的安全防范技术,目前的PSTN网就具备可溯源性而很少出现类似的分布式拒绝服务攻击(DDOS)。应用层溯源可通过自身的身份识别和认证来实现,也可以在应用层协议中增加网络层信息,将其转化为网络层的溯源问题,比如在SMTP和POP中增加发送者源地址信息或者电子邮件服务器记录发送者的源地址信息,将应用层的追溯转移到网络层,由后者实现。网络层溯源可以根据源IP地址实现,物理层溯源是在用户和业务接入控制点之间采用可堆叠虚拟局域网(SVLAN)技术实现一个用户一个VLAN,建立物理层点对点连接,完成用户接入物理位置的定位。近期可以暂时采用DHCP Option82、PPPoE+、ATMPVC和VBASE等技术协助实现用户物理层的唯一性标识。由于目前IPv4地址数量的限制,普通用户上网采用PPP拨号或者DHCP实现动态地址分配,企业上网采用NAT技术,这些都给网络层溯源带来了极大的困难。建立完整的地址资源管理信息库,结合RADIUS记账信息中IP地址和物理端口信息的对应信息,实现网络层的溯源,并最终实现物理层溯源,是目前现实可行的方案。在业务接入控制点设备上,采用严格的单播的反向路径查找(uRPF)技术,基本可以防止源地址欺骗。

当采用IPv6技术后,所有个人和企业终端都可以分配到永久性的公共IP地址,因而很容易识别发送设备的类型,实现端到端的安全,再结合采用网络层、链路层等多层次RPF技术,有望从根本上解决网络层的溯源。

(5) IPv6技术

采用IPv6从根本上解决了IPv4存在的地址限制,可更加有效地支持移动IP,给业务实现和网络运营管理带来的好处是革命性的。IPv6使地址空间从IPv4的32位扩展到128位,完全消除了互联网地址壁垒造成的网络壁垒和通信壁垒,解决了网络层端到端的寻址和呼叫,有利于运营商网络向企业网络和家庭网络的延伸;IPv6避免了动态地址分配和NAT的使用,解决了网络层溯源问题,给网络安全提供了根本的解决措施,同时扫清了NAT对业务实现的障碍;IPv6协议已经内置移动IPv6协议,可以使移动终端在不改变自身IP地址的前提下实现在不同接入媒质之间的自由移动,为3G、WLAN、WiMAX等的无缝使用创造了条件;IPv6协议通过一系列自动发现和自动配置功能,简化了网络节点的管理和维护,可以实现即插即用,有利于支持移动节点和大量小型家电和通信设备的应用;采用IPv6后可以开发很多新的热点应用,特别是P2P业务,例如在线聊天、在线游戏等。

IPv6的技术标准已经基本成型,但实际网络推进速度很慢。主要原因是IPv4通过采用NAT等措施尚能应付5年左右的地址需求。IP地址方式与上层协议和网络的运作方式关系紧密，实现 IPv4 向 IPv6 升级，几乎涉及网上所有设备和应用，耗时费力，存在较大的风险。

（6）QoS 业务控制技术

可运营的 QoS 应该具备业务质量保证和业务质量控制两个方面的能力。QoS 业务相关的关键技术包括：质量保证、质量控制、QoS 管理、QoS 业务标识和防盗。

质量保证主要采用适度轻载、区分服务和流量工程相结合实现。网络质量控制是网络控制的重要组成部分，是在轻载网络上如何实现网络层差分业务的关键。NGI 应该具备针对不同包类型、应用类型和业务类型，实现可人为配置的丢包比例和丢包方式、包乱序控制和包延时控制。这样才能真正实现可控的差分服务，同时打击非法应用和非法运营。QoS 业务管理是部署 QoS 业务的难点。近期可行的 QoS 管理方案是采用 OPNET 进行离线的 QoS 参数计算和网络仿真、参数在线配置、实际运行参数的采集和统计分析，然后根据统计分析的结果周期性调整网络 QoS 参数。QoS 业务盗用可使用户自行修改 QoS 等级标记享受高等级的服务质量，甚至利用高等级流量实施安全攻击，所以 QoS 业务防盗成为采用 QoS 后面临的问题。根据物理端口完成业务分类和等级标识是最安全和可信的，如最高等级的业务必须基于物理端口完成 QoS 业务标记，在业务接入控制点设备上进行业务等级的审查和重标识。在 DSL 论坛 TR-059 架构中，规定了用户设备（CPE）负责业务上行 QoS 分类、标记和控制功能，而宽带接入远程服务（BRAS）负责业务下行 QoS 功能和 CPE 业务上行 QoS 的确认检查。

9.2 基于软交换/IMS 的下一代网络

软交换（Soft-Switching）的概念最早起源于美国企业网的应用。在企业网环境中，用户采用以太网进行电话通信，即 IP 电话，通过一套 PC 服务器的呼叫控制软件，实现用户交换机的功能（IP PBX），综合成本远低于传统的 PBX。

在软交换进入商用规模之时，第三代伙伴组织计划（Third Generation Partnership Projects，3GPP）为移动网定义了 IP 多媒体子系统（IP Multimedia Subsystem，IMS）。IMS 是一种基于会话初始协议（Session Initiation Protocol，SIP）的网络体系结构，有利于各种业务的融合。

9.2.1 软交换技术

1. 软交换体系结构

软交换是一种功能实体，为 NGN 提供具有实时性要求的呼叫控制和连接控制的功能。与传统的程控交换不同，软交换中的“呼叫控制”功能是各种业务的基本控制功能，与业务类型无关。

软交换系统是按 NGN 的业务化、分组化、分层化来具体实现的。软交换的网络体系结构见图 9-3。

软交换体系结构按功能分为 4 个层次：接入层、传送层、呼叫控制层和业务应用层，

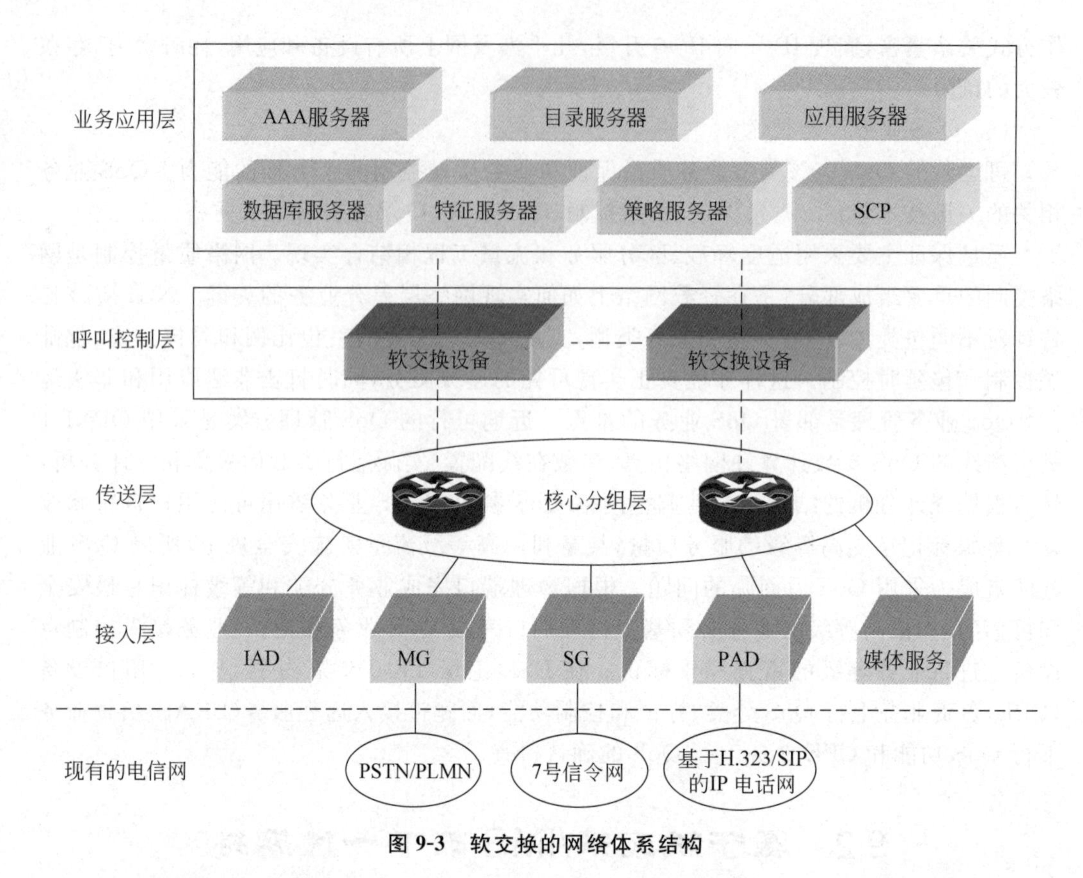

图 9-3 软交换的网络体系结构

各功能层间采用标准化协议进行连接与通信，可见软交换体系是以软件为基础的多种通信网逻辑功能实体的集合。

(1) 接入层

接入层可将现有的电信网支持的多种业务和媒体流汇入软交换体系，递交传送层。

- 媒体网关(Media Gateway，MG)：用来连接公用电话交换网(Public Switch Telephone Network，PSTN)和公用陆地移动网(Public Land Mobile Network，PLMN)，可将一种媒体格式转换成另一种媒体格式，只受控于一个软交换的 MG 控制器。
- 分组接入设备(Packet Access Device，PAD)：用来连接基于 H.323/SIP 协议的 IP 电话终端。
- 综合接入设备(Integrated Access Device，IAD)：用来连接 LAN、ADSL 等。
- 信令网关(Signaling Gateway，SG)：提供 7 号信令与分组网 SIP 之间的转换。
- 媒体服务：提供一些公用的特殊服务，如交互式语音应答(Interactive Voice Response，IVR)、传真等。

(2) 传送层

传送层对不同的业务和媒体流提供公共的通信平台，采用基于分组的传送方式，如新一代因特网——宽带 IP 网；或已有的 ATM 主干网。

(3) 呼叫控制层

呼叫控制层主要实现呼叫控制、路由、认证等功能,例如:

- 互连互通:可通过相应的网关提供因特网与 PSTN、移动网、智能网(Intelligent Network,IN)的互通。
- 媒体接入:将各种网关、各种终端接入软交换系统。
- 提供业务:除了提供基本的话音业务外,还应提供现有的智能业务;此外应提供开放的、标准的 API,以实现新业务。
- 呼叫控制:实现连接的建立、维持和释放等控制,如呼叫处理、连接控制、资源控制等。
- 认证和计费:对接入的用户进行验证、授权、计费,常称为 AAA(Authentication、Authorization、Accounting)。

(4) 业务应用层

业务应用层在呼叫控制的基础上,为用户提供各种应用业务,包括话音业务、增值业务、多媒体业务,以及今后可能随时出现的各种新业务。

2. 软交换功能结构

软交换的基本含义就是将呼叫控制功能从媒体网关传送层中分离出来,通过软件来实现基本呼叫控制功能。软交换功能结构示意图见图 9-4。其中,软交换设备应包括下列几个功能模块。

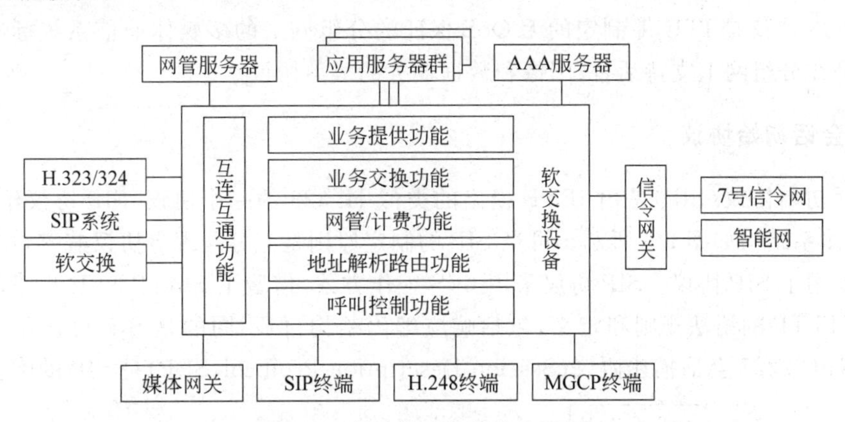

图 9-4 软交换功能结构示意图

(1) 呼叫控制功能。

(2) 地址解析路由功能。

(3) 网管计费功能。

(4) 业务交换功能。

(5) 业务提供功能。

(6) 互通功能。

9.2.2 软交换相关协议

软交换技术作为NGN的关键技术,采用软件方式来实现传统交换设备的控制、接续和业务处理的功能,各实体之间通过标准的协议进行连接与通信。ITU-T和IETF已制定并完善了一系列协议,主要有H.323、MGCP/H.248、SIGTRAN、SIP、Parlay API等,如图9-5所示。

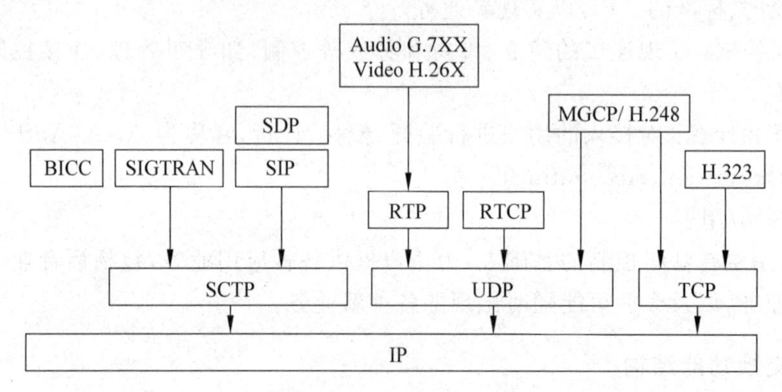

图9-5 软交换主要协议

1. H.323协议

H.323协议是ITU-T制定的无QoS保证的分组网上的多媒体通信系统标准,已被公认为是在分组网上支持话音、图像和数据业务的成熟协议。

2. 会话初始协议

会话初始协议(SIP)是由IETF提出的类似H.323的一个协议,SIP协议给出的多媒体IP体系结构如图9-6所示。可见SIP的制定原则是充分与现有协议兼容,在呼叫控制信令改用了SIP协议。SIP协议采用C/S工作方式,借鉴了SMTP和HTTP,并沿用了部分HTTP的语法规则和定义,包括响应编码结构,但不同的是SIP可选用TCP或UDP。RFC 2327会话描述协议(Session Description Protocol,SDP)是SIP的配套协议,

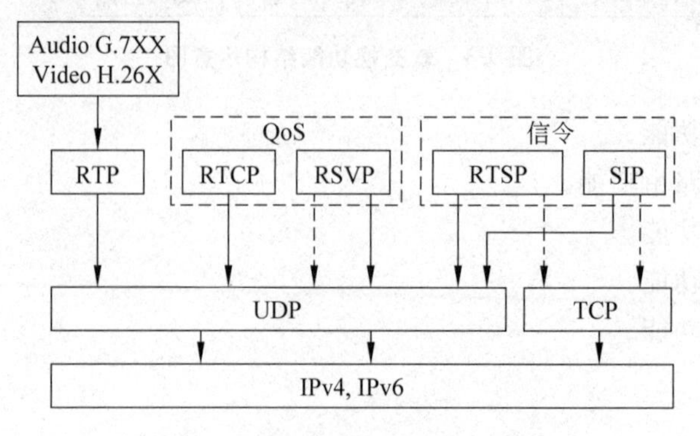

图9-6 SIP的多媒体通信协议

在电话会议中为适应参加者的动态加入和退出的需要而特定的，指明了媒体编码、协议端口号和组播地址。

(1) SIP 协议的组成

SIP 协议采用 C/S 工作方式，系统结构如图 9-7 所示。一个 SIP 系统包含两类实体组件：用户代理(User Agent，UA)、网络服务器。

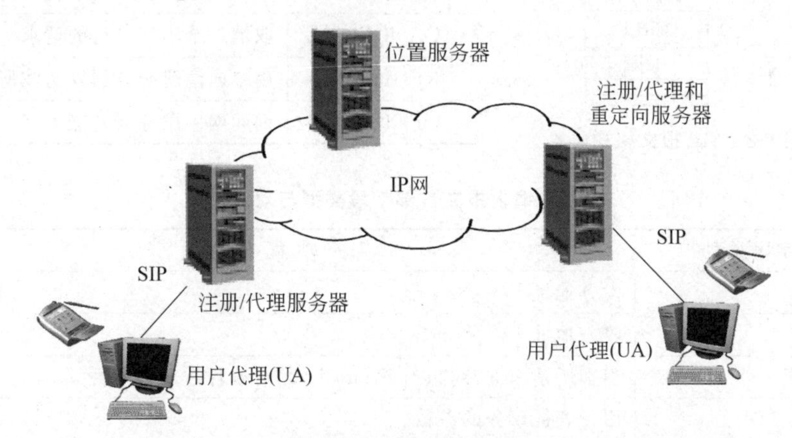

图 9-7 SIP 系统结构

用户代理(UA)又分为用户代理客户端(UAC)和用户代理服务端(UAS)。UAC 负责发起呼叫请求，UAS 则负责响应呼叫请求。一般，UA 都含有 UAC 和 UAS。

网络服务器主要为 UA 提供注册、认证、鉴权、路由等服务。按服务性质可分为：

- 注册服务器(Register Server)：完成用户地址的注册请求，记录 SIP 地址和 IP 地址。
- 代理服务器(Proxy Server)：提供路由功能，将 SIP 用户请求和响应转发到相应的下一跳，类似于 HTTP 的 Proxy 和 SMTP 的消息传送代理(MTA)。
- 重定向服务器(Redirect Server)：实现地址解析服务，通过响应向用户报告下一跳的服务器地址，然后用户则可向下一跳服务器重新发起请求，其功能类似于 DNS。
- 定位服务器(Location Server)：用于协助 SIP 代理服务器和重定向服务器获取被叫方的可能位置消息。

(2) SIP 报文格式

SIP 采用因特网文本报文格式(RFC 822)，其报文分为两种：请求报文和响应报文。每个报文由报文首部和报文体组成，如图 9-8 所示。报文首部包含开始行、一个或多个首部描述字段，以回车-换行(CRLF)表示首部结束。

在请求报文的格式中，开始行定义为请求行，请求行以元素"方法"标记为开始，后随请求的 URL 和 SIP 版本，最后以回车键结束。请求报文方法类型与功能描述见表 9-1。

请求报文首部字段的类型与功能描述如表 9-2 所示。SIP 的首部字段与 HTTP 的语法规则和定义比较类似。

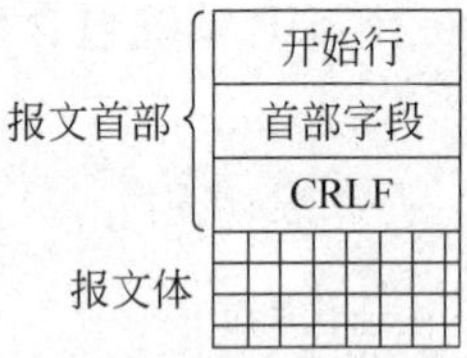

报文首部 { 开始行 / 首部字段 / CRLF }

报文体

图 9-8　SIP 报文格式

表 9-1　请求报文方法类型与功能描述

方法类型	功能描述
INVITE	邀请用户或服务参加一个会话
ACK	C→S 确认(对 INVITE 请求的响应)
BYE	UAC 向 S 发送,结束会话,释放连接
CANCEL	取消一个正在进行的请求
REGISTER	用户向注册服务器发送注册报文
OPTION	询问网中服务器的能力

表 9-2　请求报文首部字段类型与功能描述

首部字段类型	功能描述
From	发方地址
To	收方地址
Call-ID	识别所请求的参数,与 From/To 结合确保呼叫唯一性
Cseq	用于表征事务的参数
Contact	告诉对方发下一个请求时,可直接向所指定的地址发送
Via	请求消息经过代理服务器,代理服务器将其地址加入表征路径,以便响应按原路径返回
Content-Type	表征报文体内容类型
Record-Route	确保后续的请求通过代理服务器

SIP 呼叫建立的过程：首先由 SIP UA 发送实体产生请求报文,通过 IP 网传送到接收实体(网络服务器),服务器处理请求后,则回送一个或多个响应报文,相应的请求和响应构成一个事务。

例 9-1：利用 SIP 协议实现一个德国用户 cx@cs. du-berlin. de 呼叫美国哥伦比亚大学另一个用户 hanshen@cs. columbia. edu 的处理过程,如图 9-9 所示。处理过程的描述见表 9-3。

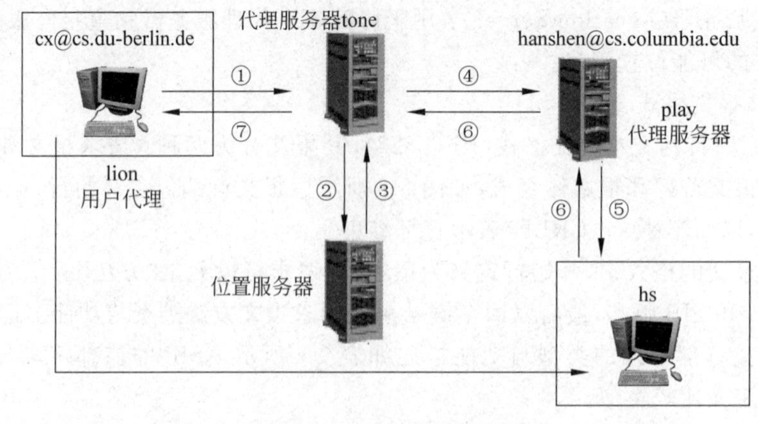

图 9-9　SIP 呼叫处理过程

表 9-3 SIP 处理过程描述

顺序	处理过程描述	顺序	处理过程描述
①	lion 发：INVITE 请求 tone INVITEsip:hanshen@cs. columbia. edu SIP/2. 0 From:<sip:cx@cs. du-berlin. de>,tag=17 To:hanshen@cs. columbia. edu Call-ID:20081224@lion. cs	②	向位置服务器寻找 hanshen 的位置
④	tone 重写 INVITE 请求的 URL 为 play INVITEsip:hs@play SIP/2. 0 From:<sip:cx@cs. du-berlin. de>,tag=17 To:hanshen@cs. columbia. edu Call-ID:20081224@lion. cs	③	给出位置地址 hs@play
⑤	Play 接收 INVITE 请求，被叫在其管辖内 INVITEsip:hanshen@cs. columbia. edu SIP/2. 0 From:<sip:cx@cs. du-berlin. de>,tag=17 To:hanshen@cs. columbia. edu Call-ID:20081224@lion. cs	⑥	被叫用户 hs 接受呼叫，向 play 响应，并转发到 tone SIP/2. 0 200 OK From:<sip:cx@cs. du-berlin. de>,tag=17 To:<hanshen@cs. columbia. edu>,tag=42 Call-ID:20081224@lion. cs
⑦	tune 将响应转发给 lion SIP/2. 0 200 OK From:<sip:cx@cs. du-berlin. de>,tag=17 To:<hanshen@cs. columbia. edu>,tag=42 Call-ID:20081224@lion. cs Contact:<sip:hs@play. cs. columbia. edu>	⑧	lion 经 tone，play 向被叫用户代理发 ACK ACK sip: hs@play. cs. columbia. edu From:<sip:cx@cs. du-berlin. de>,tag=17 To:<hanshen@cs. columbia. edu>,tag=42 Call-ID:20081224@lion. cs

3. 媒体网关控制协议

媒体网关控制协议(Media Gateway Control Protocol，MGCP，也可写成 Megaco)/H. 248 是分别由 IETF 和 ITU-T 推出的新标准，给出了 PSTN 与 IP 网之间无缝实现多种业务和应用的多媒体规范。

MGCP/H. 248 规定了 MGC 与媒体网关(MG)之间的接口，使 MGC 能够对 MG 进行有效控制，同时，MG 也能向 MGC 发送必要的通知，实现话音、传真和多媒体信号在 PSTN 和 IP 网之间进行转换和传输。

H. 248 协议报文可以用二进制，也可用文本方式编码，在 IP 网上传送时，可选用 TCP 或 UDP。当使用文本方式编码时，协议报文的默认端口号为 2944，而使用二进制编码时，则默认端口号为 2945。

4. SIGTRAN 协议

SIGTRAN 是 IETF 的一个工作组，负责制定信令网关 SG 和媒体网关控制器 MGC 之间的交互信令，即 SIGTRAN 协议。

SIGTRAN 协议是在 IP 网上传送 PSTN 信令的一套传输控制协议,包括 SCTP、SCCP、M2UA、M3UA、M2PA,提供和7号公共信道信令系统(No7CCSS)的报文传送部分(MTP,Message Transfer Part)同样的功能。

(1) SCTP

SCTP 是由 IETF 提出的面向连接的流控制传输协议,位于传输层,采用了类似 TCP 的流量控制和拥塞控制算法,通过确认和重发机制来保证数据的可靠传送。SCTP 改进了 TCP 无法满足电信网中信令传输质量要求的不足,采用面向 TCP 的较为完善的拥塞控制和自动检测路径技术,具有传输时延小、可靠性高和安全性强的特点。

(2) 协议适配层

协议适配层用来适配不同的电信网的信令协议,主要有:

- M2UA/M2PA　用于 MTP 第2层(MTP2)的用户适配;
- M3UA　用于 MTP 第3层(MTP3)的用户适配;
- IUA　用于综合业务的用户适配;
- SUA　用于信令的用户适配。

而 SCCP 则是信令连接控制协议,支持事务处理应用(TCAP)。

5. BICC 协议

ITU-T 制定了与承载无关的呼叫控制(Bearer Independent Call Control,BICC)协议,目的是在扩展的承载网络上实现 PSTN、ISDN 等业务,弥补 IP 网不具备运营级服务质量的不足。

BICC 协议解决了呼叫控制和承载控制的分离,使呼叫控制信令可在各种网络(7号信号网、IP 网、ATM 网)上承载,BICC 协议是传统电信网向综合业务网络演进的一项措施。BICC 面向传统电话业务的应用,依据严谨的体系结构,可在软交换中对现有电路交换的 PSTN 中的业务提供透明性;在固定网的软交换应用中,可支持不同软交换之间的呼叫接续。BICC 体系结构可使现有网络的功能保持不变,如号码分析、路由处理等,因而在网络管理方式上与现有的电路交换网相似。

9.2.3 IMS

什么是 IMS? IMS 是 IP Multimedia Subsystem 的缩写,译为 IP 多媒体子系统,本质上说是一种网络架构。IMS 技术植根于移动领域,最初是 3GPP 为移动网定义的,而在 NGN 的框架下,3GPP、ETSI、ITU-T 多个国际组织都在进行 IMS 实现移动、固定业务融合的研究,目的是使 IMS 成为基于 SIP 会话的通用平台,同时支持移动和固定业务的多种接入方式,实现移动网和固定网的融合。目前涵盖 IMS 增强特性的 3GPP R6 已经基本定案,这标志着 IMS 技术已经走向成熟。

1. IMS—未来网络融合的解决方案

顺应网络 IP 化的趋势,IMS 系统采用 SIP 协议进行端到端的呼叫控制。IP 技术在因特网上的应用已经非常成熟,是 Internet 的主导技术,它能方便又灵活地提供各种信息服务,并能根据客户的需要快捷地创建新的服务。IP 技术的一个最突出特性就是“尽力而为”,在数据传输的安全性和计费控制方面,却显得力不从心,而且只考虑固定接入方式。传统的基于电路交换的移动网络虽然具有接入的灵活性,可以随时随地进行语音的交换,但由于无法支持 IP 技术,所以只能形成一种垂直的业务展开方式,不同业务应用的互操作性较低,而且需要较多的业务网关接入移动通信网。由于不同的业务分别进行业务接入、网络搭建、业务控制和业务应用开发,甚至包括业务计费等主要的网络单元也必须建立独立的运营系统,所以直到现在电信业务的主流仍然是话音业务,新业务的部署在目前的状态下很容易招致更大的风险和成本增加。在这种情况下,不论是移动网还是固定网均在向基于 IP 的网络演进,这已经成为必然趋势。

然而,要将 IP 技术引入到电信级领域,必须要考虑到运营商实际网络服务的需求,要求 IMS 网络从网元功能、接口协议、QoS 和安全、计费等方面全面支持固定的接入方式。从目前的技术看,SIP 具有简单性、兼容性、模块化设计和第三方控制性,从而成为基于因特网通信市场的主流协议。基于 SIP 的 IMS 框架通过最大限度重用因特网技术和协议,继承蜂窝移动通信系统特有的网络技术和充分借鉴软交换网络技术,使其能够提供电信级的 QoS 保证,对业务进行有效而灵活的计费,并具有了融合各类网络综合业务的强大能力。这样,利用 IMS 系统,电信运营商可以低成本地进入其向往已久的移动领域,而移动运营商则可以在保证其原有的语音和短信业务质量不受影响的前提下,轻松引入全新的丰富的多媒体业务,即所谓的全业务运营。

接入的无关性是指 IMS 借鉴软交换网络技术,采用基于网关的互通方案,包括信令网关(SG)、媒体网关(MG)、媒体网关控制器 (MGC)等网元,而且在 MGC 及 MG 采用了 IETF 和 ITU-T 共同制定的 MGCP/H.248 协议。这样的设计使得 IMS 系统的终端可以是移动终端,也可以是固定电话终端、多媒体终端、PC 等,接入方式也不限于蜂窝射频接口,可以是无线的 WLAN,或者是有线的 LAN、ADSL 等技术。另外,由于 IMS 在业务层采用软交换网络的开放式业务提供构架,可以完全支持基于应用服务器的第三方业务提供,这意味着运营商可以在不改变现有的网络结构、不投入任何设备成本的条件下,轻松地开发新的业务,进行应用的升级。

总之,IMS 为未来的全 IP 网络和与固网的无缝融合提供了可能,是下一代网络和应用的核心。

2. IMS 分层网络架构

在 NGN 的框架中,终端和接入网络是各种各样的,而其核心网络只有一个 IMS,它的核心特点是采用 SIP 协议和与接入的无关性。软交换网络与 IMS 将不仅是互动的关系,而是互通融合的关系,在这个关系里,当前的软交换将通过软件升级的方式提供新兴业务。IMS 分层网络架构可分为接入互联层、会话控制层和业务应用层,如图 9-10 所示。

(1) 接入互联层

接入互联层由用于主干和接入网络的路由器及交换机组成,包括各类 SIP 终端、有线接入、无线接入、互联互通网关等设备,实现的主要功能包括 SIP 会话的发起与终止,

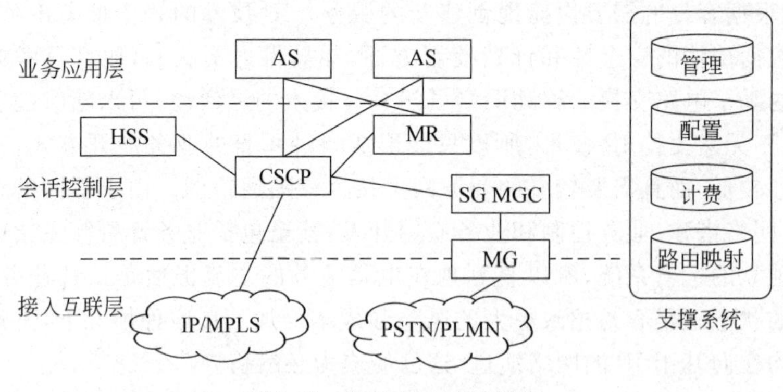

图 9-10 IMS 分层网络架构

以及 IP 分组各种承载类型之间的转换；根据业务部署和会话控制层的控制实现各种 QoS 策略；完成与传统 PSTN/PLMN 间的互联互通等功能。

(2) 会话控制层

该层由网络控制服务器组成，其中 CSCF(呼叫会话控制功能)也就是常说的 SIP 服务器，负责管理呼叫或会话设置、修改和释放。该层还包括多种支持功能，如配置、计费以及运营维护功能。边界网关负责与其他运营商网络和/或其他类型的网络之间的互通，主要完成基本会话的控制，实现用户注册、SIP 会话路由控制，与应用服务器(AS)交互执行应用业务中的会话、维护管理用户数据、管理业务 QoS 策略等功能，并与应用层一起为所有用户提供一致的业务环境。

(3) 业务应用层

该层由应用和内容服务器组成，主要向用户提供业务逻辑，包括实现传统的基本电话业务，如呼叫前转、呼叫等待、会议等业务。如 IMS 标准中规定的通用业务使能模块(如呈现业务管理和组群列表管理)，可以像执行 SIP 应用服务器中的业务一样进行部署。

3. IMS 的应用潜力和商用之旅

以往，人们大都认为 IMS 是一种有意思但有限的技术，只局限于为 3G 移动通信网提供新的多媒体业务。现在，人们已经改变了这种看法，它已经在不同的程度上被认同为下一代网络(NGN)的核心，是用较小的成本传输新的 IP 业务的主要机制、固定网和移动网络完全融合的基础以及电信运营商用来对抗 Skype 和其他通过 IP 在公众 Internet 上出现的挑战者的最后武器。

在业务创新的驱动下，IMS 可带动应用开发、内容提供、网络平台、系统软件、终端设备、芯片设计及设备制造等为核心的信息产业价值链。所有主要的设备厂商、主流 IT 提供商和相对小些的专业公司已经开始致力于开发 IMS 构架。

(1) 交互类业务：如交互式的端到端游戏、娱乐等。

大多手机用户都有用手机玩电子游戏的经验，但是这种游戏只是手机终端下载的一个应用程序，人们无法与其他的用户进行游戏互动，在游戏的种类、视觉效果和互动性方面都无法和真正的网络游戏相比，IMS可以为用户提供从单个游戏进入多用户在线参与的在线联机方式娱乐，同时用户还可以启用多种媒体来沟通交流。这样，网络游戏爱好者们不用电脑和游戏机也可以玩在线网络游戏，而且，不受时间地点限制，随时随地都可以尽兴。

未来，除了网络游戏，数字影像、移动电视、音乐和互动广播服务都将是移动网络的主流业务，手机将真正转变成为个人移动娱乐中心。

（2）多媒体通信类业务：如视频共享业务、信息共享、基于IMS的"一键通"等。

多媒体通信指的是除了传统的语音信息之外，人们可以利用电脑之外的各种终端进行图片、视频和文件等数据的共享和传输等，从而进行内容更加丰富、具体的有效的信息交换。

视频共享是一种可以让用户在手机通话的同时在手机上观看实况录像或视频片段的多媒体服务。视频图像可以在正在通话的两个电话间发送，通话双方都能看到同一视频图像并就此讨论，并可以在不中断通话的同时结束视频共享。

一键通业务是采用IMS的一个早期的移动网络应用，是一种基于蜂窝技术的语音服务，使用户能够在很短的呼叫时间内轻松地与一组联系人通话。目前这种应用已经发展到比较成熟的阶段，就如同把MSN或者QQ中的群组功能移植到手机当中，原来对着电脑敲文字变成了对着手机说话，在用户手机上可以显示群组中每个用户的状态，在群组中通话完全免费，群组的建立可以跨越地域的限制，不同城市之间的手机用户都能在同一群组中通话。它适合于各种应用情形，特别是需要频繁中间联系的中小型企业，同时也是语音聊天用户的理想选择。

（3）信息类业务：如语音信息、即时信息(IM)、图片聊天等。

IMS也为电信的传统业务短信带来了很大的创新空间，语音、图片、视频都可以作为短信载体发送，同时可以灵活地选用实时业务或非实时业务来沟通这些信息。例如手机收到语音信息之后屏幕会显示联系人的名字，并且会自动通过内置喇叭播放语音信息。

（4）网络融合业务：包括在移动电话和PC及固定电话之间的通信业务。

IMS不仅可将单一类型的网络融合为全IP，它还是融合不同网络如固定网、移动网和企业网的基础。另外，它还可为不同的无线网技术如GSM、CDMA和WLAN，建立通用的核心。例如，英国电信推出了期待已久的"蓝色电话"(Bluephone)，它是一种能通过固定网拨打廉价通话服务的新型移动电话。当用户在室外处于移动状态时，"蓝色电话"就是普通的移动电话；而当用户在家中或是办公室时，就可以通过室内接入点将通话无缝地转到固定宽带网络上。这项业务由包括阿尔卡特、爱立信、朗迅和摩托罗拉等设备厂商的联盟协助完成，摩托罗拉生产的翻盖拍照手机V560是BTFusion系统的第一部支持手机。爱立信也与日本软银集团(Softbank Group)旗下的BB Mobile公司携手，在3G移动网络和无线局域网(WLAN)之间成功演示了基于电路交换的语音和基于IP多媒体子系统(IMS)的视频服务的无缝切换。而韩国KT集团公司利用下属的移动运营商KTF，已推出了One-Phone服务。这项服务使用户可以在固定网和移动网中，对语音业务和数据业务任意切换。用户在家时，其移动电话可以路由到固定电话上，而外出时仍还原为普通移动电话。由于利用蓝牙技术实现了手机与座机的空中连接,因而用户在家时,手机的数据吞吐量比在移动公网中的速度快10倍。美国Verizon公司也推出了同类的产品。

分析公司Analysys声称,大多数的移动运营商在未来五年内会安装使用IMS的新的网络结构,运营商们会发现IMS在弹性、低成本地提供丰富种类的移动服务上具有优势。然而,Analysys又提醒说,IMS的实行是一项长期的过程,因为IMS还是一种未经证明的技术,许多应用还处于相对薄弱或者未能实现的状态,而且在一些情况中,现有的解决方案可能更好一些。因而结论是,即使IMS可以用来融合固定网和移动网,网络的真正融合还有待时日。

9.3 可信网络和普适服务

现有的因特网体系实质上是具有幂律结构的无标度网络,这种网络体系在安全、可靠、可控、可管等方面存在严重不足,而现有信息网络的原始设计思想基本上是一种网络支撑主要服务的解耦模式。例如,电话网是以话音通信为设计目标的,所需的数据速率在64kb/s以下,不能适应高速数据和视频业务的传输;因特网原始设计对象是数据业务,同样不适合语音和图像类实时业务的传输。因此,有必要寻求构建一种可为用户提供多样化、个性化,不受时间、地点限制的普适服务的可信网络。

9.3.1 可信网络

可信网络(Trustworthy Network)的创意源自于中国,旨在以高可信网络满足"高可信"质量水准的应用服务需求,国务院公布的《国家中长期科学与技术发展规划纲要(2006—2020年)》明确指出:"以发展高可信网络为重点,开发网络信息安全技术保障体系,防范各种信息安全突发事件"。

1. 可信网络的基本含义

一个可信网络应当对其网络和用户的行为及其结果是可预期与可管理的,能够做到行为状态可监测,行为结果可评估,异常行为可管理。

网络的可信性应包含一组三个属性,从用户的角度,需要保障服务的安全性和可生存性;从设计的角度,需要提供网络的可管理性。可信网络在网络可信的目标下融合三个基本属性,不同于传统意义上的分散、孤立的概念内涵,紧扣网络组件信任的维护和行为管理而形成一个有机整体。

网络可信技术是在原有网络安全技术的基础上,增加行为可信的安全构想,强化对网络状态的动态处理,为实施智能自适应的网络安全和服务质量控制提供技术保障。因此,网络可信主要包括下列需要研究的内容:

(1) 网络信息传输的可信

网络信息传输的可信是指网络各节点在传输信息过程中的保密性、完整性和可用性。在制定策略方面,既从技术上确保收、发双方所传送信息的可信性,又从法律、管理上保障网络信息不被网络本身或第三方破坏的可信性。

(2) 服务提供者的可信

服务提供者的可信应包含服务提供者的身份可信和行为可信。服务提供者的身份可信是指身份真实有效,即其身份可被准确鉴定,不被他人冒仿;服务提供者的行为可信是指其行为真实可靠,不会给终端用户带来安全威胁。

例 9-2:判断服务提供者的可信示例。

- 服务提供者所提供的数字资源,其内容有无伴随可能影响用户安全的恶意程序,如蠕虫和木马等。
- 有否将用户的私有信息(如电子邮件地址、电话号码)有意无意透露给第三方。
- 有无为了商业利益提供不安全的超链接等。

(3) 终端用户的可信

终端用户的可信是网络整体可信的一个重要方面。它包括终端用户的身份可信和行为可信。终端用户的身份可信是指终端用户的身份真实有效,可被鉴定,不被他人冒用;而终端用户的行为可信是指终端用户的行为可预期、可评估、可管理,不会破坏网络设施与数据。

2. 可信网络有待研究的关键问题

可信网络有待研究的四个关键问题如下:

(1) 网络和用户行为的可信模型

由于当前出现的网络攻击、破坏行为具有随机性、隐蔽性、多样性和传播性的特征,因此现有的网络模型理论已难以加以描述与分析。传统的网络安全是一种外在表现的处理,而可信则是经行为过程分析得到的一种可度量属性,网络和用户行为的可信模型是研究可信网络的关键问题之一。

图 9-11 给出了网络可信模型的一种分析模式,描述了可信性分析的元素。网络行为的信任评估包括身份信任和行为信任,而行为信任是建立内容信任的基础之上,内容信任内涵服务能力、信任推荐、防护能力、行为记录等。

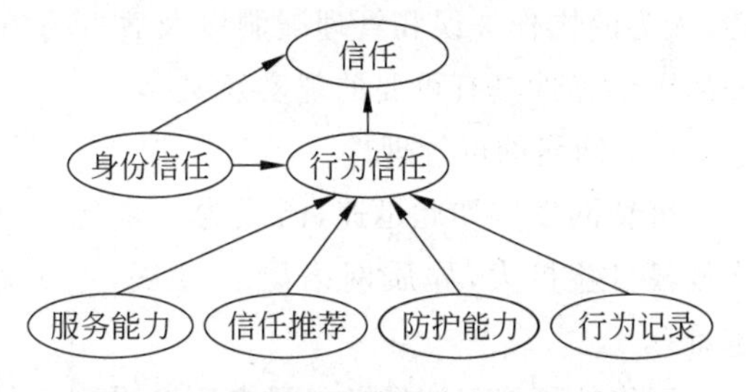

图 9-11 网络可信模型的一种分析模式

建立可信模型要考虑抽象而全面地描述系统的可信需求,又便于从数学模型的分析方法中找到安全上存在的漏洞。例如美国国防部的可信计算机系统的评价标准(TCSEC),首先,从B级计算机开始对安全模型进行形式化描述和验证;其次对可信模型进行形式化描述、验证和利用,以求提高网络系统安全的可信度;最后,建立可信评估理论,诸如网络的脆弱性评估、用户攻击行为描述等。

(2) 可信网络的体系结构

因特网在设计时对安全问题考虑不全,这是产生当前IP网脆弱性的一个主要因素。

目前大多网络采用单一防御、单一的信息安全和补丁附加机制，依据“堵漏洞、作高墙、防外攻”策略，在攻击方式复合交织的情况下，安全系统呈现臃肿状态，严重降低了网络性能，甚至破坏了系统设计开放性、简单化的原则。

可信网络的体系结构如图9-12所示。可信监控信息（分发和监测）和业务传输通过同一物理链路，控制信息路径与数据路径彼此独立，确保监控信息路径的管理不再依赖于数据平面对路径的配置管理，以便建立高可靠的控制路径。

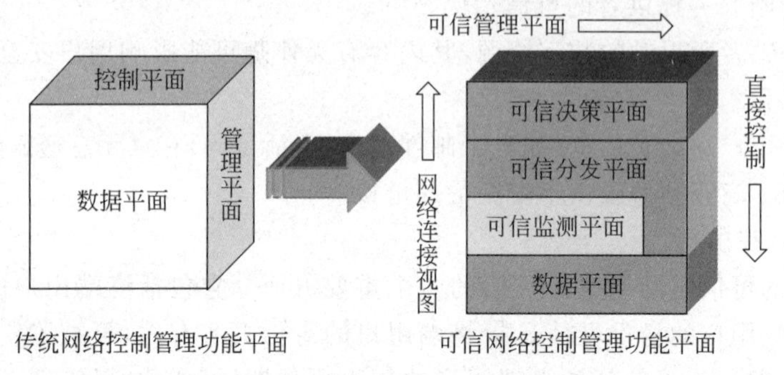

图9-12　可信网络体系结构示意图

(3) 网络服务的可生存性

所谓可生存性是指为某个服务关联的冗余资源设计合理的调度策略，借助实时监测机制，调控这些资源对服务请求适时做出响应。在网络系统受到攻击与破坏时，应通过可生存性设计，尽可能减少重要服务的失效时间和频度。

可生存性设计的基本目标应能为系统提供自测试、自诊断、自修复和自组织能力，维持重要服务的关键属性，如完整性、机密性、性能等。在当前网络系统存在固有的脆弱性、人为的操作失误和管理漏洞以及客观存在的攻击与破坏的情况下，保障网络重要服务的可生存性具有重要的现实意义。

(4) 网络的可管理性

因特网发展如此迅速，已成为一个庞大复杂的非线性系统。用户数量不断增长，网络规模日益扩大，异质网络融合发展，业务种类繁多等诸多因素，使网络的管理越来越难。

网络的可管理性是指在网络环境受到内外干扰的情况下，不仅能对网络状态，而且还对用户行为进行持续监测、分析和决策，进而对网络设备、网络协议和机制的控制参数进行自适应优化配置，使网络的数据传输、资源分配和用户服务可达到预期的效果。

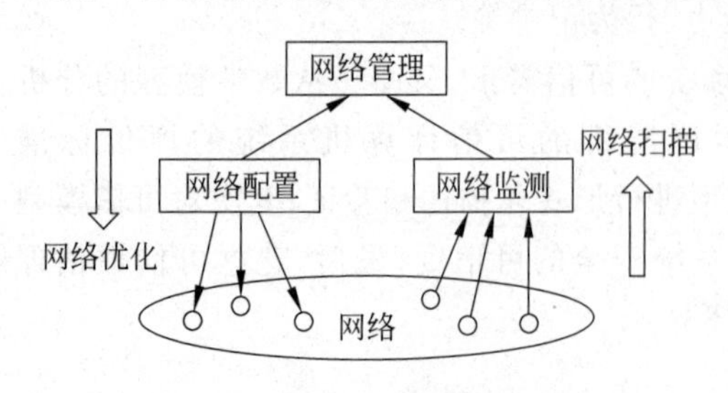

图9-13　网络的可管理性示意图

网络的可管理性主要体现在对网络状态进行持续监测并优化配置网络设备运行参数，包括网络扫描和优化决策，如图9-13所示；此外，还要解决一系列问题，如安全性、鲁棒性、普适性、QoS保障等，进一步提供自适应能力。

9.3.2 普适服务

1. 普适服务的基本概念

普适服务(Pervasive Service)的概念有两个来源:①计算机与因特网领域的普适计算研究;②电信领域的超3G(B3G)研究。

普适计算是将计算机彻底融入周围的环境中,使人们的关注点从计算机回归到需要关注的计算任务上。

普适计算的研究领域包括无线和传感网络(Wireless and Sensor Network)、智能空间(Smart Space)、可穿戴计算(Wearable Computing)、上下文感知(Context-Awareness)、移动计算(Mobile Computing)、游牧计算(Nomadic Computing)等。IEEE创办的普适服务国际会议(ICPS)对普适服务的定义是:普适服务和计算是新出现的计算范例,其基础架构和服务可以在任何时间、任何地点,通过任何格式无缝接入或获取。由此可见,ICPS将普适服务理解为普适计算在服务层的延伸,强调无缝接入,关注微观层面。

B3G研究领域主要针对未来的异构网络环境(如2G、3G、Internet、PSTN、WLAN等),研究其高速宽带接入、自动切换、无缝接入、频谱和资源管理、自适应、上下文感知、普适服务和系统等。欧盟研究框架计划(FP)的信息社会技术(IST)方向致力于研究B3G的项目的第4工作组(WP4)对普适服务的定义是普适服务是一个新生的、快速发展的研究领域,致力于简化用户与海量的电子业务和技术之间的交互……WP4的研究范围包括通用的上下文管理基础结构、通用的个性化基础结构,使用多重虚拟标识的隐私保护机制以及通用的业务管理机制,例如发现与组合。可见B3G侧重研究一个跨越复杂异构网络的通用业务环境。

综上所述,普适服务的基本特征归纳如下:

(1) 普适性(Pervasiveness):用户在任何时间、任何地点,可通过任何接入方式获取服务。

(2) 移动性(Mobility):用户在移动时应保持其服务体验连续。

(3) 个人化(Customization):用户能定制个人化服务,通过数据挖掘发现个人的爱好与特征。

(4) 自适应性(Adaptiveness):服务能按用户的上下文进行自适应的修改。

(5) 主动性(Push):服务提供商(SP)能主动向用户推荐和推送其所需的服务。

(6) 透明性(Transparency):网络的复杂性对用户和SP透明。

(7) 质量保证(QoS-Guarantee):服务质量可控,且有保证。

(8) 安全性(Security):能提供可靠、安全的服务,用户的隐私可得到保护。

(9) 多样性(Variety):服务类型众多,功能强大。

(10) 易用性(Easiness):使用方便,人机交互简捷。

(11) 快捷性(Time-to-Market):服务的开发周期短,难度低。

2. 普适服务研究动态

欧盟IST在FP7(2007—2013)阶段在信息与通信技术(ICT)研究计划列出了普适和可信的网络和业务基础架构(Pervasive and Trusted Network and Service Infrastructure)。其主要特点如下：

(1) 对普适服务环境的需求由连接“人”发展到连接“物”

迄今，通信服务的对象主要是人。服务的目的、服务的空间、服务的效果都是有限的。而“无所不在”意在把通信服务的对象从人扩展到任何一件东西。其意义远不止用户可以随时随地上网和通信，而是用户可以随时随地感知网络的存在与网络带来的便利。

例如，当有来客走向大门时，大门能自动识别并打开门廊的灯；打开电视机时，灯光自动减弱；当电话铃响起或拿起话机准备打电话时，电视机自动静音；走向电梯时，电梯就自动为你调用。分布式温度传感器网络可以控制一个取暖系统，节省了开支；交通管理系统可以在不同街道根据不同交通流量动态调节红绿灯。凡此种种，不胜枚举。

在无所不在网络中，计算设备和通信设备将遍布所有地方，甚至在散步时，身上也有一个“人体域网”(BAN)。通信方式不仅是人与人之间，而且还包括人-机之间和机-机之间(M2M)的通信。能够上网的设备或器具将比现在广泛得多，包括从电视机到MP3播放机，再到电子报刊、智能大楼、电冰箱等家电，甚至首饰大小的佩戴式应用设备，无处不在。它们就如同互联网上的计算机一样。M2M通信可以应用于各个领域、各个角落。例如，生物信息传递、异地备份、Web缓存、多播馈送、新闻馈送、信息批处理、数据库同步、网格计算、多媒体电子信箱、地-空数据库映射、数据库挖掘以及大量的监视和控制都是机对机应用的用武之地。

在具有先进的多媒体和无所不在的服务的环境中，信息与通信技术在家庭自动化、销售发行、信息与物品配送、道路与交通、教育与文化、食品管理与导购、医疗与药物、货币和有价证券防伪、环境保护、老年人与残疾人保护、消防与灾难预防、娱乐与生活等方面都将惠及每一个人。家庭医疗和远程诊断将成为常事，在家里和人口稀少的地区可以通过高清晰度图像传输技术进行专家检查，开处方。没有常驻医生的远程手术室和虚拟医院也将成为现实。个人相关数据可以通过内置于手表、附件和其他日用物件的传感器被传送到医院，诊断结果则回送给个人。在偏僻地区与大城市之间的多媒体视频教育，以及利用移动终端的室外现场工作将变得普遍。各种信息终端的界面将更加人性化，无论老幼均能方便使用。配备无线通信功能的传感器和控制芯片将附着在物体、动物和植物的身上，为提高后勤工作效率，保护全球环境，防止灾难，挽救生命等做出贡献。在你行路时网络能够向你提供比目前全球定位系统(GPS)更精确、更具体的信息，如是否限速，前面那条街是单行道还是双行道及前面每条街的交通情况或事故信息等；还可以跟踪公共交通情况，使人可以很高兴地及时赶上下一班车，而不至于在寒风或烈日下在车站等上数十分钟。在公共服务方面，服务方式将从现在的“人找服务”变成“服务到人”，以适应老龄化和人们更加关注健康的社会趋势。

总之，无所不在网络使全社会的人，包括儿童、成年人、老年人和残疾人，都能通过网络与外界保持紧密联系，随时获取所需的信息或接受所需的教育，积极参与社会生活，令生活变得丰富多彩、个性方便和安全康乐。尤为重要的是，无所不在网络将使地球披上一层“通信外壳”，负责监控城市、公路和环境，像皮肤一样保护地球，为建设生态文明，把地球重新变回安全、和谐的绿色家园起到关键作用。

(2) 可扩展的安全机制

与当前叠加式(Added-On)的安全与信任机制相比，在普适服务的环境中，应建立内置型(Built-In)的安全与信任机制，当然这并不是指网络将是绝对安全的，但能在需要的时候方便地扩展安全方案。

本章小结

(1) 计算机通信与网络的应用是网络技术发展的源动力，随着用户的急剧增加，不同类型的新业务先后推出，对网络技术提出了更高的要求。当前因特网的体系结构存在着固有的缺陷，在服务质量(QoS)、安全可信方面都面临重大的挑战，已成为高速化应用发展的一个主要“瓶颈”问题。

(2) IP QoS 是指当 IP 数据报流经一个或多个网络时，所表现的性能属性，诸如业务有效性、延迟、抖动、吞吐量、包丢失率等。

(3) 综合业务模型、分类业务模型、多协议标签交换和 LAN 的 QoS 技术等作为基本措施提供 IP QoS 功能。

(4) 基于 IPv6 的下一代因特网的关键技术包括网络可扩展技术、网络可用性技术、网络管理控制技术、网络安全技术、IPv6 技术、QoS 业务控制技术。

(5) 基于软交换的下一代网络的基本概念、体系结构、功能结构以及协议，包括 H.323、MGCP/H.248、SIGTRAN、SIP、Parlay API 等，本章重点介绍了 SIP 系统结构、SIP 报文格式和 SIP 呼叫处理过程。

(6) IMS 作为未来网络融合的解决方案受到了业界的关注。本章介绍了 IMS 分层网络架构以及 IMS 的应用潜力和商用之旅。

(7) 目前正在寻求构建可为用户提供多样化、个性化，不受时间、地点限制的普适服务的可信网络。本章介绍了可信网络和普适服务的基本概念以及正在深入研究的一些关键技术。

练习题

9.1 什么是 IP QoS?

9.2 综合业务(Int-Serv)由哪几部分组成？有保证的服务和受控负载的服务有何区别？

9.3 试述资源预留协议 RSVP 的工作原理。

9.4 分类业务(Diff-Serv)与综合业务(Int-Serv)有何区别？分类业务的工作原理是什么？

9.5 在分类业务中的每跳行为 PHB 是什么意思？EF PHB 和 AF PHB 有何区别？它们各适用于什么样的通信量？

9.6 多协议标签交换是如何提高 IP QoS 的？什么是流量工程？

9.7 基于 IPv6 的下一代因特网有哪些关键技术？

9.8 什么是软交换？

9.9 简述基于软交换的下一代网络的体系结构和功能结构。

9.10 什么是 SIP 协议？试述 SIP 协议的系统结构。

9.11 试述 SIP 的呼叫处理过程。

9.12 什么是 IMS？试述 IMS 分层网络架构。

9.13 可信网络的定义是什么？网络的可信性应包含什么属性？

9.14 试述可信网络的体系架构。

9.15 什么是普适服务？普适服务的基本特征是什么？

主要参考文献

［1］ 沈金龙，杨庚.计算机通信与网络［M］.北京：人民邮电出版社，2011.

［2］ 杨庚，胡素君，等.计算机网络［M］. 北京：高等教育出版社，2010.

［3］ 谢希仁.计算机网络［M］.6 版.北京：电子工业出版社，2013.

［4］ A. S. Tanenbaum，Computer Networks，5th ed. Prentice-Hall Inc. 2012.

［5］ 林闯，彭雪海. 可信网络研究［J］.计算机学报. 2005. 28(5)：751-758.

［6］ 林闯，王元卓，田立勤. 可信网络的发展及其面对的技术挑战［J］. 中兴通讯技术. 2008(2)：32-35. 12-16.

［7］ ICPS Conference Scope［EB/OL］. http://icps2005. cs. ucr. edu. 2005.

［8］ 张宏科，苏伟. 新网络体系基础研究——一体化网络与普适服务［J］. 电子学报. 2007. 35(4)：593-598.

［9］ 廖建新. 普适服务综述［J］. 中兴通讯技术. 2008(2)：32-35.

［10］ Douglas E. Comer. 林瑶，张娟，王海，等译. 用 TCP/IP 进行网际互连——原理、协议与结构［M］.5 版. 北京：电子工业出版社，2007.

［11］ 周明天，汪文勇. TCP/IP 网络原理与技术［M］. 北京：清华大学出版社，1997.

本书特色

- 本书总结了作者近30年来讲授该课程的经验和体会，涵盖了“计算机学科专业基础综合考试”中计算机网络课程的大纲范围。
- 每章附有大量例题和练习题，便于教学。
- 电子教案可在清华大学出版社网站下载。

课件下载·样书申请

书圈

清华社官方微信号

扫 我 有 惊 喜

ISBN 978-7-302-41531-2

定价：59.00元